Detaillösungen am Ziegeldach

Biberschwanzdeckung

mit zahlreichen Abbildungen

Lars Donath

ist Dachdeckermeister und Lehrmeister am
Landesausbildungszentrum für das Dachdeckerhandwerk
Brandenburg der Handwerkskammer Cottbus

RM Rudolf Müller

Bibliografische Information der Deutschen Nationalbibliothek

Die Deutsche Nationalbibliothek verzeichnet diese Publikation in der Deutschen Nationalbibliografie; detaillierte bibliografische Daten sind im Internet über https://dnb.de abrufbar.

Maßgebend für das Anwenden von Normen ist deren Fassung mit dem neuesten Ausgabedatum, die bei der Beuth Verlag GmbH, Burggrafenstraße 6, 10787 Berlin, erhältlich ist. Maßgebend für das Anwenden von Regelwerken, Richtlinien, Merkblättern, Hinweisen, Verordnungen usw. ist deren Fassung mit dem neuesten Ausgabedatum, die bei der jeweiligen herausgebenden Institution erhältlich ist. Zitate aus Normen, Merkblättern usw. wurden, unabhängig von ihrem Ausgabedatum, in neuer deutscher Rechtschreibung abgedruckt.

Aus Gründen der besseren Lesbarkeit wird bei Personenbezeichnungen und personenbezogenen Hauptwörtern die männliche Form verwendet. Entsprechende Begriffe gelten im Sinne der Gleichbehandlung grundsätzlich für alle Geschlechter. Die verkürzte Sprachform hat nur redaktionelle Gründe und beinhaltet keine Wertung.

Wir freuen uns, Ihre Meinung über dieses Fachbuch zu erfahren. Bitte teilen Sie uns Ihre Anregungen, Hinweise oder Fragen per E-Mail: rudolf-mueller@vuservice.de oder telefonisch unter: 06123 9238-258 mit.

Satz und Umschlaggestaltung: WMTP Wendt-Media Text-Processing GmbH, Birkenau
Druck und Bindearbeiten: Westermann Druck Zwickau GmbH, Zwickau

Printed in Germany

ISBN 978-3-481-04665-1 (Buch-Ausgabe)
ISBN 978-3-481-04690-3 (E-Book-Ausgabe als PDF)

FSC www.fsc.org MIX Papier aus verantwortungsvollen Quellen FSC® C110508

Lars Donath

Detaillösungen am Ziegeldach

Vorwort

Die Idee zu diesem Buch hatte ich bereits vor gut 20 Jahren, als ich in meinem Berufsalltag feststellen musste, dass es für viele Detaillösungen am Dach kaum verlässliche Vorlagen gab.

Ich hatte seinerzeit das Glück, mit einigen Dachdeckern der älteren Generation, die unser Handwerk mit Leib und Seele lebten, zusammen zu arbeiten. Schon damals habe ich damit angefangen, die oft hervorragenden Leistungen dieser Handwerkerkollegen zu dokumentieren. In erster Linie ging es mir darum, traditionelles handwerkliches Können zu bewahren, und so machte ich vor jedem Abriss – und immer als Erster auf der Baustelle – zahlreiche Fotos, aus denen ich später dann verschiedenste Detailskizzen erstellte und diese mit Notizen versah. Darüber hinaus zeigten mir meine Dokumentationen der Detaillösungen, diese vornehmlich an Biberschwanzdeckungen, dass der baufällige Zustand einer Deckung nicht selten besser funktionierte als die neu verlegte Variante.

Im Laufe der Jahre sind meine Aufzeichnungen stetig gewachsen, seit Anfang 2018 habe ich dann im Rahmen meiner Tätigkeit als Lehrmeister im Landesausbildungszentrum des Dachdeckerhandwerks Brandenburg, der Handwerkskammer Cottbus, meine ersten Arbeitszettel zum Thema Biberschwanzziegel erarbeitet und in der Lehrlingsausbildung eingesetzt. In den Folgejahren sind in enger Zusammenarbeit mit meinen Kollegen DDM Mario Richter und Landeslehrlingswart Mario Beyer immer komplexere Arbeitsblätter entstanden, die wir je nach Ausbildungsziel auch als Broschüren zusammengefasst haben.

Bei der Entstehung des vorliegenden Werks habe ich versucht, die Detaillösungen anhand von Praxisbeispielen so genau wie möglich zu skizzieren, darüber hinaus aber auch das entsprechende theoretische Hintergrundwissen zu vermitteln. Alle Fakten sind sauber recherchiert, handwerkliche Tipps und Anwendungsbeispiele beruhen auf meiner sowie der Erfahrung zahlreicher Dachdeckerkollegen. Dabei soll der Titel nicht belehren, sondern im Idealfall Lösungsansätze aus vergangenen Zeiten aufzeigen, die neben der Vielseitigkeit der Formen von Biberschwanzdeckungen auch deren Regensicherheit und Langlebigkeit unterstreichen.

So viel zur Entstehungsgeschichte von „Detaillösungen am Ziegeldach". Ich hoffe, dass Ihnen die Arbeit mit dem Buch genauso viel Spaß macht wie mir das Verfassen und Illustrieren der einzelnen Kapitel.

Ich möchte dieses Vorwort mit einem Zitat frei nach Winston Churchill beenden und hoffe, dass Sie dieser Aussage **NICHT** zustimmen:

„Alles hier Beschriebene ist neu und gut

–

alles was neu war, war nicht gut und alles was gut war, war nicht neu!"

Dresden, im Dezember 2023 Lars Donath

Inhalt

Einleitung

Biber oder Biberschwanzziegel sind eine spezielle Art von Tondachziegeln. Sie gelten seit ihrem Aufkommen in Deutschland als universell einsetzbarer, zuverlässiger und kostengünstiger Werkstoff. Mit Bibern können einfache, untergeordnete Gebäude, aber auch komplexe und stark gegliederte Bauwerke, wenn nötig auch ohne metallische Werkstoffe (Dachklempnerei), leicht und sauber hergestellt werden.

Der *(fünfzehner) Segmentschnittbiber* ist der dem ursprünglichen, traditionellen Biber am nächsten kommende Ziegel. Dieser Ziegel ist wie alle anderen in den unterschiedlichsten Oberflächenstrukturen erhältlich. Fünfzehner Biberschwanzziegel gibt es nur als Segmentschnitt.

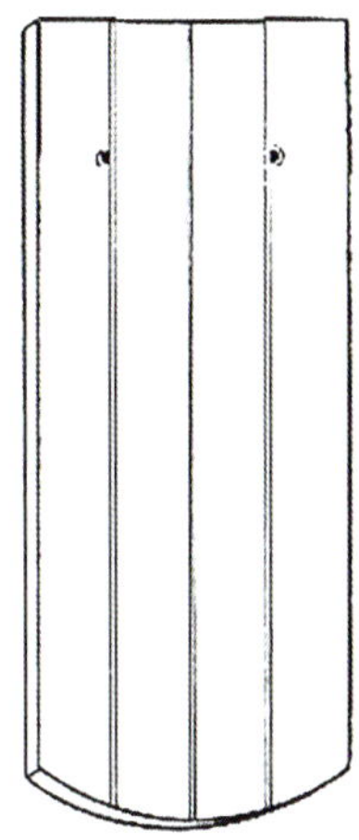

Abb. 1 Segmentschnittbiber

Die Konstruktion eines klassischen Segmentschnitts

Segmentschnittbiber sind im Format A (15,5 × 38 × 1,2 cm) sowie im Format B (18 × 38 × 1,2 cm) erhältlich. Die Konstruktion des Segmentbogens ist bei beiden Formaten gleich, da der Einstichpunkt, also der Radius des Segmentbogens, von der tatsächlichen Dachziegelbreite abgeleitet wird.

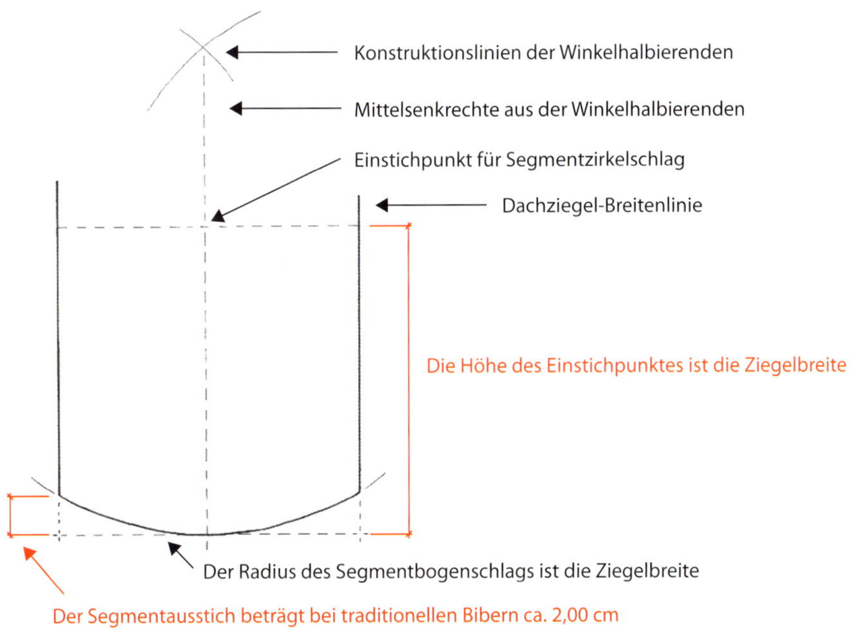

Abb. 2 Konstruktion eines Segmentschnitts

Der Rundschnittbiber kam ursprünglich nur im süddeutschen Raum vor. Heute ist er einer der weitverbreitetsten Biberschwanzziegel überhaupt. Der Rundschnittbiber wird heute vom Handel/der Industrie als der klassische oder der „normale“ Biber bezeichnet.

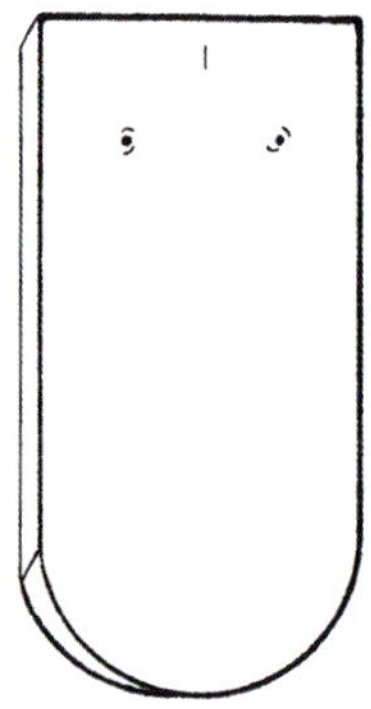

Abb. 3 Rundschnittbiber

Die Konstruktion eines klassischen Rundschnitts

Durch die Industrie werden unzählige Varianten und Zuschnitte von Biberschwanzziegeln produziert und zur Verfügung gestellt. Beim Verarbeiten und Eindecken entsteht kein Unterschied. Die Ver-/Bearbeitungstechniken finden (egal für welchen Biber) immer Anwendung.

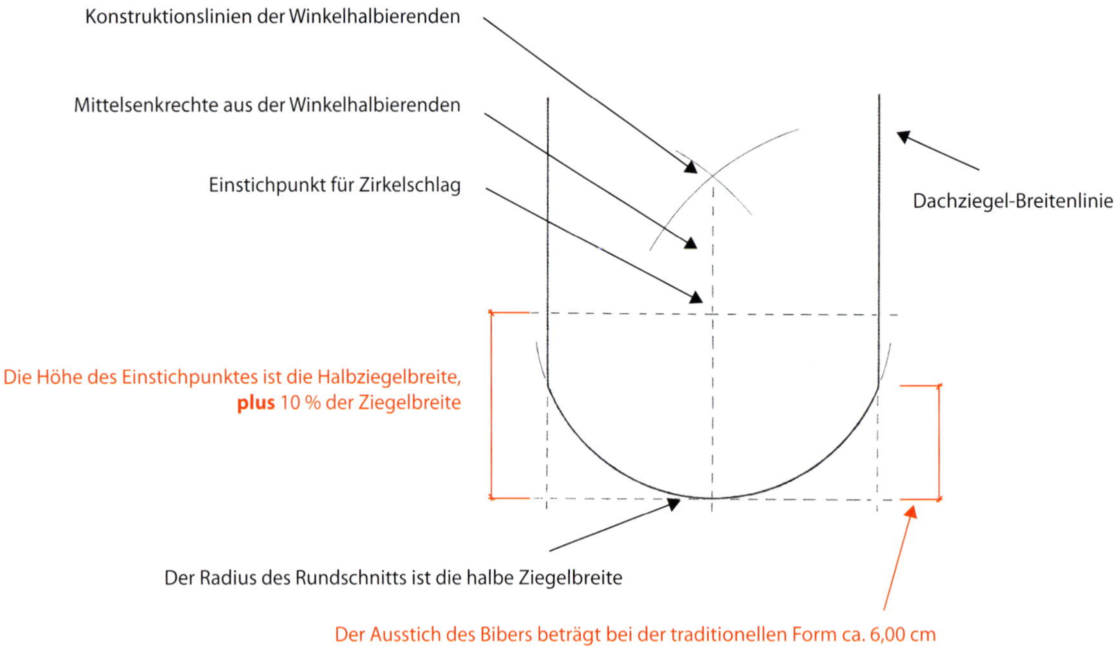

Abb. 4 Konstruktion eines Rundschnitts

Bezeichnungen und Abmessungen von Biberschwanzziegeln

Format A:	15,5 × 38 × 1,2
Format B:	18,0 × 38 × 1,2
Kleinformat:	14,0 × 28 × 1,2 (nicht genormt, Kleinformatbiber haben je nach Hersteller verschiedene Abmaße)
Großformat:	19,0 × 40 × 1,6 (nach ÖNORM B 3419)

Schnittarten der verschiedenen Biber

Der Fuß des Biberschwanzziegels wird als Schnitt bezeichnet. Dieser Schnitt kann verschiedene Formen aufweisen, wobei es von der Verarbeitung und der Regensicherheit keinerlei Einschränkungen gibt. Die Form des Bibers liegt also komplett im Geschmack des Bauherrn, bei denkmalpflegerischen Auflagen spielen regionaltypische und zeitgeistige Geschmäcker (der Errichtungszeit des Gebäudes) als Faktoren für die Wahl des Ziegels eine große Rolle.

Die derzeit gängigsten/beliebtesten Biberschwanzziegel

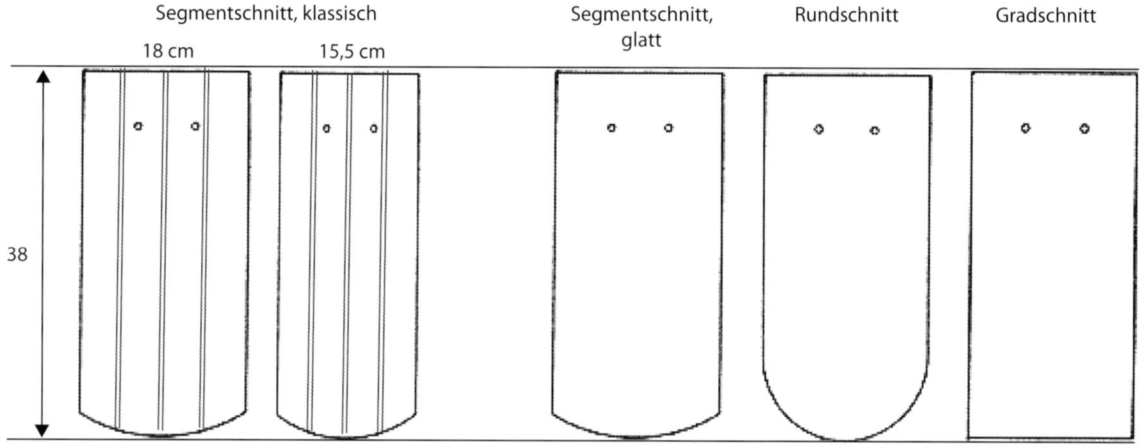

Abb. 5 Gängige Biberschwanzziegel

Weitere klassische Biberschwanzziegelmodelle

Klassische Biberschwanzschnitte werden durch die marktführenden Industrieunternehmen heutzutage hauptsächlich im Format B produziert. Abweichend von diesen doch recht großen Ziegeln bieten einige Unternehmen die sogenannten Denkmalbiber in oft klassischen Abmaßen an.

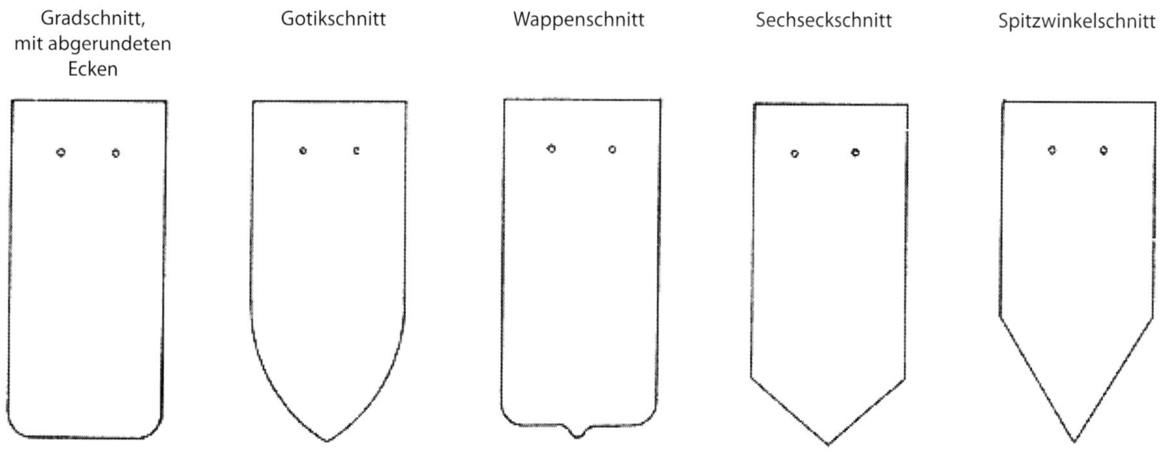

Abb. 6 Biberschwanzziegelmodelle

Biberschwanzziegel damals und heute

Der kleinformatige falz- und wölbungslose Glattziegel, welcher heute nur noch als Biberschwanzziegel oder schlicht als Biber bezeichnet wird, wurde bis etwa in die 1940er-Jahre in einzelnen Regionen Deutschlands als Ochsenzungenziegel, Tasche oder Schwalbenschwanzziegel bezeichnet.

Die alten Namen sind heute meist in Vergessenheit geraten, genau wie die vielen doch recht unterschiedlichen regionaltypischen Formate der Biber. Meistens sind nur noch die Namen dieser alten Ziegelvariationen erhalten geblieben.

Historische Biberschwanzziegel, deren Namen und Abmessungen

Die heute meistens von Dachdeckern nur noch als 15er-Biber bezeichneten Ziegel besitzen einen Segmentschnitt und drei Wulste, welche den Ziegel in vier Viertel einteilen. Je nach Region und Industriepartner hatten diese natürlich auch unterschiedliche Namen. Die gebräuchlichsten Namen sind meist Ableitungen von den Regionen, in denen sie sehr dominant waren.

Namen der Ziegel:	Abmaße in cm:
• Böhmischer Biber	15 × 36 × 1,5
• Schlesischer Biber	14 × 37 × 1,2
• Sächsischer Biber	15,5 × 37,5 × 1,2
• Lausitzer Biber	14 × 42 × 2,5
• Bunzlauer Biber	13,5 × 36 × 1,3
• Meißener Biber	13 × 34 × 1,3
• Berliner Biber	16 × 40 × 2,0
• Süddeutscher Biber	18 × 40 × 2,0

Biberschwanzziegel und die Dachdeckerinnungen

Biberschwanzziegel stammen ursprünglich aus dem böhmischen Raum (aus Teilen des heutigen Tschechien und der heutigen Slowakei). Durch die Wanderschaft der damaligen Handwerker im frühen 14. Jahrhundert breitete sich dieser Ziegel mit Segmentschnitt Richtung Norden, mit Rundschnitt eher Richtung Westen und der Spitzbiber (Spitzrautenbiber) Richtung Süden aus.

Seit etwa dem 16. Jahrhundert trat der Biberschwanzziegel in all seinen Variationen endgültig seinen Siegeszug in Deutschland an.

Es stellte sich immer wieder die Frage, wie Dachdetails, z. B. Gauben, große Dachspieße oder Anbauten, in die Dachflächen integriert werden können.

Metallbleche lösten die bis dahin meist benutzten Detaillösungen aus Mörtel oder Holz ab und kamen durch ihre recht einfache Verarbeitung schnell in Mode. Doch durch oft nicht einheitliche Qualitätsstandards der damals verwendeten Metalle entstanden schnell Probleme, was wiederum mit erheblichen Kosten für die Bauherren verbunden war und dem Ruf der Biberschwanzziegel schadete.

Schon früh entwickelten sich dadurch Techniken, Details mit den gleichen Materialien, also dem Biber, herzustellen. Der Biberschwanzziegel eignete sich durch seine recht flache Form hervorragend zum Einbinden von Kehlen sowie zum Erstellen vieler Details. Die sauber und formschön hergestellten Dachflächen sprachen sich schnell herum und so entwickelten Dachdecker über viele Jahre in völlig unterschiedlichen Regionen ihre ganz eigenen Techniken zur Eindeckung von Biberdächern.

Zu Beginn des 18. Jahrhunderts wanderten immer häufiger Ziegeldecker aus dem Sudetenland (Deutsch-Böhmen) in die angrenzenden deutschen Kleinstaaten ein. Diese revolutionierten das bis dahin von den Zimmerer-, Steinsetzer- und Maurerzünften dominierte Ziegeldeckerhandwerk.

Es entstanden massive Streitigkeiten mit diesen Zünften und dem noch jungen Ziegeldecker-/Dachdeckerhandwerk.

Diese oft aggressiven Streitigkeiten wurden nun vor den Adelshöfen der Länder und den Senaten der freien Städte teils sehr emotional ausgetragen.

Im Jahre 1834 folgte durch drei Ziegeldeckermeister in Dresden die Gründung der Ziegeldeckerzunft zu Sachsen.

Diese neue Zunft kann als Vorgänger der heutigen Dachdeckerinnungen im deutschsprachigen Raum verstanden werden.

1 Dachziegel

1.1 Was sind Dachziegel?

Dachziegel sind ein meist industriell gefertigter, flächiger, voll- und grobkeramischer Baustoff mit höchst unterschiedlichen Oberflächenstrukturen zur Deckung von geneigten Dachflächen. Dachziegel werden aus tonigen Massen industriell oder handwerklich, gegebenenfalls mit Zusätzen hergestellt.

Deckwerkstoffe aus Beton, Kunststoff, Metall oder anderen Materialien werden oft als Dachpfannen bezeichnet, werden aber nicht zu den Dachziegeln gezählt. Diese Art Dachpfannen dürfen nicht als Dachziegel bezeichnet werden.

Der Begriff Dachziegel ist vom Deutschen Institut für Normung (DIN) klar definiert. Die DIN EN 1304 beschreibt Dachziegel so:

Dachziegel sind flächige keramische Bauteile zur Deckung von geneigten Dachflächen. Sie werden aus tonigen Massen, gegebenenfalls mit Zusätzen geformt und gebrannt.

1.2 Warum sich für Dachziegel entscheiden?

Dacheindeckungen mit schuppenartig überdeckenden Dachziegeln sind wetterbeständige und gegen Funkenflug oder strahlende Wärme widerstandsfähige, harte Bedachungen im Sinne der verschiedenen Landesbauordnungen.

Bei regelgerechter Ausführung sind diese regensicher sowie hagelfest. Außerdem können diese Ziegeldächer Bewegungen im Dachstuhl (Setzungen, Schwindungen) oder Erschütterungen aufnehmen.

Einwirkungen der oft stark wechselnden Windkräfte sowie Temperaturschwankungen werden bei regelkonformen Ausführungen ohne Einbuße der Regensicherheit aufgenommen.

1.3 Seit wann gibt es Dachziegel?

Die Verwendung von Dachziegeln ist seit der Antike aus dem Mittelmeerraum überliefert. Römische Eroberer brachten diese nach Mitteleuropa und dadurch natürlich auch nach Deutschland. Seit dem Hochmittelalter werden Dachziegel als Alternative zu anderen harten Bedachungsmaterialien in deutschen Städten und Burgen hergestellt und verlegt.

Dachziegelformen gab es im Laufe der letzten (knapp) 2500 Jahre viele. Die wichtigsten und die wohl gängigsten Ziegel derzeit sind die Biberschwanzziegel mit ihren regionaltypischen Schnittarten und die verschiedensten Dachpfannen.

1.4 Dachziegelformen (Ziegelarten/Ziegeltypen)

Der **Hohlziegel** bezeichnet Dachziegel, welche eine zylindrische, rinnenartige Form aufweisen. Das sind z. B. Mönch- und Nonnenziegel, aber auch alle First- und Gratkappen zählen zu den Hohlziegeln.

Abb. 1.1 Mönch- und Nonnenziegel

Glatte **Plattenziegel**, welche heute wohl jeder als Biberschwanzziegel kennt, sind die bekannteste Form der Dachziegel. Ihre Beständigkeit sowie die sich kaum verändernden Formen und Schnitte machen diesen Ziegel zu einem zeitlosen Klassiker.

Biberschwanzziegel stammen ursprünglich aus dem böhmischen Raum (der heutigen Tschechoslowakei). Durch die Wanderschaft der damaligen Handwerker im frühen 14. Jahrhundert breitete sich dieser Ziegel mit Segmentschnitt Richtung Norden, mit Rundschnitt eher Richtung Westen und der Spitzbiber (Spitzrautenbiber) Richtung Süden aus.

Abb. 1.2 Biberschwanzziegel, Rundschnitt

Als **Dachpfannen** werden heute im Allgemeinen alle Dachziegel bezeichnet, obwohl nur Ziegel mit muldenartigem Wasserlauf und ohne Seiten- oder Kopffalz diesem Namen gerecht werden.

Zu den Dachpfannen werden z. B. die Kremper und die Hohlpfannen gezählt. Diese Ziegelformen sind schon sehr alt und in verschiedenen Regionen Deutschlands heute noch weit verbreitet.

Abb. 1.3 Fränkischer Kremper

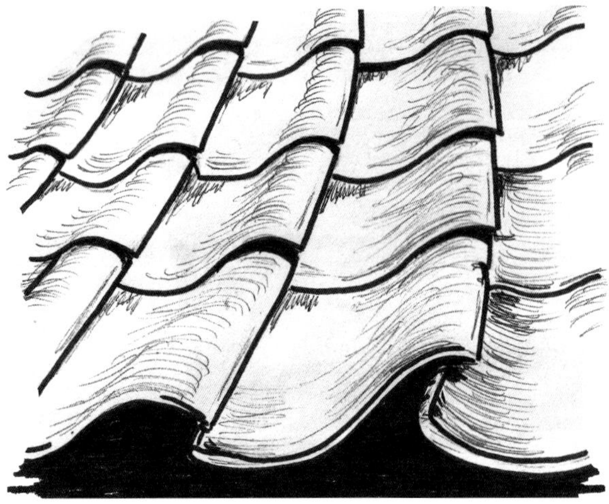

Abb. 1.4 Hohlpfanne, Aufschnittdeckung

Zu den **Falzziegeln** zählen alle Dachziegel mit einfacher Seitenfalz, aber auch Ziegel mit Ringverfalzung. Als Beispiele für diese Art der Dachziegel können Flachdachpfannen, Doppelmuldenfalzziegel, aber auch die sogenannten Falzbiber aufgezählt werden. Die ersten Dachziegel mit durchgehender Kopf- und Seitenfalz, also mit Ringverfalzung (z. B. Doppelmuldenfalzziegel), wurden im Jahre 1844 im Elsass gefertigt, die Ziegelmanufaktur befand sich im Städtchen Altkirch.

Diese Neuerung in der Dachziegelform wurde von der damaligen Bauherrenschaft dankend angenommen und die Entwicklung der modernen Dachziegel/Dachziegelformen nahm einen stürmischen Verlauf, welcher bis heute noch nicht beendet ist.

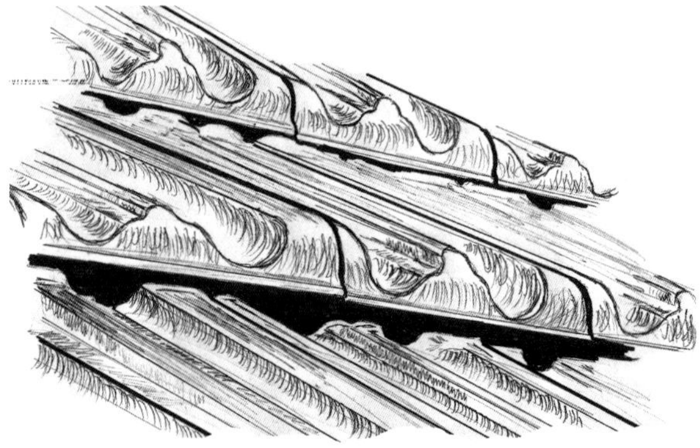

Abb. 1.5 Doppelmuldenfalzziegel

Die Formen der Dachziegel haben sich derart verändert, das heute Dachziegel für fast jeden Einsatzbereich erhältlich sind. Diese Veränderungen spiegeln sich in den Verfalzungen, der Wasserführung sowie in den benötigten Versteifungs- und Stapelrippen wider.

Durch den Einsatz sich ständig verbessernder Produktionsverfahren sind die Dachziegel immer maß- und formhaltiger geworden. Die Farbbeständigkeit sowie die Oberflächengestaltung sind derzeit nahezu perfekt, was den Dachziegel heute zu einem ausgereiften Spitzenprodukt macht.

1.5 Die richtige Wahl der Dachziegel

Ein Ziegeldach ist nicht gleich ein Ziegeldach, denn die verschiedenen Dachziegelformen setzen der Witterung einen unterschiedlichen Widerstand entgegen. Aus diesem Grund ist auch nicht jeder Dachziegel für jede Art der Dacheindeckung oder Dachneigung gleich gut geeignet.

Die Dachziegelhersteller legen die Neigungsuntergrenzen sowie die Verlegeart in ihren technischen Datenblättern fest. Der Dachdecker sollte dennoch anhand der örtlichen Umstände und der Struktur/Architektur des Gebäudes die Eignung der Dachziegel bewerten können.

Eignung der Dachziegel nach örtlichen Gegebenheiten bedeutet in jedem Falle:

- Ist das Gebäude verschattet und, wenn ja, wie stark?
- Eignet sich die Ausrichtung der Dachflächen (nach Himmelsrichtungen) für eine saubere Abtrocknung des Daches?
- Stehen Bäume, wenn ja, wie viele und welche, in der unmittelbaren Umgebung?
- Eignet sich die Vegetation des unmittelbaren Umfelds zur Selbstaussaat?
- Wie stark ist die Windbelastung in unmittelbarer Umgebung?
- Wie hoch sind die Trauf- und Firsthöhe sowie die Dachneigung dieses Objekts?

1.6 Dachziegel als Element der Gestaltung

Neben dem Wetterschutz, also der Ableitung von Niederschlägen, tritt bei der Erstellung oder Sanierung von Dächern mit Ziegeln zunehmend die optische Gestaltung wieder in den Vordergrund.

Nach dem Krieg und der folgenden Wiederaufbauphase in den 50er- und 60er-Jahren sowie der Wohnraumbeschaffung der 80er wurde überwiegend Massenware (große Ziegel meistens mit einfacher Seitenverfalzung und ohne einen farblichen Anspruch) gefertigt.

Die sehr anspruchsvollen und stark gegliederten Dachflächen der Gotik, Gründer- und Jugendstilzeit wurden oft durch den hohen zeitlichen Sanierungsdruck sowie die damals vorherrschende Mode auf eine schlichte Zweckmäßigkeit reduziert und umgebaut.

Die dadurch entstandenen Bausünden in den Innen- und Altstädten, welche im zweiten Drittel des letzten Jahrhunderts stattfanden, werden heute oft durch engagierte Bauherren, engagierte Planer und fachkundige Dachdecker in denkmalpflegerischer Art saniert/korrigiert.

Dachziegel mit hoher Qualität und daraus resultierende Dachziegelformen mit farblichem Gestaltungswert, aber auch teils außergewöhnliche Glasuren sowie teilweise Ornamentik werden immer beliebter.

Dadurch bestimmt nicht nur die Dachform, sondern auch der Dachziegel immer häufiger das Aussehen der heutigen Dachlandschaften.

Bei den Dacheindeckungen mit Dachziegeln gibt es ähnlich wie bei anderen Bedachungsmaterialien die verschiedensten Varianten der Verlegung.

Die Eindeckung ist abhängig von der Form und dem Typ des Ziegels.

Abb. 1.6 Stark gegliederte, gründerzeitliche Stadtvilla mit Biberschwanzziegeln.

1.7 Eindeckungsvarianten von Dachziegeln

Die Einfachdeckung

Als Einfachdeckung werden alle Varianten der Dacheindeckung mit Dachziegeln bezeichnet, bei denen der dritte Ziegel den ersten nicht überdeckt. Sämtliche Dachziegelarten, mit Ausnahme des Biberschwanzziegels, werden stets in Einfachdeckung verlegt.

Biberschwanzziegel können in besonderen Fällen, meist mit historischem Hintergrund, ebenfalls als Einfachdeckung verlegt werden.

Die Einfachdeckung im Verband

Die meisten Ziegeleindeckungen werden dem Dachziegeltyp geschuldet in Reihe, also ohne einen Verband hergestellt. Dennoch gibt es verschiedene Dachziegel, bei denen eine Verbandsdeckung möglich ist.

Ein Verband bedeutet, dass die übereinanderliegenden Ziegel sich seitlich überdecken. Oft gibt die Mulde des Ziegels mindestens den Halbverband (der überdeckende Ziegel liegt auf der Hälfte des überdeckten) vor. Zu den für die Verbandsdeckung geeigneten Ziegeln werden Biberschwanzziegel, Glattziegel sowie Doppelmuldenziegel/Doppelmuldenfalzziegel gezählt.

Die Verbandsdeckung hat zum einen eine deutlich ansprechendere optische Wirkung und zum anderen einen höheren Schutz vor Windkräften.

Bei Dacheindeckungen mit Biberschwanz- oder Doppelmuldenziegeln kann die Einfachdeckung in Reihe oder im Verband erfolgen.

Die Doppeldeckung

Für die Doppeldeckung finden nur Biberschwanzziegel Anwendung, wobei hier immer auf den Halbverband geachtet werden muss.

Zur Doppeldeckung mit Biberschwanzziegeln gehören die sogenannte Kronendeckung sowie die eigentliche Doppeldeckung.

2 Vertiefende Grundlagen zu Dachdetails

2.1 Allgemeine Grundlagen, Begriffe im Dachdeckerhandwerk

Um das Eindecken verschiedener Dachformen, insbesondere von Ziegelkehlen, zu verstehen, müssen einige Grundbegriffe sowie deren Definitionen bekannt sein.

2.1.1 Allgemeine Begriffe

Gleichhüftigkeit: (auch gleichhüftiges Dach oder gleichhüftige Kehle genannt) bedeutet, dass die an die Kehle anschließenden Dachflächen die gleichen Dachneigungen haben.

Ungleichhüftigkeit: bedeutet, dass die an die Kehle anschließenden Dachflächen verschiedene Dachneigungen haben.

Einhüftigkeit: ist die alte Bezeichnung einer ungleichhüftigen Kehle und bedeutet, dass die anschließenden Dachflächen verschiedene Dachneigungen haben.

2.1.2 Einbinden von Dachflächen und Dachaufbauten

Die Technik des Einbindens bedeutet, wenn sich zwei oder mehr Dachflächen treffen, werden diese mit demselben Werkstoff (Material) ohne einen sichtbaren Übergang verbunden.

Jede Ziegelreihe aus der einen Fläche (ver-)bindet die Ziegelreihen aus der anderen Fläche. Im Klartext bedeutet das, da, wo eine Ziegelreihe ankommt, muss diese Reihe auch mit der gegenüberliegenden Ziegelreihe verbunden sein.

Bei eingebundenen Kehlen oder Graten fließen die Deckgebinde so von einer Dachfläche in die andere, dass die Kehle/der Grat und die entsprechenden Dachflächen ein Ganzes bilden.

2.1.3 Definierte und gebräuchliche Begriffe

Unterstrichene Wörter sind im Regelwerk definiert, kursiv geschriebene sind gebräuchliche Begriffe.

Angespitzt/Gespitzt bedeutet, dass ein Dachziegel bearbeitet wurde.

<u>Anschlussbiber</u> sind Ziegel, welche als ganze oder geschmälerte Formate an Dachdetails oder Ausspitzer anschließen. Bei eingebundenen Kehlen ist zu beachten: Ein geschmälerter Anschlussziegel sollte an den Ausspitzer anschließen.

<u>Ausspitzer</u> bezeichnen, in eingebundenen Kehlen, Biber, welche in Richtung Dachsparren (also aus der Kehle heraus) bearbeitet werden/wurden. Als Ausspitzer werden aber auch sämtliche bearbeiteten Ziegel bezeichnet, welche am Kopf bearbeitet wurden und unter z. B. First-/Gratziegeln oder Anschlussblechen „verschwinden".

Binder/Binderschicht ist eine andere Bezeichnung für Biber, welche in Richtung Dachsparren bearbeitet werden und in die Flächeneindeckung eingebunden werden. Binderschicht ist die Deckschicht, welche diese mit einer Kehldeckschicht verbindet.

Deckschicht ist ein Ziegelgebinde aus der Dachfläche. Bei der Kronendeckung wird der sogenannte Oberdecker als Deckschicht bezeichnet.

<u>Einspitzer</u> werden Biber genannt, welche in Richtung Kehlsparren bearbeiten wurden. Diese finden wir hauptsächlich am Kehlansatz, aber auch an überdeckten Kehlen (z. B. Metallkehlen) oder Nockenkehlen.

Kehlanschlussziegel ist eine andere Bezeichnung für einen Anschlussbiber.

<u>Kehlauslaufschicht</u> werden die Kehldeckschichten genannt, welche als nicht eingebundene oder nur einseitig eingebundene Schichten den oberen Abschluss, das Abschlussgebinde (Kragengebinde), darstellen.

Kehlbiber werden die Ziegel genannt, welche am Kehlansatzgebinde auf dem Wasserziegel liegen und in den folgenden Gebinden die Kehlbreite definieren. **Kehlbiber dürfen nicht bearbeitet werden!**

Außerdem werden alle Ziegel, welche dem Kehlsparren folgend gedeckt werden, als Kehlbiber bezeichnet.

Kehldeckschicht werden heute die Kehlgebinde genannt, welche beidseitig in die Deckschichten (Dachdeckung) eingebunden werden.

Kehlhalbe werden Kehlspitzen (Ausspitzer) genannt, welche eine Breite am Segment von etwa 8,0 cm aufweisen. Kehlhalbe werden zur Kehlbreite gerechnet (zwei Halbe = ein Ganzer!).

Kehlkragengebinde wird der obere Abschluss einer Kehle, welcher beidseitig bzw. einseitig ausläuft, genannt.

Kehllagerschicht heißt die Kehlschicht, welche in die Lagerschicht bei der Kronendeckung eingebunden wird.

Kehlmittellinie ist die mittlere Verschneidungslinie zweier Dachflächen. Diese kann bei unterschiedlichen Dachneigungen versetzt sein und sollte auf das Kehlbrett/die Kehlschalung übertragen angerissen werden.

Kehlschicht werden alle Deck-/Kehlgebinde genannt, welche den Wasserlauf der Kehle bilden.

Kehlspitze ist die alte Bezeichnung eines Ausspitzers.

Lagerschicht werden die „Unterdecker“ in der Kronendeckung genannt.

Riemchen/Semmel/Säbel werden ¼-Biber im Bereich der eingebundenen Kehlen und/oder an Anschlüssen genannt.

Übergangsziegel sind flügelige Biber, die ein Überdecken der Unterläuferschichten erleichtern.

Überläuferschicht ist ein Kehlgebinde, welches von der Lager- in die Deckschicht, von der Deckschicht in die Lagerschicht oder einseitig eingebunden gedeckt wird.

Unterläufer sind Ziegel, welche rechts oder links von den Lager- oder Deckschichten überdeckt werden.

Unterläuferschicht ist eine Kehlschicht, welche beidseitig unter eine Lager-/Deckschicht unterläuft/untergedeckt wird.

Wasserbiber oder auch Wasserziegel genannt, ist der Biber, welcher am Kehlanfang allein unter den anderen sitzt, bzw. der Ziegel, welcher sich fortlaufend in der Kehlmitte befindet. **Der Wasserbiber darf nicht angespitzt werden!**

Zwickel werden die Ziegel genannt, welche sich oberhalb der Ausspitzer befinden. Es wird gesagt, dass diese mehr oder weniger nur als Füllung dienen, was aber so nicht stimmt.

2.2 Details am Dach

Als Dachdetails/Details am Dach werden sämtliche Anschlüsse, Übergänge oder Verschneidungen wie Kehlen und Grate bezeichnet. Aber auch aufgehende Bauteile wie Gauben, Dachspieße oder Einbauteile (Leiterhaken, Laufroststützen, Dunstrohre etc.) werden als Details bezeichnet.

2.2.1 Die Kehlen

Prinzipiell sind alle inneren Verschneidungen, ob Längs-, Quer- oder Diagonalverschneidungen, Kehlen. Bei den Kehlen im Dachdeckerhandwerk wird zwischen folgenden Arten unterschieden.

Dachkehlen

Als Dachkehle werden im Allgemeinen die inneren Verschneidungslinien zweier Dachflächen bezeichnet. Hierbei muss jedoch zwischen Hauptkehlen und den sogenannten Gaubenkehlen unterschieden werden.

Hauptkehlen

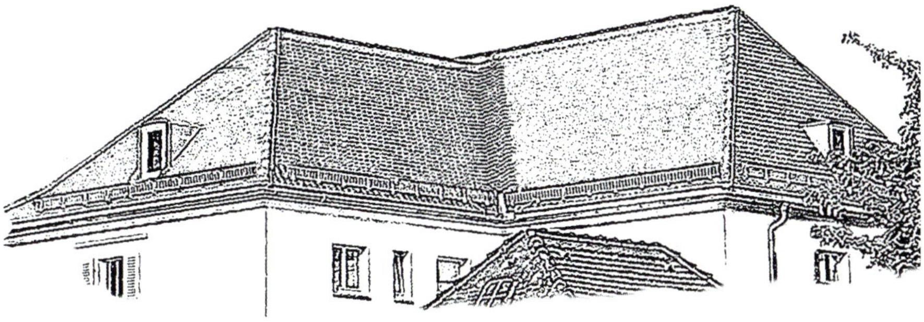

Abb. 2.1 Hauptkehle mit annähernd gleichen Sparrenlängen

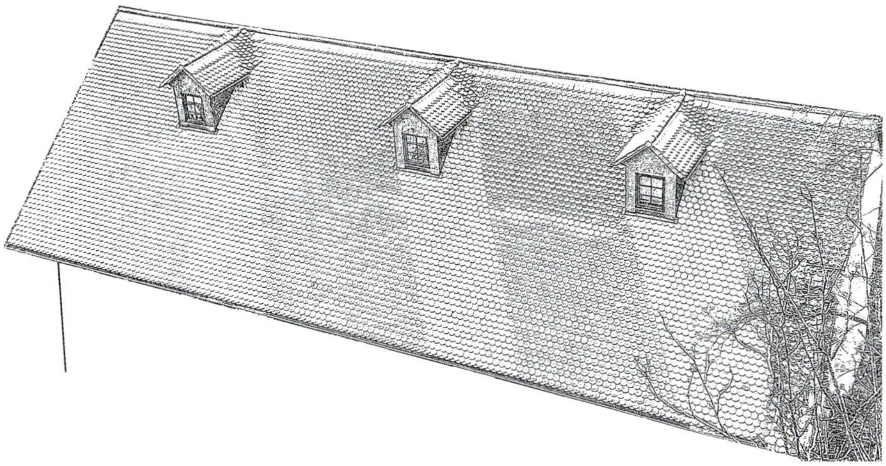

Abb. 2.2 In dieser Abbildung können Hauptkehlen an Gauben erkannt werden. Die Firste der Gauben sowie der First des Hauptdaches liegen annähernd auf gleicher Höhe.

Gaubenkehlen

Abb. 2.3 Hier sind *Gaubenkehlen* in klassischer/eindeutiger Form abgebildet.
Die Sparrenlängen sind nicht einmal annähernd gleich und die Firste der Gauben sind eindeutig nicht mit dem Hauptfirst auf einer Höhe.

*Als **Hauptkehlen** werden Kehlen bezeichnet, bei denen die Dachflächen die gleiche oder annähernd gleiche Sparrenlänge und Firsthöhe haben. Hauptkehlen können aber auch Kehlen sein, welche deutlich unterschiedliche Sparrenlängen aufweisen, dann müssen allerdings die Firste auf gleicher Höhe liegen.*

***Gaubenkehlen** sind die Verschneidungen von Dachflächen mit unterschiedlichen Sparrenlängen und deutlich unterschiedlichen Firsthöhen.*

(Wand-)Anschlusskehlen

(Wand-)Anschlusskehlen sind Verschneidungslinien zwischen Dachflächen und aufgehenden Bauteilen.

Aufgehende Bauteile, d. h. Gauben, Schornsteine, Türme etc., können mit Wandanschlusskehlen aus Metall, als Wandkehle sowie als Wangenkehle mit Ziegeln oder Schiefer hergestellt werden.

Wandanschlusskehle aus Metall

Seitlicher Anschluss

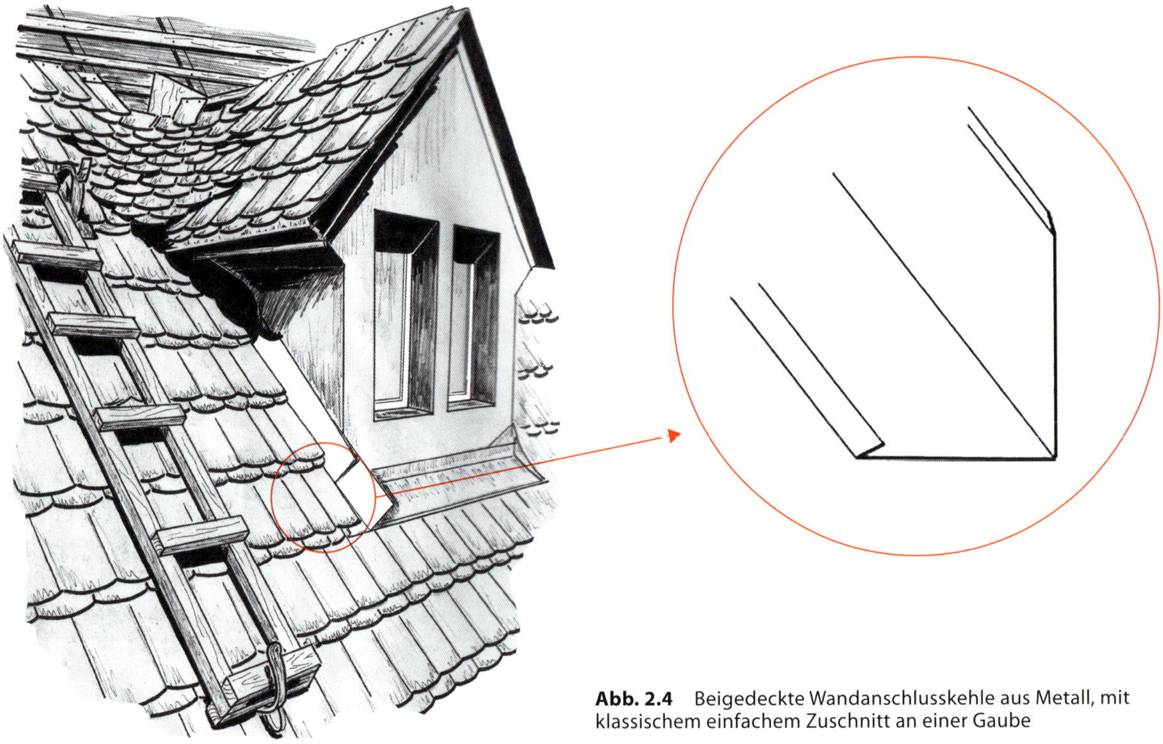

Abb. 2.4 Beigedeckte Wandanschlusskehle aus Metall, mit klassischem einfachem Zuschnitt an einer Gaube

Firstseitige Wandanschlüsse

Hinterlagskehlen sind die firstseitigen Anschlüsse senkrechter oder annähernd senkrecht aufgehender Bauteile. Hinterlagskehlen werden sehr oft aus Metall hergestellt, diese finden wir z. B. hinter Schornsteinen (Kaminen) oder Dachliegefenstern.

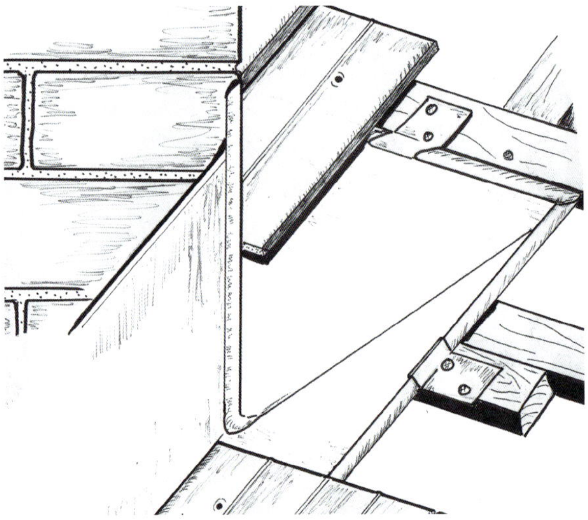

Abb 2.5 Hinterlagskehlen am Schornstein

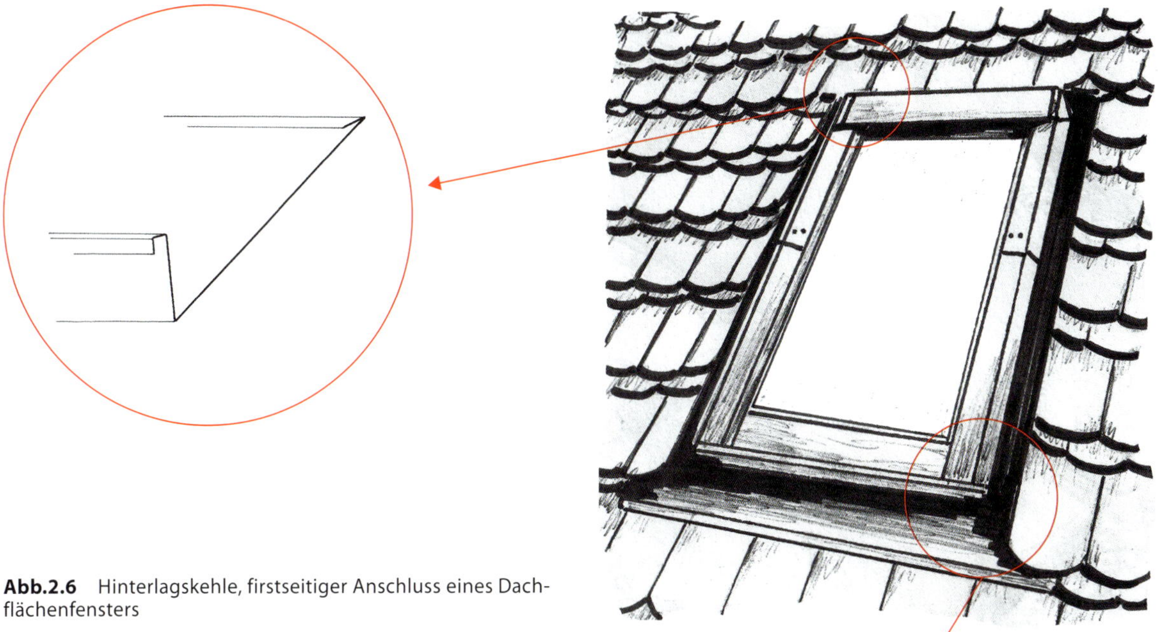

Abb.2.6 Hinterlagskehle, firstseitiger Anschluss eines Dachflächenfensters

Traufseitiger Wandanschluss, Frontschürze, Brustblech

Frontbleche sind traufseitige Anschlüsse von aufgehenden Bauteilen und zählen im weitesten Sinne ebenfalls zu den Kehlen.

Diese Kehlen werden als Anschlusskehlen bezeichnet. Der traufseitige Anschluss kann mit Dachziegeln, Schiefer, Faserzementplatten oder wie derzeit üblich aus Metall (Feinblechen, Walzblei, verschiedene Systemwerkstoffe, z. B. Aluflex oder Wakaflex) hergestellt werden.

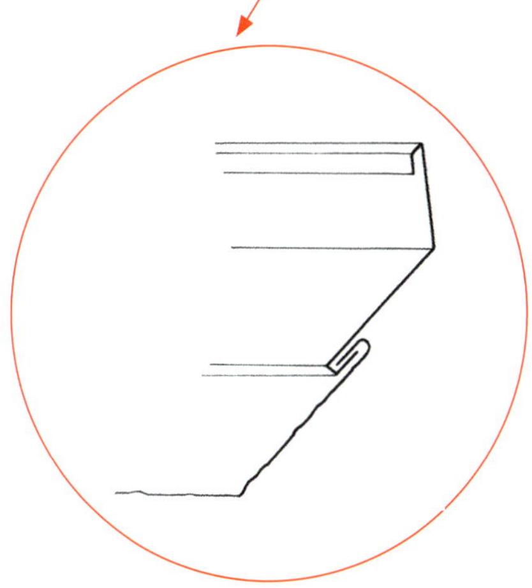

Abb.2.7 TraufseitigerAnschluss am Dachflächernfenster

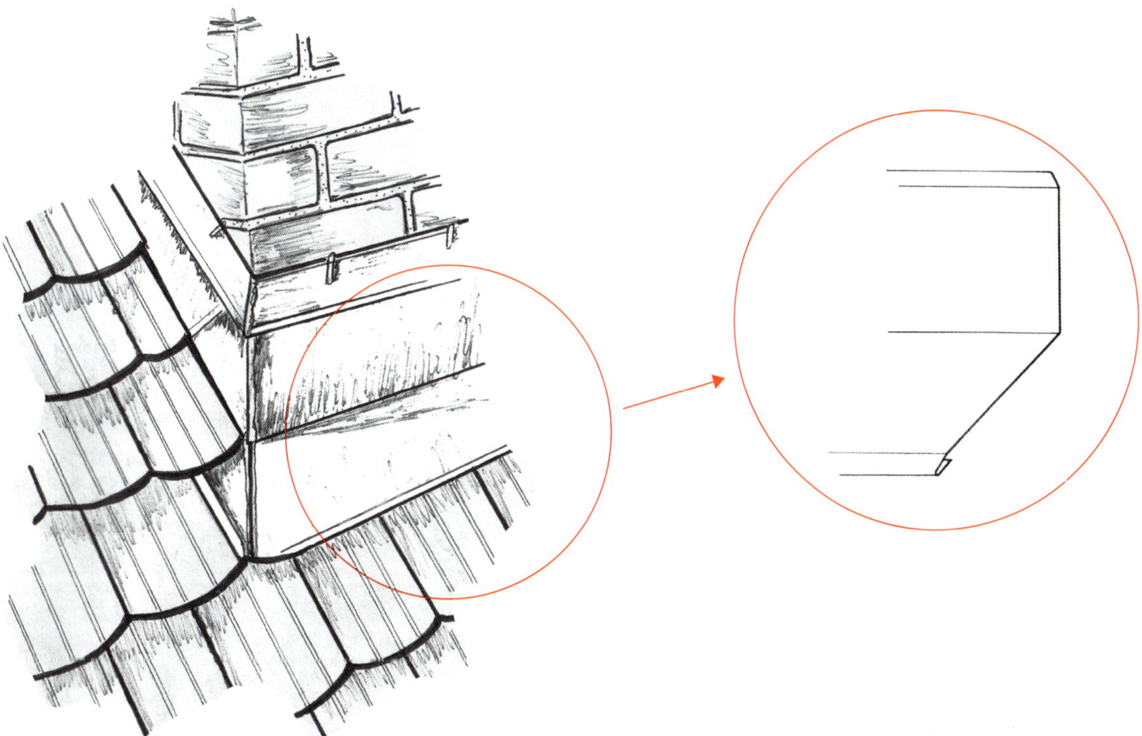

Abb 2.8 Traufseitiger Anschluss am Schornstein

Wandkehle

Bei Wandkehlen werden die Deckgebinde der Dachflächen so angeordnet, dass die Regensicherheit am aufgehenden Bauteil gewährleistet ist.

Es ist bei Wandkehlen zu beachten, dass stets Zusatzmaßnahmen angebracht werden müssen, z. B. über den konstruktiven Holzschutz (siehe hierzu Kapitel 4.1.2), plastisch verformbare Anschlussstreifen (z. B. Blei) oder aber ein satter Mörtelschlag.

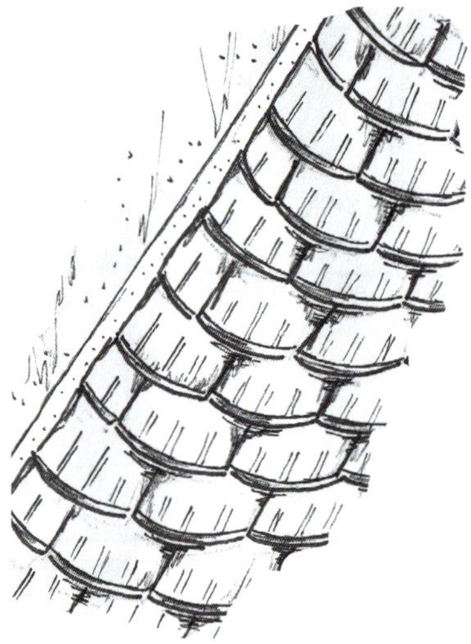

Abb. 2.9 Einfache Wandkehle am aufgehenden Bauteil, mit Mörtelschlag

Wangenkehle

Abb. 2.10 Wangenkehle ausgedeckt mit Biberschwanzziegeln

In dieser Abbildung wurden die Ziegel, einer geschwungenen Fläche gleich, an/auf die Wange geführt. Bei größeren Wangenflächen kann es erforderlich werden, die einzelnen Ziegelreihen der Wange einzubinden.

***Wandanschlusskehlen** sind Kehlen an aufgehenden Bauteilen, welche unter Zuhilfenahme von Metallen eingedeckt werden. Bei überdeckten Metallkehlen müssen die Zuschnittbreiten, Abwicklungen und Überdeckungen Beachtung finden. Wandanschlusskehlen können auch eingebunden, mittels Schichtstücken, in verschiedenen regionaltypischen Varianten hergestellt werden.*

***Wandkehlen** sind Anschlüsse von Dachflächen an aufgehende Bauteile, welche durch zusätzliche Maßnahmen (z. B. konstruktiven Holzschutz) geschützt werden müssen.*

***Wangenkehlen** werden mit demselben Grundmaterial der Dachfläche ausgedeckt. Am Ziegeldach werden die Biber, einer geschwungenen Dachfläche gleich, auf die Wange geführt. Bei größeren Wandflächen kann es erforderlich werden, die einzelnen Ziegelreihen der Wange einzubinden.*

Mögliche Dachkehlen

Alle Kehlen werden entweder von der Dachflächendeckung überdeckt oder in diese eingebunden (siehe auch Kapitel 6.3).

Abhängig von der Art der Dachdeckung sowie den örtlichen und baulichen Anforderungen sind nach aktuellem ZVDH-Regelwerk, hier der „Fachregel für Dachdeckungen mit Dachziegeln und Dachsteinen" folgende Kehldeckungen als Dachkehlen möglich.

Tabelle 2.1 Kehldeckungsarten

Dacheindeckungen	Arten der Dachkehlen						
	überdeckte Metallkehle	eingebundene Nockenkehle	eingebundene Biberkehle	überdeckte Biberkehle oder aus sonstigen Werkstoffen	überdeckte Dreipfannenkehle	Formziegelkehle	Schwenkziegelkehle
Dachziegel mit Falz	×	O	O[1)]	×	×	×	O
Dachziegel ohne Falz	×	O	O	×	×	×	O
Krempziegeldeckung	×	O	O	×	×	×	O
Hohlpfannendeckung	×	O	O	×	×	×	O
Mönch- und Nonnendeckung	×	O	O	×	×	×	O
Dachsteine mit Seitenfalz	×	O	O	×	×	×	O
Biber-Doppeldeckung	×	×	×	×	×	×	O
Biber-Kronendeckung	×	×	×	×	×	×	×
Biber-Einfachdeckung	×	×	×	×	×	×	O

O = nicht möglich
× = möglich
1) Regionaltypische Besonderheiten ermöglichen ein Abweichen von dieser Regel

Gemäß „Fachregel für Dachdeckungen mit Dachziegeln und Dachsteinen" sind für eine regensichere Kehldeckung entsprechende Kehlsparren-Neigungsgrenzen einzuhalten, siehe Tabelle 2.2:

Tabelle 2.2 Neigungsgrenzen für Kehlen

Kehldeckarten	Kehlsparrenneigung	Dachneigung
überdeckte Metallkehle		≥ 10°
eingebundene Nockenkehle	≥ 25°	
eingebundene Biberkehle	≥ 25°	
überdeckte Biberkehle	≥ 30°	
überdeckte Dreipfannenkehle	≥ 35°	
überdeckte Formziegelkehle	≥ 35°	
Schwenkziegelkehle	≥ 35°	

2.2.2 Die Grate

Als Grat werden alle äußeren (seitlichen) Verschneidungen zweier Dachflächen bezeichnet. Bei gleichhüftigen Dächern verlaufen Grate und Kehlen stets parallel zueinander.

Die Namen der verschiedensten Gratausbildungen sind Ableitungen ihrer handwerklichen Ausführung, ihrer technischen Ausführung oder ihrer Lage im Dach.

Der Beginn eines jeden Grats wird als Gratansatz (*nicht* als Gratanfang) bezeichnet.

Der obere Abschluss des Grats ist der Gratschnittpunkt, wobei es nicht von Belang ist, ob ein einzelner Grat (z. B. Verfallgrat), zwei Grate (Walm- oder Krüppelwalmdach), drei oder mehr Grate (Türme, stark gegliederte Erker) aufeinandertreffen.

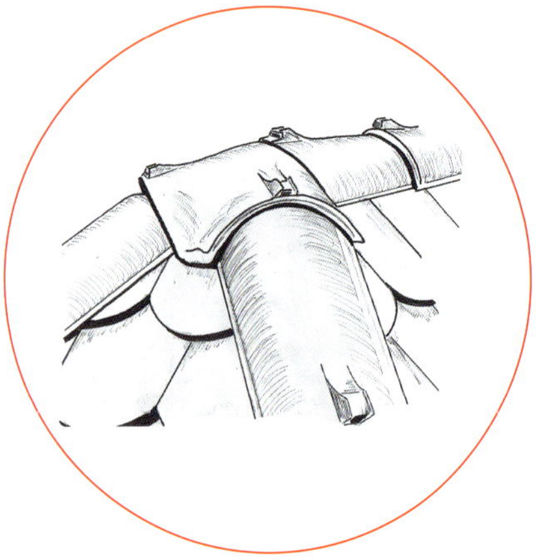

Abb 2.11 Industriell gefertigte Walmkappe am Gratschnittpunkt

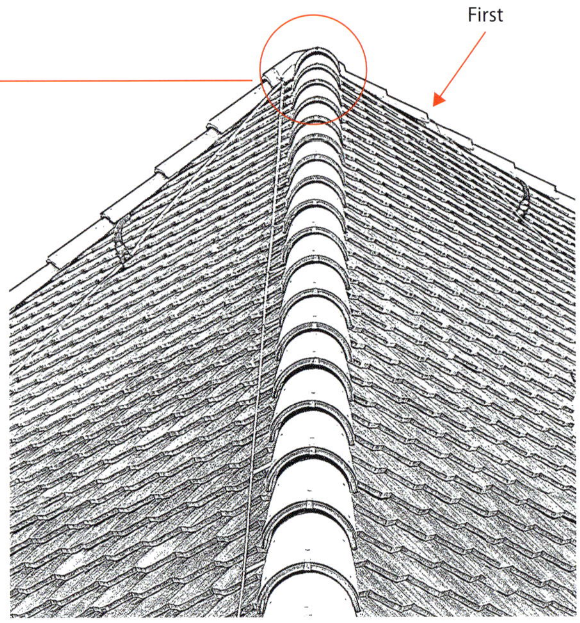

Abb 2.12 Hauptgrate am Walmdach

Der First bezeichnet anders als der Grat immer den oberen Abschluss zweier Flächen!

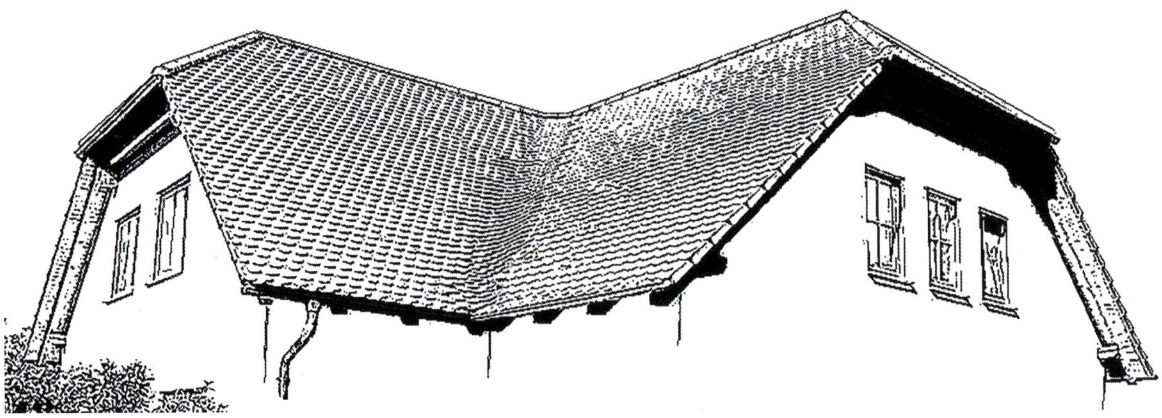

Abb 2.13 Gleich geneigte Dachfläche mit Hauptkehle und Krüppelwalmflächen

Abb 2.14 Hier kann eine Dachfläche mit einem stark gegliederten Anbau erkannt werden. Wir haben Grate am Erkeranbau, einen Verfallgrat und diesem gegenüber einen Hauptgrat.

Eingebundene Grate

Dieses Bauwerk zeigte eine Dachfläche aus der späten Gründerzeit oder dem frühen Jugendstil.

Typisch für diese Bauepoche sind stark gegliederte und verspielte Mansard-Dachflächen mit einer Dachneigung des Oberdaches von etwa 35°.

Als Bedachungsmaterial waren Tondachziegel, meistens Biberschwanzziegel, sehr beliebt, denn dadurch konnten sämtliche Details eingebunden ausgeführt werden.

Die Gratausbildung der Mansarde sowie des Oberdaches wurde hier klassisch mit First-/Gratkappen hergestellt.

Abb. 2.15 Die zwei mittleren Grate des Anbaus sind als geschwenkte und trotzdem klar definierte Details ausgebildet.

Schwenkgrate

Grate können komplett geschwenkt, also ohne Hohlziegel (Grat-/Firstziegel), hergestellt werden.

Für diese Art der Gratausbildung werden die Biberschwanzziegel der Fläche so zugerichtet, dass ein geschlossenes Deckbild, ein harmonischer Übergang sowie eine funktionstüchtige Regensicherheit ohne Verwendung zusätzlicher Maßnahmen sichergestellt sind.

> *Die Gratausbildung ohne separate Formziegel wird als* ***Schwenkgrat*** *bezeichnet.*

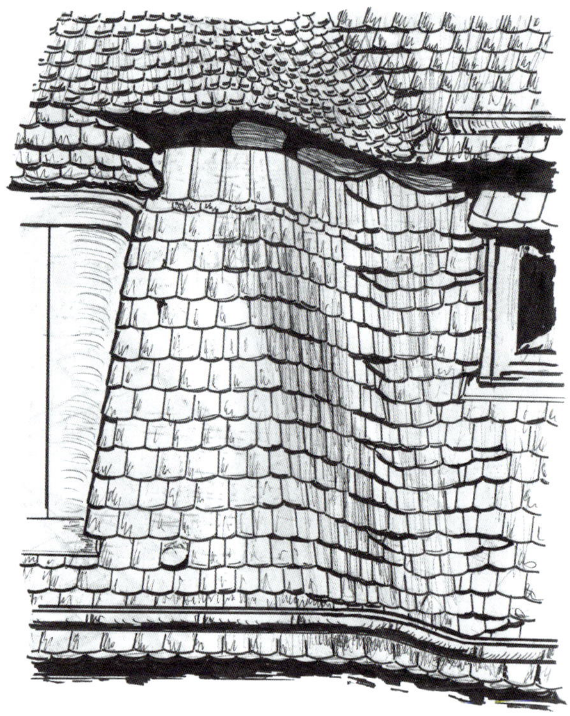

Abb. 2.16 Schwenkgrat

Geschwenkte Gratansätze

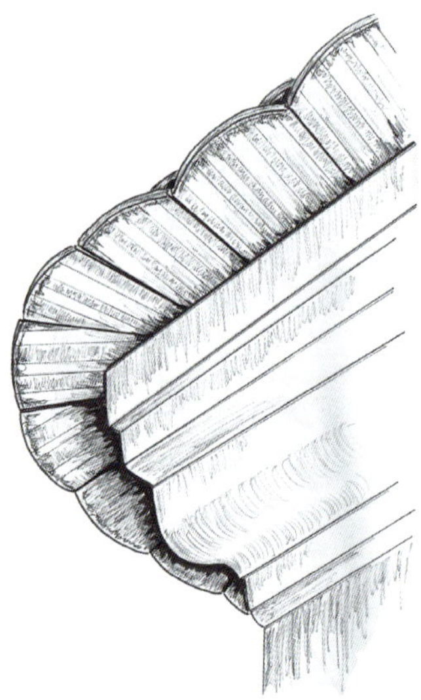

Abb. 2.17 Geschwenkter Gratansatz

Wenn eine aufliegende Dachentwässerung (Aufdach-/Liegerinne) oder eine Konstruktion ohne Dachentwässerung (Traufe mit freiem Überstand) hergestellt werden soll, besteht die Möglichkeit des geschwenkten Gratansatzes, des sogenannten Fechtels.

> *Beim geschwenkten Gratansatz werden nur die Lager- und Deckschicht der Traufdoppelreihe geschwenkt ausgeführt.*

Eingebundene Grate mit Schichtstücken

Als gestalterisches Element kann mit Schichtstücken ein eingebundener Grat hergestellt werden.

Um eine saubere Optik zu gewährleisten, sollten die Segmentrundungen (Rundschnittlinien) sich am Gratschnittpunkt treffen.

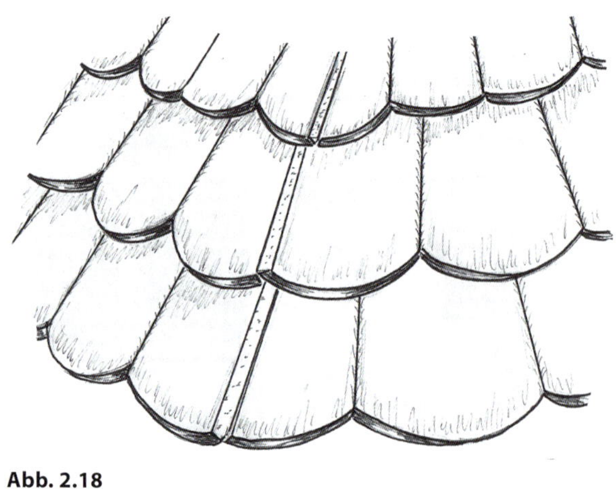

Abb. 2.18

2.2.3 Verschiedene Arten von Einbauteilen

Das Eindecken bzw. Beidecken von Einbauteilen in eine Biberschwanz-Fläche sollte für Dachdecker kein Problem darstellen. Nachfolgend sind verschiedene klassische, gängige oder handelsübliche Einbauteile abgebildet.

Beispiele

Abb. 2.19 Industriell gefertigtes Dunstrohr

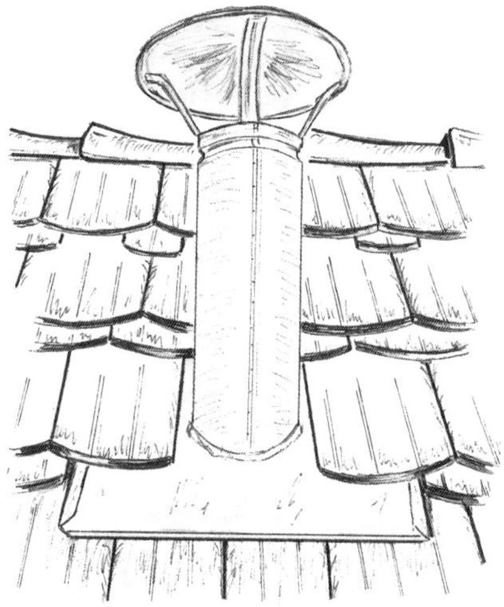

Abb. 2.20 Handwerklich gefertigtes Dunstrohr

Abb. 2.21 und 2.22 Laufroststützen in der Kronen- und Doppeldeckung

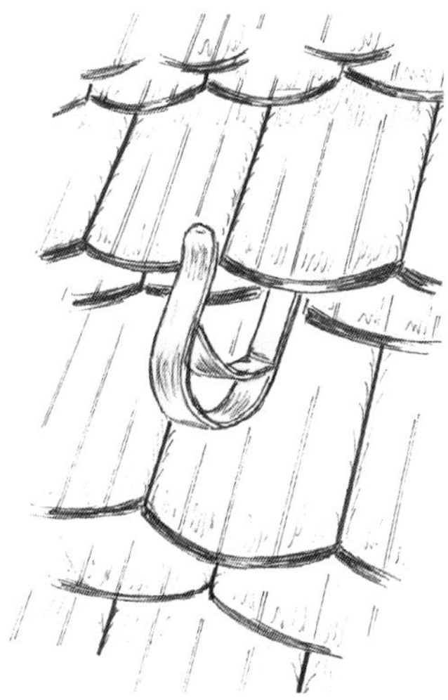

Abb.2.23 Leiter-/Reparaturhaken

3 Werkstoffkunde Dachziegel

3.1 Werkstoff Ton

Der für die Dachziegelherstellung genutzte Werkstoff wird allgemein als Ton bezeichnet. Um diesen zu erhalten, werden z. B. Lösslehm, Lehm und Ziegelton aufbereitet und verarbeitet.

Definition Rohstoff Ton

Der natürliche Rohstoff Ton ist ein Zerfallsprodukt aus Feldspat, dieser ist wasserunlöslich und kann je nach regionalem Vorkommen in seiner chemischen Zusammensetzung und dadurch in seiner Farbe variieren. Reiner Ton wird auch als Porzellanerde bezeichnet, dessen Vorkommen oder Lagerstätten sind jedoch sehr selten.

Natürliche Tonfarben und deren Hauptzusammensetzungen:

- Weißlicher Ton spricht für einen hohen *Kalium*gehalt, dieser wird auch als Porzellanerde bezeichnet,
- rostbrauner Ton besitzt einen hohen *Eisen*anteil,
- grünlicher Ton weist auf *Chlor*anteile hin
  und
- bräunlicher bis schwarzer Ton hat hohe *Mangan*anteile.

*Von **Lehm** spricht man immer dann, wenn im Ton Quarzsand oder Quarzmehl eingelagert ist. Bei hohen Kalkeinlagerungen spricht man nicht mehr von Ton, sondern von **Mergel**.*

Eigenschaften des Rohstoffes Ton

Ton weist in seiner mikroskopischen Zusammensetzung eine kristallene Gitterstruktur auf, welche wiederum von den einzelnen Elementen seiner Zusammensetzung aufgebaut wird. Dadurch ist trockener Ton extrem hart.

Die Besonderheit bei ungebranntem Ton oder Lehm ist die, dass bei kontinuierlicher Zugabe von Wasser dieser Rohstoff weich und plastisch verformbar wird. Nasser oder durchfeuchter Ton/Lehm ist schmierig bis glitschig, da sich die Moleküle des zugegebenen Wassers in dessen Kristallgitterstruktur setzen und dadurch ein Gleitfilm entsteht.

Bei starker Zugabe von Hitze bilden sich innerhalb der Kristallgitterstruktur des Tons die sogenannten Schmelzen. Diese Schmelzen erstarren beim Abkühlen glasig und verbinden so die kristallinen Strukturen des Tons untrennbar miteinander. Auch bei späterer massiver Zugabe von Wasser können die Bestandteile des so veränderten Tons nicht mehr gelöst werden.

Aufbereitung des Rohstoffs Ton zum Werkstoff Ton

Reiner Ton, Porzellanerde, ist für die Dachziegelherstellung ungeeignet. Dieser Ton schwindet bei seiner späteren Wasserabgabe sehr stark und erhärtet extrem. Aus diesem Grund kommt es oft zur Bildung von Rissen im Rohling. Diese für die Dachziegelproduktion eher schlechten Eigenschaften stammen von dem hohen Kaliumgehalt dieser Porzellanerde.

Zur Herstellung von Dachziegeln ist also die richtig dosierte Tonmischung Voraussetzung.

Für „normale“ Dachziegel und deren entsprechende Formziegel wird ein Lehm mit einem Tongehalt von etwa 40 bis 60 % verwendet. Für das Brennverfahren des Sinterns können jedoch auch Tonanteile von bis zu 75 %, ähnlich den Klinkern (im Mauerwerksbau), Verwendung finden.

Tonmischungen, Aufbereitung des Tons

Beim Abbau der Rohstoffe, also des Lehms oder Tons, weisen die Vorkommen selten die richtige, für die Ziegelherstellung benötigte Zusammensetzung auf. Dachziegel sollten ein einheitliches Industrieprodukt mit immer gleichbleibenden Eigenschaften der Verarbeitbarkeit, Frostsicherheit, Farbgebung und Festigkeit darstellen. Aus diesem Grund muss das bergmännisch gewonnene Rohmaterial aufgearbeitet/aufbereitet werden.

In der Zusammensetzung sind oft die unterschiedlichsten Körnungen und Inhaltsstoffe enthalten. Um dennoch gleichbleibende Eigenschaften bei der Ziegelherstellung zu erzielen, werden die einzelnen Rohstoffe mit Rohstoffen verschiedener Herkunft (andere Tongruben) vermischt. Außerdem werden fremdbezogene Inhaltsstoffe mit bestimmten und erwünschten Eigenschaften wie Ziegelmehl, Quarzsand, verschiedenste Mineralien oder Chemikalien beigemengt.

Die einzelnen Roh- und Inhaltsstoffe werden gemahlen, gewalzt, mit Wasser versetzt, gesumpft und geknetet. Am Ende der Aufbereitung muss eine homogene, plastisch formbare Masse entstanden sein.

Bei der Dachziegelherstellung spricht man daher von reinem/fettem Ton oder aber von magerem Ton. Egal welche Tonart Verwendung findet, es wird stets mit geeigneten Zuschlagsstoffen gearbeitet.

- Bei fettem Ton (hoher oder sehr hoher Tonanteil) wird durch die Zugabe von feinem Quarzsand oder zermahlenen Ziegelscherben (Ziegelmehl) der Tongehalt eingestellt.
- Bei magerem Ton (wenig oder zu wenig Tonanteil) wird durch die Zugabe von fettem Ton oder das Ausschlemmen/Auswaschen der Quarzanteile der Tonanteil reguliert.

Ein sehr hoher oder zu hoher Quarzsandanteil im Ton ist für die Dachziegelherstellung ebenso ungeeignet wie ein zu geringer. Der Quarzsand macht den Ziegel während des Brennvorgangs und später brüchig.

3.2 Formgebung

Bei der Formgebung von Dachziegeln wird zwischen zwei grundsätzlichen Verfahren unterschieden, diese werden als die maschinelle und die handwerkliche Formgebung bezeichnet.

Die maschinelle Herstellung von Dachziegeln teilt sich wiederum in zwei völlig verschiedene Grundverfahren, die Strangziegelherstellung und die Pressdachziegelherstellung.

Die maschinelle/industrielle Formgebung

Während der Industrialisierung Europas im 19. Jahrhundert veränderte sich auch die bis dato jahrhundertelang angewandte Ziegelherstellung. Die Ziegelrohstoffe wurden nun im großen Stil gewonnen und nach dem Abbau direkt aufbereitet. Das so gewonnene Rohmaterial konnte nun durch die immer komplexer werdenden Industriemaschinen zu Dachziegelrohlingen (ohne Kopfverfalzung) oder zu den sogenannten Batzen als Rohling für die weitere Verarbeitung als Pressdachziegel geformt werden.

Strangdachziegel-Herstellungsverfahren

Der Begriff „Strang" kommt aus dem Althochdeutschen und bedeutet so viel wie aus mehreren Teilen gedrehtes Seil. Im Zusammenhang mit der Dachziegelherstellung bedeutet das Wort „Strang" lange Tonschnurre.

Die Dachziegelrohlinge werden (in stark vereinfachter Erläuterung) aus einem langen Tonstrang zugeschnitten. Dieser Tonstrang wird über ein spezielles Mundstück, die sogenannte Strangpresse, geformt.

Das Industrieprodukt, das Endprodukt dieses speziellen Herstellungsverfahrens, trägt später den Namen Strangdachziegel.

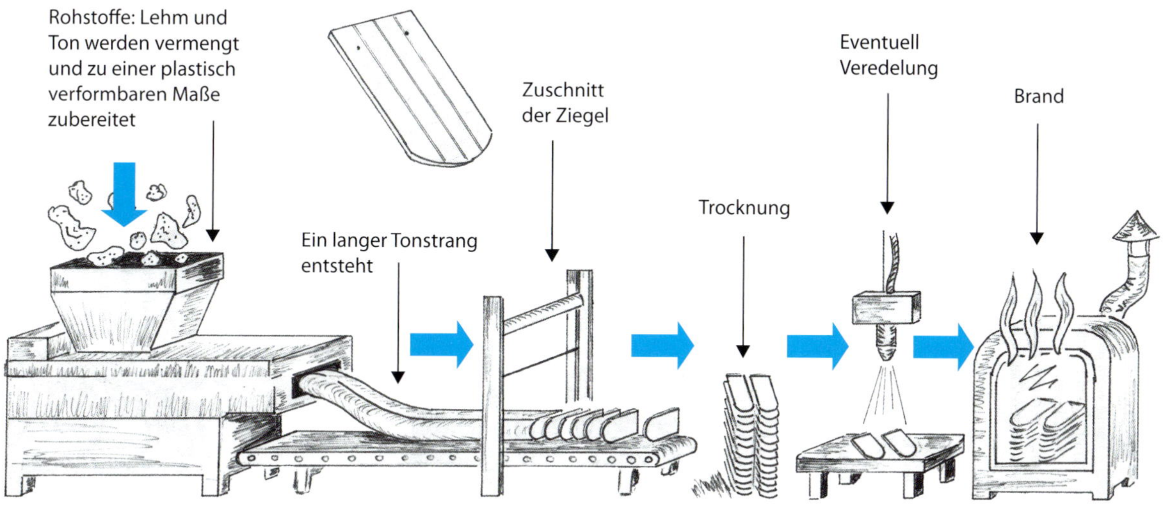

Abb. 3.1 Das Verfahren der Strangdachziegelherstellung am Beispiel Biberschwanzziegel (stark vereinfacht)

Besonderheiten eines Strangdachziegels

- Strangdachziegel besitzen mindestens zwei parallel verlaufende Kanten.
- Strangdachziegel können auch Seitenfalze, jedoch nur recht einfache besitzen.
- Strangdachziegel haben niemals Kopfverfalzungen oder Schmuckelemente.

Beispiele für Strangdachziegel

- Biberschwanzziegel
- (sogenannter) Falzbiber
- klassische Hohlpfannen
- einfache Doppelmulden

Abb. 3.2 Falzbiber

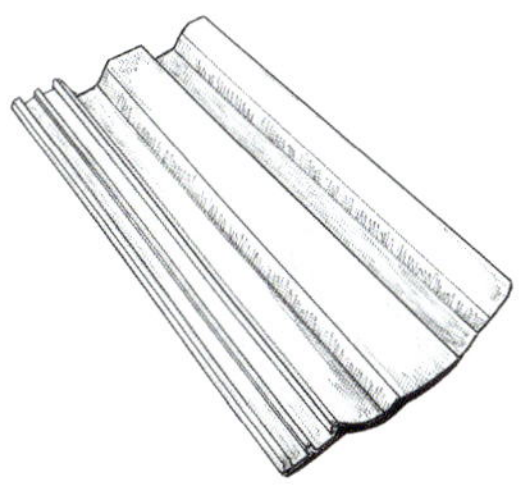

Abb. 3.3 einfache Doppelmulde

Pressdachziegel-Herstellungsverfahren

Der Begriff Pressziegel kommt von Pressen. Die Dachziegelrohlinge werden hier in speziellen Formpressen, den sogenannten Quetsch-, Stempel- oder Revolverpressen, einzeln hergestellt. Hierbei wird jeder (Ton-)Batzen in einer eigenen separaten Form aus Metall oder Kunststoff in die gewünschte Form gepresst.

Das Industrieprodukt, das Endprodukt dieses speziellen Herstellungsverfahrens, trägt später den Namen Pressdachziegel.

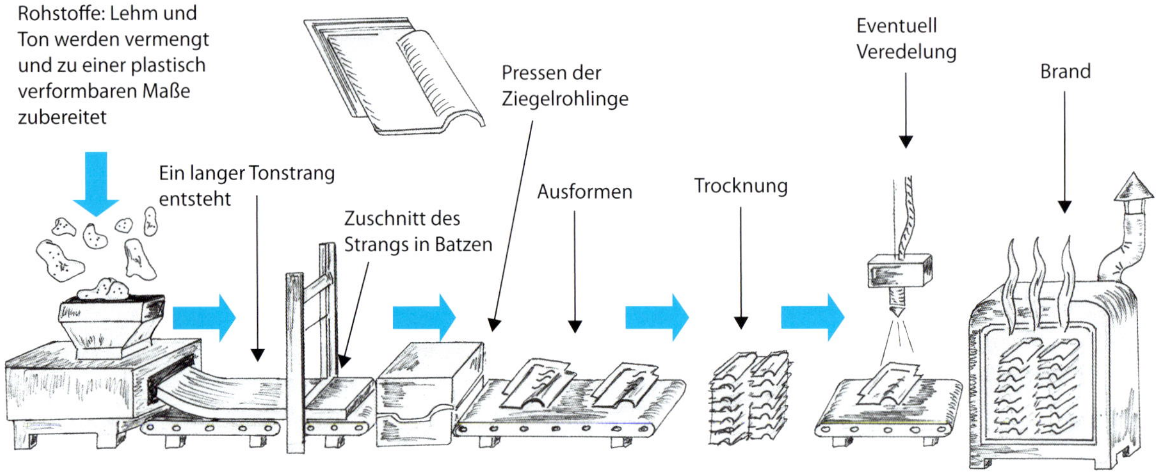

Abb. 3.4 Das Verfahren der Pressdachziegelherstellung am Beispiel Flachdachpfanne (stark vereinfacht)

Besonderheiten eines Pressdachziegels

- Pressdachziegel können komplizierte Kopf- und/oder Seitenfalze aufweisen.
- Bei Pressdachziegeln sind auch komplizierte Sonderformen oder Schmuckelemente möglich.
- Ziegelzubehör (Formziegel) auch von Strangdachziegeln sind stets Pressdachziegel.

Beispiele für Pressdachziegel

- Flachdachpfannen, Doppelmuldenfalzziegel, Kremper
- Mönch- und Nonnenziegel
- Sonderdachziegel:
  - spezielle First- oder Schmuckziegel (z. B. Herzziegel)
- Formdachziegel:
  - Ortganglappenziegel
  - Walmglocken
  - Flächenlüfterziegel, Durchgang-/Durchlassziegel für z. B. Thermen, Dunstrohre oder Antennen

Abb. 3.5 Flachdachpfanne

Abb. 3.6 Biberschwanz-Flächenlüfter

Die handwerkliche Formung – Formgebung von Hand

Bei der handwerklichen Formgebung von Dachziegeln werden diese von Hand geschlagen, d. h., die aufbereitete Lehm-Ton-Mischung wird in bereitstehende Formen (meistens eine Metall-Holz-Kombination) gedrückt, geformt, geglättet und darin getrocknet.

Arbeitsschritte der handwerklichen Formgebung von Bibern

Zuerst werden die sogenannten Ziegelbretter vorbereitet, also mit sehr feinem Sand als Trennmittel bestreut, dort wird ein Rahmen (aus Holz oder Eisen) aufgesetzt, welcher die Form des späteren Ziegels hat.

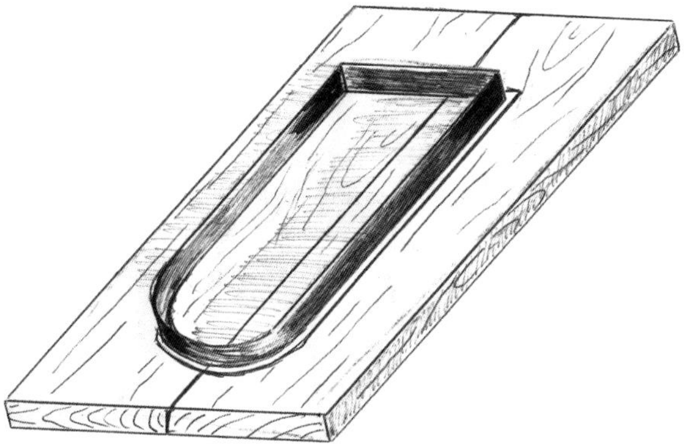

Abb. 3.7 Klassisches Ziegelbrett, diese Ziegelform ist etwa 7 bis 10 % größer als der spätere Dachziegel!

Abb. 3.8 In das Ziegelbrett erfolgt im ersten Arbeitsschritt das Einstreuen von feinem Sand als Trennmittel.

Im zweiten Arbeitsschritt wird nun die sauber vorbereitete Rohmasse (der Ton) in die Form hineingeschlagen und so lange gewalkt, bis keinerlei Lufteinschlüsse oder Ungleichmäßigkeiten mehr vorhanden sind.

Abb. 3.9 Gleichmäßiges Befüllen des Ziegelbretts, der Ziegelform

Abb. 3.10 Ausdrücken der Lufteinschlüsse

Nun wird, unter vorsichtiger Wasserzugabe, die Oberfläche der Ziegelrohlinge glatt gestrichen bzw. die spätere Struktur hergestellt.

Abb. 3.11 Durch vorsichtige Zugabe von Wasser erfolgt das Glätten des Rohlings ...

Abb. 3.12 ... die Formgebung der Anhängenase erfordert etwas Geschick.

Nun folgt für den Ziegelrohling eine Ruhephase von zwei bis drei Tagen, danach wird dieser aus der Form entnommen und auf ein Trocknungsregal aufgelegt, wo dieser Rohling komplett luftumspült eineinhalb bis zwei Wochen trocknet.

Zuletzt wird der komplett luftgetrocknete Ziegelrohling gebrannt.

3.3 Trocknung

Bei der heute üblichen industriegeprägten Dachziegelherstellung werden die noch weichen Ziegelrohlinge in speziellen Trockenkammern durch ein Endlosverfahren unter kontrollierter Luftfeuchte und exakt gleichbleibenden Temperaturen bei etwa 100 °C bis maximal 120 °C getrocknet.

Hierbei wird dem Dachziegelrohling das beigemengte Wasser, welches zur Formgebung wichtig war, entzogen. In diesem Verfahren erhärtet und schwindet der Rohling, er erhält so seine spätere Endform.

Bei der richtigen Wahl und Zusammensetzung des Rohstoffs sollte das Schwinden der einzelnen Ziegelformlinge einen Wert von 7 bis 10 % des Gesamtvolumens nicht überschreiten.

Der Aufenthalt der Dachziegel in den Trockenkammern wird durch die Tonzusammensetzung des Rohstoffs bestimmt und dauert etwa 16 Stunden.

Es besteht auch die Möglichkeit, den Ziegelrohling natürlich, ohne Energieaufwand, zu trocknen. Dabei wird der Rohling ein bis drei Wochen in die Sonne gelegt.

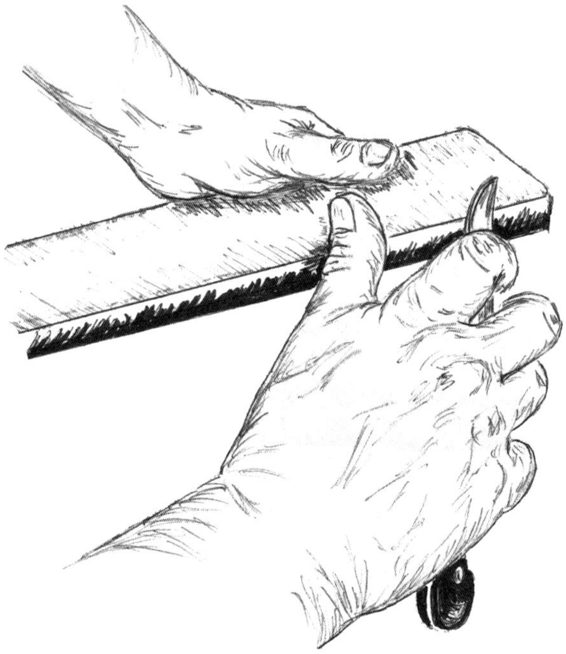

Abb. 3.13 Nach erfolgreicher Austrocknung werden nun die Kanten des erhärteten luftgetrockneten Ziegels nachgearbeitet, d. h., Grate und Schwemmstellen an den Rändern werden geglättet.

An Regentagen und nachts werden die Rohlinge in spezielle Lagerräume verbracht, dadurch entsteht ein natürlicher Trocknungsprozess. Dieses Verfahren findet heute kaum noch Anwendung, selbst in kleinen Manufakturen gibt es mittlerweile Trockenkammern. Der Grund für die Änderung des Trocknungsverfahrens ist, dass die Gefahr besteht, dass bei unzureichender Trocknung der spätere Brand nur mindere Qualität verspricht.

3.4 Farbgebung oder Oberflächenfarbe

Die Farbgebung des Fertigprodukts, also des gebrannten Dach- oder Formziegels, ist durch die Wahl der Rohstoffe sowie durch die Art der Produktion des Tons als Werkstoff beeinflussbar. Die Maßnahmen für diese oft sehr unterschiedlichen Farbgebungen müssen je nach gewähltem Verfahren vor dem Brand getroffen werden.

Die Farbe des fertigen Dachziegels ist mit der ursprünglichen Rohstofffarbe des Tons nicht identisch. Erst durch das Brennen erhält der Dachziegel seine endgütige Farbe.

Bei der Farbgebung von Dachziegeln, also der Dachziegelfarbe, wird durch die verschiedenen Brenn- oder Herstellungsverfahren unterschieden in:

- *naturfarbene Dachziegel:*
  Sie besitzen die natürliche Brennfarbe des Tons. Je nach Tonvorkommen und je nach Tonzusammensetzung ergeben sich verschiedene Brennfarben. Diese Brennfarben können bei klassischen Dachziegeln von Hellrot über Dunkelgrün bis Dunkelbraun variieren.
- *durchgefärbte Dachziegel:*
  Es können dem Ton vor der Verarbeitung Minerale zugeführt werden, diese beeinflussen die natürliche Brennfarbe. Man spricht dann von durchgefärbten Dachziegeln.
  Die Brennfarbe bei kalkhaltigem Ton ist Gelb, bei eisenhaltigem Ton Rot und bei manganhaltigem Ton Dunkelrot bis Dunkelbraun.
- *naturfarbene Dachziegel mit Buntfärbung/das sogenannte Herbstlaub:*
  Hierbei werden durch die Zugabe von Natrium- und Eisenchloriden im Brand und durch die Beimengung verschiedener Tone vor dem Brand unregelmäßige Buntfärbungen der Dachziegel erreicht.
- *gedämpfte Dachziegel:*
  Gedämpfte Dachziegel werden durch die Reduktion der Sauerstoffanteile des sich im Ton befindenden Eisenoxids hergestellt. Zum Dämpfen von Ziegeln eignen sich daher (ausschließlich) stark eisenhaltige Tone.

  Nach der Beendigung des Garbrands wird dem noch in voller Glut stehenden und luftdicht abgeschlossenen Brennofen durch ins Feuer gegebene leicht brennbare Stoffe (z. B. Öl oder harzreiches Holz), welche besonders starken Rauch entwickeln, ein Teil des Sauerstoffs entzogen.

  Die Luftdichtigkeit des Ofens verhindert die für die Verbrennung wichtige Frischluftzufuhr. Da der Kohlenstoff im Rauch zum Verbrennen aber Sauerstoff braucht, wird so der benötigte Sauerstoff ausschließlich aus dem sich im Ton befindlichen Eisenoxid gezogen.

  Dadurch entsteht ein chemischer Prozess, in dem sich das Eisenoxid in Eisenoxidul (Hammerschlag) reduziert. Durch diesen Sauerstoffentzug im Brand können nun die Eisenbestandteile des Tons nicht mehr oxidieren. An die Stelle der roten Färbung des Eisenoxids tritt dann die gewünschte schwarze, schiefrig blau-graue bzw. graue Tönung der niederen Oxidationsstufe des Eisens.

  Für die Herstellung von gedämpften Dachziegeln sind nur Ringöfen geeignet, weil sich nur bei diesen die einzelnen Kammern luftdicht verschließen lassen.

Gedämpfte Ziegel sind deutlich härter und langlebiger als naturfarbene, aber auch in ihrer Herstellung teurer. Aus diesem Grund galten gedämpfte Dachziegel einst als „Reiche-Leute-Ziegel".

3.4.1 Engobierte Dachziegel

Derzeit ist es auf deutschen Dächern Mode, zum Großteil engobierte Dachziegel zu verarbeiten. Unter Engoben versteht man matte, nicht glasurartige Überzüge.

Dieser Überzug aus Ton hat den Zweck, die Oberfläche der Dachziegel farblich zu verändern. Die Engobe hat keinerlei Einfluss auf die Güte des Dachziegels.

Die Engobe ist eine Suspension (also ein Stoffgemisch aus einer Flüssigkeit mit darin fein verteilten Festkörpern) aus Ton und Metalloxiden in Wasser – also eine besonders aufbereitete Tonschlämme.

Dieser Tonschlämme sind je nach gewünschter Farbe des Dachziegels die entsprechenden Mineralien oder Metalloxide beigemischt. Bei Engoben sind nur Farben mit Rotanteil möglich.

Beim Transport, Eindecken oder Bearbeiten der engobierten Dachziegel werden Bruchkanten, Absplitterungen, Stoßstellen und Schnittflächen mehr oder weniger deutlich sichtbar. Aus diesem Grund empfiehlt es sich, bei stark gegliederten Dachflächen einen rot engobierten Dachziegel zu wählen.

Farbgebungsverfahren beim Engobieren

In einem einfachen Verfahren werden die getrockneten Dachziegel-Rohlinge vor dem Brand in die entsprechende Engobe getaucht oder mit dieser besprüht.

Je nach Zusammensetzung der Engobe erhalten so die Dachziegel ihre ganz bestimmte Brennfarbe.

Dieser vor dem Garbrand aufgebrachte „Überzug“ verbindet sich während des Brennvorgangs der Dachziegel untrennbar mit dessen Ton. Aus diesem Grunde sind Engoben extrem robust/haftfest. Man beachte jedoch, Rohlinge und Überzug unterscheiden sich in ihrer Brennfarbe.

Besondere Engoben:

- *edelengobierte Dachziegel:*
  Als Edelengobe wird eine weitere Form der Oberflächengestaltung bei Dachziegeln bezeichnet. Diese ist gewissermaßen ein „Zwischending“ zwischen einer Engobe und einer Glasur. Die Edelengobe ist eine Engobe mit deutlich höherem Glanzgrad. Edelengoben bestehen aus einer Tonschlämme, welcher glasbildende Zusätze beigemischt wurden. Der Brand von edelengobierten Dachziegeln erfolgt zwischen 1020 und 1180 °C.
- *Sinterengoben, sinterengobierte Dachziegel:*
  Ebenfalls eine Engobe ist die sogenannte Sinterengobe oder auch früher oft als „terra sigilata“ bezeichnet. Diese ist ein glänzender, fast glasurartiger Überzug aus leicht schmelzbarem Ton. Während des Brennvorgangs der Dachziegel beginnt diese Engobe zu sintern (zu schmelzen) und verbindet sich so zu glasartigen Tropfen. Da lediglich ein Teil der Oberfläche durch glasierte Fragmente bedeckt wird, befinden sich dazwischen Bereiche, welche nicht den glasartigen Zustand erreichen. Dieser Überzug bildet keine abschließende Glasurschicht und aus diesem Grund zählen diese Oberflächenbeschichtungen nicht zu den Glasuren.

3.4.2 Glasierte Dachziegel

Glasuren sind glasartige Überzüge/Veredelungen, welche die Oberflächen der Ziegel glätten, versiegeln und schützen. Mit Glasuren lassen sich in besonderer Weise die Oberflächenfarben der Dachziegel gestalten.

Glasuren sind Quarzsandgemische aus verschiedensten Inhaltsstoffen und enthalten in ihrer Grundmasse Quarz, Kalk, Dolomit, Soda, Pottasche, Feldspat, Borax sowie Bleioxid.

Für den späteren Farbton werden Pigmente aus den Oxiden von Eisen, Nickel, Mangan, Vanadium, Chrom, Kobalt und Kupfer verwendet.

Glasuren können in allen Farben oder Farbtönen, auch ohne Rotanteil, wie z. B. Blau, Grün, Gelb, hergestellt werden.

Farbgebungsverfahren beim Glasieren

Die vorbereitete Masse der späteren Glasur wird bei Temperaturen bis etwa 1600 °C gebrannt und nach dem Abkühlen zu sehr feinem Pulver zermahlen.

Danach wird dieses Pulver mit Wasser versetzt und es entsteht eine Glasurschlämme/ein Glasurschlicker, welcher ähnlich der Engobenschlämme aufgetragen wird.

Der getrocknete und mit der Glasur überzogene Dachziegelrohling wird gebrannt, wobei durch das Brennen die Glasurmasse schmilzt und dadurch eine unlösbare glasartige dauerhafte Oberfläche bildet. Mit dem Dachziegel wird auch die Glasur gebrannt!

Glasurfehler

Durch das Brennen der Ziegel entsteht auf der Dachziegeloberfläche eine harte, glasartige, eingefärbte Schicht. Beim Abkühlen nach dem Brand können Spannungen zwischen der Glasur und dem Dachziegel entstehen.

Wenn diese Spannungen zu groß werden, können feine Risse in der Glasur, die sogenannten Craquelés, entstehen. Diese dürfen nach DIN EN 538, DIN EN 1024 die Brauchbarkeit des Dachziegels nicht herabsetzen.

Dass Glasuren nicht so haftfest wie Engoben oder gar empfindlich seien, ist ein Märchen. Alte Dachziegel weisen oft Glasurcraquelés (spinnennetzartige Haarrisse in der Glasur) auf, was auf die damalige Brenn- oder Ofenqualität zurückzuführen ist. Für die Langlebigkeit auch mit Craquelés durchzogener Dachziegel sprechen Dächer mit einem Alter von 150 und mehr Jahren!

Vorteile von Glasuren

Glasierte Ziegel haben gegenüber naturbelassenen Dachziegeln deutliche Vorteile:

- extreme Haltbarkeit
- geringe Grünbildung (Vermoosung) usw.

Nachteile von Glasuren

Die Nachteile von glasierten Dachziegeln sind z. B.:

- hohe Kosten (ein sehr teurer Dachziegel)
- ein ausgeprägtes Blendverhalten für Nachbarn, Passanten oder Autofahrer
- Glasierte Dachziegel sind nicht porös, d. h., sie haben nur eine begrenzte Fähigkeit zur Aufnahme von Feuchtigkeit aus dem Gebäudeinneren und die Bereitschaft, diese Feuchtigkeit zu gegebener Zeit (z. B. durch Sonneneinstrahlung) wieder nach außen abzugeben, völlig verloren.
- Bei glasierten Dachziegeln ist die Verwendung von Mörtel als Druckausgleich an schwierigen Details stark eingeschränkt.

3.5 Brennen von Dachziegeln

Wenn einem Ton hohe Temperaturen zugeführt werden, entstehen keramische Strukturen, welche hervorragende Beständigkeit gegen Witterungseinflüsse aufweisen. Bei dieser kontrollierten Temperaturzugabe spricht man vom Brennen.

Ton wird bei Temperaturen zwischen etwa 900 und 1100 °C gebrannt, hierbei wird diesem das letzte gebundene Wasser entzogen. Dieses im Ton gebundene Wasser wird auch als Kristallwasser oder als Hydratwasser bezeichnet. Kristallwasser kommt in den einzelnen (kristallinen) Bestandteilen (z. B. im Quarzsand) des Tons in gebundener Form vor. Durch den Entzug des Wassers beim Brennen verändern sich die Struktur des Tons, sodass ein nicht mehr rückgängig machbarer Zustand entsteht.

Nach dem Brennen hat der Ton seine Struktur vollständig geändert und kann auch bei dauerhafter Feuchtigkeits- oder Wassereinwirkung seine Quellfähigkeit oder seine plastische Verformbarkeit nicht mehr zurückgewinnen.

Brennverfahren bei der Dachziegelherstellung

Das Brennen erfolgt in modernen, industriellen Ziegeleien meistens im sogenannten Endlosverfahren. Als Brennöfen kommen Tunnelöfen zum Einsatz. Dabei werden diese Tunnelöfen durch die Verwendung von Öl oder Gas beheizt.

Beim Brennen im Endlosverfahren wird eine Brennstrecke von etwa 100 m Länge verwendet. Diese Brennstrecke ist in mehrere Brennbereiche unterteilt. Durch diese Brennstrecke fahren beladene Brennwagen in gleichmäßiger Geschwindigkeit hindurch.

Der Brennvorgang eines Dachziegels dauert derzeit etwa 34 Stunden und kann je nach Tonqualität/Beschaffenheit der Rohlinge sowie je nach Art des Ofens bis zu fünf Tage in Anspruch nehmen.

Brennöfen zur Dachziegelherstellung sind:

- der Ringofen – Brenngut (die Formlinge) stationär, Feuer mobil,
- der Tunnelofen – Brenngut (die Formlinge) mobil, Feuer stationär.

Der eigentliche Brennvorgang bei der Dachziegelherstellung erfolgt grundlegend in drei Schritten, dem sogenannten Vorbrand (Vor- oder Aufwärmen), dem Garbrand und dem Nachglühbrand (Ab- oder Auskühlen).

Die Ziegel erhalten in der eigentlichen Brennzone ihren Garbrand, in der angeschlossenen Nachglühkammer erhält der noch frische Ziegel seine Festigkeit und Elastizität. Zum Schluss folgt das allmähliche schrittweise Abkühlen.

Brennfarben des Tons

Durch das Brennen der Dachziegel verändert sich die Farbe des Tons unwiderruflich, die Farbe des Rohmaterials stimmt nicht mit der Farbe des Brenngutes überein.

Durch die heutigen sehr ausgefeilten Mischtechniken des Rohmaterials, welches bei der Industrie Verwendung findet, sind die Brennfarben weitestgehend gleich. Dennoch können Farbunterschiede durch den Brennvorgang entstehen, weniger bei einem Brand, jedoch bei mehreren verschiedenen Bränden. Innerhalb eines Brennvorgangs ist die Farbqualität meistens gleich, jedoch bei Nachbestellungen einer oder mehrerer Verpackungseinheiten (aus demselben Werk, exakt dergleiche Ziegel – nur einige Tage oder Wochen später gebrannt) können diese Ziegel Farbungleichheiten aufweisen, welche in jedem Fall sichtbar werden.

Die im Ton eingelagerten Metallverbindungen (z. B. Eisen, Mangan oder Magnesium) bewirken verschiedene Brennfarben.

Brennverhalten des Tons

Während des Brennens kann es zu Verwerfungen der Formlinge kommen. Das passiert immer dann, wenn die Trocknung unzureichend ist oder die Garbrandtemperaturen starke Abweichungen aufweisen.

Beim Brennvorgang schwindet der Ziegel erneut, was wiederum vom Mischverhältnis des Tons abhängig ist. Das Schwinden der Formlinge beim Brand beträgt bei magerem Ton etwa 8 bis 10 % und bei fettem Ton 12 %.

Reine Tone (Kaoline) werden auch fette Tone genannt, durch den sehr niedrigem Alkaligehalt sind diese feuerfest, das bedeutet, sie lassen sich nur schwer schmelzen. Fette Tone (Rohstoffe) können und müssen daher mit deutlich höheren Temperaturen gebrannt werden.

*Tone mit hohem Alkaligehalt, also magere Tone, dürfen **nicht** bei hohen Temperaturen gebrannt werden, da diese bereits bei niedrigen Brenntemperaturen beginnen zu sintern (schmelzen).*

Spezialbrände bei den Dachziegeln

Sinterziegel oder auch gesinterte Dachziegel werden gebrannte Ziegel genannt, welche bis kurz vor die Sinterungsgrenze (ihrem Schmelzpunkt) gebrannt werden.

Dachziegel, welche sich im Sinterverfahren befinden, haben durch den sich im Sintern (Schmelzen) befindenden Ton ihre Poren bereits geschlossen. Somit hat ein gesinterter Dachziegel seine Atmungsaktivität verloren.

Gesinterte Dachziegel sind etwas dunkler in ihrer Farbe, deutlich heller im Klang, glatter in der Oberfläche und härter im Brand.

Dachziegel-Rohlinge sintern, je nach Zusammensetzung ihres Rohstoffs, bei etwa 1400 °C. Wenn der Dachziegel über seinen Sinterpunkt hinaus gebrannt wird, zerfließt dieser und verliert seine Form.

Vorteile gesinterter Dachziegel sind eine deutlich höhere Druckfestigkeit und Langlebigkeit.

3.6 Güteprüfung, Prüfverfahren der Dachziegel

3.6.1 Qualitätsanforderungen

Qualitativ hochwertige Dachziegel zeichnen sich durch funktionelle Formen, saubere Formgebung und einen scharfen Brand aus.

Oft sind Sprünge, Haar- oder Brandrisse, Beulen und Verkrümmungen an fabrikneuen oder eingelagerten Dachziegeln zu erkennen, welche deren Qualität mindern.

Einschlüsse, ausblühfähige Salze und andere Verunreinigungen dürfen nur in solch geringen Mengen vorhanden sein, dass Zerstörungen sowie Einschränkungen der Tauglichkeit und Tragfähigkeit ausgeschlossen sind.

Die Mindestqualitätsanforderungen an Dachziegel sind in der DIN EN 1304 und im Regelwerk des Deutschen Dachdeckerhandwerks unter der Bezeichnung „Produktdatenblatt für Dachziegel" aufgeführt. Diese Anforderungen lauten wie folgt:

- Dachziegel müssen wetterbeständig und frostsicher sein.
- Dachziegel müssen rissfrei und frei von Bestandteilen sein, welche eine Verwitterung fördern (z. B. Schwefelkies, Kalkbestandteile).
- Verkrümmungen und/oder Flügeligkeiten dürfen die im „Produktdatenblatt für Dachziegel" (ZVDH-Regelwerk) aufgeführten zulässigen Werte nicht überschreiten.
- Abplatzungen, Schrammen und Scheuerstellen sind in geringem Maße zulässig.

Eine optische Bewertung für Oberflächentoleranzen und die optischen Eigenschaften von Dachziegeln erfolgt bei einer Betrachtungsentfernung von 6 bis 10 m. Dachflächen in Augenhöhe (aber auch Vordächer, Balkonaustritte, Mauerabdeckungen oder Ähnliches) können optisch strenger bewertet werden.

Zur Sicherung der Qualität werden Dachziegel bereits im Werk und später vor Ort (auf der Baustelle) geprüft. Diese Prüfverfahren werden häufig als amtliche und handwerkliche Prüfungen bezeichnet.

3.6.2 Handwerkliche Prüfverfahren

Der Verarbeiter, also der Dachdecker oder die Dachdeckerin, welche den Ziegel als Letzte in die Hand nehmen, haben die Aufgabe, durch einfache Verfahren zu überprüfen, ob die Dachziegel die Mindestqualitätsansprüche einhalten und der Dachziegel auf dem Transportweg keinen Schaden genommen hat.

Die baustellenmäßige Güteprüfung der Dachziegel beschränkt sich auf folgende Bereiche:

Sichtprobe, optischer Eindruck

- Farbe: gleichmäßige Brennfarbe/gleichmäßige Farbgebung der Engobe oder Glasur (gute Ziegel färben nicht ab)
- Form: Verwerfungen, Flügeligkeit, Scharfkantigkeit und Kantengenauigkeit der Dachziegel
- Oberflächenbeschaffenheit: gleichmäßiger Brand (Spannungs- oder Brandrisse auch in Engobe oder Glasur), sichtbare Einschlüsse im Ziegel der Engobe oder der Glasur, gleichmäßige Oberflächenstruktur
- Kennzeichnung: Jeder 200. Dachziegel muss dauerhaft mit Herstellungsdatum, Werkskennzeichnung und Sortierung gekennzeichnet sein.

Erfahrene Dachdecker beurteilen durch den bloßen Augenschein die Qualität von Dachziegeln. Dabei werden Abmessungen, Formen, Farben, Wasserführungen, eventuell Falze sowie die Oberflächenbeschaffenheit beurteilt.

Klangprobe

Diese Probe gibt Auskunft über:

- die Härte,
- die Dichte,
- die Porosität,
- die Dauer sowie
- die Intensität des Brandes/Brandfehler und
- über eventuelle Haarrisse oder Fehlbrandstellen (organische Einschlüsse).

Klang der Dachziegel beim Anschlagen

Gute Dachziegel klingen hell, wobei der Klang bei feuchten, gefrorenen und engobierten Ziegeln grundsätzlich etwas dumpfer als der von naturfarbenen oder trockenen Dachziegeln ist.

Wenn die Ziegel klirren, also gläsern klingen, deutet das auf versteckte Risse oder Fehlbrandstellen hin!

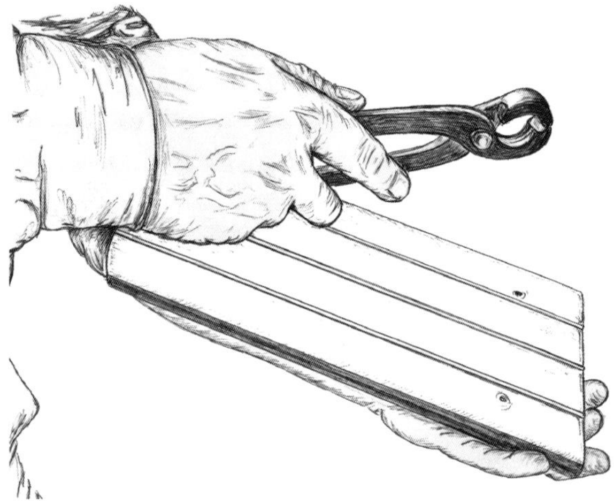

Abb. 3.14 Die Klangprobe erfolgt durch das vorsichtige Anschlagen der Dachziegel mittels Hammer oder Ziegelzange, wobei der Ziegel möglichst eine geringe Auflagefläche haben sollte.

Bruchfestigkeitsprobe

Bei der Bruchfestigkeitsprobe werden Anhaltspunkte über die allgemeine Festigkeit, Qualität und Haltbarkeit der Dachziegel gewonnen.

Außerdem gibt die Struktur der Bruchkante Aufschluss über das Gemenge des Rohstoffs.

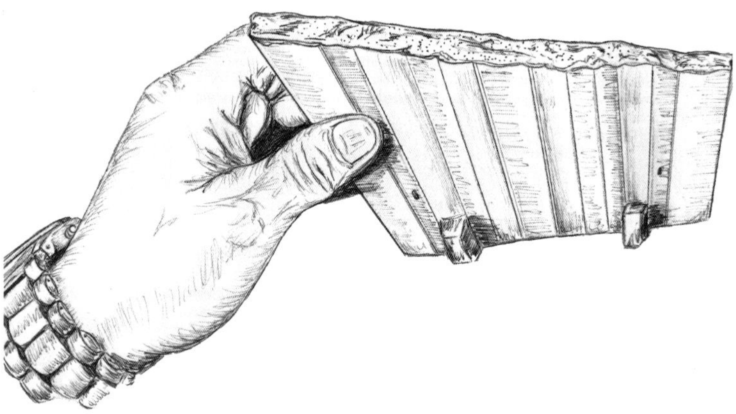

Abb. 3.15 Diese Probe erfolgt durch Zerschlagen oder Zerbrechen eines Dachziegels mittels Hammer, Ziegelzange oder über eine geeignete scharfe Kante.

Ergebnis der Bruchfestigkeitsprobe

Die Bruchstellen/Bruchkanten der Ziegel sollten stets scharfkantig sein.

Im Bruchquerschnitt sollten keine Korngrößen über 1 mm vertreten sein und die Gemengestruktur des Dachziegels darf mit bloßem Auge nicht erkannt werden.

Wiederkehrende Bruchstellen in den Verpackungseinheiten oder auf dem Dach (an den gleichen Stellen der Dachziegel) lassen eventuelle Rückschlüsse auf eine Verwendbarkeit der Ziegel zu.

3.6.3 Industrielle Prüfverfahren (amtliche Prüfungen)

Güteprüfung und Normung

Die Qualitätsvorschriften, amtlichen Prüfverfahren sowie die Klassifizierungen von Dachziegeln sind in den europäischen Normen (DIN EN 538, DIN EN 539, DIN EN 1024, DIN EN 1304) sowie im Produktdatenblatt für Dachziegel – Regelwerk des Deutschen Dachdeckerhandwerk festgelegt.

Qualitätsvorschriften legen als Normwerte die Mindestqualität der Dachziegel fest. Die amtlichen Prüfverfahren erläutern, wie diese Mindestqualität überprüft und überwacht werden muss. Die Klassifizierung der Dachziegel erfolgt in der Güteklasse I und II. Die Normschriften/-vorschriften gelten dabei für beide Güteklassen.

Die amtlichen Qualitätsrichtlinien und Prüfverfahren erstrecken sich auf folgende Eigenschaften:

- Tragfähigkeit
- Formhaltigkeit und Flügeligkeit
- Maßhaltigkeit
- Farb- und Oberflächenbeschaffenheit
- Wasserundurchlässigkeit
- Frostbeständigkeit

Tragfähigkeit

Die Tragfähigkeit sowie die Biege- und Druckfestigkeit sollen bei Dachziegeln hoch sein, dürfen aber deren Gewicht nicht nachteilig beeinflussen.

Formhaltigkeit und Flügeligkeit

Die Eigenschaft der Formhaltigkeit ist sehr wichtig, denn durch diese werden das Wetterschutzverhalten, die Deckbarkeit und Tragfähigkeit der Dachziegel bestimmt und beeinflusst.

Das Prüfverfahren der Formhaltigkeit bezieht sich auf das Maß der Verkrümmung einer Ziegelecke zur anderen aus der Ziegelebene (Flügeligkeit) hinaus.

Gemessen wird die Abweichung der gegenüberliegenden Ziegelecken zur Ziegelebene.

Tab. 1 Die Tabelle zeigt die Nennwerte (Höchstwerte) nach DIN EN 538 für Formhaltigkeit und Flügeligkeit von Dachziegeln.

Dachziegelart bzw. Herstellungsverfahren	Dachziegelform	Verkrümmung in % bezogen auf die Messlänge		Flügeligkeit in % bezogen auf die Summe aus Länge und Breite	
		Sorte I	Sorte II	Sorte I	Sorte II
Strangdachziegel	Hohlpfanne	2	3	2	3
	alle anderen	2	3	1,5	2
Pressdachziegel	alle	2	3	1,5	2

Maßhaltigkeit

Nicht verfalzte Dachziegel kennzeichnen deren Längen- und Breitenmaße. Verfalzte Ziegel werden über ihre Deckmaße definiert.

Die Dachziegelmaße oder deren mittlere Deckmaße dürfen von den vom Hersteller angegebenen Werten um maximal 2 % nach oben oder unten abweichen.

Bei Lieferaufträgen für ein Gebäude dürfen die Deckmaße bei der Güteklasse I um +/–1 %, bei der Güteklasse II um maximal +/–2 % abweichen.

Bei Bestellungen von Dachziegeln ist der Hinweis beim Händler wichtig, dass diese Lieferung für ein Gebäude bestimmt ist!

Farb- und Oberflächenbeschaffenheit

Für die Art und Weise sowie für die Gleichmäßigkeit der Farbe oder Farbgebung kennen die Normen keine Vorschriften. Für die Oberflächenbeschaffenheit wird nur die Funktionsfähigkeit des Dachziegels benannt.

Schrammen, Scheuerstellen und geringe Abplatzungen, welche durch den Transport oder die Lagerung der Ziegel entstanden sind, mindern nicht deren Qualität.

Die Oberflächen der Dachziegel dürfen nicht abblättern, Engoben und Glasuren müssen dauerhaft sowie deren Farbgebungen gleichmäßig sein.

Wasserundurchlässigkeit

Fabrikneue Dachziegel nehmen durch ihre natürliche Porosität viel Wasser auf. Bei der amtlichen Wasserdurchlässigkeitsprüfung dürfen vor Ablauf von drei Stunden keine Wassertropfen an der Unterseite des Dachziegels auftreten und abfallen.

Nach einiger Zeit setzen sich die offenen Poren der Dachziegel mit Flugstaub zu, dadurch verringert sich die relative Wasserdurchlässigkeit schnell.

Frostbeständigkeit

Heute in Deutschland gefertigte Dachziegel sind im Allgemeinen frostsicher. Für diese Frostsicherheit ist eine feine Körnung im Rohstoff der Dachziegel Voraussetzung. Die Zerstörung der Ziegel durch Frosteinwirkung kann dennoch eintreten, wenn die natürliche Abtrocknung behindert wird. In ausgebauten Dächern müssen die Ziegel stets von der Unterseite belüftet werden.

Die Frostbeständigkeitsprüfungen werden im Labor in einem Frost-Tau-Wechsel durchgeführt, damit wird die Situation auf einem Dach in komprimierten Zeiträumen nachgestellt.

3.7 Schädliche Bestandteile gebrannter Dachziegel

Aus Ton gebrannte Dachziegel können schädliche Bestandteile enthalten, welche deren Qualität stark beeinflussen. Bei Dachziegeln sind oft Absandungen, Abmehlungen, Ausplatzungen oder kristalline, teils schmierige Anhaftungen erkennbar. Nicht immer sind die vorgenannten Beobachtungen bloße Schönheitsfehler.

Diese unschönen Stoffe an den Dachziegeln dürfen nicht in solchen Mengen auftreten, dass eine Beschädigung hervorgerufen werden kann, welche den Dachziegel für die Erstellung einer regensicheren/wasserableitenden Dachhaut unbrauchbar machen könnten.

Geringfügige Abplatzungen, Absandungen, Absonderungen von Salzen sowie Abmehlungen sind zulässig!

3.7.1 Ausblühfähige Salze

Ein Absanden von Dachziegeln ist besonders im Überdeckungsbereich zu beobachten. Der Ziegel behält dort länger seine Feuchtigkeit. Absandungen und auch Abmehlungen sind meistens ein Produkt von Salzen im Ton. Zu große Mengen der sogenannten ausblühfähigen Salze, in Kombination mit dem sich im dauerfeuchten Zustand befindenden Dachziegel, bewirken ein starkes Absanden oder Abmehlen.

Die sich bildende Salzlösung kann an der Oberfläche verstärkt kristallisieren und dadurch Tonpartikel ablösen oder gar absprengen.

Ausblühfähige Salze sind z. B.:

- Calciumsulfat – $CaSO_4$ (Gips)
- Magnesiumsulfat – $MgSO_4$ (Bittersalz)
- Natriumsulfat – Na2SO_4 (Glaubersalz)
- Schwefelkies – FeS_2 (Pyrit; kann sich durch äußere Einwirkungen mit gleichfalls im Ziegel enthaltenem Kalk zu Gips verbinden)

Die genannten (ausblühfähigen) Salze – durchweg Schwefelverbindungen – lösen sich unter Einfluss von Feuchtigkeit und Hitze. Danach wandern sie mit der Feuchtigkeit an die Oberfläche der Dachziegel und es bildet sich gewöhnlich zuerst ein weißer Anflug.

Die Industrie (der Ziegelhersteller) versucht, die Salze bereits bei der Tonaufbereitung unschädlich zu machen. Dem Rohstoff wird z. B. kohlensaures Barium (Baryt) beimischt. Dieses so verwendete Erdkalimetall bindet zum Teil aggressive Salze, indem es mit diesen Salzen unlösbares Bariumsulfat aufbaut.

3.7.2 Einschlüsse

Bei der Aufbereitung der Rohstoffe des Tons sollten die Gemengeteile bei Dachziegeln möglichst fein gemahlen sein. Deutlich sichtbare Kalk- und Quarzeinschlüsse führen zu Ausfrierungen und/oder Ausplatzungen.

Nachfolgend sind die üblichsten Einschlüsse und ihre Folgen beschrieben.

- *Einschlüsse aus kohlensaurem Kalk*
  Sie können ein Bestandteil des Rohstoffs (Lehm) sein. Dieser tritt in Form von „Knollen“, also als Muschelschalen oder Schneckenhäuser, auf.
  Beim Brennen des Rohlings wandelt sich dieser kohlensaure Kalk in Brandkalk um, welcher bei Feuchtigkeit, z. B. Regenwetter, aus den Dachziegeln gelöst wird.
  Das Volumen dieses Kalks vergrößert sich durch Feuchtigkeit und entweder entstehen Abblätterungen oder der Ziegel wird sogar gesprengt.
- *Quarz, Quarzeinschlüsse*
  Durch das Brennen des Rohmaterials dehnen sich die Quarzeinschlüsse aus. Der Ziegelrohling (der Ton des getrockneten Ziegelformlings) zieht sich durch die restliche Wasserabgabe zusammen.
  Beim Erkalten, nach dem Garbrand, schrumpfen die Quarzanteile stärker als der gebrannte Ziegel, es entstehen Spannungen. Aus diesen Spannungen bilden sich entweder gleich oder später Haarrisse.

In diesen Haarrissen sammelt sich Wasser und bei Frost sprengt diese gefrierende Feuchtigkeit den Ziegel.

- *Einschlüsse aus organischen Stoffen*
  Verunreinigtes Rohmaterial ist bei gebrannten Dachziegeln oft ein großes Problem. Der Ton des Rohlings kann mit Wurzeln oder kleinen Tieren durchzogen sein. Die organischen Stoffe verbrennen und hinterlassen Hohlräume im Ziegel.
  Diese oft winzigen Hohlräume wirken auf die Dachziegel ähnlich wie Haarrisse. Sie füllen sich mit Feuchtigkeit. In der Frostperiode kann diese gefrieren und so den Ziegel sprengen.

3.8 Alterung der Dachziegel

Eine flechtenartige Vergrünung sowie ein späterer Bewuchs sind ein natürlicher Prozess. Dieser Prozess entsteht grundsätzlich bei allen Dächern, ob aus Naturstein, Ziegeln, Metall, Bitumen oder Kunststoff.

Auch an Fassaden mit Putz, Schiefer, an Sichtmauerwerk aus gebrannten Ziegeln oder Natursteinen ist diese Grünbildung zu beobachten.

3.8.1 Grünbewuchs

In Regionen mit großem Industrieaufkommen, in der Nähe von Autobahnen, aber auch in Ballungsgebieten ist oft mit weniger Grünbildung zu rechnen. Durch die Luftverschmutzung mit Schwefelbestandteilen (schweflige Säuren) wird das Wachstum von Pilzen und Flechten gehemmt.

Seit dem Abschluss der ersten Wiederaufbauphase nach dem Weltkrieg, also in den letzten sechs Jahrzehnten, ist die Schwefelbelastung deutlich zurückgegangen. Messungen durch das Umweltbundesamt in den frühen 1990er-Jahren zeigten, dass sich der Schwefelgehalt in der Luft im Vergleich zum Jahre 1960 um 70 % reduziert hat. Von 1990 bis 2020 ist ein weiterer Rückgang der Schwefeldioxid-Emissionen (SO_2) um 95,7 % durch das Umweltbundesamt verzeichnet worden.

Als Fazit kann man sagen, ein geringer Schwefelgehalt in der Luft bedeutet das vermehrte oder schnellere Wachstum von Flechten, Pilzen und Moosen.

Bei der Betrachtung von Bestandsdächern in unserem Umfeld kann beobachtet werden, dass unterhalb von aufgehenden Bauteilen oder Einbauteilen (Fenster, Dunstrohre) mit Blei oder Kupferanschlüssen die Dachflächen sauber bleiben.

Dieser Effekt stellt sich durch die Ausschwemmung/Auswaschung von Ionen aus den Anschlussmetallen ein.

Bei der Verwendung von Kupferanschlüssen funktioniert die Auswaschung der Ionen jedoch nur bis zur Bildung einer gleichmäßigen Patina.

Der Nachteil des Schwermetalls Blei ist die starke Umweltbelastung, die es verursacht und von daher ist sein Einsatz sehr kritisch zu bewerten.

3.8.2 Der Prozess des Vergrünens auf Ziegeldächern

Die Ansiedlung von Grün bei fabrikneuen Dachziegeln entsteht durch die Ablagerung von Staub in den Oberflächenporen des Tons.

Nachdem die Poren mit Staub angefüllt sind, beginnt die punktförmige Ansiedlung von Pilz- und/oder Algensporen, welche zunächst mit bloßem Auge kaum sichtbar sind. Diese fleckenartigen (fast unsichtbaren) Wuchsgespinste auf den Ziegeln wachsen nach allen Seiten aus und erzeugen so schließlich gut sichtbaren Wuchsgeflechte.

Je nach Feuchtegehalt der Ziegeloberflächen siedeln sich später Moose an, welche in Konkurrenz zu den Flechten treten. Durch Samenflug (Selbstaussaat) kommen zu den Moosen später die ersten Pionierpflanzen wie Löwenzahn, Gräser, aber auch Birken, Ahorn und Eschen hinzu.

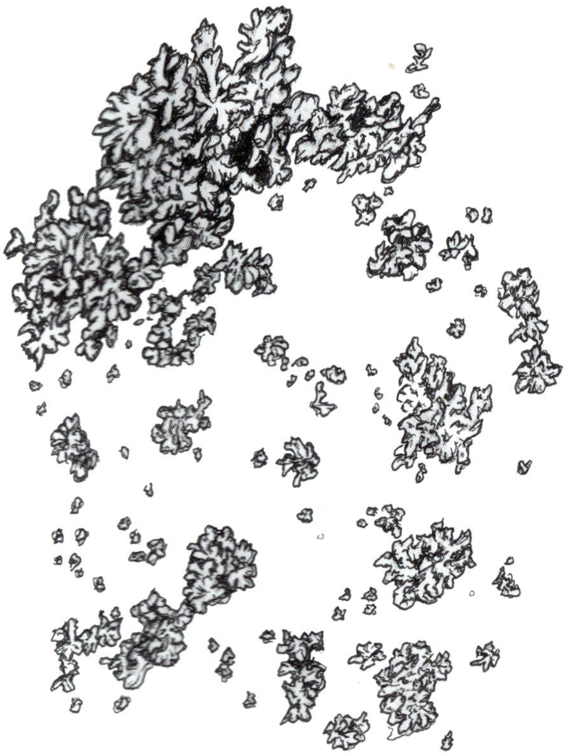

Abb. 3.16 Hier ist eine Flechtenbildung in verschiedenen Wachstumsstadien dargestellt.

***Grünbildung** entsteht grundsätzlich an jedem frei bewitterten Bauwerk, auf Dächern ist eine schnellere Vergrünung durch den ständigen witterungsbedingten Feuchtegehalt zu beobachten.*

Auf vielen Dächern geht, bedingt durch verschiedene Einflüsse, diese Grünbildung nicht über das mikroskopische, kaum sichtbare Anfangsstadium hinaus.

Abb. 3.17 Auf dieser Darstellung ist eine beginnende Moosbildung am Fuß des Ziegels (Dachsteins) erkennbar, die Flechte tritt allmählich in den Hintergrund.

3.8.3 Faktoren, die Grünbewuchs fördern

Eine Vergrünung oder ein Grünbewuchs wird durch viele Faktoren beeinflusst oder sogar gefördert. Diese Faktoren können auch in Kombination auftreten und sind insbesondere standortabhängige sowie konstruktive Faktoren.

Standortabhängige Faktoren (Standortfaktoren)

Zu den Standortfaktoren zählen im Allgemeinen alle wachstumsfördernden Bedingungen für Pilze, Flechten und Moose.

Dabei spielt die Ausrichtung nach den Himmelsrichtungen für die Grünbildung eine wesentliche Rolle: Gebäude mit Dächern in Süd- und Westausrichtungen wärmen sich, durch die lange Besonnung, stärker auf. Dadurch trocknen diese Dachflächen auch schneller ab. Dachflächen mit Nord- und Ostausrichtung trocknen deutlich langsamer ab, aus diesem Grunde werden sie auch schneller grün.

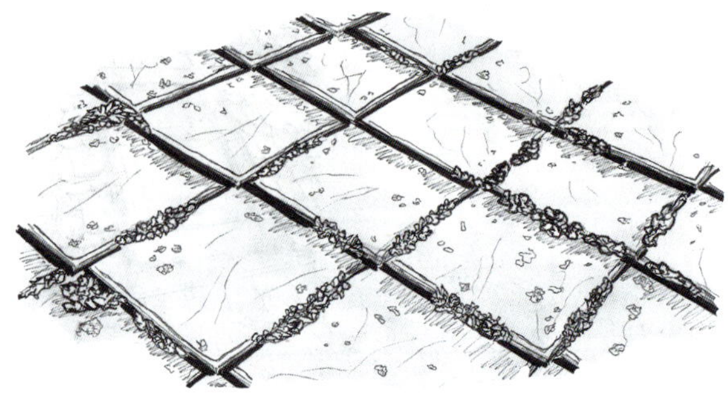

Abb. 3.18 Beginnende Moosbildung am Schieferdach

Über die Grünbildung entscheidet auch die Lage des Gebäudes: Der Hochbewuchs, d. h. Bäume, welche höher als die Traufen oder gar der First sind, fördern eine Grünbildung.

Ländliche Gegenden, d. h. ein Häuschen im Grünen, haben eine deutlich höhere Wahrscheinlichkeit der ungewollten Vergrünung durch Samenflug, Blütenblätter, Düngemittel, Substrate und Grünalgen.

Wenn sich ein Gebäude in der Nähe von Gewässern befindet, entsteht durch die ständig hohe Luftfeuchtigkeit schnell eine Vergrünung.

Die Vergrünung von Dächern entsteht aber auch in Großstädten oder Ballungsgebieten (mit durchgehender Flächenbebauung), dort befinden sich in der Nähe oft Produktionsstätten, welche durch starke Staubemission, z. B. Kalkstaub, belastet sind.

Konstruktive Faktoren

Konstruktiv bedingte Faktoren sind z. B. dauerfeucht gehaltene, flache und/oder stark beschattete Dachflächen mit rauen Dachziegeloberflächen. Solche Dächer werden schneller grün als andere.

Zu den konstruktiven Faktoren zählen z. B.:

- die Dachneigung: Je steiler und hochgelegener die Dachflächen angeordnet sind, umso weniger ist mit Grünbildung zu rechnen.
- Dachverschattungen ergeben sich durch umliegende Gebäude, durch natürliche Gegebenheiten (z. B. Felsen), aber auch in Bereichen von stark gegliederten Dachflächen durch Dachüberstände, Türme oder Gauben.
- Dachhinterlüftung: Ungenügende Belüftung oder Hinterlüftung der Dacheindeckung fördert die Grünbildung.
- Oberflächenstrukturen der verschiedensten Dachziegel sind bei der Grünbildung ebenfalls wichtige Faktoren. Poröse Ziegeloberflächen lassen Grünbewuchs schneller Halt finden als glatte.

3.8.4 Entstehen Nachteile durch die Vergrünung von Ziegeldächern?

Bei gebrannten Dachziegeln ist eine Vergrünung der Oberfläche technisch gesehen kein Nachteil. Die Ziegel werden durch die Oberflächenbegrünung weder beschädigt noch abgebaut. Eine Grünbildung an Ziegeldächern verändert also im Wesentlichen die Optik, aber nicht die technischen oder funktionalen Eigenschaften eines Daches.

Technische Nachteile durch Vergrünung entstehen erst, wenn der Bewuchs den freien Wasserlauf, also die Ableitung von Niederschlagswasser, behindert. Das kann z. B. bei einer Vermoosung von Falzen an flachgeneigten Ziegeldächern der Fall sein.

3.9 Porosität gebrannter Dachziegel

Jedes Produkt, jedes Ding, besitzt Poren, das ist natürlich und normal, auch bei Dachziegeln. Poren bei Ziegeln sind im Stande, Wasserdampf aus dem Inneren eines Gebäudes aufzunehmen und zu gegebener Zeit (z. B. bei starker Sonneneinstrahlung) an die Außenluft wieder abzugeben. Diese Eigenschaft wird Porosität oder Atmungsaktivität genannt.

Wie entstehen die Poren?

Der Ton für die Herstellung von Dachziegeln enthielt einen großen Anteil Wasser. Dieses Wasser hatte die Aufgabe, das Rohmaterial plastisch verformbar zu machen. Durch den Wasserentzug beim Trocknen sowie beim Brennen sind luftgefüllte Poren an die Stelle des Wassers im Ton getreten.

Ein guter Dachziegel hat einen Porenanteil von etwa 4 bis 15 %. Diesen Porenanteil können wir recht einfach durch folgende Technik ermitteln:

Ein komplett ausgetrockneter Dachziegel wird in Wasser eingetaucht, bis dieser gesättigt ist, anschließend wird seine Gewichtszunahme rechnerisch ermittelt.

Regensicherheit von Dachziegeln

Bei Niederschlägen ziehen die feinen Poren der Dachziegel das Regenwasser an, ohne dieses aber in den Innenraum des Daches weiterzuleiten. Ein im Bereich der Oberfläche sich bildendes Luft- oder Dichtpolster lässt den Regen, im Normalfall, sicher abfließen. Trotz der offenen Poren schafft es das Wasser nicht, komplett in die feinsten Hohlräume der sich verjüngenden Poren einzudringen. Schon kurz nach Beendigung der Niederschläge beginnt die in die Poren eingedrungene Feuchtigkeit wieder zu verdunsten.

Anders sieht es aus, wenn die Dachziegel einen sehr hohen Porenanteil aufweisen, dann kann es sein, dass diese zumindest vorrübergehend keine Regensicherheit aufweisen.

Nach dem „Produktdatenblatt für Dachziegel" (ZVDH-Regelwerk) sowie nach DIN EN 539-1 sowie DIN EN 1304 darf der Dachziegel eine bestimmte (kleine) Menge an Wasser pro Tag hindurchlassen.

Gute, fabrikneue Dachziegel lassen auch hin und wieder, gerade in der ersten Zeit, etwas an Regen durch. Meistens schließen sich die wasserdurchlässigen Poren der Dachziegel schon nach einem kurzen Zeitraum durch Rußteilchen und Staub, dennoch bleibt der Ziegel weiterhin atmungsaktiv.

Frostsicherheit der Dachziegel

Je feiner die Poren der Dachziegel sind, umso geringer ist die Wasseraufnahme. Eine geringe Wasseraufnahme bedeutet eine hohe Widerstandsfähigkeit gegen Frosteinwirkung.

Wenn im Winter, also in der Frostperiode, Wasser zu Eis gefriert, wird dabei das Volumen des Wassers um etwa 9 % vergrößert. Dann zahlt sich die Wirksamkeit eines kapillaren Porensystems im Ton des Dachziegels aus.

Ist im Ziegel ein ausreichender Porenanteil vorhanden, kann sich so das gefrierende Wasser ordentlich ausdehnen, ohne auf die Porenwände zu hohen Druck auszuüben.

Dadurch, dass das Wasser sich frei ausdehnen kann, wird der Ziegel nicht übermäßig beansprucht und erfüllt so eine wichtige Forderung der DIN EN 539-2/Frostbeständigkeit.

4 Grundlagen zum Holzschutz im Dachdeckerhandwerk

Grundsätzlich müssen tragende Bauteile aus Holz oder Holzwerkstoffen, in Abhängigkeit von ihrer Gefährdung nach DIN 68800-1, geschützt werden. Im Regelwerk des Deutschen Dachdeckerhandwerks sind diese Gefährdungen und eventuelle Gegenmaßnahmen unter „Hinweise Holz und Holzwerkstoffe" sehr gut definiert. Funktionstüchtige Dacheindeckungen stellen in der Regel einen ausreichenden Wetterschutz zur Sicherstellung der Dauerhaftigkeit von Holz dar.

Bei nicht tragenden, frei bewitterten Bauteilen sind Holzschutzmaßnahmen empfehlenswert!

Zu treffende Maßnahmen zum Schutz des Holzes ergeben sich aus den verschiedensten Gefährdungen. Hinsichtlich dieser Gefährdungen werden Hölzer in Gebrauchsklassen (GK) eingeteilt.

Die nachfolgende Tabelle stellt die Zuordnung der Hölzer zu den einzelnen Gebrauchsklassen vereinfacht dar.

Tabelle 2 Gebrauchsklassen

GK (Gebrauchsklasse)		Holzfeuchte[a]	Gefährdung durch …				Auswaschbeanspruchung
			Insekten	holzzerstörende Pilze	Moderfäule	Holzschädlinge im Meerwasser	
0		trocken (ständig ≤ 20 %)	Nein	Nein	Nein	Nein	Nein
1		trocken (ständig ≤ 20 %)	Ja	Nein	Nein	Nein	Nein
2		gelegentlich feucht (> 20 %)	Ja	Ja	Nein	Nein	Nein
3	3.1	gelegentlich feucht (> 20 %)	Ja	Ja	Nein	Nein	Ja
	3.2[b]	gelegentlich feucht (> 20 %)	Ja	Ja	Nein	Nein	Ja
4		vorwiegend bis ständig feucht (> 20 %)	Ja	Ja	Ja	Nein	Ja
5		ständig feucht (> 20 %)	Ja	Ja	Ja	Ja	Ja

a Begriffe wie „gelegentlich", „vorwiegend" und „ständig" weisen auf eine zunehmende Beanspruchung hin, wegen der sehr unterschiedlichen Einflussgrößen sind keine genauen Zahlenangaben möglich.
b Eine Anreicherung mit Feuchtigkeit in GK 3.2 ist möglich (z. B. stehendes Wasser auf einem horizontalen Balkonbalken), im Gegensatz zur GK 3.1.

4.1 Allgemeiner Holzschutz/Schutzmaßnahmen

Um Holz oder Holzwerkstoffe vor Organismen wie Pilzen oder Insekten zu schützen, stehen drei wichtige Maßnahmen zur Verfügung. Diese Maßnahmen sind:

- bauliche Maßnahmen (diese werden in grundsätzliche und besondere bauliche Maßnahmen unterteilt),
- Verwendung von Holzschutzmitteln,
- Verwendung von Holzarten mit einer höheren Dauerhaftigkeitsklasse.

Holzschutzmaßnahmen sind prinzipiell nur dann erforderlich, wenn eine Gefährdung des Holzes (siehe Tabelle 2 Gebrauchsklassen) besteht. Bei der Auswahl geeigneter Schutzmaßnahmen sind immer bauliche Maßnahmen der Anwendung von Holzschutzmitteln vorzuziehen.

4.1.1 Grundsätzliche Maßnahmen und grundsätzliche bauliche Maßnahmen

Holz und Holzwerkstoffe, mit Ausnahme von Unterdeckplatten (gemäß Regelwerk des Deutschen Dachdeckerhandwerks „Produktdatenblatt für Unterdeckplatten aus Holzfasern"), sind während des Transports sowie der Lagerung durch Abdecken vor Niederschlägen zu schützen. Bei einer längeren Lagerung sollte auf ein vollständiges Verpacken mit nicht diffusionsoffenen Folien sowie auf Erdbodenkontakt verzichtet werden.

Die Holzfeuchte bei der Verarbeitung/dem Einbau z. B. von Dachlatten, Bohlen oder Schalungen bzw. Kanthölzern als Sparren und Pfetten, aber auch für Wechsel bei Dachflächenfenstern oder Schornsteinen darf maximal 20 % betragen.

Wird das verwendete Holz während der Bauphase durchfeuchtet (infolge von Niederschlägen auf mehr als 20 %), muss dieses innerhalb von drei Monaten nach Abschluss der Arbeiten auf eine maximale Holzfeuchte von 20 % heruntergetrocknet sein.

4.1.2 Besondere bauliche Maßnahmen

Besondere bauliche Maßnahmen beziehen sich, laut Definition, auf die Vermeidung einer Dauerdurchfeuchtung von Holzbauteilen und dadurch entstehende holzzerstörende Pilze und/oder Insekten. Diese Maßnahmen sind immer dann anzuwenden, wenn die grundsätzlichen baulichen Maßnahmen allein eine Zuordnung zu Gebrauchsklasse 0 nicht erlauben.

Holzbauteile unter Dächern (z. B. sichtbare Sparren, Pfetten oder aber Sichtschalung) sind durch ausreichende Überstände witterungsbeständiger Bauteile vor Niederschlägen zu schützen.

Ausreichende Überstände sind immer dann gegeben, wenn zwischen Vorderkante des zu schützenden Bauteils und der Tropfkante der Dacheindeckung ein Winkel von höchstens 60° (aus der Waagerechten gemessen) vorhanden ist.

Diese Überstände sind insbesondere an der Traufe, am Pultabschluss, am Ortgang, im Bereich von Gaubenwangen und von Pfettenköpfen zu berücksichtigen.

Konstruktiver Holzschutz

Der vorab beschriebene „ausreichende Überstand" sollte stets eingehalten bleiben. Erfahrungsgemäß sowie in wissenschaftlichen Tests bestätigt, fällt Regen unter Beachtung von Windkräften in einem Winkel von etwa 30°. Auch tropfendes Wasser wird durch den Wind bis zu 30° aus der Senkrechten gedrückt.

Dennoch kann es vorkommen, dass Niederschläge die Bauteile treffen. Diese Befeuchtung ist jedoch zu vernachlässigen, da diese Feuchtigkeit an die Umgebungsluft kurz nach Beendigung der Niederschläge wieder abgegeben wird.

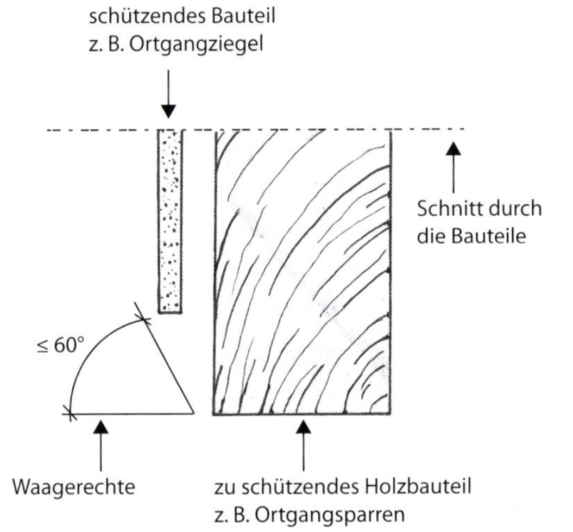

Abb. 4.1 Konstruktiver Holzschutz gegen Niederschläge

Laut DIN EN 68800-2 zählen Dachlatten, Traufbohlen und Dachschalungen in der Konstruktionsebene (bei regelgerechter Anordnung/Herstellung) zur Gebrauchsklasse 0. Diese Bauteile brauchen keinen weiteren Holzschutz (insbesondere keine chemischen Holzschutzmittel).

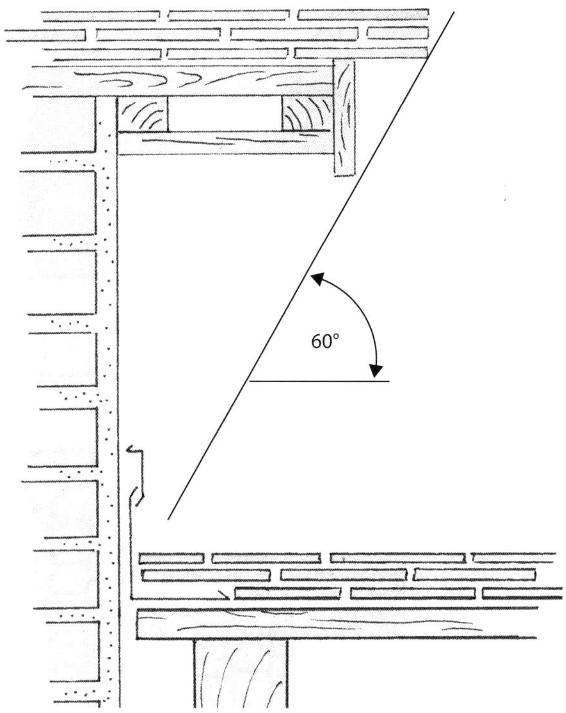

Abb. 4.2 Ortseitiger Überstand mit Zahnleiste

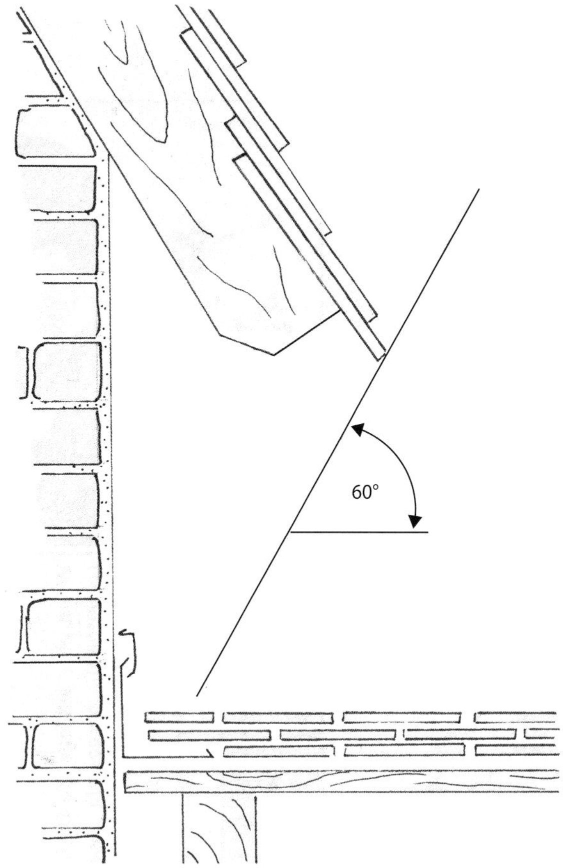

Abb. 4.3 Traufüberstand als konstruktiver Bauwerksschutz

Diese Darstellung zeigt die geschützte hölzerne Zahnleiste, geschützte Fassade und den geschützten Wandanschluss.

In dieser Darstellung wurden durch den konstruktiven Bauwerksschutz nicht nur die Sparrenköpfe, sondern auch die Fassade sowie der Wandanschluss geschützt.

5 Unterkonstruktionen

5.1 Allgemeines zu Unterkonstruktionen

Zu den Unterkonstruktionen zählen nicht nur die verschiedenen Lattungen oder Schalungen, sondern auch die heute übliche zweite Entwässerungsebene.

Im Regelwerk des ZVDH wird diese zweite Entwässerungsebene höchst unterschiedlich beschrieben und in sechs verschiedene Klassen unterteilt.

Man unterscheidet also grundsätzlich in folgende Typen und Klassen von Unterdächern:

- wasserdichte Unterdächer
- regensichere Unterdächer
- naht- und perforationsgesicherte Unterdeckungen/Unterspannungen
- nahtgesicherte Unterdeckungen/Unterspannungen
- überlappte oder verfalzte Unterdeckung
- Unterspannung

5.2 Zweite Entwässerungsebene oder Unterdächer

Wasserableitende (regensichere) Unterdächer

Wasserableitende Dächer oder Unterdächer zeichnen sich dadurch aus, dass anfallendes Wasser oder Niederschlagswasser auf dem schnellsten Wege von den Dachflächen abgeleitet wird. Dadurch entsteht eine Regensicherheit. Regensicherheit bedeutet: Es dürfen geringe Mengen Wasser in die Konstruktion eindringen, jedoch muss gewährleistet sein, dass dieses Wasser die Konstruktion nicht dauerhaft schädigt und schnellstmöglich wieder an die Umgebung abgegeben wird.

Die zweite Entwässerungsebene kann aus den verschiedensten Materialien hergestellt werden. Die wohl gängigste Variante für die Herstellung der zweiten Entwässerungsebene ist die Konstruktion mit Folien (z. B. Vordeckungen als Unterspann- oder Unterdeckbahnen), aber auch Konstruktionen aus Holzfaserweichplatten oder Kombilösungen aus den vorgenannten höchst unterschiedlichen Werkstoffen werden derzeit immer beliebter.

Vordeckungen als Unterspannung mit Unterspannbahn

Im Regelwerk für das Deutsche Dachdeckerhandwerk im Merkblatt für Unterdächer, Unterdeckungen (Stand: 01.2010) werden folgende Eigenschaften für die Verlegung von Unterspannbahnen definiert:

Kennzeichnend für die Unterspannbahn/Unterspannung ist die Ausführung als frei hängende oder frei gespannte Folie.

Werden die Unterspannbahnen mit Durchhang verlegt, soll dabei das maximale Stichmaß in Feldmitte nicht größer als die Konterlattendicke sein.

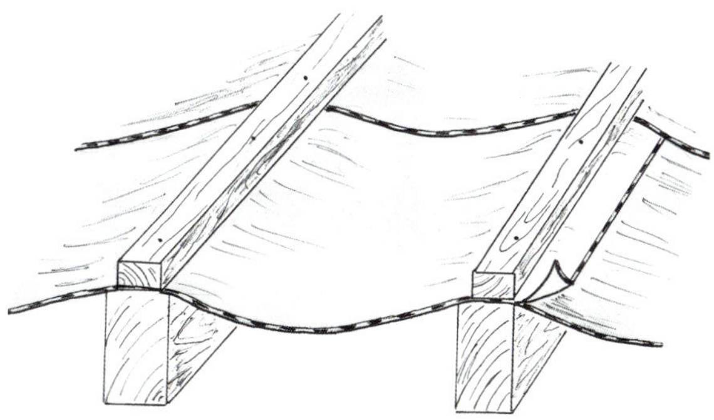

Abb. 5.1 Maximaler Durchhang der Unterspannbahn = Konterlattenhöhe

Der im Regelwerk geforderte Durchhang der Unterspannbahn hat den Grund, dass eventuell anfallendes Niederschlags- oder Kondenswasser sicher in die Gefachmitte geleitet wird, um so das Tragwerk sowie die Konterlattung vor Durchfeuchtung zu schützen.

Die Höhen- und Seitenüberdeckung von Unterspannbahnen beträgt mindestens 10 cm.

Die Befestigung von Unterspannbahnen erfolgt entweder direkt mit Klammern bzw. Breitkopfstiften oder indirekt durch die Montage von Konterlatten auf den Sparren.

Die Konterlattung ist stets über der Unterspannbahn anzuordnen.

Unterspannungen sind nur als belüftete Konstruktion zulässig. Die Bahnen sollen ca. 5 cm vor der First-Scheitellinie enden.

Abb. 5.2 Firstseitiger Anschluss der Unterspannbahn

Eintrieb von Flugschnee und Regen durch Lüftungsöffnungen ist bei belüfteten Systemen nicht zu vermeiden.

Wasserdichte Unterdächer kommen oft als zweite Entwässerungsebene zum Einsatz, wenn die Mindestdachneigung im Bereich von ableitenden Dacheindeckungen (z. B. Ziegeldächern) nicht eingehalten werden kann. Anders als bei wasserableitenden Unterdächern darf hier ein dauerhafter Feuchtigkeitsanfall auftreten. Wasserdicht bedeutet: Es darf auf gar keinen Fall Wasser/Niederschlagswasser in die Konstruktion eindringen.

5.3 Bäume und Hölzer

Für die Unterkonstruktion von Dachflächen mit Dachziegeln wird im Allgemeinen Holz verarbeitet. Doch sollte stets bedacht werden, dass Holz ein sehr wertvoller Roh- und Werkstoff ist. Diesen Wert beschreibt am besten der folgende Reim:

Der Baum
Zu fällen einen Baum braucht´s eine halbe Stunde kaum.
Zu wachsen, bis man ihn bewundert, braucht er, bedenkt es, ein Jahrhundert.
Eugen Roth

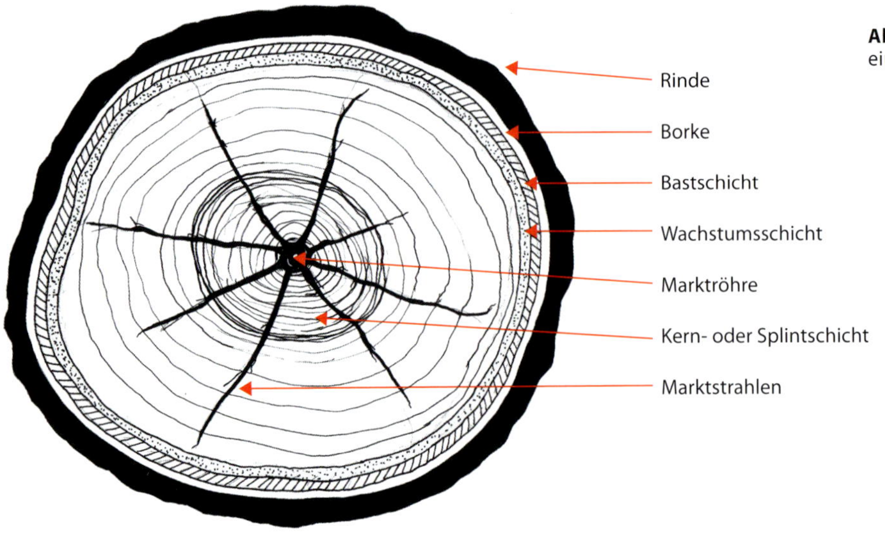

Abb. 5.3 Aufbau/Bestandteile eines Baumes im Querschnitt

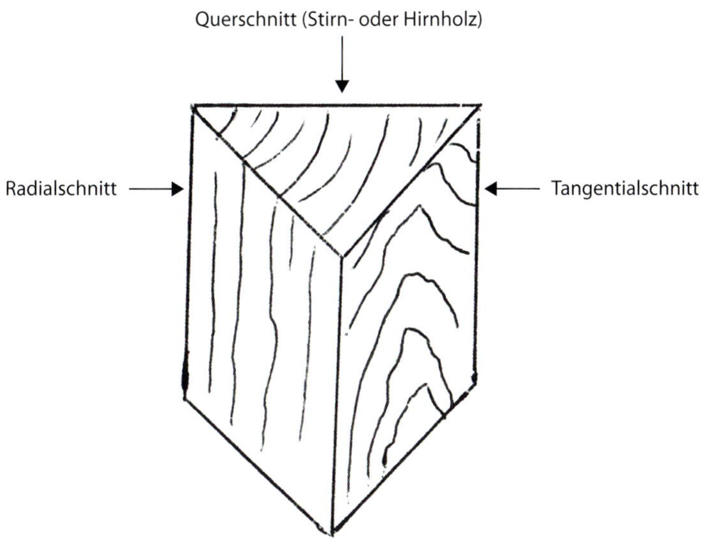

Abb. 5.4 Schnittebenen des Holzes

Tabelle 3 Definitionen von Schnitthölzern

Bezeichnung/Name des Werkstücks	Abmaße	Darstellung
Leiste	Dicke ≤ 24 mm Breite ≤ 80 mm	Breite  Dicke
Latte	Dicke ≤ 40 mm Breite ≤ 80 mm	Breite  Dicke
Brett	Dicke ≥ 19 mm Breite ≥ 80 mm	Breite  Dicke
Bohle	Dicke > 40 mm Breite > 3 × Dicke	Breite  Dicke
Kantholz/Balken	Breite > 40 mm Breite ≤ Höhe ≤ 3 × Breite	Breite  Höhe/Dicke

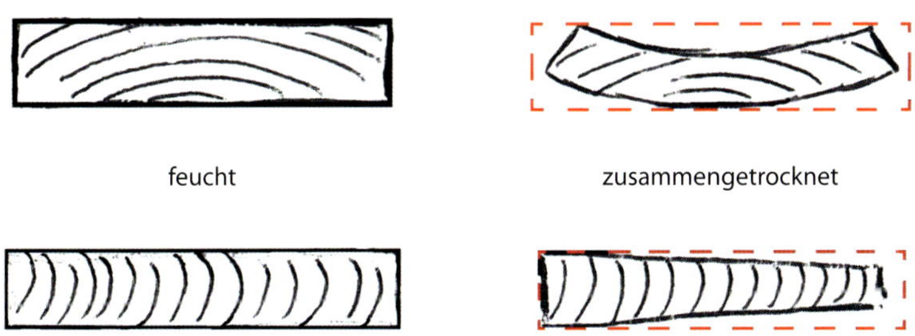

Abb. 5.5 Verformung von Schnitthölzern beim Trocknen

Waldkante oder auch Baumkante

Waldkanten können an Leisten, Latten, Brettern, Bohlen und Balken vorkommen. Prinzipiell stellen diese Waldkanten kein Problem dar, solange diese nicht zu groß sind oder gar noch Rinde/Borke aufweisen.

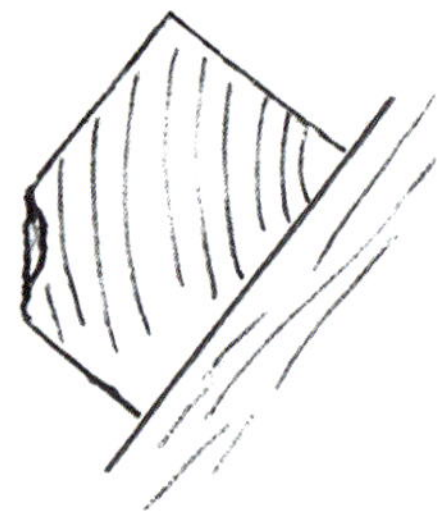

Abb. 5.6 Dachlatte im Querschnitt

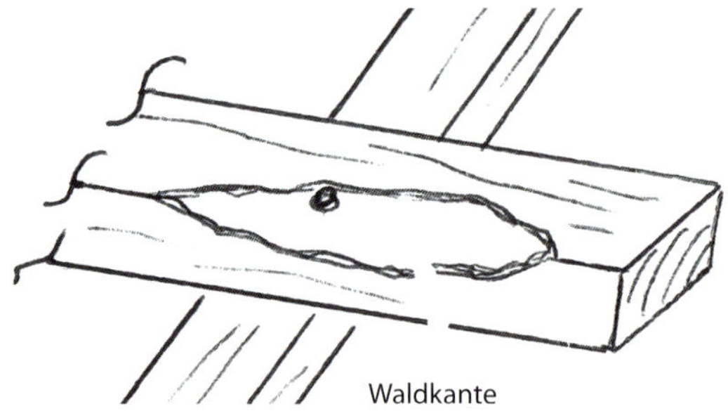

Abb. 5.7 Dachlatte als Ansicht

Bei der Verwendung von Latten oder Brettern mit Wald- oder Baumkante muss darauf geachtet werden, dass mindestens zwei Kanten der Dachlatte flächenbündig auf der Konterlatte oder dem Balken aufliegen. Die Waldkante sollte also stets traufseitig und oben angeordnet werden.

Mindestholzdicken im Dachdeckerhandwerk

Tragende Holzbauteile müssen eine Mindestdicke von 24 mm aufweisen. Holzwerkstoffe müssen mindestens eine Dicke von 22 mm haben.

Die Besonderheiten bei Trag- und Konterlatten sowie bei Schalungsbrettern ist, dass diese nach DIN EN 1995-1-1 eine Mindestdicke des Siebenfachen des Verbindungsmitteldurchmessers aufweisen müssen.

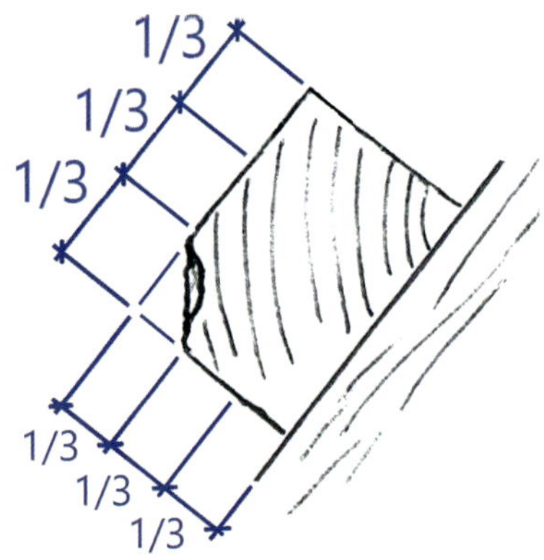

Abb. 5.8 Die maximale Größe der Wald- oder Baumkante sollte, als Faustregel, ein Drittel in Höhe und Breite nicht überschreiten

5.4 Konterlattung – Lüftungsebene (Belüftung der Dachkonstruktion)

5.4.1 Konterlattung

Die Konterlattung hat den Zweck, den Sparren oder das Tragwerk (wie der Name schon sagt) zu kontern. Das heißt, wenn auf ein Tragwerk eine Unterspannung oder ein Unterdach aufgetragen wird, soll die Konterlattung als mechanische Fixierung/Befestigung dienen.

Die Konterlattung hat also den Zweck der indirekten Befestigung eines Unterdaches (z. B. aus Folien, Holzfaserweichplatten oder Aufdachdämmsystemen). Des Weiteren sorgen die Konterlatten für eine saubere Hinterlüftung/einen ordentlichen Luftaustausch zwischen den einzelnen Ebenen der Dachkonstruktion.

Dieser Luftaustausch in der Belüftungsebene sorgt dafür, dass anfallendes Kondensat sauber abgeleitet wird, um damit die Konstruktion bzw. die Dacheindeckung vor Zerstörung durch Insekten-/Pilzbefall sowie Ausblühungen von Salzen oder Ähnlichem zu schützen.

Die Konterlattenebene dient außerdem als Auflager für die kommenden Traglattungen. Im Bereich von Lattenstößen genau wie bei der Montage einer Aufsparrendämmung oder einer Dämmung aus Holzfaserweichplatten sollte statt einer Latte eine Bohle (das sogenannte Konterbrett/Konterbohle) Verwendung finden.

Wahl der Konterlattung

Konterlatten sollten stets in Abhängigkeit von der Sparrenlänge, der Dachneigung, der zu erwartenden Schnee- und Windbeanspruchung usw. gewählt und befestigt werden.

Außerdem sollten sie stets so gewählt werden, dass eine ordnungsgemäße Befestigung der Traglattung gewährleistet ist. Im Zweifelsfall sollte die Konterlatte dementsprechend breiter gewählt werden.

Befestigung von Konterlatten

Konterlatten können ohne einen rechnerischen Nachweis über Auszugswerte oder Ähnliches direkt auf Holz oder Holzwerkstoffen nach Tabelle 4 befestigt werden.

Für die Befestigung der Konterlattung sind die Gebäudehöhe und die Windlastzone des Bauwerks stets zu beachten.

Mindesteindringtiefe der Befestigungsmittel

Bei Dächern mit Unterspannbahnen ist die Wahl der Befestigungsmittel, also die Mindesteindringtiefe, genauso anzunehmen wie bei der Traglattung.

Bei Dachflächen mit Unterdächern aus einer Voll- oder Sparschalung aus Holz oder Holzwerkstoffen müssen die Dicke dieser Schalung sowie die Dicke der Unterdeckung (z. B. Schweißbahn) inklusive Überdeckung und eventueller Zusatzmaßnahmen (z. B. Nageldichtbänder) zur Dicke der Konterlatte gerechnet werden.

So entsteht hier eine deutlich andere Mindesteindringtiefe.

Man beachte bei der Befestigung der Konterlattung, dass hier die komplette Last der Dachfläche auf den Konterlatten sowie deren Befestigungsmitteln liegt.

Beispielrechnung für die Länge der Befestigungsmittel

Nagelverbindungen: Als Mindesteindringtiefe eines Nagels in den Befestigungsuntergrund muss das 12-Fache der Nageldicke angenommen werden. Nagelverbindungen sind die einfachsten Holzverbindungen, deshalb sollten die Konterlatten stets (aus statischen Gründen) mit verzinkten Rillennägeln befestigt werden.

Nageldicke = 3,1 mm

Darstellung	Bezeichnung	Dicke
a.)	Konterlatte	40 mm
b.)	Nageldichtband	5 mm
c.)	Schweißbahn	5 mm
d.)	Schweißbahn (Überlappung)	5 mm
e.)	Holzschalung	24 mm
f.)	zu befestigende Dicke	79 mm

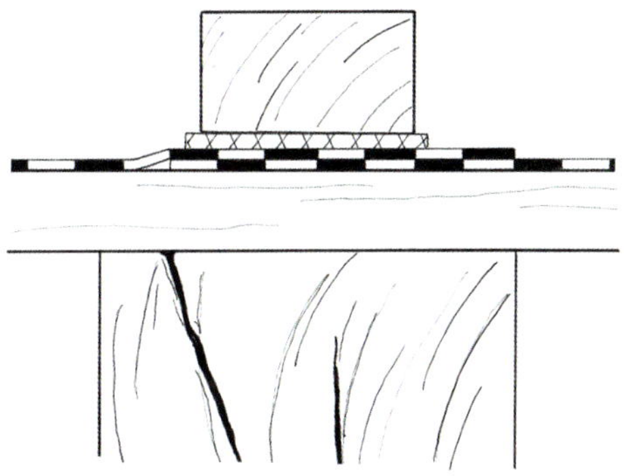

Abb. 5.9 Nagelverbindungen

3,1 mm × 12 = 37,2 mm (Mindesteindringtiefe in den Untergrund)

\+ 79,0 mm (Konterlattenebene, siehe oben)

= 116,2 mm (Mindestnagellänge)

Die Faustregel zur Befestigung von tragenden Holzbauteilen sagt aus, die Länge des Befestigungsmittels solle das 2,5-Fache des zu befestigenden Werkstoffs sein:

40 mm (Konterlatte) + 5 mm (Nageldichtband) = 45 mm (Konterlattenhöhe)

45 mm (Konterlattenhöhe) × 2,5 (Rechenfaktor) = 112,5 mm (Mindestnagellänge)

Anzahl der Befestigungsmittel

Bei der Anzahl der Nägel, also der Befestigungsmittel von Konterlatten, gibt es die unterschiedlichsten Meinungen, deshalb positioniert sich das Regelwerk des Zentralverbands des Deutschen Dachdeckerhandwerk eindeutig. Die Menge und Wahl der Nägel oder Schrauben ist von verschiedenen Faktoren abhängig. Hier spielen die Gebäudehöhe, die Dachform (Sattel-/Walmdächer oder Pultdächer), die Windlastzone (siehe hierzu Abb. 5.14) sowie der Achsabstand der Sparren eine Rolle.

Tabelle 4 Befestigung der Konterlatten unterhalb der Traglattung

<table>
<tr><th colspan="2" rowspan="2">Gebäudehöhe (h)</th><th colspan="2">Befestigung der Konterlatten unterhalb von Traglatten pro m bei einem Achsabstand von maximal 1 m</th></tr>
<tr><th>Sattel- und Walmdächer</th><th>Pultdächer</th></tr>
<tr><td rowspan="7">≤ 10 m</td><td>Wz 1</td><td rowspan="2">4 × Na 3,1 × 80 a</td><td>5 × Na 3,1 × 80 a</td></tr>
<tr><td>Wz 2 B</td><td>6 × Na 3,1 × 80 a</td></tr>
<tr><td>Wz 2 K</td><td rowspan="2">6 × Na 3,1 × 80 a</td><td rowspan="2">8 × Na 3,1 × 80 b</td></tr>
<tr><td>Wz 3 B</td></tr>
<tr><td>Wz 3 K</td><td rowspan="2">7 × Na 3,1 × 80 a</td><td rowspan="2">9 × Na 3,1 × 80 c</td></tr>
<tr><td>Wz 4 B</td></tr>
<tr><td>Wz 4 K</td><td>8 × Na 3,1 × 80 b</td><td>4 × RiNa 3,1 × 80</td></tr>
<tr><td rowspan="7">≤ 18 m</td><td>Wz 1</td><td rowspan="2">5 × Na 3,1 × 80 a</td><td>6 × Na 3,1 × 80 a</td></tr>
<tr><td>Wz 2 B</td><td>7 × Na 3,1 × 80 a</td></tr>
<tr><td>Wz 2 K</td><td rowspan="2">7 × Na 3,1 × 80 a</td><td rowspan="2">9 × Na 3,1 × 80 b</td></tr>
<tr><td>Wz 3 B</td></tr>
<tr><td>Wz 3 K</td><td rowspan="2">8 × Na 3,1 × 80 b</td><td rowspan="2">4 × RiNa 3,1 × 80</td></tr>
<tr><td>Wz 4 B</td></tr>
<tr><td>Wz 4 K</td><td>9 × Na 3,1 × 80 b</td><td>5 × RiNa 3,1 × 80</td></tr>
<tr><td rowspan="7">≤ 25 m</td><td>Wz 1</td><td>5 × Na 3,1 × 80 a</td><td>7 × Na 3,1 × 80 a</td></tr>
<tr><td>Wz 2 B</td><td>6 × Na 3,1 × 80 a</td><td>8 × Na 3,1 × 80 b</td></tr>
<tr><td>Wz 2 K</td><td rowspan="2">7 × Na 3,1 × 80 a</td><td rowspan="2">10 × Na 3,1 × 80 c</td></tr>
<tr><td>Wz 3 B</td></tr>
<tr><td>Wz 3 K</td><td rowspan="2">8 × Na 3,1 × 80 b</td><td rowspan="2">4 × RiNa 3,1 × 80</td></tr>
<tr><td>Wz 4 B</td></tr>
<tr><td>Wz 4</td><td>10 × Na 3,1 × 80 c</td><td>5 × RiNa 3,1 × 80</td></tr>
<tr><td colspan="2">Wz = Windzone, B = Binnenland, K = Küste und Inseln der Ostsee, Na = Nagel, RiNa = Rillennagel</td><td colspan="2">a: alternativ 3 × RiNa 2,8 × 75
b: alternativ 4 × RiNa 2,8 × 75 oder 3 × RiNa 3,1 × 80
c: alternativ 4 × RiNa 3,1 × 80</td></tr>
<tr><td colspan="2">Eindringtiefe:
Na 3,1 × 80: 40 mm
RiNa 2,8 × 75: 35 mm
RiNa 3,1 × 80: 40 mm</td><td colspan="2">Bemessungswerte der Tragfähigkeit in Stabachse:
Na 3,1 × 80: 230 N
RiNa 2,8 × 75: 520 N
RiNa 3,1 × 80: 670 N</td></tr>
</table>

Befestigung der Konterlatten bei Aufsparrendämmsystemen

Die Befestigung von Konterlatten über Aufdachdämmsystemen oder Holzwerkstoffplatten mit geringer Rohdichte erfolgt nach Herstellerangaben oder bedarf eines rechnerischen Nachweises.

Bei der Montage von Konterlattungen auf Aufdach-/oder Aufsparrendämmungen ist die Gefahr zu berücksichtigen, dass die Konterlattung mit dem gesamten Dämmstoffpaket und der darüberliegenden Dacheindeckung in Richtung Traufe rutscht Diese Gefahr wird noch deutlich höher bei steilen Dachneigungen – also je steiler das Dach ist.

Die hierbei entstehenden Kräfte werden Schubkräfte genannt. Zum Abfangen dieser Schubkräfte im Dämmstoffpaket werden die sogenannten Schubschwellen mindestens an der Traufe auf den Sparren befestigt.

Um die Konterlattung und das Dämmpaket am „Abrutschen“ zu hindern, wird ein Teil der Schrauben schräg (meistens in einem Winkel von 60°) eingesetzt. Durch die schräge Montage werden diese Schrauben nicht auf „Abscheren“, sondern auf „Zug“ beansprucht.

Das Einschrauben der Befestigungsmittel auf Zug sollte, wenn der Hersteller der Dämmung oder der verantwortliche Planer nichts anderes vorgibt, immer abwechselnd erfolgen.

Die Schrauben, welche rechtwinklig zum Sparren eingesetzt werden, sichern das Dach gegen Windsogkräfte, also gegen Abheben.

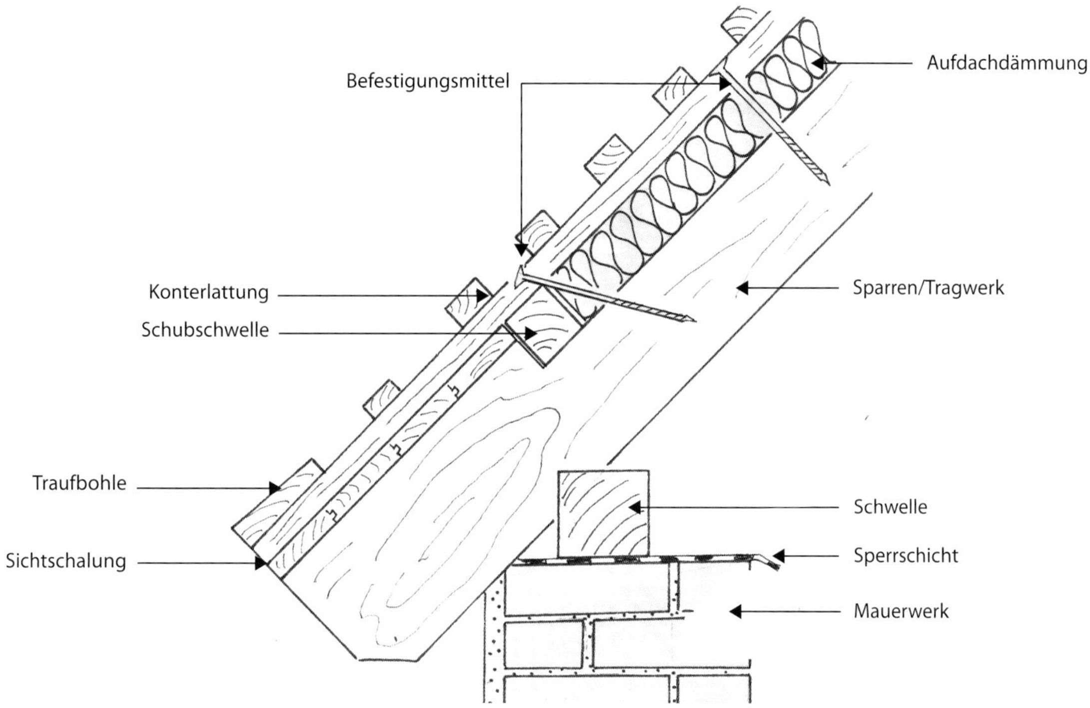

Abb. 5.10 Diese Darstellung zeigt ein für die Biberschwanz-Doppeldeckung mit Traufdoppelschicht gelattetes Dach. Die Befestigung der Aufdachdämmung erfolgte hier rechtwinklig sowie schräg zum Sparren.

Befestigung der Konterlatten unter Verwendung einer Einschraubschablone

Um die Schubkräfte des Dämmpakets zu mindern (abzufangen), fordern die Industrie bzw. die einzelnen Hersteller von Dämmstoffen einen genauen Einschraubwinkel der Befestiger. Dieser Einschraubwinkel beträgt in der Regel 60°.

Außerdem wird meistens ein spezieller Typ von Befestigungsmitteln gefordert.

Um den geforderten Einschraubwinkel einzuhalten, wird oft eine Einschraubschablone, welche im gut sortierten Fachhandel erhältlich ist, verwendet.

Beispielhafte Darstellung von Einschraubschablonen

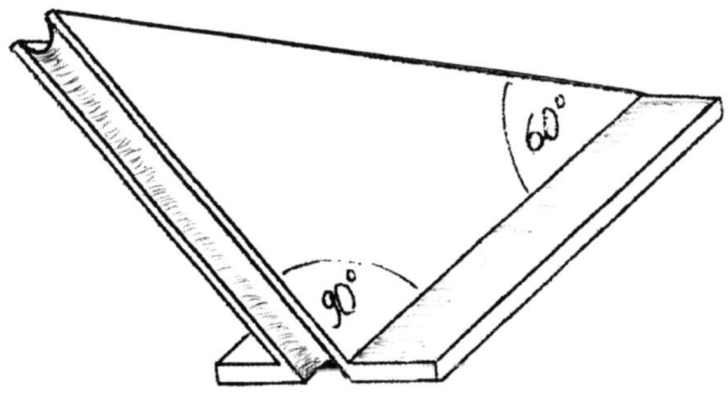

Abb. 5.11 Modell einer „einfachen“ Einschraubschablone aus Kunststoff

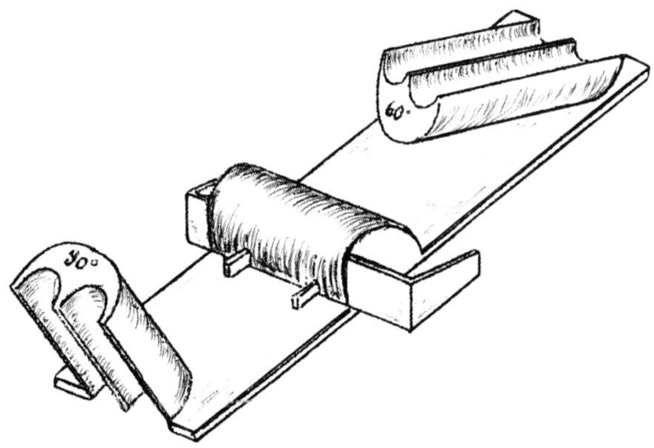

Abb. 5.12 Modell einer Einschraubschablone aus Metall mit seitlicher Fixierung

Anzahl der Befestigungsmittel

Den Mindestabstand sowie die Mindeststückzahl der Befestigungsmittel je Meter Konterlatte werden durch den Hersteller oder Planer rechnerisch ermittelt und durch einen statischen Nachweis festgelegt.

Ohne rechnerischen statischen Nachweis erfolgt die Befestigung der einzelnen Konterlatten nach DIN EN 1991-1-1) mit mindestens drei Befestigungsmitteln pro laufenden Meter.

Besonderheiten bei Holzwerkstoffplatten, Unterdeckplatten

Bei der Verwendung von Holzwerkstoffplatten mit einer geringeren Rohdichte als Holz (Holz hat eine Rohdichte von ca. 350 kg/m^3), z. B. Unterdeckplatten oder Holzfaserweichplatten, ist die Befestigung der Konterlattenebene in Abhängigkeit von der eigenen Rohdichte zu erhöhen.

Für die Weiterleitung der anfallenden Lasten sind Art und Anzahl der erforderlichen Befestigungsmittel für die Holzwerkstoffplatten sowie die Befestigung der Konterlatten durch die Holzwerkstoffe gemäß Typenstatik vom Hersteller anzugeben.

Verlegung von Konterlatten

Die Konterlattung kann stumpf gestoßen oder aber auch mit Unterbrechungen hergestellt werden. Dabei ist zu beachten, dass jede Konterlatte, unabhängig von Tabelle 4, mindestens zwei Befestigungsmittel aufweisen muss.

Bei Anschlüssen an aufgehende Bauteile oder an z. B. Fensterbrüstungen ist die Konterlattung bis an die Unterkante des Bauteils zu führen. Die letzte Traglatte muss dabei mindestens 20 mm tiefer angeordnet werden, um eine Befestigung ohne zersplitterndes Holz (siehe Randabstände) zu gewährleisten.

Am traufseitigen Beginn der Konterlattung sowie am oberen Abschluss haben sich Zu-/beziehungsweise Abluftöffnungen bewährt.

Ein seitliches Überstehen der Konterlattung über das Tragwerk ist möglich, jedoch muss die Konterlattung zwingend lagestabil befestigt sein.

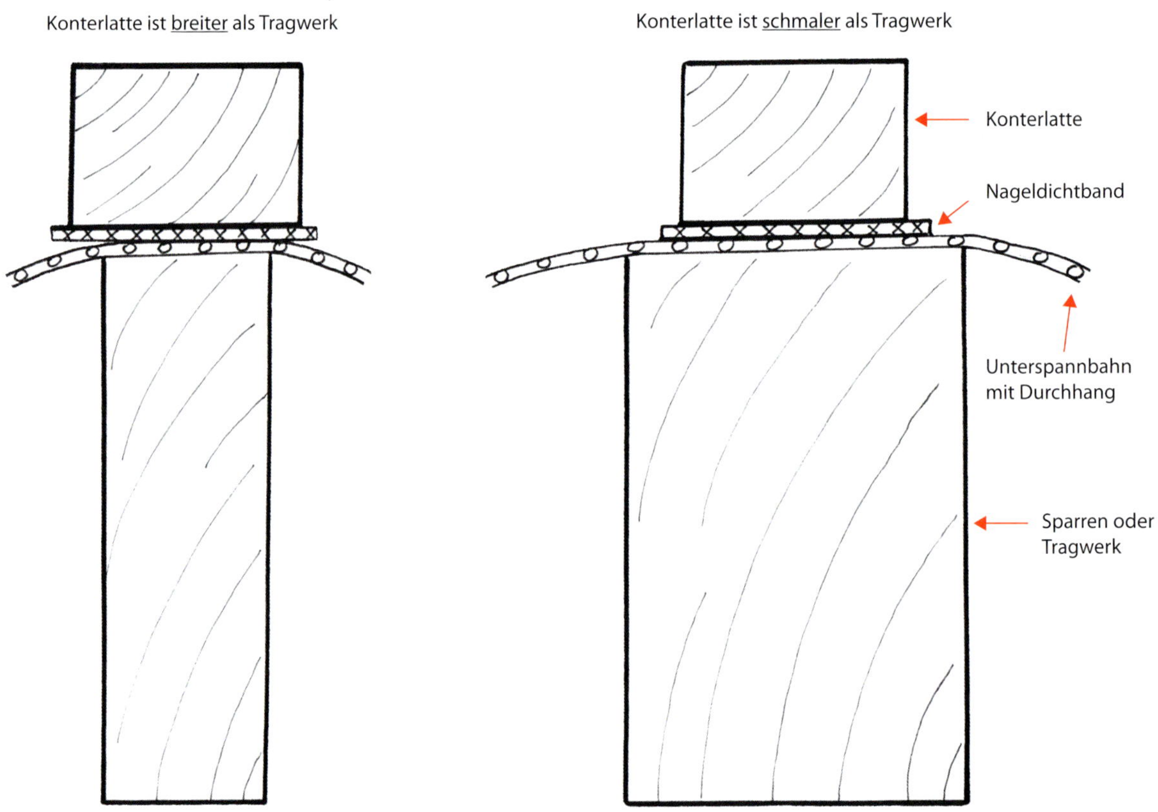

Abb. 5.13 Darstellungen von montierten Konterlatten

Mindestanforderung an Konterlatten

Visuelle Sortierung

Konterlatten müssen bei der Sichtprüfung, also bei der visuellen Sortierung (gemäß DIN 4074-1), mindestens der Sortierklasse S 10 entsprechen. Die Mindestdicke von Konterlatten darf 24 mm nicht unterschreiten.

Maschinelle Sortierung

Bei der maschinellen Sortierung von Konterlatten müssen diese nach DIN EN 338 bei einem Nennquerschnitt von 30/50 mm der Festigkeitsklasse C27 M oder bei einem Nennquerschnitt von 40/60 mm der Festigkeitsklasse C24 M entsprechen.

Wenn andere Latten als Konterlatten, z. B. mit Nennquerschnitten kleiner 30/50 mm, verwendet werden sollen, ist dieses schwierig zu bewerten, da keine Festigkeitswerte vorliegen.

Eine Zuordnung zu einer Festigkeitsklasse kann also nicht erfolgen und somit können diese nicht verwendet werden.

(gemäß aktuellem ZVDH-Regelwerk, hier: „Merkblatt für Unterdächer, Unterdeckungen und Unterspannungen")

Windzonen in der Deutschland

Deutschland ist in vier große Windzonen aufgeteilt, wobei in besonderen Lagen der Bauwerke stets mindestens eine Windzone höher gewählt werden sollte. Besondere geographische Lagen können z. B. Bergkämme, Inseln auf Binnengewässern, frei stehende Bauwerke auf z. B. landwirtschaftlichen Feldern oder extravagant hohe und stark gegliederte Bauwerke sein.

Verschiedene Industriepartner bieten als Serviceleistung kostenfrei eine Windlastberechnung an.

Abb. 5.14 Windzonenkarte

5.4.2 Belüftung der Dachkonstruktion (Lüftungsebene)

Bis vor wenigen Jahrzehnten dienten Dachböden (Dachräume) überwiegend als Wäscheböden oder Abstellkammern und deren Belüftung erfolgte über gezielte Lüftungsöffnungen in Giebeln, konstruktiv über Traufen, Kehlen und Anschlüsse sowie über undichte Fenster. Der Dachstuhl wurde allgemeinhin als Schwitzboden bezeichnet, welcher als Puffer zwischen den Außentemperaturen und den Temperaturen der Innenräume eines Gebäudes diente.

Es bestand bei diesen Dachkonstruktionen keine Notwendigkeit, sich über deren Belüftung Gedanken zu machen, da hier ein ständiger Luftaustausch stattfand.

Die Beanspruchung der Dachaufbauten hat sich deutlich verändert. Die Hinterlüftung von modernen Dachkonstruktionen ist einer der wichtigsten Punkte und eine der am meisten mit Fehlern behafteten Ausführungen bei Dachdeckerarbeiten.

Durch fehlerhaft konstruierte Lüftungsebenen, also mangelnde Hinterlüftung, kann es zu massiver Tauwasserbildung im Inneren von Bauteilen kommen. Diese Tauwasserbildung darf jedoch zu keiner deutlichen sowie dauerhaften Erhöhung der Feuchtigkeit in Bau- und/oder Wärmedämmstoffen führen.

Die Folgen dieser erhöhten Feuchtigkeit sind Materialschädigungen (z. B. durch Pilz- oder Ungezieferbefall) oder gar der Verlust der Funktionsfähigkeit verschiedener oder aller Bauteile (z. B. Standsicherheit, Wärmeschutz).

Eine funktionierende Hinterlüftung von Dachkonstruktionen, also eine voll funktionsfähige Lüftungsebene, ist aktiver Feuchteschutz.

Mindesteigenschaften von Lüftungsebenen

Belüftete Dacheindeckungen bei Dachneigungen ≥5° müssen laut aktuellem ZVDH-Regelwerk, hier: „Merkblatt Wärmeschutz bei Dach und Wand", mindestens folgende Eigenschaften aufweisen:

- Die Höhe des freien Lüftungsquerschnittes innerhalb eines Dachbereiches muss mindestens 2 cm betragen. Dieser muss sich über die komplette Fläche erstrecken. Eine punktuelle Unterschreitung dieses freien Lüftungsquerschnitts ist möglich, jedoch darf dieser an keiner Stelle des Dachs weniger als 5 mm betragen.
- Der freie Lüftungsquerschnitt an den Traufen sowie am Pultdachabschluss muss mindestens 2 ‰ der zugehörigen Dachfläche, mindestens aber 200 cm^2/m betragen.
- An First und Grat sind Mindestlüftungsquerschnitte von 0,5 ‰ der zugehörigen Dachfläche erforderlich, mindestens jedoch 50 cm^2/m.

Bei Sparrenlängen größer als 10 m (Entfernung zwischen Zu- und Abluftöffnung) sind besondere Maßnahmen (z. B. Einbau von Flächenlüftern) zur Aufrechterhaltung der Belüftungsfunktion erforderlich.

Zu beachtende Besonderheiten bei der Herstellung von Lüftungsebenen

- Die Zu- und Abluftöffnungen der Lüftungsebene dürfen nicht dauerhaft durch z. B. diffusionsoffene Materialien abgedeckt werden.
- Die traufseitigen Zuluftöffnungen dürfen nicht durch z. B. Sägespänne, Ziegelschutt oder Verpackungsmaterial (Paketbänder, Klebebandschutzfolien) dauerhaft verstopft/abgedeckt sein.
- Die Zuluftöffnungen werden durch die Montage von Kleintier- und Insektenschutzmaßnahmen teils erheblich eingeschränkt.
- Die Funktion der Lüftungsöffnungen kann auch durch Umwelteinflüsse wie z. B. Schnee ausfallen, mindestens aber beeinträchtigt werden.
- Die Kehlen von hinterlüfteten Dachflächen (also mit Konterlattenebene) können im Allgemeinen nicht mit Zuluftöffnungen versehen werden.
- Der Einsatz von Flächenlüftern im Traufbereich (im Bereich der Zuluft) ist nicht zweckmäßig, da ein zu geringer Luftdurchlass konstruktiv vorhanden ist.
- Die Be- und Entlüftung der Dachflächen muss auch an Durchdringungen (Dachaufbauten, Dachflächenfenstern) sowie bei stark gegliederten Dachflächen mit häufigen Unterbrechungen der Belüftungsebenen gewährleistet sein.

Konterlattenhöhen zur Errichtung einer funktionsfähigen Lüftungsebene

Der Mindestlüftungsquerschnitt von 200 cm²/m an der Traufe (Zuluftöffnung) sowie von 50 cm²/m am First (Abluftöffnung) sind nur bei recht kurzen Sparrenlängen ausreichend. Die Lüftungsöffnungen müssen bei steigenden Sparrenlängen (Konstruktionslängen) entsprechend angepasst werden. Hierzu äußert sich das aktuelle Regelwerk des ZVDH im „Merkblatt Wärmeschutz bei Dach und Wand", in Tabelle 5 wie folgt:

Tabelle 5 Die im Regelwerk des ZVDH beschriebenen Anforderungen und Empfehlungen an die Lüftungsquerschnitte, zusammengefasst für die praktische Anwendung

<table>
<tr><th rowspan="3">Sparren-/ Luftraumlänge in m</th><th colspan="4">Mindestlüftungsquerschnitte</th></tr>
<tr><th colspan="2">Traufe und Pultabschluss:
≥ 2 ‰ bzw. mindestens 200 cm²/m</th><th>First und Grat:
≥ 0,5 ‰ bzw. mindestens 50 cm²/m</th><th rowspan="2">Dachfläche [cm²/m]:
≥ 2 cm freie Höhe</th></tr>
<tr><th>Mindestfläche [cm²/m]</th><th>empfohlene Spalthöhe [cm][a)]</th><th>Mindestfläche [cm²/m][b)]</th></tr>
<tr><td>1–5</td><td rowspan="6">200</td><td rowspan="3">3</td><td>50</td><td rowspan="13">200</td></tr>
<tr><td>6</td><td>60</td></tr>
<tr><td>7,5</td><td>70</td></tr>
<tr><td>8</td><td rowspan="3">4</td><td>80</td></tr>
<tr><td>9</td><td>90</td></tr>
<tr><td>10</td><td>100</td></tr>
<tr><td>11</td><td>220</td><td rowspan="5">6</td><td>110</td></tr>
<tr><td>12</td><td>240</td><td>120</td></tr>
<tr><td>13</td><td>260</td><td>130</td></tr>
<tr><td>14</td><td>280</td><td>140</td></tr>
<tr><td>15</td><td>300</td><td>150</td></tr>
<tr><td>usw.</td><td></td><td></td><td></td></tr>
</table>

a) An Traufen sollten Lüftungsgitter angeordnet werden.
b) Die Angabe bezieht sich auf die Gesamtfläche bei symmetrischen Dächern. Bei unsymmetrischen Dächern kann der Mindestlüftungsquerschnitt aus 0,5 ‰ der vorhandenen Dachfläche ermittelt werden.

Einschränkung der Lüftung an der Zuluftöffnung

Der Kleintier-, Vogel- und Insektenschutz, welcher oft an den Traufen (dem Lufteinlass) montiert wird, oder aber Trauflüftungselemente, welche bei tiefliegenden Dachrinnen zur Herstellung des Ziegelsturzes Anwendung finden, schränken den Lufteinlass oft massiv ein.

Die in Tabelle 6 aufgeführten Verringerungen des Lufteinlasses müssen bei der Planung und Herstellung der Lüftungsebenen stets Beachtung finden.

Tabelle 6 Einschränkungen des Lufteinlasses

Bauteil	Beeinträchtigung	Luftdurchlass
Rautenlochblech, aus Metall	37 %	63 %
Lochblech, klassisch aus Metall	55 %	45 %
Lochgitter/Vogelschutzgitter aus Kunststoff	51 %	49 %
Trauflüftungskamm (Belüftung der Welle bei Dachpfannen)	50 %	50 %
Trauflüftungsprofil/Rechteck (Biber, Flachziegel, Flachsteine)	33 %	67 %

Traufseitiger Lufteinlass der Lüftungsebene

Um einen ordentlichen Lüftungsquerschnitt zu gewährleisten, ist der traufseitige Lufteinlass das wichtigste Bauteil. Im Regelwerk des Zentralverbands des Deutschen Dachdeckerhandwerks sind zwei wichtige Traufen beschrieben.

Abb. 5.15 Lufteinlass hinter der Rinne, unterhalb der Dacheindeckung

Der Vorteil dieses Traufaufbaus ist ein sauberes Auflager der Lagerschicht der Traufdoppelschicht (oder des Traufansatzziegels) sowie eines kaum eingeschränkten Lüftungsquerschnitts.

Ein weiterer Vorteil dieser Variante ist, dass die zweite Entwässerungsebene frei abtropfen kann und dadurch eventuelle Schäden in der Dacheindeckung frühzeitig erkannt werden können.

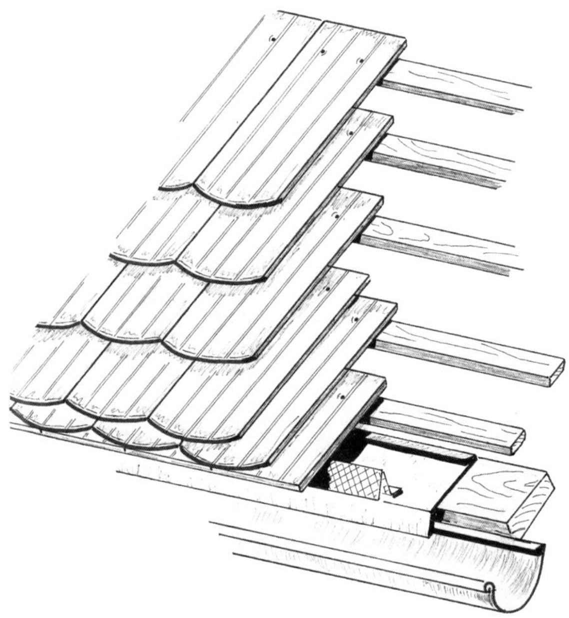

Abb.5.16 Lufteinlass oberhalb der Rinne, tiefliegende Dachrinne

Der Vorteil dieses Traufaufbaus ist, dass die Höhe des „Traufbocks" variabel ermittelt werden kann. Dadurch kann der exakte Ziegelsturz hergestellt werden.

Nachteile dieser Konstruktion sind, dass der „Bock", um einen ausreichenden Lufteinlass zu gewährleisten, sehr hoch gewählt werden muss und die Traufe nur bedingt lagestabil und nicht begehbar ist.

Zusätzliche Lüftungsmaßnahmen

Um den Luftein- oder -auslass in der Lüftungsebene einzuhalten, ist es oft sinnvoll, zusätzliche Maßnahmen zu treffen. Diese zusätzlichen Maßnahmen sind meistens nur in Kombination zweckmäßig, da der Luftdurchlass der Einzelmaßnahmen oft nicht ausreichend ist.

Im Allgemeinen wird ein Flächenlüfter als „Allheilmittel“ bei schwierigen Lüftungsverhältnissen genutzt.

Zu beachten bei der Verwendung von Flächenlüftern ist ihr geringer Lufteinlass bei recht hohem Materialkosteneinsatz. Bei der Verwendung von Lüfterziegeln am Biberschwanzdach muss außerdem der Lüfter sauber eingedeckt werden.

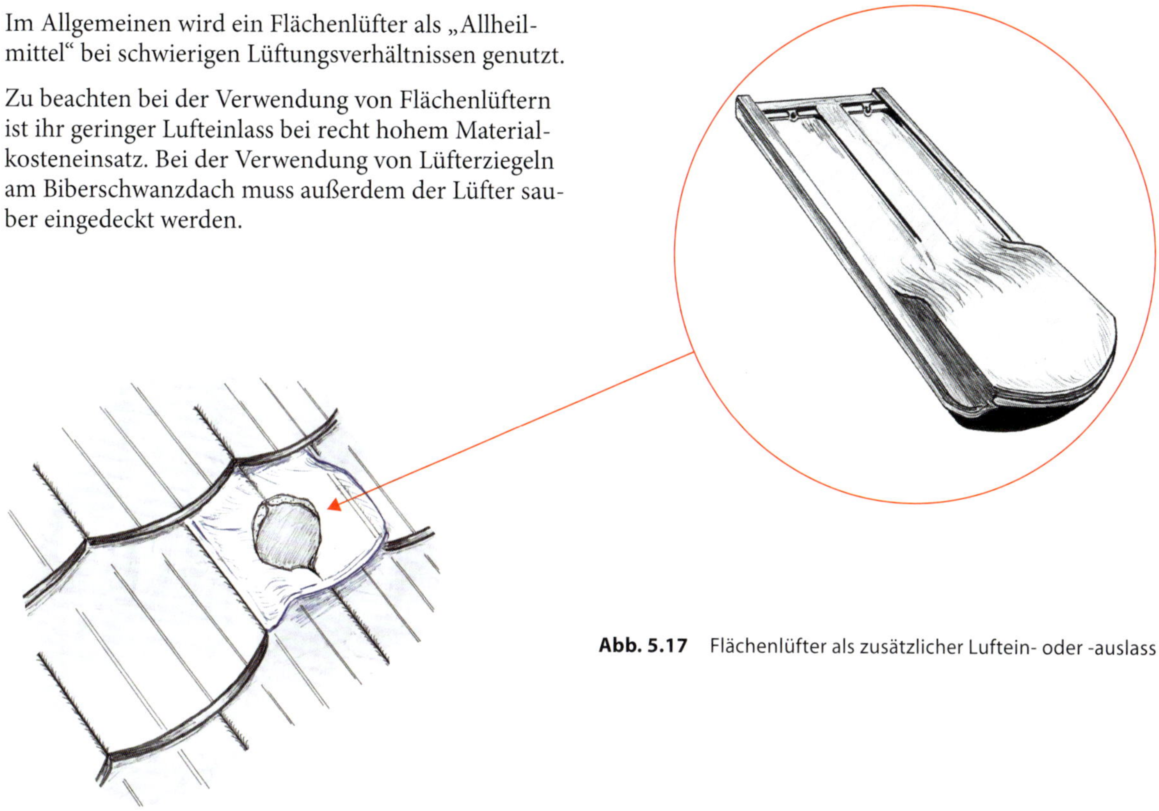

Abb. 5.17 Flächenlüfter als zusätzlicher Luftein- oder -auslass

Vor der Verwendung von Flächenlüftern sollten beim Hersteller die Luftdurchlasswerte abgefragt werden. Der hier abgebildete Biberschwanz-„Froschmaullüfter" hat bei ordnungsgemäßer Herstellung der Öffnung einen maximalen Luftdurchlass von 10 cm².

Der Lufteinlass bei der Ausführung mit Traufkamm ist immer von der Höhe der Welle des Dachziegels/-steins abhängig und wird laut Tabelle 6 noch um 50 % reduziert.

Hier abgebildet ist ein Lüftungskamm bei der Verwendung eines klassischen Betondachsteins, der Lufteinlass beträgt hier 62 cm² je Meter Traufe.

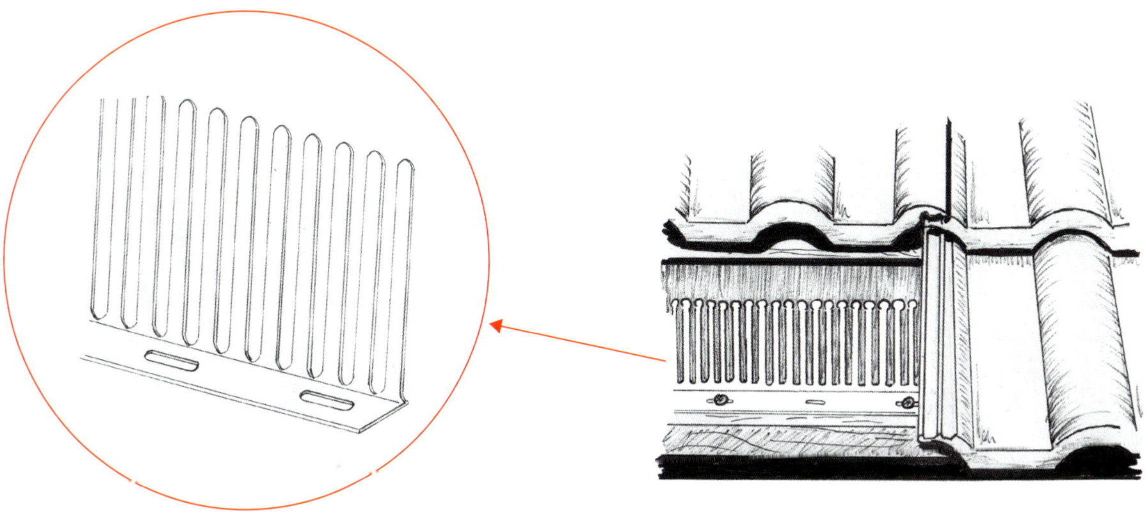

Abb. 5.18 Traufllüftungskamm bei einer Dachpfanne als zusätzlicher Lufteinlass (zwei Details)

Luftauslass am First oder aufgehenden Bauteilen, mit handwerklich hergestellten Biberschwanzziegeln

Die Lagerschicht der Firstdoppelschicht wird so zugerichtet, dass die Mindestseitenüberdeckung auf jeden Fall noch eingehalten bleibt. Beim Biberschwanzziegel beträgt diese mindestens den ¼-Verband.

Der Luftauslass des handwerklich gefertigten Lüfterfirstes muss vor der Herstellung errechnet werden, wobei zu beachten ist:

Der Mindestluftauslass am First beträgt bei einer Sparrenlänge von bis zu 5 m 50 cm^2.

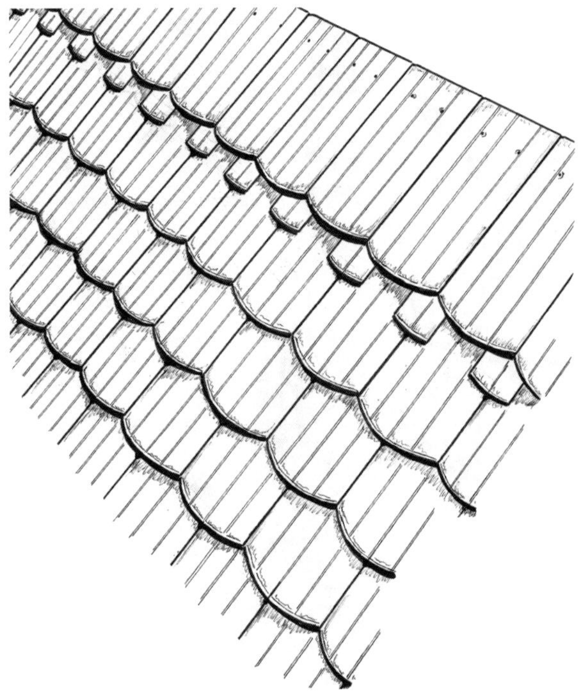

Abb. 5.19 Handwerklich gefertigter Luftauslass am First.

Rechnerische Ermittlung der Konterlattenhöhe an der Traufe

Der Lüftungsquerschnitt bzw. der traufseitige Lufteinlass sollte der Tabelle 5 stets entsprechen. Vermeintlich stellt ja die Konterlattenhöhe von 30 mm einen Lufteinlass von 300 cm^2 pro Meter dar und übersteigt so deutlich den geforderten Mindestlüftungsquerschnitt.

Doch ist das wirklich so?

Eigentlich ja, den die Formel für die Fläche im Quadrat lautet bekanntlich wie folgt:

Länge (L) × Breite (B) = Fläche (A)

Beispiel: 100, 0 cm × 3,0 cm = <u>300,0 cm^2</u>

Um den Luftdurchlass sauber zu ermitteln, das bedeutet unter Beachtung aller für die Rechnung wichtigen Punkte, müssen sämtliche Einschränkung – wie Holzdicken, Kleintier- und Insektenschutzgitter oder dergleichen – auf jeden Fall mit eingerechnet werden.

Nur selten liegen die Sparren eines Dachstuhls mit dem lichten Maß von 100 cm, was wiederum eine Einschränkung des Lüftungsquerschnitts durch die einzelnen Konterlatten bedeutet.

Diese Einschränkungen müssen unbedingt beachtet werden!

Ermittlung der Konterlattenhöhe (Lattmaß 30/50) am Beispiel, mit Formeln

1. Schritt: Ermittlung der tatsächlichen Breite des Luftdurchlasses pro laufendem Meter

$$\text{Stückzahl der Konterlatten je Meter Traufe} = \frac{\text{1,0 laufender Meter (lfm) Traufe}}{\text{Sparrenabstand}}$$

Beispiel: 100 cm / 65 cm = 1,54 Stück

$$\text{Beeinträchtigung der Lüftung je Meter} = \text{Stückzahl je Meter Traufe} \times \text{Breite der Konterlatte}$$

Beispiel: 1,54 Stück × 5,0 cm* = 7,70 cm/lfm

$$\text{tatsächlicher Luft}\underline{\text{ein}}\text{lass je Meter} = \text{1,0 laufender Meter (lfm) Traufe} - \text{Beeinträchtigung je Meter}$$

Beispiel: 100 cm – 7,70 cm = 92,30 cm

2. Schritt: Ermittlung des Lüftungsquerschnitts

$$\text{Lüftungsquerschnitt je Meter} = \text{Höhe der Konterlatte} \times \text{tatsächlicher Luft}\underline{\text{ein}}\text{lass je Meter}$$

Beispiel: 3,0 cm*x 92,30 cm = 276,90 cm^2

3. Schritt: Ermittlung des tatsächlichen Lüftungsquerschnitts unter Beachtung der Lüftungswiderstände, wie z. B. durch Vogel-/ Insektenschutzband aus Kunststoff (siehe Tabelle 6)

$$\text{tatsächlicher Lüftungsquerschnitt je Meter} = \frac{\text{Lüftungsquerschnitt je Meter}}{\text{100 (Prozent)}} \times \text{Prozentsatz}$$

Beispiel: 276,90 cm^2 / 100 × 49 = 135,68 cm^2

4. Schritt: Vergleichen der Werte, ob der tatsächliche Lüftungsquerschnitt größer/gleich dem Mindestlüftungsquerschnitt ist.

$$\text{Tatsächlicher Lüftungsquerschnitt} \geq \text{Mindestlüftungsquerschnitt}$$

Beispiel: 135,68 cm^2 > 200,00 cm^2 = ?

Auswertung: 135,68 cm^2 ist kleiner und nicht größer/gleich 200 cm^2, was bedeutet, eine Konterlatte 30/50 mm funktioniert nicht mit einem Vogel- und Insektenschutz aus Kunststoff als Lufteinlass!

5. Schritt: Konsequenz aus der Auswertung

Bei der Einhaltung des Mindestlüftungsquerschnitts kann jetzt die Montage der Konterlattung beginnen.

Bei der Nichteinhaltung des Mindestlüftungsquerschnitts muss bei Schritt eins die Berechnung mit einem anderen Holzquerschnitt oder bei Schritt drei mit einem anderen Vogel-/Insektenschutz wiederholt werden.

5.5 Traglattung oder Dachlattenebene

Die Latten, welche auf den Unterkonstruktionen (den Sparren, der Konterlattung oder ähnlichen Untergründen) auftragen werden, heißen Traglatten. Diese Traglatten dienen als Auflagepunkt/Auflager der ableitenden Dacheindeckungen aus z. B. Dachziegeln, Schiefer, Holzschindeln oder anderen geeigneten Dachdeckungsmaterialien wie klein- oder großformatigen Produkten aus Metall oder Faserzement.

Bei einer Ziegeleindeckung dient die Traglatte zum Anhängen der Dachziegel mit dessen Anhängenase sowie zur Windsogsicherung durch mechanische Befestigung. Außerdem ist die Dachlattung (Traglattung) laut den Richtlinien der BG-Bau während der Dachdeckerarbeiten als besonderer Arbeitsplatz anzusehen und sollte deshalb mit besonderer Genauigkeit und Weitsicht hergestellt werden.

Traglattung auf Dachflächen, welche während der Errichtungszeit als Arbeitsplatz oder Verkehrsweg genutzt werden, sollten laut Arbeitsschutzverordnung in den Unfallverhütungsvorschriften der BG-Bau mindestens der Sortierklasse S 10 (MS 10) entsprechen.

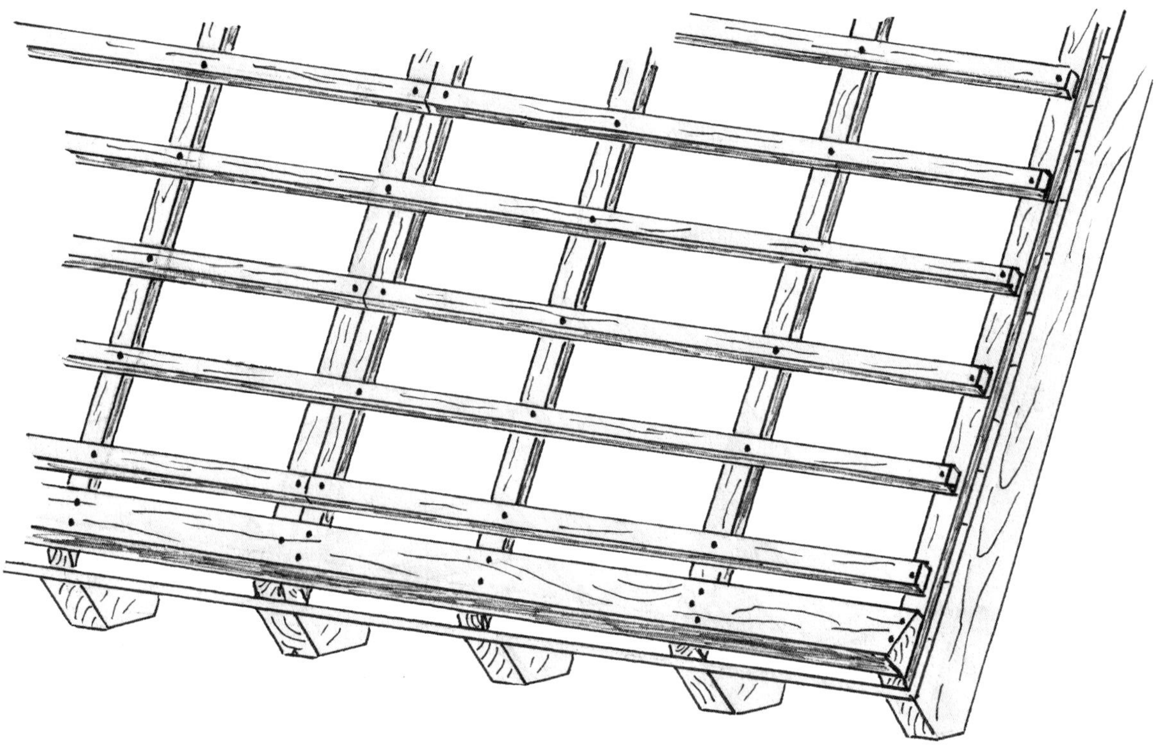

Abb. 5.20 Traglattung auf Konterlattenebene mit Traufaufbau

Sortierklassen in Bezug auf Traglatten

Die Sortierklasse bei Bauhölzern beschreibt deren Tragfähigkeit. Oft wird von älteren Kollegen oder in früherer Fachliteratur noch die Bezeichnung „Güteklasse" verwendet.

Bauhölzer sollten bei mittlerer Holzfeuchte (etwa 20 %) sortiert werden, wobei die Sortierung von Latten auch bei deutlich höherer Holzfeuchte durchgeführt werden darf. Sortierungen können visuell und maschinell durchgeführt werden.

Bei der visuellen Sortierung werden, durch die in Augenscheinnahme des Holzes, folgende Merkmale beurteilt:

- Anzahl, Größe und Art von Ästen
- Größe und Umfang von Baum- oder Waldkanten
- eventueller Schädlingsbefall während des Wachstums und/oder nach dem Einschnitt
- Jahresringe und Faserneigung
- Wuchsfehler und oder Risse

Die Sortierungsmerkmale von Bauholz sind in der DIN EN 4074/1 und die Festigkeitsklassen der Hölzer in der DIN EN 338 beschrieben.

Kennzeichnung der Sortierung von Latten

Bei Dachlatten werden auf deren Stirnseiten farbliche Kennzeichen angebracht (z. B. trägt die Sortierklasse S 13 eine blaue Markierung).

Außerdem werden Dachlatten heutzutage mit mindestens den folgenden Bezeichnungen gestempelt:

Latte, DIN EN 4074 / 1 – S 10 – Ki/Fi – 30/50.

Dieser Stempel sagt aus:

- Art des Bauholzes (Latte)
- Grundlage der Sortierung mit entsprechendem Abschnitt (DIN EN 4074-1)
- Ergebnis der Sortierung, Tragfähigkeit (S 10)
- Holzart (Kiefer oder Fichte)
- Querschnitt des Holzes (30/50 mm)

Bedeutung der Ziffern bei den Holzsortierung

Die Ziffern der Sortierklassen (z. B. 7, 10, 13) sind Abkürzung für die zulässige Biegespannung für Werkstoffe aus Holz.

Eine Latte der Sortierklasse S 7 verfügt also über eine Biegefestigkeit von 7 N/mm^2.

Daraus ergeben sich für die Tragfähigkeit der Sortierung die in Tabelle 7 aufgeführten Bezeichnungen und Kennzeichnungen.

Tabelle 7 Sortier- und Festigkeitsklassen

Sortierklasse	Festigkeitsklasse	Bedeutung	farbliche Kennzeichnung
S 7	C 16 M	geringe Tragfähigkeit	(keine)
S 10	C 27 M	normale Tragfähigkeit	rot
S 13	C 30 M	hohe Tragfähigkeit	blau

Mindestabmessungen der Traglatten

Traglatten laut Tabelle 8, bei Verlegung mit einem Lattmaß kleiner als 40 cm und einem maximalen Abstand der Unterkonstruktion (Sparren/Konterlatten) von 1 m, können ohne rechnerischen Nachweis unter Berücksichtigung der Querschnitte und Sortierklassen verlegt werden.

Tabelle 8 Traglatten aus Nadelschnittholz (ohne rechnerischen Nachweis laut DIN 4074 sowie EN 1408-1)

Querschnitte von Traglatten in mm	maximale Stützweite oder Achsabstand der Unterkonstruktion	Sortierklasse nach DIN 4074-1	Festigkeitsklasse nach DIN EN 338
24 / 48	bis 70,0 cm (Lattmaß kleiner 17 cm)	S 13	C 30 M
26 / 60	bis 80,0 cm	S 13	C 30 M
28 / 48	bis 70 cm	S 7	C 16 M
30 / 50	**bis 80,0 cm**	**S 10 TS** oder **S 10** (a)	**C27 M TS** oder **C27 M** (a)
38 / 58	bis 80,0 cm	S 7	C 16 M
40 / 60	**bis 100,0 cm**	**S 10 TS** oder **S 10** (a)	**C24 M TS** oder **C24 M** (a)
(a) maximale Holzfeuchte 20 %			

Die fett gedruckten Latten sind so im Regelwerk des Deutschen Dachdeckerhandwerks beschrieben. Traglatten, welche nicht den vorgenannten Anforderungen entsprechen, brauchen einen rechnerischen Nachweis über ihre statischen Eigenschaften/ihre Tragfähigkeit gemäß den allgemeinen Technischen Baubestimmungen.

Montage der Traglatten

Das aktuelle ZVDH-Regelwerk, hier: „Hinweise Holz und Holzwerkstoffe“, äußert sich wie folgt:

Traglatten sind so anzubringen, dass zwei volle Kanten auf der Unterkonstruktion aufliegen. Bei eingehängtem Deckmaterial dürfen Traglatten nur an der nach der Traufe zeigenden oberen Lattenkante teilweise baumkantige Ausbildungen aufweisen.

Siehe hierzu auch Kapitel 5.2 Bäume und Hölzer/Waldkante oder auch Baumkante.

Abb. 5.21 Baumkante an einer Traglatte

Lage der Befestigungsmittel in der Traglatte

Wenn Dachlatten (Traglatten) montiert werden, gibt es einiges zu beachten, da bekanntlich die Lattung elementar wichtig für die Funktionsfähigkeit, für die Windsogsicherung sowie die Langlebigkeit ist.

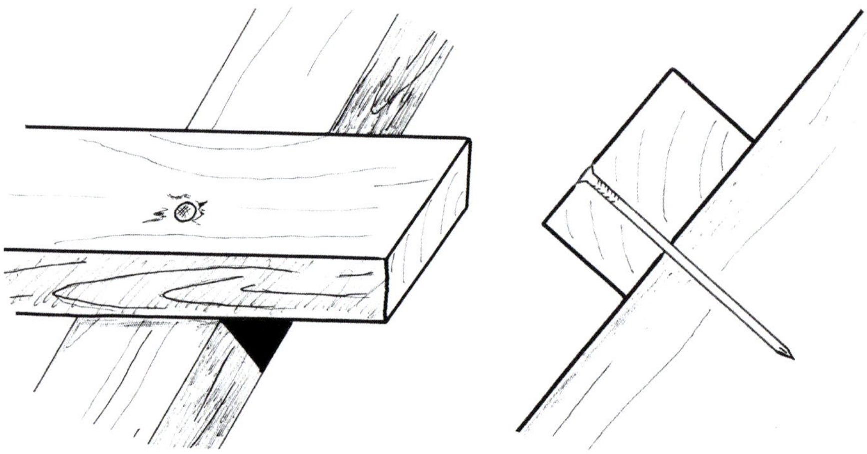

Abb. 5.22 Als Faustregel zur Befestigung von Traglatten gilt: Es sollte stets im unteren Drittel der Latte befestigt werden.

Im Regelwerk des deutschen Dachdeckerhandwerks ist es etwas genauer beschrieben:

„Um die volle Belastbarkeit von tragenden Nagelverbindungen zu gewährleisten, muss auf die Mindestabstände der Befestigung von den Traglattenrändern geachtet werden.

Befestigungsmittelabstand

- *vom oberen belasteten Rand der Traglatte muss mindestens das Siebenfache der Dicke des Befestigungsmittels betragen,*
- *der Abstand vom unteren unbelasteten Rand muss mindestens das 5-Fache der Dicke des Befestigungsmittels betragen.“*

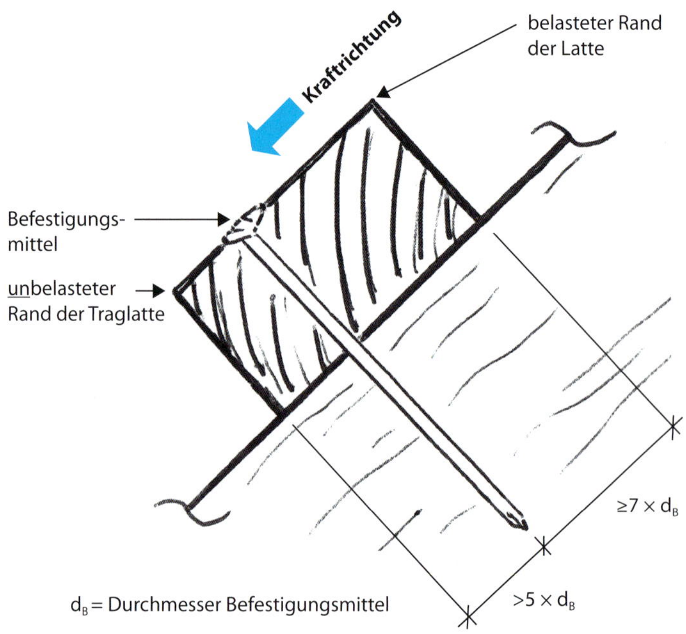

Abb. 5.23 Schematische Darstellung einer befestigten Traglatte.

Befestigungsmittellänge der Traglatte, tabellarisch (ZVDH-Regelwerk)

Auf die Montage oder besser die Befestigung der Traglatten sollte sehr großes Augenmerk gelegt werden, die Traglattung dient als Auflager der Dachziegel sowie als Verkehrsweg in der Errichtungsphase.

Die Mindestlängen der Befestigungsmittel von Traglatten sind laut Regelwerk des Deutschen Dachdeckerhandwerk in drei wichtige Bereiche unterteilt. Hierbei spielen die Gebäudehöhen, die Sparrenabstände sowie die Windlastzonen eine ausschlaggebende Rolle, um die Befestiger wirtschaftlich und statisch einwandfrei zu wählen.

In Tabelle 9 sind die Mindestnagellängen für die gängigsten Gebäudehöhen in Deutschland beschrieben.

Tabelle 9 Mindestnagellänge für die Befestigung von Traglatten (40/60 mm) je Auflager, bei Gebäudehöhen größer 10 m und kleiner 18 m

Achsabstand der Unterkonstruktion und die entsprechende Windzone		**Befestigung der Traglatten unter Dacheindeckungen mit Dachziegeln bei**	
		Sattel- und Walmdächern	**Pultdächern**
kleiner gleich 0,8 m	Wz 1	RiNa 2,8 × 75	RiNa 3,1 × 80
	Wz 2 B	RiNa 3,1 × 80	
	Wz 2 K		RiNa 3,4 × 90
	Wz 3 B		
	Wz 3 K	RiNa 3,4 × 90	2 × RiNa 3,1 × 80 (a)
	Wz 4 B	RiNa 3,1 × 80	
	Wz 4 K	2 × RiNa 3,1 × 80 (a)	
kleiner gleich 1,0 m	Wz 1	RiNa 3,1 × 80	RiNa 3,1 × 80
	Wz 2 B		RiNa 3,4 × 90
	Wz 2 K	RiNa 3,4 × 90	2 × RiNa 3,1 × 80 (a)
	Wz 3 B		
	Wz 3 K	2 × RiNa 3,1 × 80 (a)	
	Wz 4 B	RiNa 3,4 × 90	
	Wz 4 K	2 × RiNa 3,1 × 80 (a)	2 × RiNa 3,4 × 90 (b)

Erklärung der Abkürzungen:
Wz: Windzone
B: Binnenland
K: Küste und Inseln der Ostsee
RiNa: Rillennagel

Mindesteindringtiefen der Nägel:	Tragfähigkeit der Nägel in Richtung der Stabachse:
RiNa 2,8 × 75 = 24 mm	RiNa 2,8 × 75 = 340 N
RiNa 3,1 × 80 = 30 mm	RiNa 3,1 × 80 = 600 N
RiNa 3,4 × 90 = 40 mm	RiNa 3,4 × 90 = 730 N

An Traglattenstößen ist nur 1 Rillennagel, ausgenommen (a), je Traglatte erforderlich.

(a) Breite der Traglatte mindestens 53 mm
(b) Breite der Traglatte mindestens 58 mm/Breite der Konterlatte mindestens 51 mm

Für Gebäude mit abweichenden Höhen sollte im ZVDH-Regelwerk nachgeschlagen werden, wobei zu sagen ist, größer dimensioniert geht immer.

Nagelverbindungen

Länge des Nagels

Bei der Befestigung von Werkstücken mit Nägeln gilt als Faustregel:

Die Mindestnagellänge muss das 2½-Fache des zu befestigenden Materials sein.

Die Haftfestigkeit einer Nagelverbindung ist in Abhängigkeit von der Holzart und der verarbeiteten Faserrichtung unterschiedlich!

Im Regelwerk des Deutschen Dachdeckerhandwerks ist es etwas genauer beschrieben, zusammenfassend kann jedoch die folgende Regel, als rechnerische Grundlage, Anwendung finden:

Die Eindringtiefe in das Tragwerk durch den Nagel sollte mindestens das 12-Fache der Nageldicke betragen.

Nägel und Drahtstifte dürfen ständig auf Abscheren, jedoch nur kurzfristig auf Herausziehen belastet werden.

Beispiele: Abscheren = Lasten (Dachziegel/Dachziegelböcke), Herausziehen = Windsog

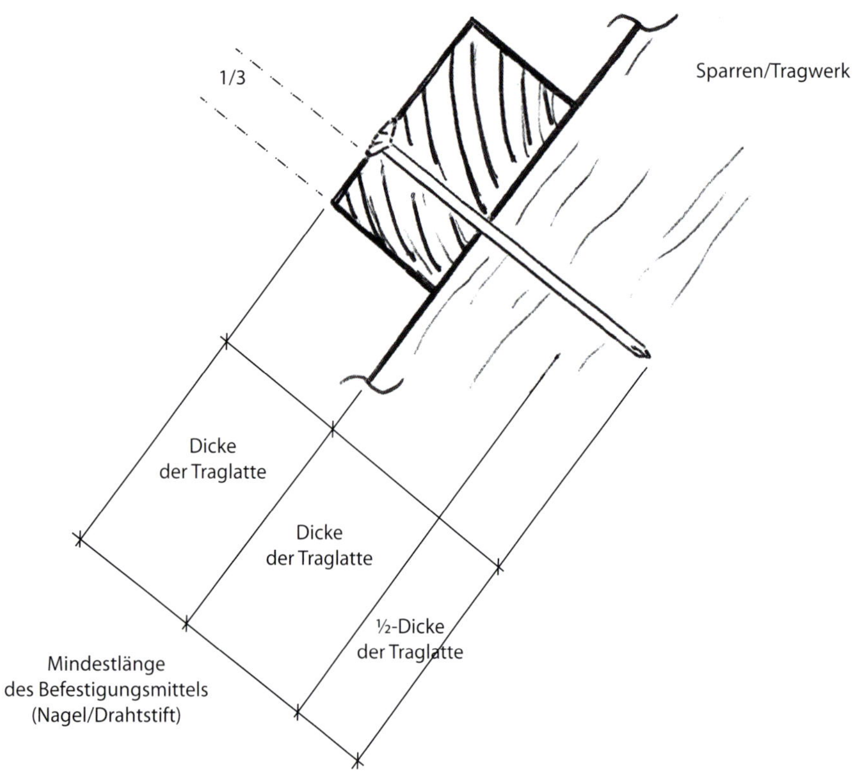

Abb. 5.24 Mindestlänge des Befestigungsmittels (Nagel)

Beispielrechnungen:

Traglatte: 40/60 mm, Mindestlänge des Nagels (Faustregel): 40 mm × 2,5 = **100,0 mm**

Traglatte: 40/60 mm, Mindestlänge des Nagels (rechnerisch):

Mindesteindringtiefe:	4,8 mm × 12-Fache	= 57,6 mm
+ Dicke des Materials:		= 40,0 mm
= Mindestlänge des Nagels:		**97,6 mm**

Dicke des Nagels

Die Dicke des Nagels richtet sich nach der Dicke des Werkstücks und wird durch die Befestigungsabstände zu den Rändern laut ZVDH-Regelwerk wie folgt definiert.

Der Abstand zu allen seitlichen Rändern darf das 5-Fache der Dicke des Befestigungsmittels nicht unterschreiten (nagelfreier Bereich)!

Beispiel:

Dicke des Nagels × 5-Fache = Mindestabstand zum Rand

4,8 mm × 5 = 24,0 mm

Schraubverbindungen

Länge der Schraube

Bei der Befestigung von Werkstücken mit Schrauben muss diese um das 8-Fache ihrer Dicke in die Unterkonstruktion eindringen. Also beträgt die Schraubenlänge die Dicke des zu befestigenden Materials plus das 8-Fache der Schraubendicke.

Die Haftfestigkeit einer Schraubverbindung ist nicht von der Holzart oder der Faserrichtung abhängig, eine Schraubverbindung kann außerdem ohne die Beschädigung des Materials sauber gelöst werden.

Schraubverbindungen dürfen ständig auf Abscheren sowie auf Herausziehen beansprucht werden.

Beispiel: Abscheren = Lasten (Dachziegel/Dachziegelböcke), Herausziehen = Windsog

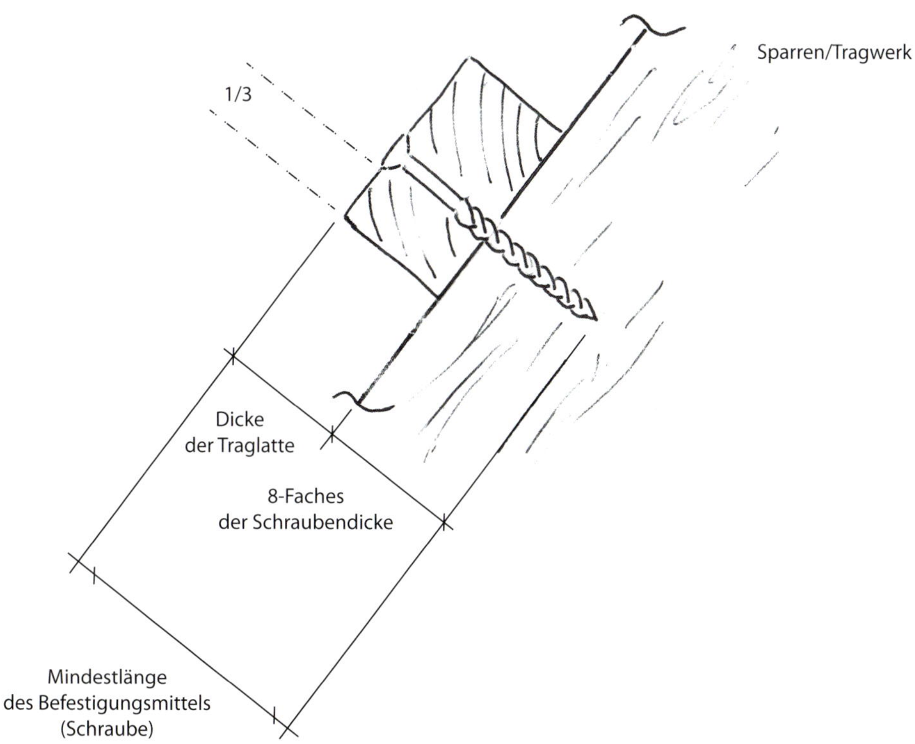

Abb. 5.25 Mindestlänge des Befestigungsmittel (Schraube)

Beispiel:

Traglatte: 30/50 mm, Dicke der Holzschraube: 4,5 mm

Mindestlänge der Schraube (rechnerisch):

Mindesteindringtiefe: 4,5 mm × 8-Fache	= 36,0 mm
+ Dicke des Materials (Höhe der Traglatte):	30,0 mm
= Mindestlänge der Holzschraube:	**= 66,0 mm**

Dicke der Holzschraube

Die Dicke der Holzschraube richtet sich nach der Dicke des Werkstücks und wird durch die Befestigungsabstände zu den Rändern, laut Regelwerk, definiert:

„Der Abstand zu allen seitlichen Rändern darf das 5-Fache der Dicke des Befestigungsmittels nicht unterschreiten (nagel-/schraubenfreier Bereich)!"

Beispiel:

Dicke der Schraube × 5-Fache = Mindestabstand zum Rand

4,5 mm × 5 = 2,5 mm

5.6 Befestigungsmittel und Befestigung von Holz oder Holzwerkstoffen

Um Holz oder Holzwerkstoffe sauber zu befestigen, gibt es viele verschiedene Möglichkeiten. Die Befestigungsspannung, also wie gut die Verbindung hält, wird auch als Haftfestigkeit einer Verbindung bezeichnet.

Diese Haftigkeit ist abhängig von der Holzart, der Faserrichtung sowie der Wahl und Verarbeitung des Verbindungsmittels. Schraubverbindungen haben z. B. im Allgemeinen den Ruf einer höheren Verbindungskraft als Nagelverbindungen.

Jeder Handwerker sollte über die Wahl der geeigneten Befestigungsmittel im wirtschaftlichen Sinne sowie im Sinne der Nachhaltigkeit Bescheid wissen, um so seine Arbeiten effizient auszuführen.

Nägel, Drahtstifte

Als Nägel werden im Allgemeinen alle Befestigungsmittel bezeichnet, welche in das vorgebohrte oder unvorgebohrte Holz oder in den Holzwerkstoff mittels eines Hammers eingeschlagen werden.

Heutzutage ist die Forderung an die Nägel im Dachdeckerhandwerk korrosionsgeschützt (z. B. verzinkt oder verkupfert) oder korrosionsbeständig (z. B. Edelstahl oder Kupfer).

Die Erfahrungen aus der Denkmalpflege bzw. aus der Sanierung historischer Gebäude zeigt jedoch, dass auch Nägel aus schwarzem Stahl (bei konstruktiv-funktionstüchtigen Dacheindeckungen) 100 Jahre und mehr schadfrei ihren Zweck erfüllen.

Was sind Nägel und was sind Drahtstifte?

Als **Nägel** werden drei- oder vierkantige Drahtstifte mit angespitztem Einschlagende und meistens mit Linsenkopf bezeichnet.

Nägel werden nur noch selten produziert, was dazu führt, dass Nägel nur noch aus Altbeständen vorhanden sind. Aus diesem Grund sind Nägel fast gänzlich aus dem Handwerk verschwunden.

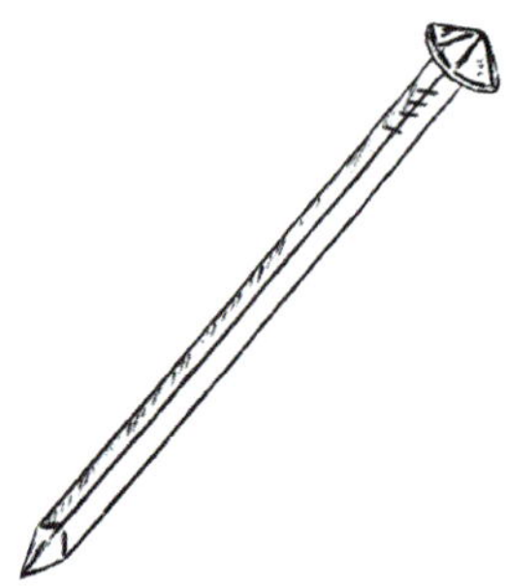

Schmiedenägel sind drei- oder vierkantige Drahtstifte mit aus einem Stück gezogenem Schaft und Einschlagende.

Der Kopf des Schmiedenagels wird meistens als Linsenkopf aber auch als Senk- oder Flachkopf ausgebildet.

Derzeit werden Schmiedenägel meistens nur noch in der Denkmalpflege, aber auch z. B. bei Hufschmieden verwendet.

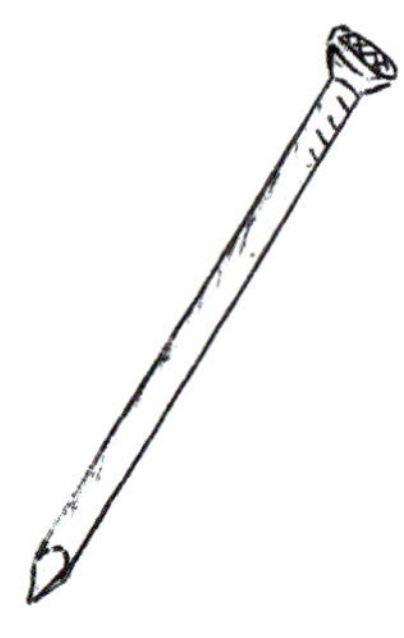

Als **Drahtstifte** oder **Senkkopfstifte** werden in großen Mengen produzierte „Nägel" bezeichnet. Ein Drahtstift ist rund mit angespitztem Einschlagende (Spitze). Der Kopf eines Drahtstiftes wird meist als Senk- oder Flachkopf ausgebildet.

Drahtstifte werden heutzutage umgangssprachlich als Nägel bezeichnet, diese werden in sämtlichen Längen, Dicken und Materialien produziert. Drahtstifte sind wohl die gängigsten Befestigungsmittel im Dachdeckerhandwerk.

Zu den Drahtstiften gehören auch die sogenannten **Rillennägel**, diese Rillennägel werden auch als Schießernägel bezeichnet.

Der Begriff Schussnagel oder Schießernagel kommt von seiner Verarbeitung/Verwendung, da diese Art Drahtstift meistens mit Luft- oder Gasdrucknaglern verarbeitet wird.

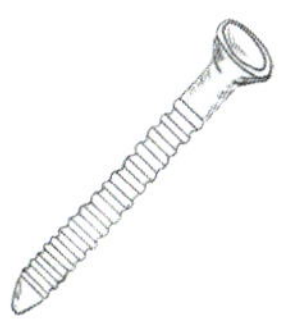

Der **Kammnagel oder** auch **Ankernagel** ist nicht zu verwechseln mit dem Rillennagel. Dieser „Nagel" zählt auch zu den Drahtstiften, ist jedoch aus deutlich besserem Stahl, deutlich dicker, hat meistens eine leicht abgerundete Spitze und durch seine kammartigen Rillen deutlich bessere Auszugswerte.

Dieser „Nagel" wird hauptsächlich zu statischen Zwecken im Ingenieurbau (Verarbeitung von Winkeln, Balkenschuhen usw.) verwendet.

Kennzeichnung der Befestigungsmittel/Nägel

Beim Erwerb von Befestigungsmitteln ist auf der Verpackung immer eine Kennung vorhanden. Auf dieser Kennung sind

- der Hersteller/Importeur,
- die Produktbezeichnung,
- das Nettogewicht oder die Stückzahl,
- der Name oder die Bezeichnung des Produktes,
- die Produktionsnorm,
- die Länge und Dicke sowie
- das Produktionsjahr und die Charche

angegeben.

Abb. 5.26 Produktkennung in Originalgröße

Schrauben, Holzbauschrauben

Holzbauschrauben, auch Schnellbauschrauben genannt, gibt es in allen gängigen/möglichen Formen, Materialien und Größen.

Die Kopfform, die Größe des Kopfes sowie die Form für das Einschraubwerkzeug können teils stark variieren, z. B. als:

- Schlitz,
- Kreuzschlitz,
- Innenvielkant oder
- Industriesechskant.

Die Forderung an die Schrauben und Holzbauschrauben im Dachdeckerhandwerk sagt mindestens korrosionsgeschützt (z. B. verzinkt, vernickelt oder verkupfert) aus. Wenn die Schraube frei bewittert wird, muss sie korrosionsbeständig (z. B. Edelstahl oder Kupfer) sein.

Welche Holz- oder Schnellbauschrauben gibt es?

Holzbauschrauben mit Teilgewinde, **Teilgewindeschrauben**:

Als Faustregel für Schrauben mit Teilgewinde gilt, das zu befestigende Teil sollte etwa die Dicke des gewindefreien Bereichs der Schraube haben. Grundsätzlich gilt, eine Teilgewindeschraube soll zwei Hölzer zusammenziehen und fixieren, was aber nur funktioniert, wenn das Teilgewinde die Länge des Werkstücks aufweist (z. B. Länge des Teilgewindes = Dicke der Dachlatte).

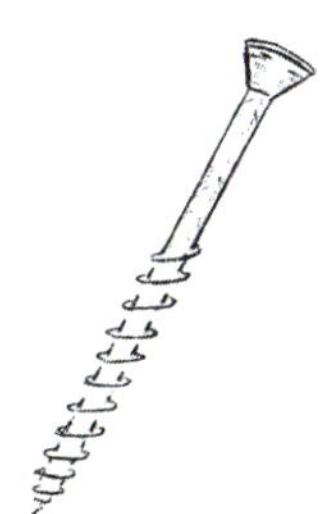

Abb. 5.27 Teilgewindeschraube

Holzbauschrauben mit Vollgewinde, **Vollgewindeschrauben**:

Bei Schrauben mit Vollgewinde ist zu beachten, dass sie keine Bauteile zusammenziehen – sie halten, fixieren und übernehmen statische Grundsätze.

Also übertragen Schrauben mit Vollgewinde unmittelbar Kräfte. Diese Schrauben dürfen nur dann Verwendung finden, wenn die Hölzer exakt planeben/bündig übereinanderliegen.

Um die entstehenden Kräfte optimal abzuleiten, sollen Schrauben mit Vollgewinde etwa alle 30 cm abwechselnd im Winkel von 45° eingeschraubt werden.

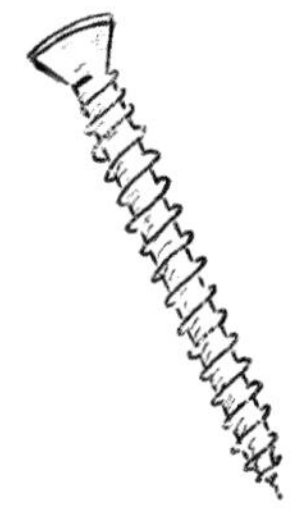

Abb 5.28 Vollgewindeschraube

Holzbauschrauben mit **Schneidespitze** sollen das Aufreißen/Aufplatzen oder Splittern des Holzes verhindern. Die Schneidespitze erleichtert das Ansetzen der Schraube am gewünschten Platz.

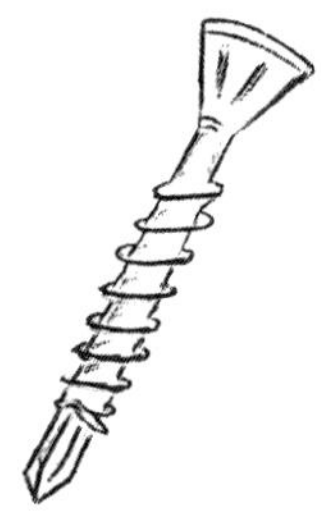

Abb. 5.29 Holzschraube mit Schneidespitze

Holzbauschrauben für spezielle Aufgabenbereiche

Von der Industrie wurden und werden ständig neue Patente für Holzbauschrauben entwickelt. Viele sind kaum bekannt oder setzen sich bei den Verarbeitern nicht durch.

Nachfolgend sind zwei Schraubentypen dargestellt, welche aus dem Dachdeckerhandwerk kaum noch wegzudenken sind.

Die **Tellerkopfschraube** ist eine Schraube, welche extreme Kräfte aufnehmen kann und trotzdem einen kraftschlüssigen Anschluss gewährleistet.

Diese Schraube kommt hauptsächlich im Ingenieurbau zur Anwendung.

Abb. 5.30 Tellerkopfschraube

Die **Spenglerschraube** oder **Dichtkopfschraube** ist aus dem Dachdeckerhandwerk nicht mehr wegzudenken. Sie ist aus korrosionsbeständigem Material und hat eine separate Dichtung mit Unterlegscheibe.

Die Schraube ist meistens eine Teilgewindeschraube mit einem Kopf als Mischung aus Linsen- und Senkkopf.

Abb. 5.31 Spenglerschraube

Mindesteindringtiefe der Befestigungsmittel

Das aktuelle ZVDH-Regelwerk, hier: „Merkblatt für Unterdächer, Unterdeckungen und Unterspannungen", definiert die Mindesteindringtiefen von Verbindungsmitteln in Holz in Abhängigkeit von ihrem Durchmesser. Bei Nägeln und Klammern ist der Durchmesser die Dicke des Schafts, bei Schrauben ist es der Außendurchmesser des Gewindes.

In der DIN EN 1995-1-1 ist diese Mindesteindringtiefe definiert und beträgt vereinfacht dargestellt für

- glattschaftige Nägel und Klammern das 12-Fache deren Durchmesser,
- profilierte Nägel (Rillennägel und Kammnägel) das 8-Fache deren Durchmesser
  und bei
- Schrauben das 6-Fache deren Durchmesser.

Randabstände bei Befestigung von Holz oder Holzwerkstoffen

Die Abstände der Befestigungsmittel zu den Rändern und untereinander sind wichtige Grundlagen für jeden Dachdecker. Diese Grundlagen dienen der sicheren und lagestabilen Herstellung von Unterkonstruktionen sowie der Befestigung von Dacheindeckungsmaterialien.

Abstände der Befestigungsmittel zum Rand sowie untereinander in Nadelschnittholz

Nagelverbindungen

Bei nicht vorgebohrten Verbindungen von Nadelschnitthölzern (der Sortierklassen S 10 und S 13) mit Nägeln oder Drahtstiften betragen die Mindestrandabstände nach DIN EN 1995-1-1:

- zum unbeanspruchten Rand das 5-Fache des Durchmessers der Nägel,
- zum beanspruchten Rand vereinfacht das 7-Fache des Durchmessers der Nägel,
- vom beanspruchten Hirnholz (vereinfacht) das 15-Fache des Durchmessers der Nägel
  und
- vom unbeanspruchten Hirnholz das 10-Fache des Durchmessers der Nägel.

Bei nicht vorgebohrten Verbindungen von Nadelschnitthölzern mit Nägeln betragen die Mindestabstände (nach DIN EN 1995-1-1) untereinander:

- in Faserrichtung vereinfacht das 10-Fache des Durchmessers der Nägel,
- rechtwinklig zur Faserrichtung das 5-Fache des Durchmessers der Nägel.

Die vorgenannten Randabstände können bei der Verwendung von Dachlatten als Unterkonstruktion unterschritten werden, wenn das Holz nicht spaltet sowie eine dauerhafte, lagestabile Verbindung gewährleistet ist.

Schraubverbindungen

Die Mindestrandabstände von Schrauben in Nadelschnittholz (Sortierklassen S 10 und S 13) können vereinfacht denen der Nagelverbindungen angenommen werden. Ebenfalls können diese der DIN EN 1995-1-1 oder den bauaufsichtlichen Verwendbarkeitsnachweisen (abZ, ETB) entnommen werden.

Abstände der Befestigungsmittel zum Rand sowie untereinander in Holzwerkstoffen

Die Mindestrandabstände von Nägeln und Schrauben in z. B.

- Sperrholz,
- OSB-Platten,
- kunstharzgebundenen Holzspanplatten und Faserplatten (technische Klasse HB.HLA2)

sollten vom

- unbeanspruchten Rand das 5-Fache des Durchmessers des Befestigungsmittels
  und vom
- beanspruchten Rand das 4-Fache des Durchmessers bei Sperrholz und das 7-Fache des Durchmessers bei OSB-Platten, kunstharzgebundenen Holzspanplatten und Faserplatten

betragen, soweit nicht die Randabstände im Nadelschnittholz maßgebend werden.

Die Mindestabstände der Befestigungsmittel untereinander sollten in keiner Richtung das 40-Fache des Durchmessers des Befestigungsmittels überschreiten.

Wird von den vorgenannten Randabständen abgewichen, ist stets darauf zu achten, dass eine dauerhafte und lagestabile Verbindung gewährleistet ist.

6 Details am Ziegeldach

6.1 Einteilen und Eindecken der Dachfläche

6.1.1 Deckarten von Dachziegeln

Bei der Eindeckung von Dachziegeln oder Dachsteinen gibt es mehrere Varianten, welche von der Art des Ziegels (den Vorgaben des Industriepartners/Herstellers), oft vom Preis sowie vom Geschmack des Bauherrn oder Planers abhängig sind.

Die einzelnen Variationen der Ziegeleindeckungen werden durch ihre Höhen- und Seitenüberdeckungen definiert.

Bei den **Höhenüberdeckungen** unterscheidet man zwischen:

- Einfachdeckung,
- Doppeldeckung
  und
- Dreifachdeckung.

Bei den **Seitenüberdeckungen** spricht man von Verbänden. Das Wort Verband sagt aus, wie weit die seitliche Fuge von der Ziegelmitte entfernt liegt. Bei den Verbänden spricht man von einem

- Halbverband (die Fuge liegt genau auf der Mitte, also auf dem halben Ziegel),
- Drittelverband (der zweite Ziegel überdeckt den ersten um ein Drittel),
- Viertelverband (der Ziegel wird um mindestens ein Viertel überdeckt und dies sollte NIEMALS unterschritten werden)
  sowie
- dem Decken in Reihe (hier liegen die seitlichen Fugen exakt übereinander, also Fuge auf Fuge).

Einfachdeckung

Bei der Einfachdeckung wird der erste Ziegel von dem darüberliegenden (zweiten) Ziegel um mindestens die Höhenüberdeckung abgedeckt.

Diese Einfachdeckung kann mit

- glatten Dachziegeln ohne Kopf- und Seitenfalz (z. B. Biberschwanzziegeln),
- Dachziegeln/Dachsteinen ohne Kopfverfalzung, aber mit (auch einfacher) Seitenverfalzung (z. B. Betondachsteine: Heidelberger/Frankfurter Pfanne)
  oder
- Dachziegeln, welche eine komplizierte Kopf- und Seitenfalz haben (z. B. Flachdachpfannen),

hergestellt werden.

Das eigentliche Eindecken ist von den Herstellervorgaben abhängig, wobei als Grundregel gilt:

- Stark profilierte Ziegel (z. B. Hohlpfannen oder Flachdachpfannen) können nur in Reihe, also ohne Verband eingedeckt werden.
- Dachziegel/Dachsteine mit parallel verlaufenden Profilierungen (z. B. Doppelmuldenfalzziegel oder Betondachsteine, Heidelberger/Frankfurter Pfannen usw.) können in Reihe oder im Halbverband eingedeckt werden.
- Glatte Dachziegel oder Dachsteine ohne Kopfverfalzung (z. B. Biberschwanzziegel oder Betondachsteine/Tegalit) können in Reihe oder im Verband gedeckt werden.
  Wenn ein Verband angewendet wird, sollten diese Ziegel im Halb-, Drittel-, aber mindestens im Viertelverband eingedeckt werden.

Darstellung einer Einfachdeckung mit Biberschwanzziegeln

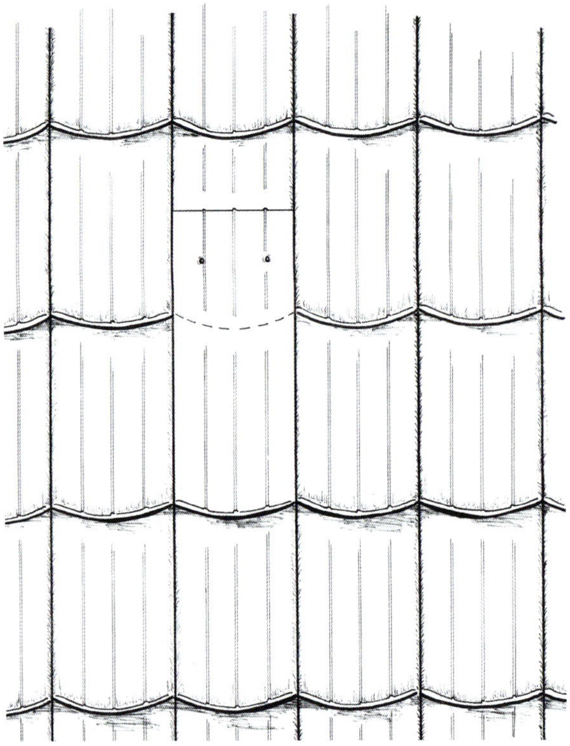

Abb. 6.1: Biberschwanz-Einfachdeckung mit Splissen, in Reihe gedeckt

Abb. 6.2: Biberschwanz-Einfachdeckung mit Splissen im Drittelverband

Doppeldeckung

Die Doppeldeckung im Bereich von Dachziegeln findet hauptsächlich bei den Biberschwanzziegeln Anwendung. Hierbei überdeckt der dritte Ziegel den ersten Ziegel um mindestens die Höhenüberdeckung.

Eine Doppeldeckung kann mit

- glatten Dachziegeln ohne Kopf- und Seitenfalz (z. B. Biberschwanzziegeln),
- Dachziegeln/Dachsteinen ohne Kopfverfalzung, aber mit (auch einfacher) Seitenverfalzung (z. B. Betondachsteine: Heidelberger-/Frankfurter Pfanne)

hergestellt werden.

Beim Eindecken gilt als Grundregel:

Glatte Dachziegel oder Dachsteine ohne Seiten- und Kopfverfalzung sollten bei der Doppeldeckung in der Fläche stets im Halbverband gedeckt werden.

An Anschlüssen darf dieser Halbverband bis maximal auf einen Viertelverband reduziert werden.

Die Biberschwanz-Kronendeckung zählt genau wie die Biberschwanz-Doppeldeckung zu den Doppeldeckungen, hier überdeckt ebenfalls der dritte Ziegel den ersten um mindestens die Höhenüberdeckung.

Darstellung von Doppeldeckungen mit Biberschwanzziegeln

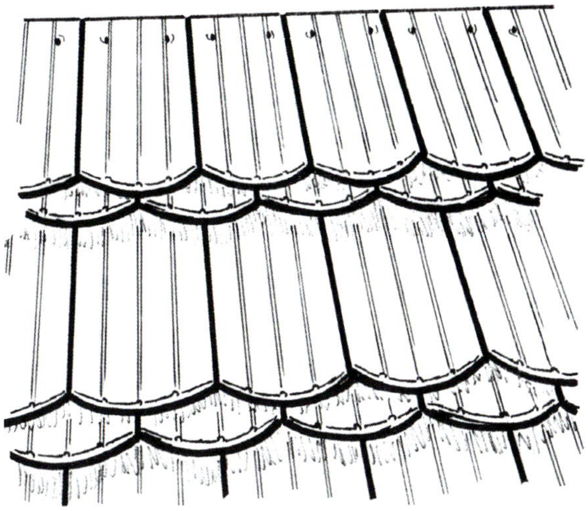

Abb. 6.3: Biberschwanz-Kronendeckung

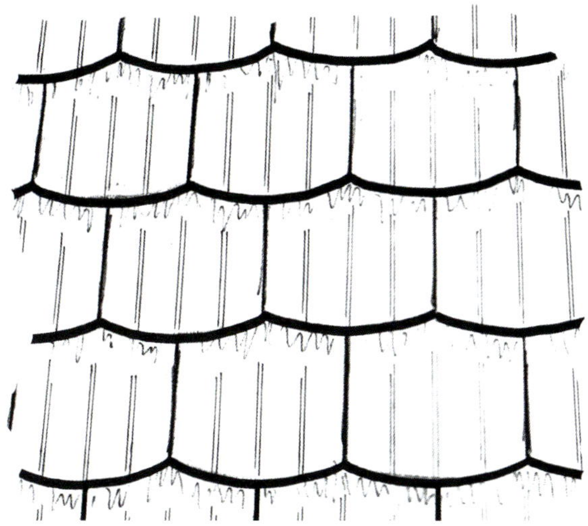

Abb. 6.4: Biberschwanz-Doppeldeckung

Dreifachdeckung

Diese Ziegeldeckung wird nur im Bereich von Ziegelkehlen mit Biberschwanzziegeln verwendet. Dabei ist es gleich, ob diese Ziegelkehlen als eingebundene Kehlen oder überdeckte Kehlen hergestellt werden.

Bei der Dreifachdeckung überdeckt der vierte Ziegel den ersten Ziegel um mindestens die Höhenüberdeckung.

Die Höhenüberdeckung beträgt bei der Dreifachdeckung mindestens 1 cm!

Darstellung von Dachziegelkehlen mit Biberschwanzziegeln (als Dreifachdeckung)

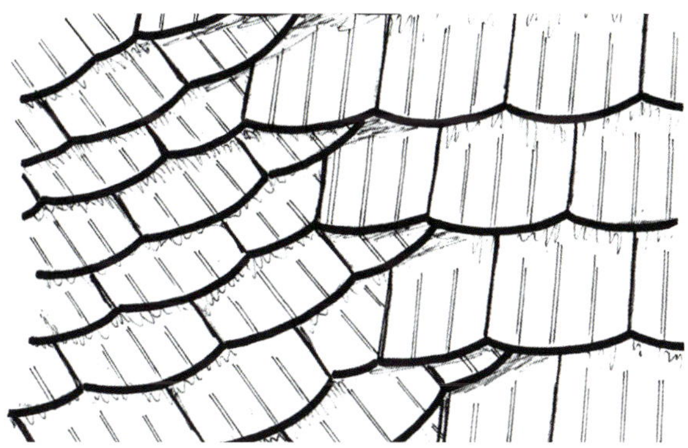

Abb. 6.5: Eingebundene Biberschwanzkehle

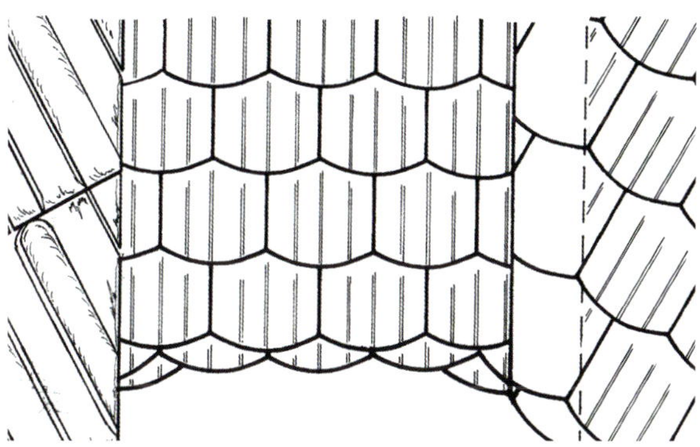

Abb. 6.6: Überdeckte Biberschwanzkehle

6.1.2 Verlegen von Dachziegeln

Dachziegeleindeckungen zeichnen sich durch ein gleichmäßiges Fugenbild und durch eine ebene, saubere Erscheinung aus. Um dies zu erreichen, muss die Dachfläche, genau wie die Unterkonstruktion, vernünftig eingeteilt werden.

Dieses Einteilen kann auf zwei Arten, nämlich durch die

- rechnerische Einteilung
  und die
- handwerkliche Einteilung erfolgen.

Rechnerische Ermittlung der Deckbreiten von Dachziegeldeckungen

Die rechnerische Einteilung einer Dachfläche erfolgt in mehreren Arbeitsschritten. Zuerst müssen die maximale und die Mindestdeckbreite ermittelt werden. Danach wird die Traufe (die erste Latte) mit der ermittelten Deckbreite, abzüglich der festgelegten Orte, eingeteilt.

Nachdem die Traufe aufgeteilt wurde, wird nun etwa in der Mitte (an einem Teilmaß) der Dachfläche eine Senkrechte konstruiert. Von dieser Senkrechten aus wird nun die letzte Latte der Dachfläche aufgeteilt.

Als Letztes wird nun ein Schnürbild anhand der Teilmaße erstellt.

Handwerkliche Ermittlung der Deckbreiten von Dachziegeldeckungen

Auch die handwerkliche Einteilung einer Dachfläche erfolgt in mehreren Arbeitsschritten, welche sich etwas von der rechnerischen unterscheidet.

Im ersten Arbeitsgang wird die Traufe (die erste Latte) mit den gewünschten Dachziegeln durchgedeckt, danach werden die Orte festgelegt und ebenfalls aufgedeckt. Im dritten Arbeitsschritt werden die verlegten Ziegel an der Traufe ausgezählt und diese ausgezählte Anzahl auf der letzten Latte (LAF) aufgedeckt und bei Bedarf ausgemittelt. Zuletzt wird nun die gewünschte Gangbreite festgelegt (z. B. vier Ziegel), das bedeutet, es wird bei einem Vierergang jeder fünfte Ziegel wieder ausgedeckt, um an dem vierten Ziegel die Schnürung anzulegen. So entsteht Schritt für Schritt das gewünschte Schnürbild.

Diese hier beschriebene Arbeitstechnik wird auch als „Rahmen"-Hängen von Dachziegeln bezeichnet.

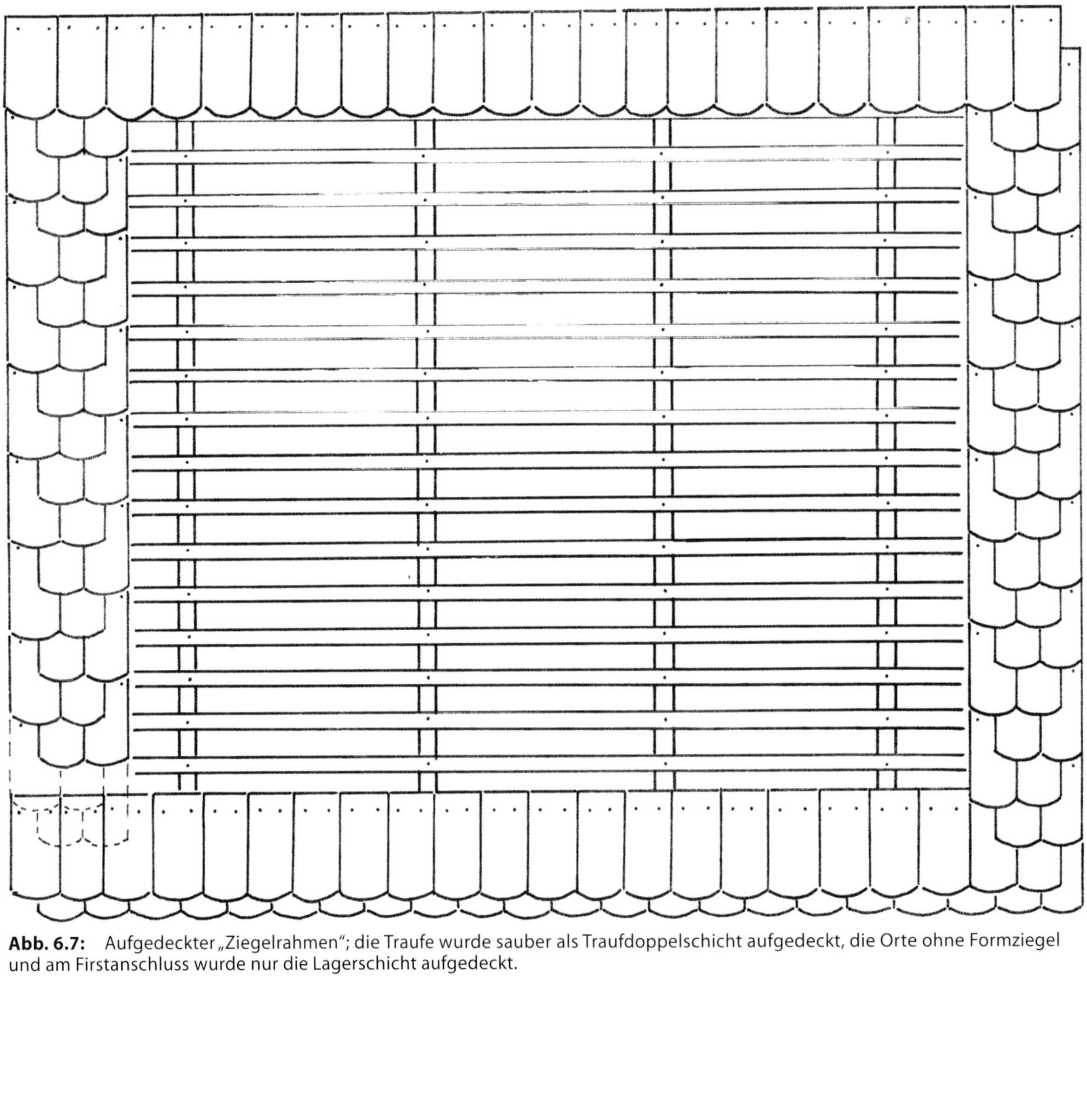

Abb. 6.7: Aufgedeckter „Ziegelrahmen"; die Traufe wurde sauber als Traufdoppelschicht aufgedeckt, die Orte ohne Formziegel und am Firstanschluss wurde nur die Lagerschicht aufgedeckt.

Traufausbildung

Der Traufausbildung beim Biberschwanzziegeldach muss besondere Aufmerksamkeit geschenkt werden. Da hier das meiste Niederschlagswasser ankommt, muss also unbedingt auf eine saubere und lagestabile Traufdoppelschicht oder der Traufausbildung mit Traufansatzziegeln sowie auf die Herstellung eines sauberen Ziegelsturz geachtet werden.

Ziegelsturz

Der Sturz oder auch der Ziegelsturz ist ein gewolltes „Sperren" der Dachziegel im Bereich von Traufen, Kehl- oder Gratansätzen, aber auch an Dachknicken,an Dachbrüchen, an Übergängen zwischen Mansarden und Oberdächern.

*Bei den Ziegeln an der Traufe, also beim Ziegelsturz, unterscheiden wir zwischen einem **Auswärts Sturz** (auswärtigen Sturz) und einem **Einwärts Sturz** (einwärtigen Sturz).*

- **Auswärts Sturz** (auswärtiges Sperren) bedeutet; dass der Fuß des Ziegels deutlich tiefer liegt als der Fuß der darüberliegenden Ziegel.

  Die darüber liegende Ziegelreihe sperrt (bockt) extrem und liegt nicht auf den traufseitigen Ziegeln (der Traufdoppelschicht).

  An einer „normalen" Traufe ist dieser auswärtige Sturz ein massiver Fehler.

  An Übergängen zwischen Steilmansarde und Oberdächern oder an geschwungenen Dächern, z. B. Tonnendächern kann dies jedoch bewusst so gebaut werden.

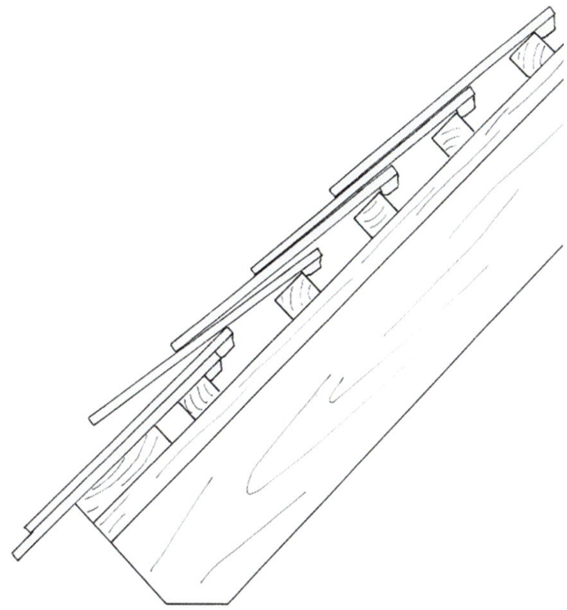

Abb. 6.8: Auswärts Sturz

- **Einwärts Sturz** (einwärtiges Sperren) bedeutet:

  der Kopf des Ziegels liegt spürbar tiefer, so dass die darüber liegende Schicht nur mit ihrem Fuß die Ziegelschicht berührt.

  Die sperrende Ziegelreihe liegt hohl… dieser Sturz kommt hauptsächlich bei geschwungenen Dachflächen zur Anwendung.

  An einer „normalen" Traufe ist das ein massiver Fehler da hier das Gebot der geschlossenen Deckung nicht eingehalten.

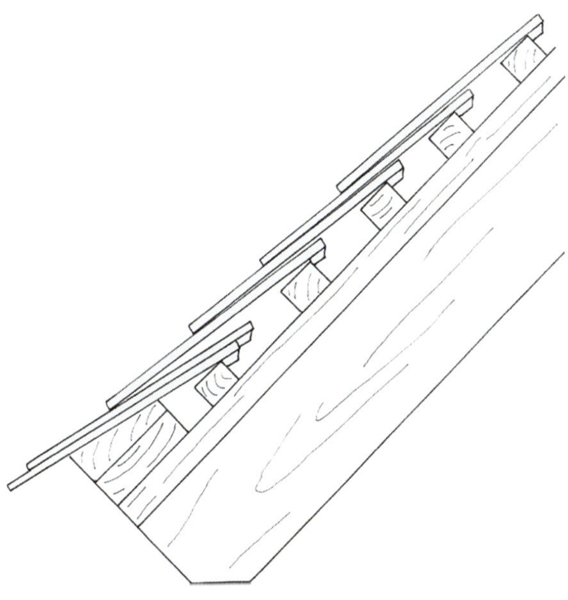

Abb. 6.9: Einwärts Sturz

Herstellung eines gleichmäßigen Ziegelsturzes

Um die Traufdoppelschicht am Biberschwanzziegeldach (hin und wieder auch Traufkrone genannt) sauber herzustellen, müssen mehrere Faktoren beachtet werden.

Die wichtigste Regel:

Die Lagerschicht der Traufdoppelschicht muss soweit ausgeglichen werden, dass die Dicke, also die Höhe, von zwei Biberschwanzziegeln entsteht. Achtung – es darf hier aber auch keine einwärts sperrende Schicht entstehen.

Dieser Sturz an der Traufe kann durch mehrere Techniken hergestellt werden, z. B.:

- Durch das Einlassen der Trauflatte (LAT) in die Konterlatte oder den Sparren.
- Die Verwendung von dünneren Latten als Trauflatte (LAT) unter Beachtung der Achsmaße.
- Eine höhere Keilbohle / Traufbohle, aber auch eine dickere Latte, hochkant bei freier Entwässerung, kann Verwendung finden.
- Durch die Verwendung von geeigneten Trauf – „böcken" als zusätzliche Belüftung aus Kunststoff oder Metall.

Der Ziegelsturz an der Traufe, aber auch oberhalb von Einbauteilen (z. B. Schornsteinen, Dachliegefenstern, Dachausstiegsfenstern), muss in jedem Fall funktionieren.

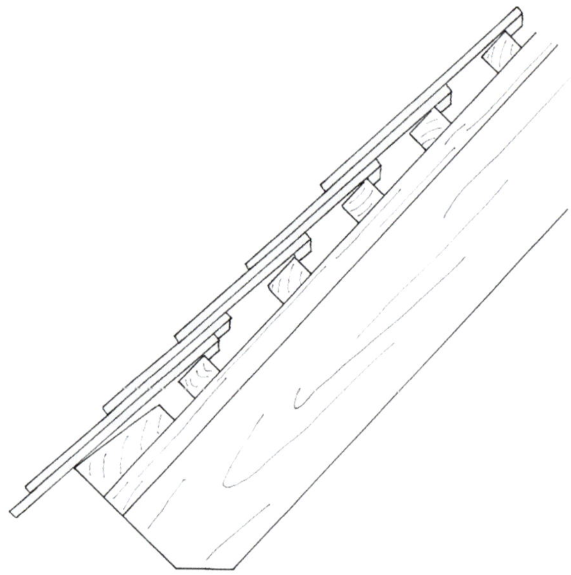

Abb. 6.10: Ziegelsturz an der Traufe

Besonderheit bei der Mörteltechnik

Der Ziegelsturz wird bei der Verwendung von Mörtel zusätzlich durch einen sauber gesetzten Querschlag, der durch Unterfüttern mit ¼-Ziegeln oder Ziegelscherben verstärkt werden kann, hergestellt.

Wichtig ist, dass weder Bleche (Traufbleche / Einhangbleche / Hinterlagskehlen) oder Hölzer mit dem Mörtellager /dem Querschlag als Höhenausgleich in Berührung kommen.

Bei der Herstellung des Sturzes mittels einer Mörtelleiste ist zu beachten, dass der Biber / der Dachziegel in das Mörtellager der Traufe sauber eingeschwemmt wird, damit die Lagerschicht einen korrekten Halt findet und nicht hohl liegt!

Mörtel ist kein Befestigungsmittel!

Handwerkliche Herstellung von Windsogsicherungen an Dacheindeckungen mit Biberschwanzziegeln

- Biberschwanzziegel annageln oder anschrauben?
  Biberschwanzziegel werden NIEMALS angeschraubt oder angenagelt. Durch diese Art der Befestigung entsteht eine starre Verbindung, welche durch das Arbeiten der verschiedenen Materialien (Holz und Ton) zu Haarrissen oder Brüchen der Ziegel führen kann.

  Ausnahmen von dieser Regel:
  Ortgangziegel (Formsteine) oder am Ort verbaute Dachziegel sowie Formziegel in der Fläche (z. B. Dunstrohre aus Ton oder Beton) oder Formziegel am First müssen angeschraubt werden.

  Dachziegel mechanisch gegen Verrutschen sichern:
  Alle Dachziegel ohne Anhängenase müssen mechanisch gegen Verrutschen gesichert werden. Dieses Sichern erfolgt entweder mit geeigneten Klammern oder geeignetem Bindedraht, aber NIEMALS mit Nägeln oder Schrauben.

- Sturmklammern für Biberschwanzziegeldeckungen
  Dadurch, dass Dachflächen besonders durch Windkräfte gefährdet sind, müssen diese gesichert werden. Diese Sicherung ist abhängig von verschiedensten Faktoren wie z. B.:
  - der Lage des Gebäudes (in der Stadt, auf dem Land, in den Bergen, an der See usw.),
  - dem Standort des Gebäudes (Windzone).

  Die Sicherung der Dachflächen gegen Windkräfte kann durch verschiedenste Sturmklammern von namhaften Herstellern erfolgen, muss aber speziell für das entsprechende Gebäude ermittelt und nachgewiesen werden.

  Hier helfen die Industriepartner gern durch geeignete Software oder als Serviceleistung beim Erwerb eines speziellen Sturmklammertyps.

Darstellung von Sturmklammern für Biberschwanzziegel

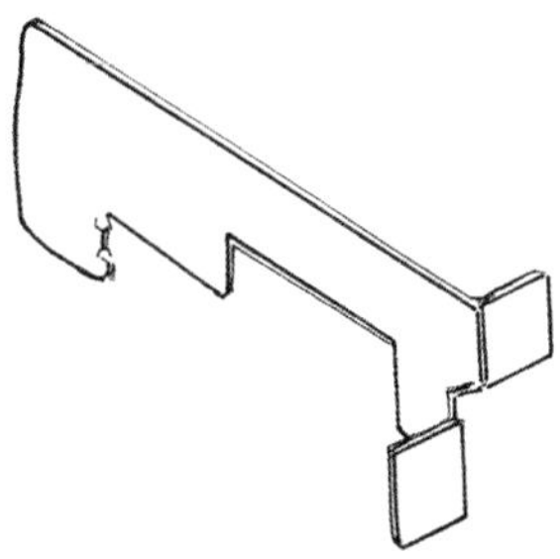

Abb. 6.11: Biberschwanz-Kronendeckung

Diese Form der Sturmklammer kann für die Biberschwanz-Kronendeckung sowie für die Biberschwanz-Doppeldeckung Verwendung finden.
Diese Klammer kann an der Latte oder aber an der Lagerschicht der Kronengebinde angebracht werden.

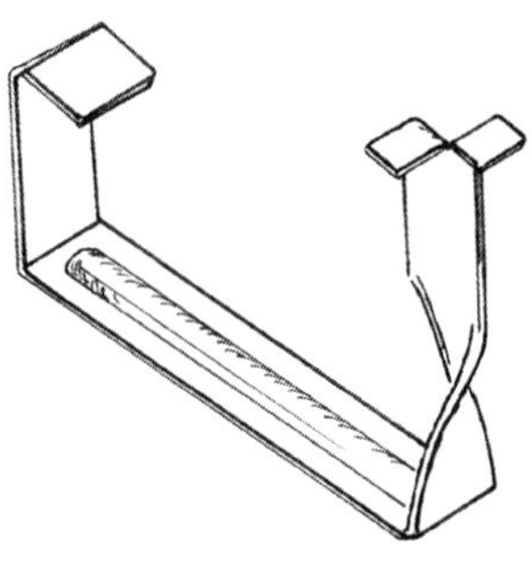

Abb. 6.12: Biberschwanz-Doppeldeckung

Bei dieser Klammer wird anders als bei der oben gezeigten Klammer stets die Traglatte als Befestigungspunkt verwendet.

Darstellung eines beispielhaften Klammerschemas in der Biberschwanz-Doppeldeckung

Vorderansicht/Draufsicht einer geklammerten Dachfläche in der Doppeldeckung

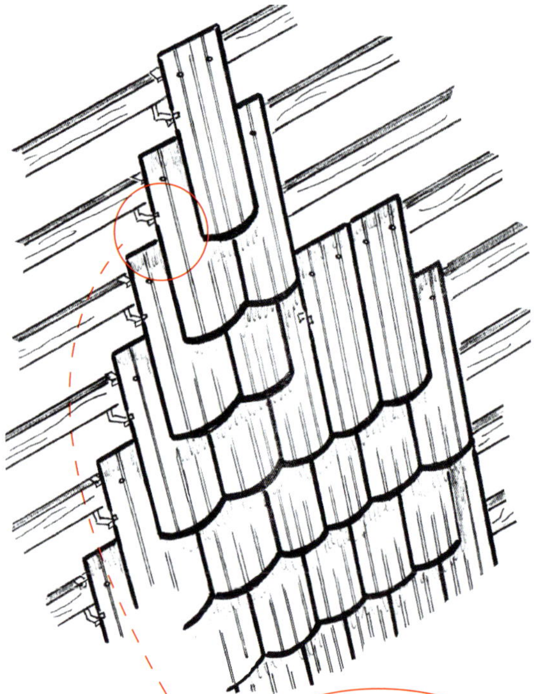

Ansicht Doppeldeckung von innen betrachtet

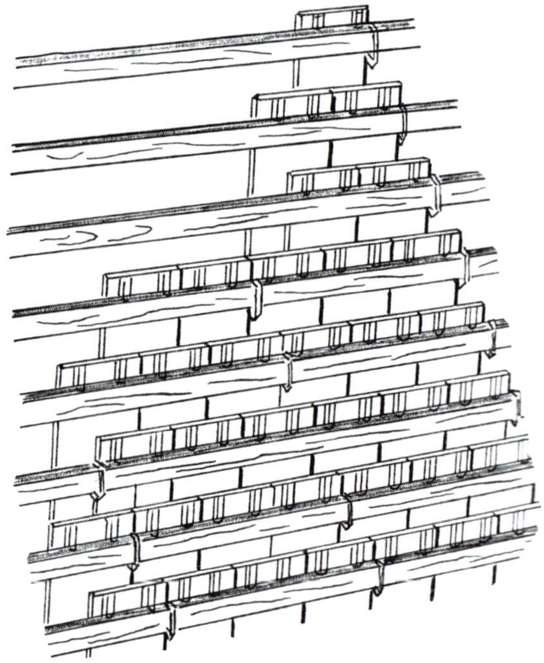

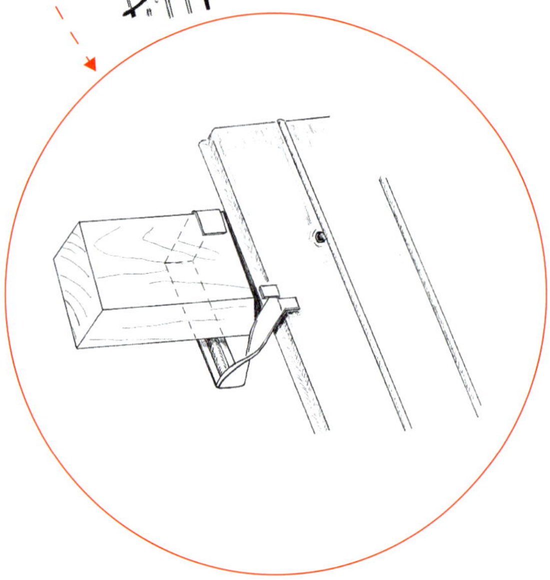

Montageschema einer Sturmklammer für die Biberschwanz-Doppeldeckung

Abb. 6.13 bis 6.15: Darstellung eines Klammerschemas in der Doppeldeckung

6.1.3 Detailausbildung am Ziegeldach

Grundlegendes zur Detailausbildung

Um Details am Ziegeldach mit kleinformatigen Deckwerkstoffen (Biberschwanzziegeln, Betonbibern) auszubilden, muss das oft angesprochene Gebot der geschlossenen Deckung aus zweierlei Gründen stets eingehalten bleiben.

Dieses Gebot stellt die Funktionsfähigkeit im Sinne der Lagestabilität sowie der Wind- und Regensicherheit dar.

Biberschwanzziegel bieten durch ihre Kleinteiligkeit, ihre ebene Fläche sowie durch den geleiteten Wasserlauf (Tropfpunkt am Fuß des Ziegels – dem Segmentbogen) eine saubere Lösung zur Ausbildung von Details verschiedenster Art.

Detailanschlüsse mit Biberschwanzziegeln

Biberschwanzziegel haben den klaren optischen Vorteil, dass Anschlüsse harmonisch in die Dacheindeckung einfließen können und trotzdem das anfallende Niederschlagswasser sauber geleitet wird.

Bei Ziegeldächern, insbesondere bei Dächern mit Biberschwanzziegeln, muss jedoch beachtet werden, dass das Halbformat der Anschlussziegel nicht unterschritten wird. Dafür kann das Übersetzen (Änderung des Verbands) eine Lösung darstellen.

Darstellung der Änderung des Verbands bei Anschlüssen mit Biberschwanzziegeln

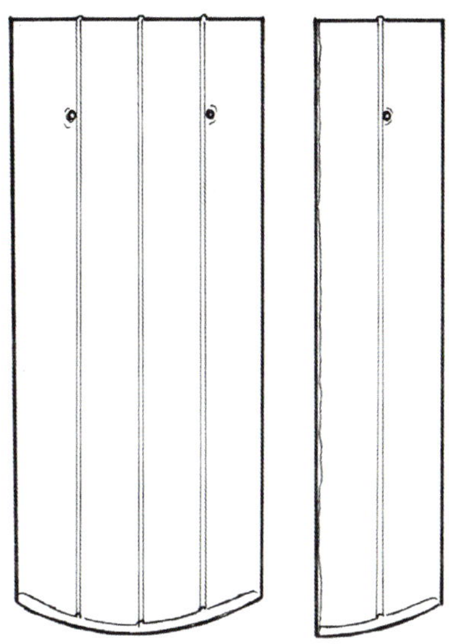

halber Ziegel = 7,5 cm
ganzer Ziegel = 15,5 cm

Eineinhalb Ziegel = 23,0 cm

Abb. 6.16: Eineinhalb Ziegel (Halber/Ganzer)

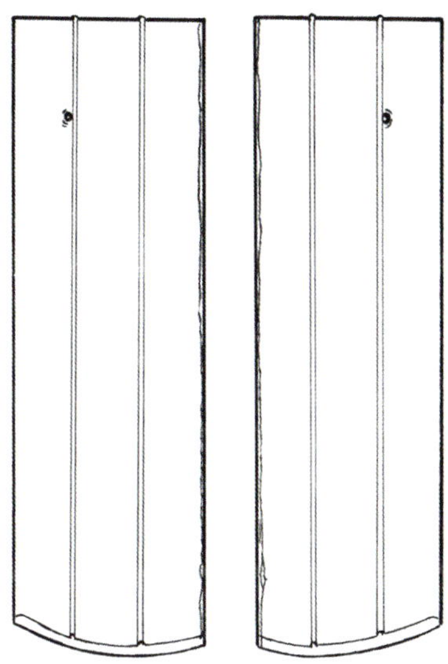

Dreiviertel Ziegel, links = 11,5 cm
Dreiviertel Ziegel, rechts = 11,5 cm

zweimal Dreiviertel Ziegel = 23,0 cm

Abb. 6.17: Eineinhalb Ziegel (zwei Dreiviertel Ziegel)

Es ist zu beachten:

Das Niederschlagswasser soll vom Anschluss oder Einbauteil weggeleitet werden, was bedeutet, die Schnittkante des Dachziegels sollte zur Fläche zeigen.

Bei zwei bearbeiteten Ziegeln (an Anschlüssen/Einbauteilen) sollten die Schnittkanten zueinander zeigen.

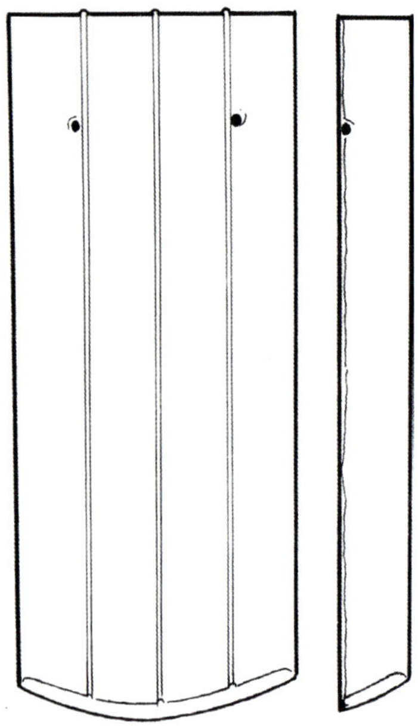

Viertelziegel = 4,5 cm
ganzer Ziegel = 15,5 cm

Eineinviertel Ziegel = 20,0 cm

Abb. 6.18: Eineinviertel Ziegel (auch Sämel oder Riemchen genannt)

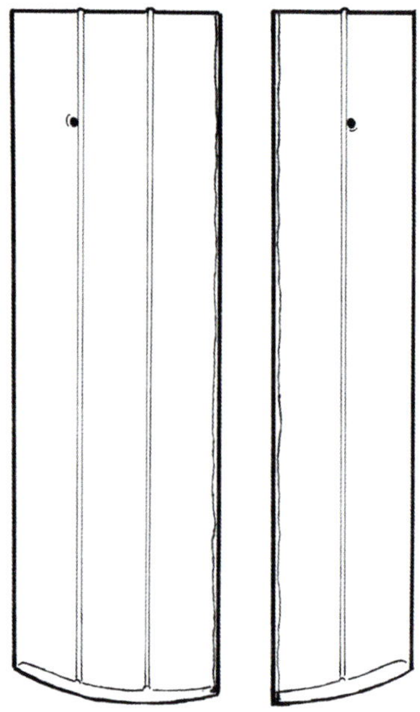

Dreiviertel Ziegel, links = 12,0 cm
(breiter) halber Ziegel, rechts = 8,0 cm

Dreiviertel-/halber Ziegel = 20,0 cm

Abb. 6.19: Eineinviertel Ziegel (Dreiviertel- und halber Ziegel)

An manchen Anschlüssen (meistens eingebundenen Details) kann es nötig werden, die anlaufenden Deckgebinde aus der Fläche mit gestaffelten Anschlussziegeln zu verschieben. Das bedeutet, durch geschicktes Anordnen der bearbeiteten Ziegel kann der Segmentschnittpunkt (um eine harmonische Optik zu erzielen) verlagert werden.

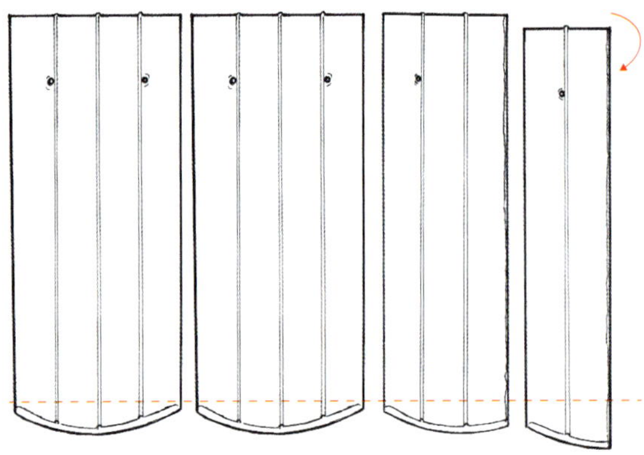

Abb. 6.20: Verlagern der Segmentschnittpunkte nach unten

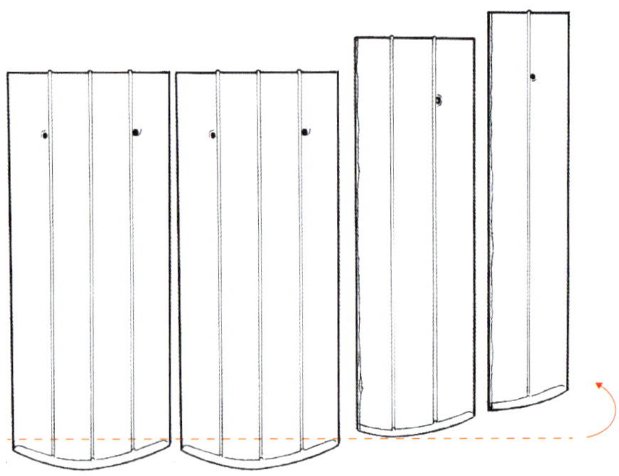

Abb. 6.21: Verlagern der Segmentschnittpunkte nach oben

Ausbildung des Ortgangs

Die seitlichen Abschlüsse, also die Ortgänge, können höchst unterschiedlich ausgebildet werden. An Neubauten und bei Sanierungen (ohne denkmalpflegerische Auflagen) sind heute industriell gefertigte Ortgangziegel/Ortganglappenziegel üblich.

Diese Ortgangziegel können je nach Hersteller/Industriepartner völlig unterschiedlich zur Verfügung gestellt werden. Meistens liegt die Wahl der Ortgangziegel im persönlichen Geschmack des Bauherrn oder Planers.

Beispielhafte Darstellungen von industriell gefertigten Ortgängen am Biberschwanzziegeldach

Dieser Ortganglappenziegel kann in der Doppeldeckung sowie in der Kronendeckung verwendet werden. Dabei ist zu beachten, dass dieser nur in jeder zweiten Traglatte zur Anwendung kommt.

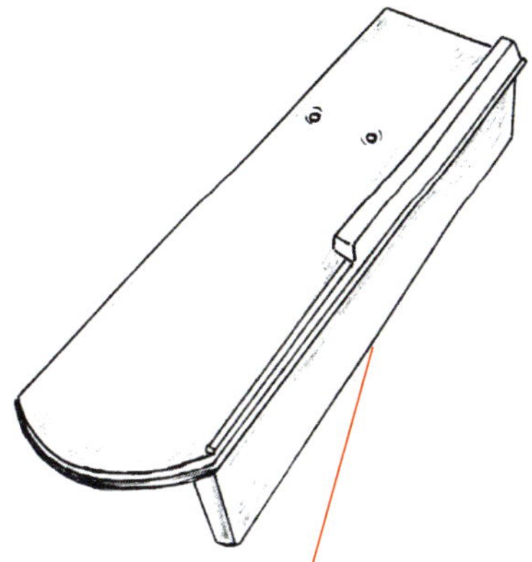

Abb. 6.22: Universalortgang

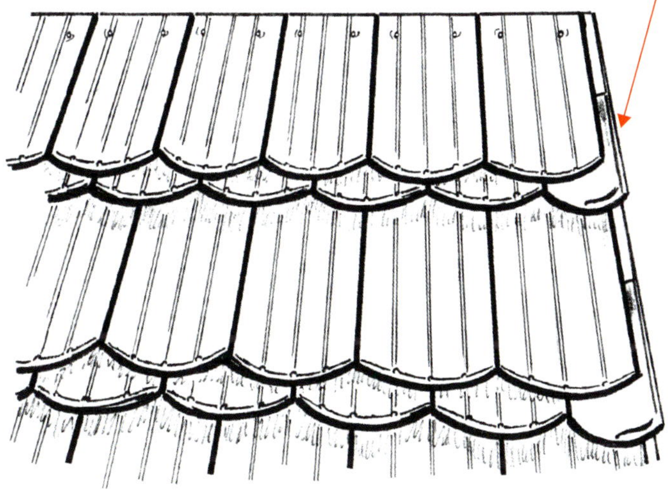

Abb. 6.23: Die Darstellung zeigt einen eingedeckten Ort mit Universalortgangziegeln in der Kronendeckung.

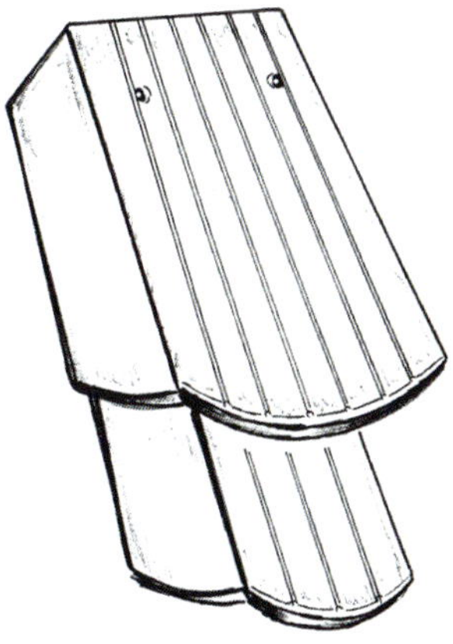

Abb. 6.24: Ortgangziegel für die Doppeldeckung

Diese hier abgebildeten Ortganglappenziegel sind als ein ganzer und als eineinhalber Ortgangziegel ausgebildet. Dadurch, dass jeder Ziegel auf einer Traglatte hängt, kann diese Variante der Ortgangziegel nur in der Doppeldeckung angewendet werden.

Klassische Ausbildung der Orte

Immer dann, wenn ein extrem schräger Ort am Bauvorhaben vorhanden ist, denkmalpflegerische Auflagen bestehen oder der Bauherr einfach etwas Besonderes wünscht, können die Orte auch klassisch ausgeführt werden.

Diese klassischen Ortausbildungen können z. B. sein:

- Ortausbildung mit Zahnleiste (Ort mit Windbrett)

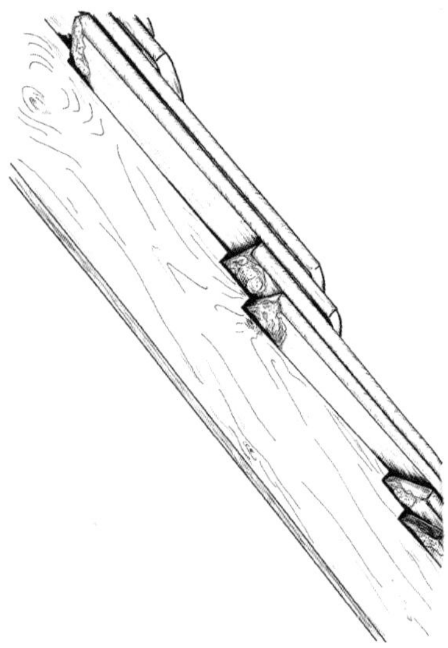

Seitenansicht Zahnleiste

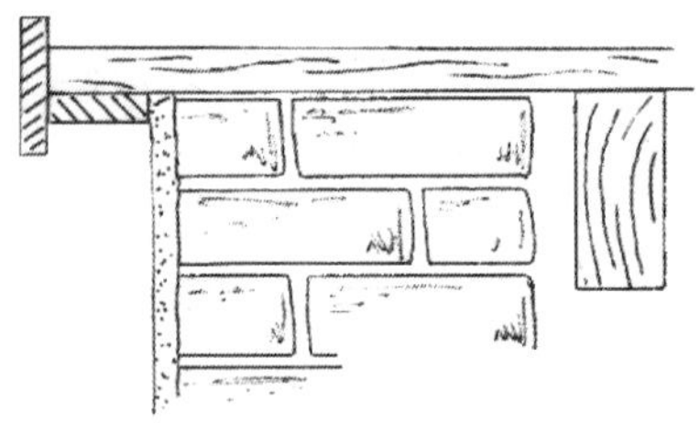

Schnitt durch den Giebel

Abb. 6.25: Darstellung einer Ortausbildung mit Zahnleiste, Kronendeckung

- Ortausbildung mit Deckbrett (Ort mit zwei Windbrettern)

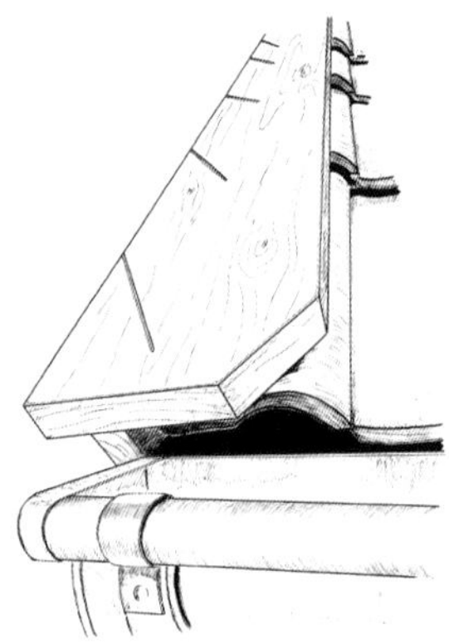

Draufsicht Deckbrett

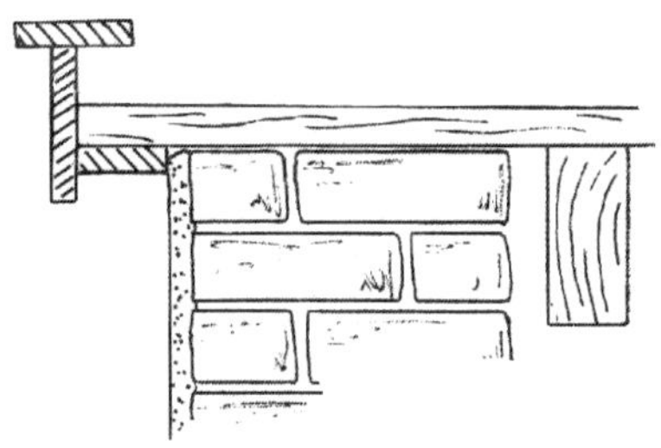

Schnitt durch den Giebel

Abb. 6.26: Darstellung einer Ortausbildung mit Deckbrett, Hohlpfanne

Traufseitiges Eindecken eines Anschlusses oder Dachfensters

Die Lage eines Dachfensters/Aussteigers in einer Dachfläche ist ein wichtiger Punkt bei den Detailausbildungen. Anders als bei fest definierten Einbauteilen (Gauben, Türmen, Treppenhäusern) können Dachfenster immer etwas verrückt werden, um einen sauberen traufseitigen Anschluss herzustellen.

Liegt das Dachfenster **zu tief** in der Dachfläche, wenn also keine Ziegelreihe unterhalb des Fensters eingedeckt werden kann, müssen die Ziegel der letzten Reihe handwerklich zugerichtet werden, was wiederum einen erhöhten Arbeitsaufwand und oft eine schlechte Lage dieser Dachziegel zur Folge hat.

Außerdem ist es oft nicht möglich, die Ziegel lagestabil einzudecken!

Liegt das Dachfenster **zu hoch** in der Dachfläche, also so weit von der letzten Ziegelreihe entfernt, dass keine lagestabile Montage des Brustblechs mehr möglich ist, müssen oft zusätzliche Maßnahmen durchgeführt werden. Diese Maßnahmen sind meistens mit einem sehr hohen Arbeitsaufwand und von eher schlechten lagestabilen Eigenschaften begleitet.

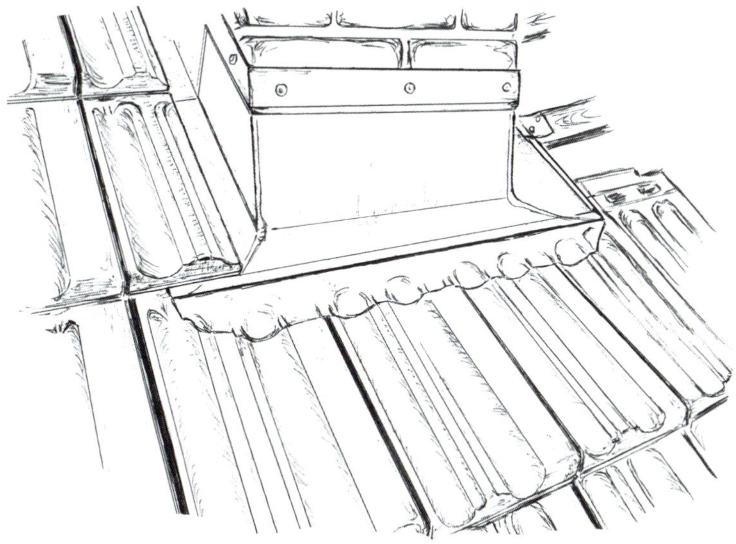

Abb. 6.27: Traufseitiger Anschluss eines Schornsteines mit einem Doppelmuldenfalzziegel. Bei dieser Abbildung ist das saubere Vordecken der Ziegel unterhalb des Details erkennbar.

Eindecken eines traufseitigen Anschlusses mit Biberschwanzziegeln

An Biberschwanzziegeldächern können das Eindecken von Dachfenstern, Dachausstiegen, handwerklich gefertigten Eindeckscheiben (klassischen Dunstrohren, Antennendurchführungen usw.) sowie die traufseitigen Anschlüsse unterhalb von Gauben durch die Beachtung einer einfachen Regel deutlich vereinfacht werden.

Diese Regel wird im Volksmund auch die **Drei-D-Regel** genannt und sagt aus:

- Ein Biber kommt **DRUNTER** (das Brustblech des Details liegt auf einer Deckschicht der Biberdeckung),
- ein Biber kommt **DRAN** (die seitliche Kehle „ersetzt" einen Biberschwanzziegel),
- alle weiteren Biber kommen **DRÜBER** (ab dieser Schicht wird ein „normaler" seitlicher Anschluss hergestellt).

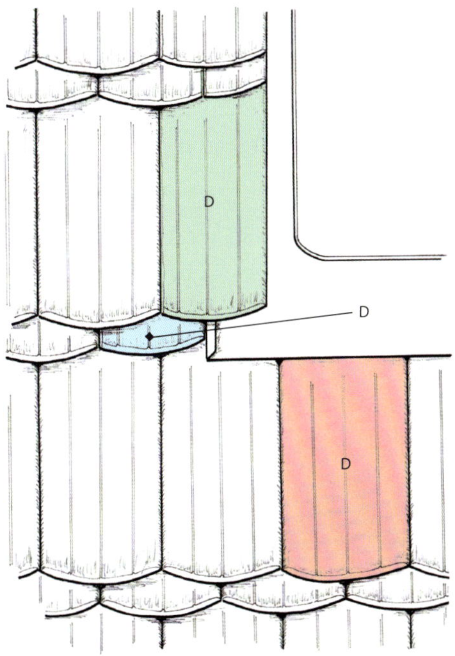

Abb. 6.28: Drei-D-Regel in der Kronendeckung

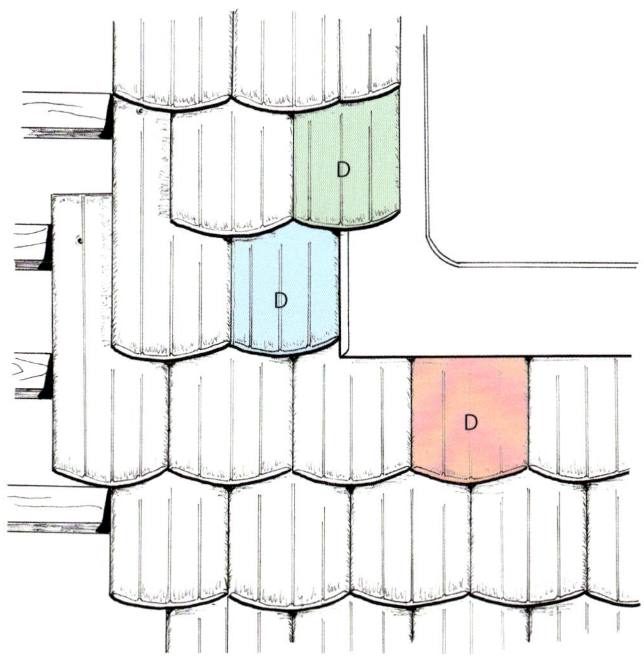

Abb. 6.29: Drei-D-Regel in der Doppeldeckung

Beispielhafte Darstellungen, Eindecken eines traufseitigen Anschlusses am Biberschwanzziegeldach

Eindecken eines Fensters mit Bibern in der Kronendeckung (Drunter-Dran-Drüber)

Abb. 6.30: Montage des Brustblechs (des Fensters) mit Einhaltung der Mindesthöhenüberdeckung von 10 cm auf den Ziegel sowie mindestens Einhaltung des ¼-Verbands als Seitenüberdeckung

Abb. 6.31: Andecken der Lagerschicht an das Fenster

Abb. 6.32: Schließen der Fuge durch Aufdecken der Deckschicht (des Oberdeckers)

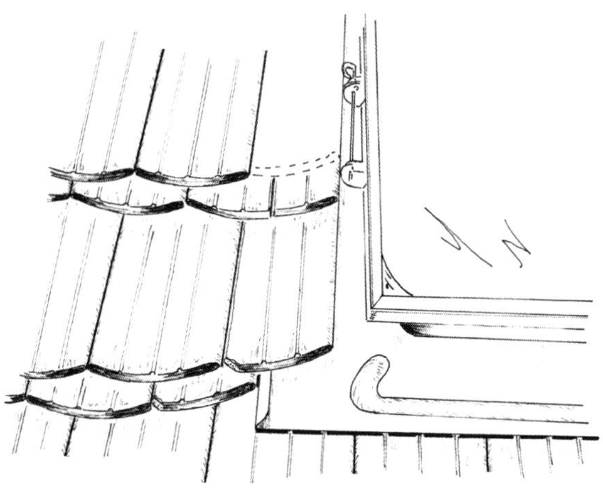

Abb. 6.33: Aufdecken der folgenden Ziegel des Anschlusses

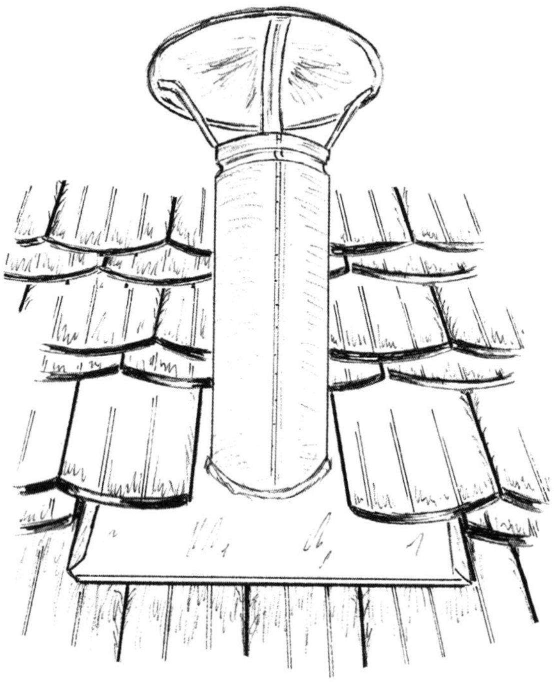

Abb. 6.34: Eindecken eines (klassischen) aus Metall gefertigten Dunstrohres mit Schwitzwasserring und Eindeckscheibe in der Biberschwanz-Kronendeckung. Auch hier kommt die DRUNTER-DRAN-DRÜBER-Regel zur Anwendung.

Einbau und Eindecken von Leiterhaken und/oder Stützen

Für die fachgerechte Montage von sicherheitsrelevanten Einbauteilen (z. B. Sicherheitsdachhaken, Leiterhaken oder Schneefangstützen) sollten immer die Herstellervorgaben sowie die Vorschriften der BG-Bau eingehalten und angewendet werden.

Beim Eindecken von Leiterhaken und Schneefangstützen sollten stets das Gebot der geschlossenen Deckung sowie die Lagestabilität der Ziegeleindeckung im Vordergrund stehen. Das Eindecken erfolgt auch hierbei immer mit der DRUNTER-DRAN-DRÜBER-Regel, egal ob bei der Kronen- oder Doppeldeckung.

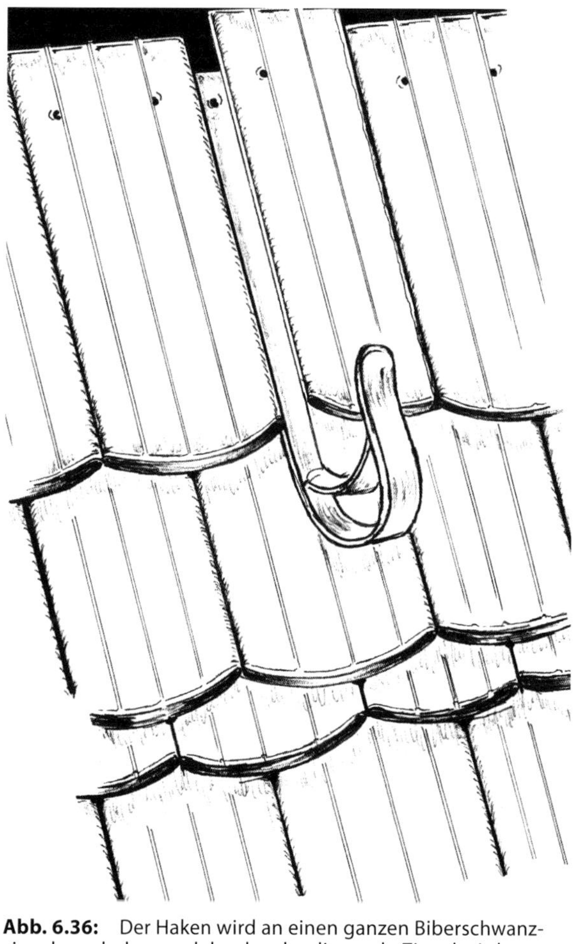

Abb. 6.36: Der Haken wird an einen ganzen Biberschwanzziegel geschoben und der danebenliegende Ziegel wird um die Breite des Hakens oder der Stütze geschmälert.

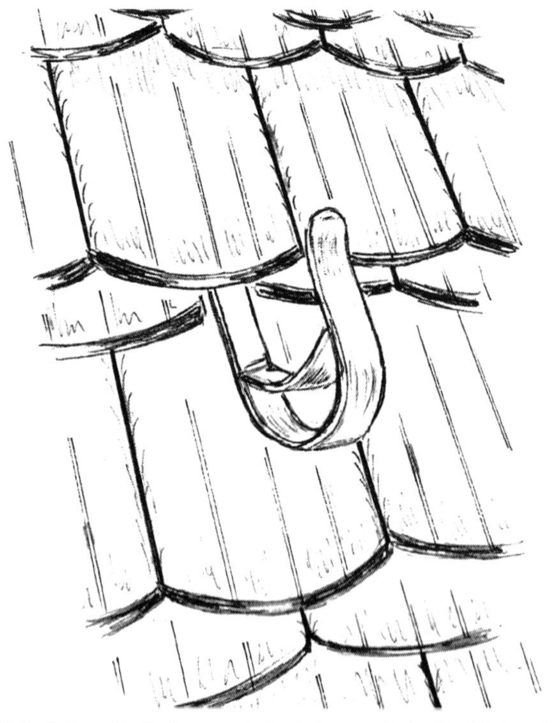

Abb. 6.35: Eindecken von Leiterhaken nach der Drei-D-Regel

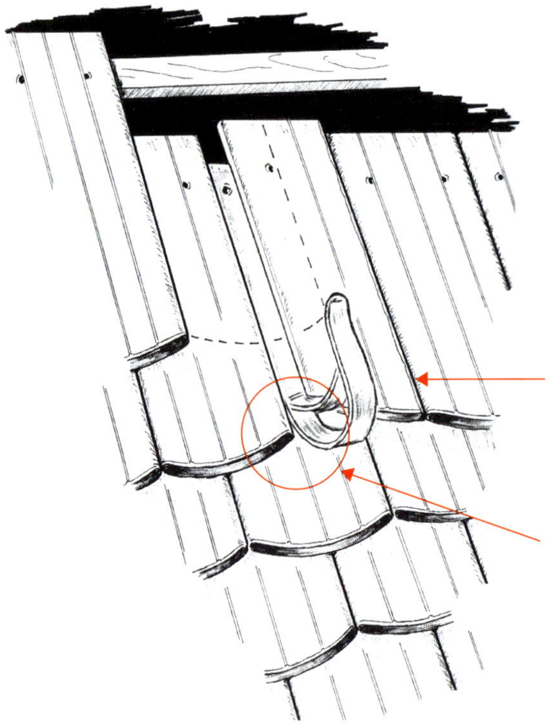

Abb. 6.37: Beim Einbau eines Leiterhakens oder einer Schneefangstütze sollte neben einem sicheren Halt und der Regensicherheit die Höhe des Einbauteils beachtet werden.

Idealerweise wird der Anschlussziegel (der bearbeitete Ziegel) mit seiner Schnittkante zur Fläche eingedeckt, um anfallendes Niederschlagswasser vom Einbauteil wegzuführen.

Der Leiterhaken oder die Schneefangstütze sollte mit seinem/ihrem Druckpunkt auf der Traglatte des darunterliegenden Ziegels liegen.

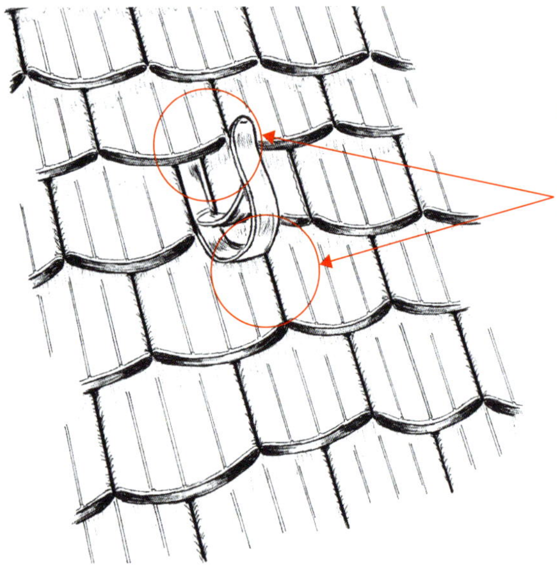

Es muss immer mindestens der ¼-Verband als Seitenüberdeckung eingehalten bleiben, d. h., der Ziegel neben dem Einbauteil muss den darunterliegenden mindestens um einen Viertelziegel überdecken.

Abb. 6.38: Fertig eingedeckter Leiterhaken/Reparaturhaken

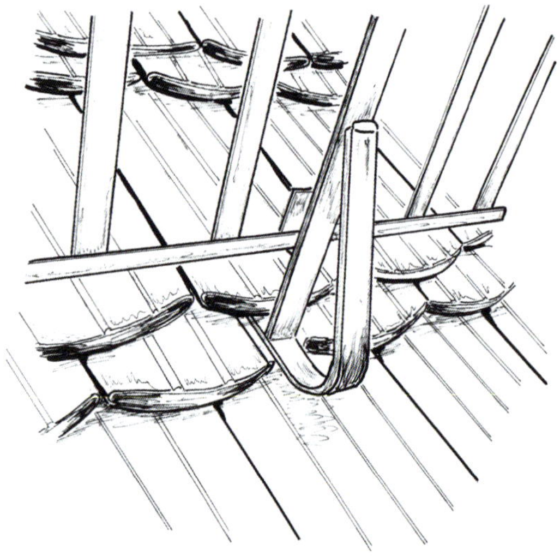

Abb. 6.39: Bei Schneefangstützen sind die oben genannten Regeln analog anzuwenden.

Einbau und Eindecken von Laufroststützen (klassische Form)

Bei der Montage von sicherheitsrelevanten Einbauteilen (z. B. Laufroststützen oder Leiterhaken) sollten immer die Herstellervorgaben zur Montage sowie die Vorschriften der BG-Bau eingehalten sowie angewendet werden.

Beim Eindecken einer klassischen Laufroststütze sollten stets das Gebot der geschlossenen Deckung, die Funktionstüchtigkeit der Stütze (Begehbarkeit und Regensicherheit) sowie die Lagestabilität der Ziegeleindeckung im Vordergrund stehen.

Nachfolgend ist das Eindecken einer (klassischen) Laufroststütze in der Biberschwanz-Doppeldeckung beschrieben.

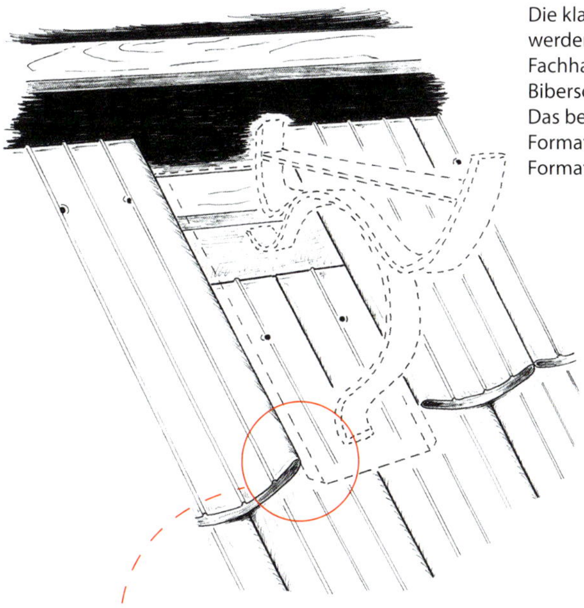

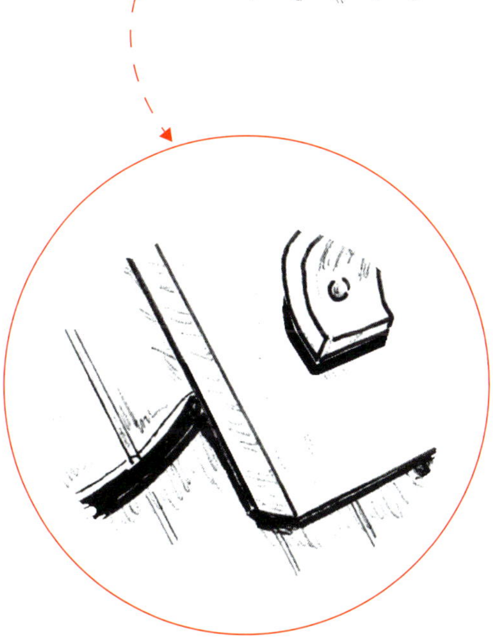

Abb. 6.40 und 6.41: Montage einer Laufroststütze (2 Details)

Beim Einbau (Eindecken) ist jedoch zu beachten, dass die Stütze auf der Traglatte liegt und aus diesem Grund von der Höhe her um die Länge der Anhängenase tiefer sitzt.

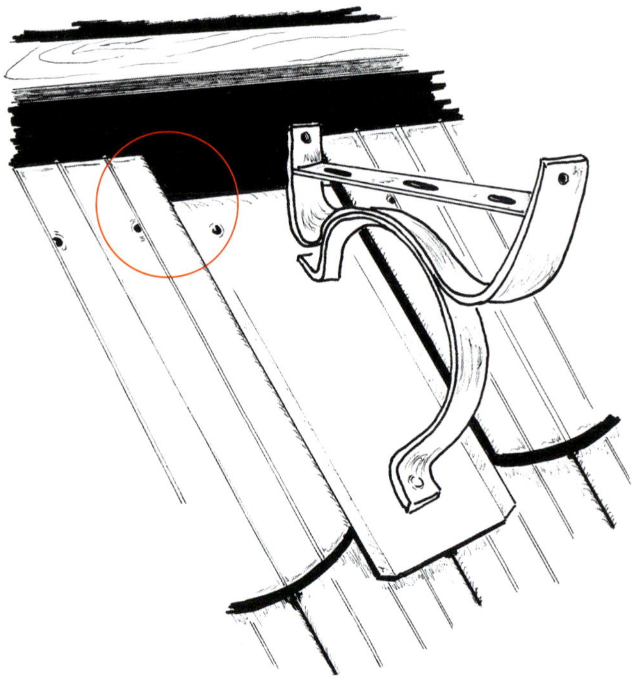

Abb. 6.42: Auf die Mindesthöhenüberdeckung der Dachziegel ist stets zu achten.

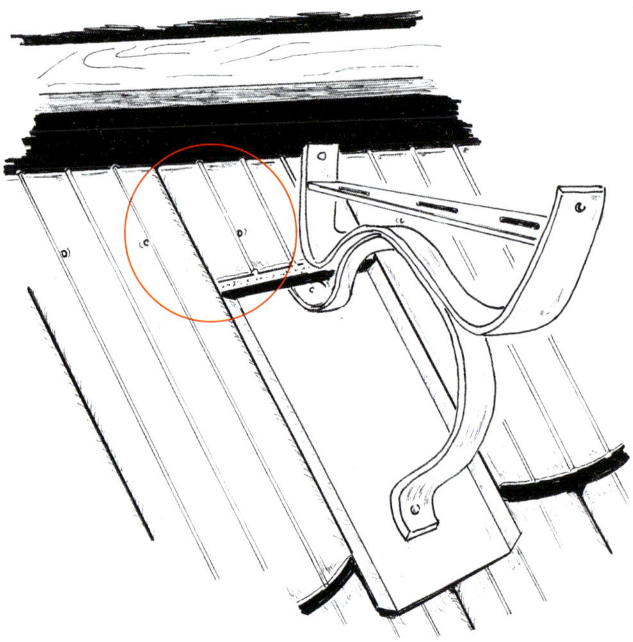

Abb. 6.43: Um die Höhenüberdeckung einzuhalten, kann es notwendig sein, ein handwerklich gefertigtes „Füllstück" eines Biberschwanzziegels zusätzlich einzudecken.

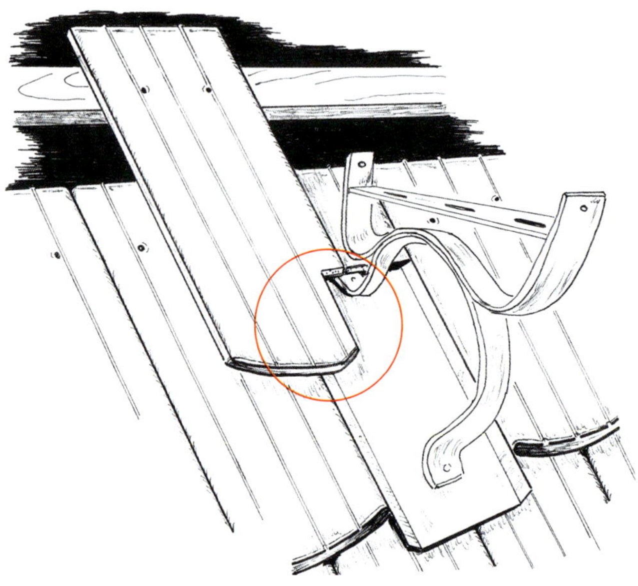

Abb. 6.44: Nun wird die darüberliegende Ziegelreihe so angepasst, dass diese sauber und lagestabil sowie unter Einhaltung der Mindestseitenüberdeckung (¼-Verband) aufgedeckt werden kann.

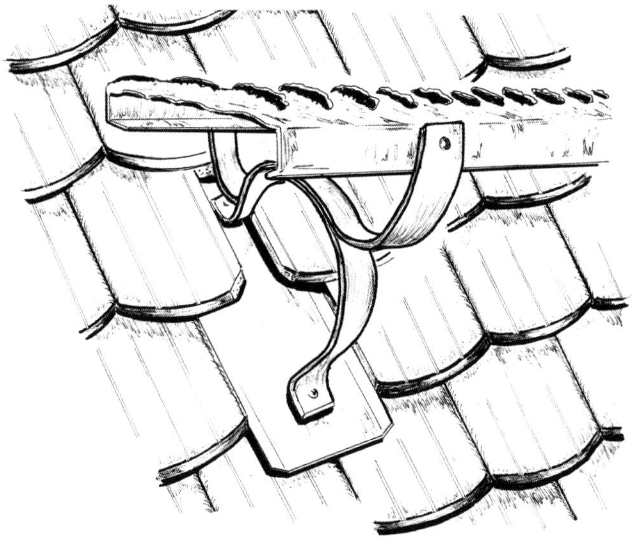

Abb. 6.45: Zu guter Letzt wird nun die Dachfläche oberhalb der Stützen „normal" eingedeckt und der Laufrost montiert.

Bei einem Laufrost oder einem Einzeltritt ist zu beachten, dass dieser leicht zur Dachfläche geneigt eingestellt wird.

Die Roste sollten maximal 15 bis 20 cm seitlich über die Stützen hinausragen.

Biberschwanz-Kronendeckung

Laufroststützen in der Biberschwanz-Kronendeckung werden analog zu den Stützen in der Biberschwanz-Doppeldeckung eingedeckt.

Auch hier muss auf das Füllstück (oberhalb der Stütze) zur Einhaltung der Mindesthöhenüberdeckung sowie auf die Mindestseitenüberdeckung (¼-Verband) geachtet werden.

Abb. 6.46: Bei der Kronendeckung wird die Laufroststütze IMMER in der Lagerschicht der Dachfläche eingedeckt.

6.1.4 Einteilung der Traglattung einer Dachfläche – rechnerische Ermittlung

Berechnung der Lattweite/Lattmaßberechnung

Um eine gleichmäßige Dacheindeckung herzustellen, muss die Dachfläche vorher eingeteilt werden. Beim Einteilen dieser Dachflächen ist die Mindesthöhenüberdeckung zwingend einzuhalten!

Bei der Lattmaßermittlung wird zwischen der Biberschwanz-Doppeldeckung und der Biberschwanz-Kronendeckung unterschieden. Die Lattmaß-/Lattweitenermittlung in der Kronendeckung ist gleich der Lattweitenermittlung einer Dachpfannendeckung ohne Kopfverfalzung, egal ob Beton oder Ton.

Bei der Lattweitenermittlung für eine Dachfläche sind folgende Angaben erforderlich:

- Länge des Dachziegels oder der Dachpfanne
- Länge der Anhängenase (Länge zwischen Unterkante der Anhängenase und dem Kopf des Dachziegels/Dachsteins)
- traufseitiger Überstand
- Dachneigung in Grad (DN°)
- Sparrenlänge

Tabelle 6.1: Mindesthöhenüberdeckung bei Dacheindeckungen mit Biberschwanzziegeln

Formate	Biberschwanz-Doppel- und -Kronendeckung		Biberschwanz-Einfachdeckung	
	Dachneigung	Höhenüberdeckung	Dachneigung	Höhenüberdeckung
Format A 15,5 × 38 cm Format B 18 × 38 cm	30° – ≤ 35°	9 cm	< 40°	≥ 17 cm
	> 35° – ≤ 40°	8 cm	≥ 40°	≥ 16 cm
	> 40° – ≤ 45°	7 cm	> 45°	≥ 15 cm
	> 45° – ≤ 60°	6 cm	> 50°	≥ 14 cm
	> 60°	5 cm	> 55°	≥ 13 cm

Ermittlung der *maximalen* Lattweite am Biberschwanzziegeldach

- **Kronendeckung** (auch Ritterdach genannt) und Dachziegel/Dachsteine ohne Kopfverfalzung

$$\textbf{maximaler Traglattenabstand} = \text{Ziegellänge} - \text{Mindesthöhenüberdeckung}$$

- **Doppeldeckung**

$$\textbf{maximaler Traglattenabstand} = \frac{\text{Ziegellänge} - \text{Mindesthöhenüberdeckung}}{2}$$

Handwerkliche Ermittlung des Lattabstands First (*LAF*) mit Biberschwanzziegeln

Für die handwerkliche Ermittlung des Lattabstands First wird zuerst die Firstlatte am Firstscheitelpunkt montiert, um danach zwei auf den Anhängenasen liegende Biberschwanzziegel (bei Betondachsteinen oder Ziegeln ohne Kopfverfalzung natürlich nur ein Ziegel) mit einem Traglattenstück bis etwa 5 mm unter die Firstlatte zu schieben. Die Oberkante der Traglatte wird nun markiert, diese Markierung stellt den Punkt des Lattabstands First da.

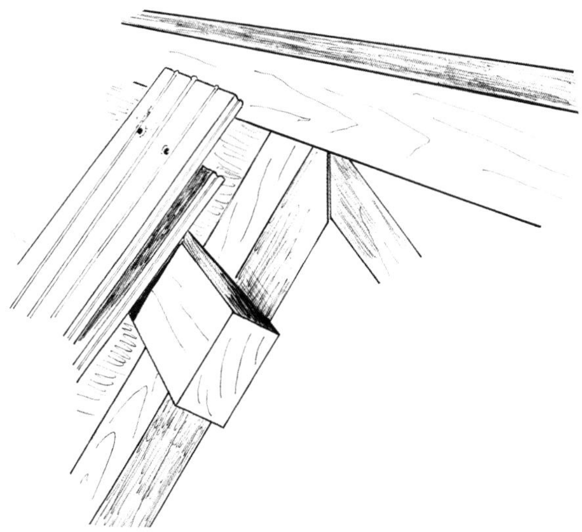

Abb. 6.47: Handwerkliche Ermittlung des Lattabstands First

Tabelle 6.2: Lattabstand First (*LAF*)

Dachneigung	Lattabstand First (LAF) bei Traglattenstärke		Höhe der Firstlatte bei Traglattenstärke	
	30 × 50 mm	40 × 60 mm	30 × 50 mm	40 × 60 mm
25°	ca. 8 cm	ca. 7,5 cm	ca. 10,4 cm	ca. 11,5 cm
30°	ca. 7,5 cm	ca. 6,9 cm	ca. 9,7 cm	ca. 10,9 cm
35°	ca. 6,5 cm	ca. 5,8 cm	ca. 9,2 cm	ca. 10,4 cm
40°	ca. 6,5 cm	ca. 5,2 cm	ca. 8,6 cm	ca. 9,9 cm
45°	ca. 5 cm	ca. 4 cm	ca. 8 cm	ca. 9,4 cm
50°	ca. 4,5 cm	ca. 2,8 cm	ca. 7,4 cm	ca. 8,9 cm

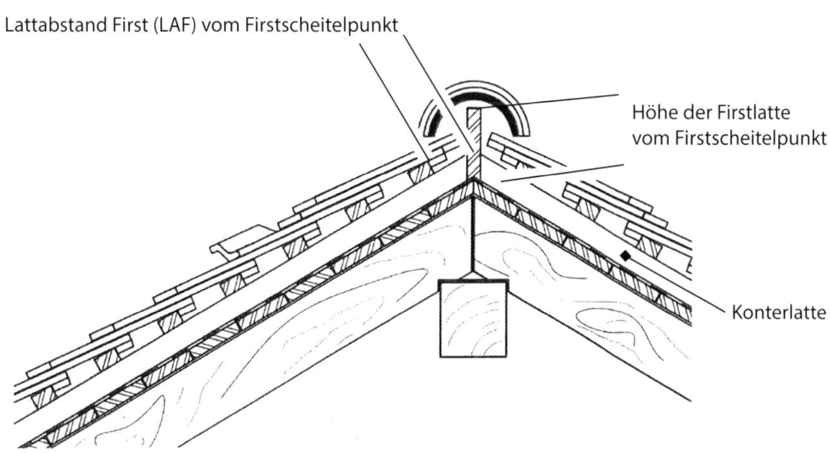

Abb. 6.48: Lattabstand First

Ermittlung des Lattabstands Traufe (*LAT*) mit Biberschwanzziegeln

Um den Lattabstand Traufe zu ermitteln, müssen zwei wichtige Fragen vor Beginn der Arbeiten geklärt werden. Diese Fragen sind:

- Wird die Traufe klassisch, mit Traufdoppelschicht oder mit Traufansatzziegeln hergestellt?
- Welche Schnittart der Dachziegel (Segmentschnitt/Rundschnitt o.Ä.) wird verwendet?

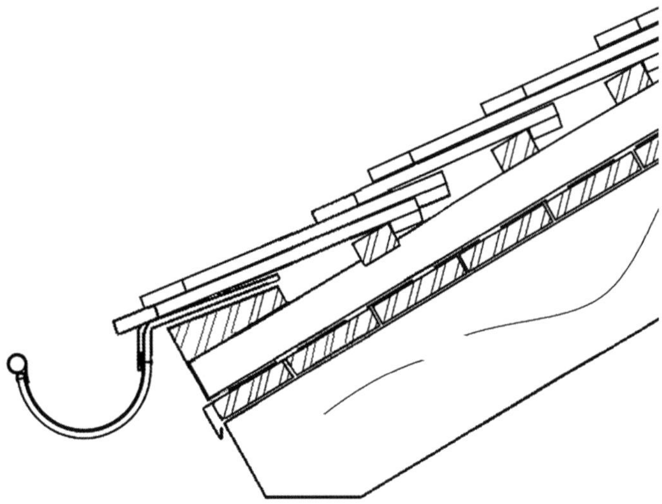

Abb. 6.49: Traufdoppelschicht, Biberschwanz-Doppeldeckung

Die Formel zur Ermittlung des Lattabstands Traufe (LAT) lautet wie folgt:

LAT = Ziegellänge – Traufüberstand – Nasenlänge

Diese Formel gilt universell für alle Dachziegel und Betondachsteine. Es ist zu beachten, dass die genannte Nasenlänge (Länge der Anhängenase) bei Dachziegeln von Unterkante Anhängenase bis Oberkante Dachziegelkopf gewertet wird.

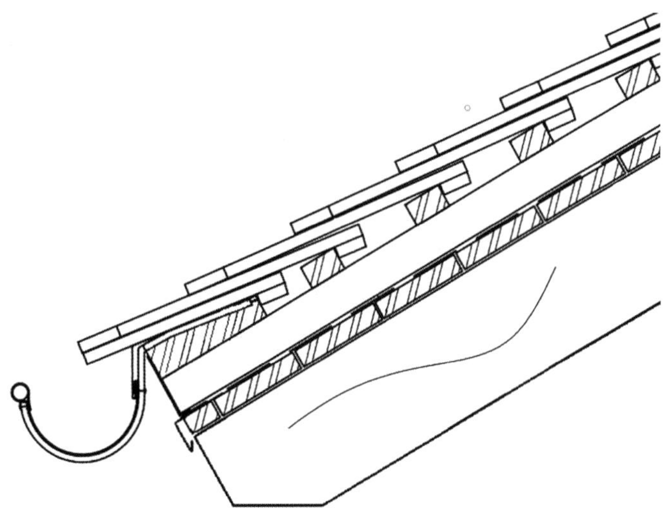

Abb. 6.50: Traufansatzziegel, Biberschwanz-Doppeldeckung

Besonderheiten des Traufüberstandes am Biberschwanzziegeldach

Bei der Biberschwanz-Kronendeckung oder der Verwendung einer Traufdoppelschicht (in der Doppeldeckung) ist zu beachten: Die Regensicherheit an der Traufe wird an der ungünstigsten Stelle des Traufüberstands gemessen.

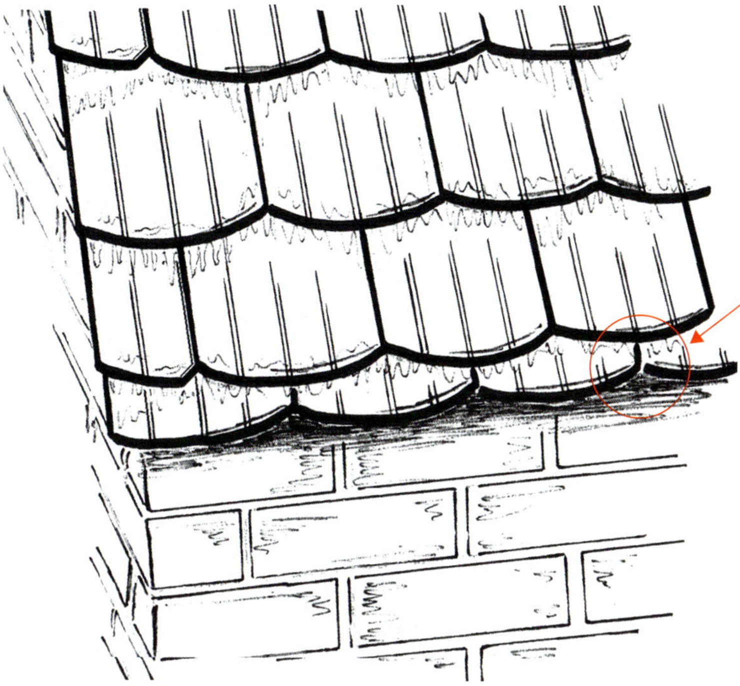

Der ungünstigste Fall bei einer Doppelschicht ist stets die Fuge. Das bedeutet, die Ziegellänge der Lagerschicht an der Traufe muss um die Länge der Anhängenase (rechnerisch) verringert werden oder es müssen zusätzliche Maßnahmen (z. B. durch Traufansatzziegel bzw. wasserdicht verbaute Traufbleche) Anwendung finden.

Abb. 6.51: Traufe mit freiem Überstand

Einteilung der Dachfläche, rechnerisch

Um bei einer Dachfläche ein gleichmäßiges und materialschonendes Deckbild zu erhalten, muss wie bereits angesprochen das Dach ein- oder aufgeteilt werden. Es werden immer die ortseitigen Sparren bzw. die letzten durchgehenden Sparren am Walm aufgemessen und separat für sich aufgeteilt. Beim Aufteilen ist jedoch immer die gleiche Stückzahl an Dachlatten zu verwenden.

Für die Aufteilung sind folgende Werte wichtig:

- maximale Lattweite
- Sparrenlänge
- Traufüberstand

Sparrenlänge/Einzuteilende Sparrenlänge

Die einzuteilende Sparrenlänge ist ein aus der Gesamtsparrenlänge abgeleiteter Wert. Dieser Wert ist recht einfach zu ermitteln.

- Ermittlung der einzuteilenden Sparrenlänge **(Espl)**

Espl = Sparrenlänge *(Gesamt)* – Lattabstand Traufe *(LAT)* – Lattabstand First *(LAF)*

Lattenreihen je Sparrenlänge/Stückbedarf an Latten pro Sparrenlänge

Dieser Wert ist für die Materialplanung sowie für ein effektives Arbeiten auf der Baustelle wichtig. Bei der Ermittlung der Stückzahl entsteht meistens ein Kommawert, dieser kann natürlich nicht verarbeitet werden (keiner kann als Beispiel 26,64 Latten montieren).

Aus diesem Grund wird die rechnerisch ermittelte Stückzahl stets aufgerundet. Das Aufrunden ist wichtig, um die Mindesthöhenüberdeckung einzuhalten!

- Ermittlung des Lattenbedarfs **(Stck/Latten)**

$$\textbf{Stck/Latten} = \frac{\text{einzuteilende Sparrenlänge}}{\text{maximaler Lattabstand}}$$

Wahre Lattweite je Sparrenlänge

Bei schrägen Traufen oder schiefen Dächern sollte stets auf dieselbe Anzahl von Latten bei der Berechnung geachtet werden. Das Lattmaß kann teilweise stark variieren, was jedoch normal ist. Bei verschiedenen Lattweiten am Ort (aber der gleichen Stückzahl an Latten) kann nicht mit einem Lattstichmaß, auch oft als Lattknecht bezeichnet, gearbeitet werden – es muss also geschnürt werden!

- Ermittlung der wahren Lattweite/des wahren Lattmaßes (**LW** oder **LM**)

$$\textbf{LW} \text{ oder } \textbf{LM} = \frac{\text{einzuteilende Sparrenlänge}}{\text{Lattenbedarf (Stck/Latten)}}$$

Besonderheiten bei der Einteilung einer Dachfläche in der Doppeldeckung

Bei der Biberschwanz-Doppeldeckung können die First- und Traufgebinde entweder mit Firstanschluss- und Traufansatzziegeln gedeckt werden oder aber mit einer First- und Traufdoppelschicht.

Einteilung der Dachfläche bei Verwendung einer Traufdoppelschicht

Bei der Traufdoppelschicht, umgangssprachlich auch als Traufkrone bezeichnet, wird an der Traufe, um den Fugenschluss zu gewährleisten, eine Krone gedeckt. Diese Krone leistet an der Traufe für den Fugenschluss sehr gute Arbeit, da die Höhenüberdeckung deutlich erhöht wurde.

Der Nachteil einer Traufdoppelschicht ist bei einer falschen (fehlerhaften) Unterkonstruktion die veränderte Optik sowie ein extremes auswärtiges Sperren der folgenden Deckschichten.

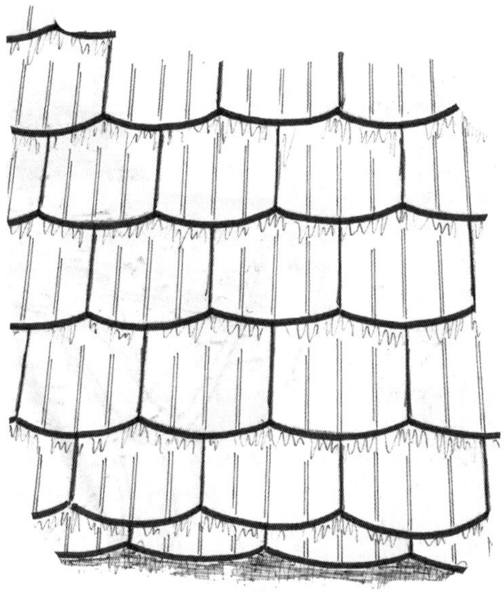

Abb. 6.52: Darstellung einer fehlerhaften Traufdoppelschicht, es sind eindeutig die unterschiedlichen Schichtenhöhen erkennbar.

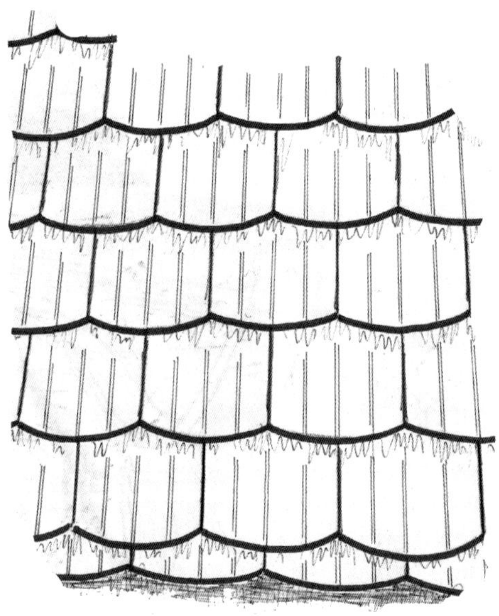

Abb. 6.53: Bei dieser Darstellung sind alle Schichtenhöhen gleich. Die Lagerschicht der Traufdoppelschicht ist optisch um die Länge der Anhängenasen versetzt.

Die Einteilung der Dachfläche ist gleich allen anderen Dachziegeleindeckungen, mit einem Unterschied: Die zweite Traglatte (die Latte über der LAT) muss um die Länge einer Anhängenase firstseitig verschoben werden.

Die Ermittlung des maximalen Lattabstands bzw. der maximalen Lattweite für den Lattabstand Traufe (LAT) sowie für den Lattabstand First (LAF) ist identisch mit den vorgenannten Angaben. Der Unterschied besteht in der Ermittlung der **einzuteilenden Sparrenlänge** (Espl). Hier wird zusätzlich zu den bekannten Werten noch eine Anhängenase abgezogen, die Formel für die rechnerische Ermittlung der einzuteilenden Sparrenlänge lautet also:

Espl = Sparrenlänge *(Gesamt)* – Lattabstand Traufe *(LAT)* – Lattabstand First *(LAF)*
– Länge einer Anhängenase

Vor dem Einlatten bzw. dem Schnüren der Dachfläche wird nun diese von der einzuteilenden Sparrenlänge abgezogene Länge der Anhängenase auf den zweiten Lattabstand (das Maß oberhalb der ersten Latte) aufgerechnet und abgetragen.

Die Formel für die zweite Latte (oberhalb der Traufdoppelschicht) lautet:

Maß der zweiten Latte = Lattweite + Länge einer Anhängenase

Es darf nicht vergessen werden, die Länge der Anhängenase, welche bei der einzuteilenden Sparrenlänge (Espl) abgezogen wurde, einmalig bei der zweiten Latte (der zweiten Lattweite) dazuzurechnen!

Einteilung der Dachfläche bei der Verwendung von Traufansatzziegeln

Traufansatzziegel werden auch als Traufziegel oder als Traufplatten bezeichnet. Diese Traufansatzziegel unterscheiden sich teilweise sehr stark je nach Industriepartner und Produkt. Sie haben Abmaße von etwa 25 bis 28 cm mal die normale Ziegelbreite und weisen eine übliche (den Flächenziegeln gleiche) Dicke auf.

Um die Traglatte für den Traufansatzziegel zu ermitteln, gilt die normale Formel für den Lattabstand Traufe, welche lautet:

LAT = Ziegellänge – Traufüberstand – Nasenlänge

Beispielrechnung für den Lattabstand Traufe mit industriell gefertigten Traufansatzziegeln:

Gegeben:

- Traufansatzziegel: Abmaße 15,5 × 26,5 × 1,2 cm
- Traufüberstand: 5 cm (ab Außenkante Einhangblech)
- Länge der Anhängenase: 3,7 cm
- Dachneigung: 38°

Rechenweg:

Traufansatzziegel (Ziegellänge) 26,5 cm minus 5 cm freier Überstand minus 1,5 cm Überstand Einhangblech minus Nasenlänge 3,7 cm.

	Ziegellänge	26,5 cm
–	Überstand	5,0 cm
–	Überstand Blech	1,5 cm
–	Länge Anhängenase	3,7 cm
=	Lattabstand Traufe	16,3 cm

In diesem Fall wird die erste Latte 16 cm oberhalb der Unterkante Traufbohle gesetzt.

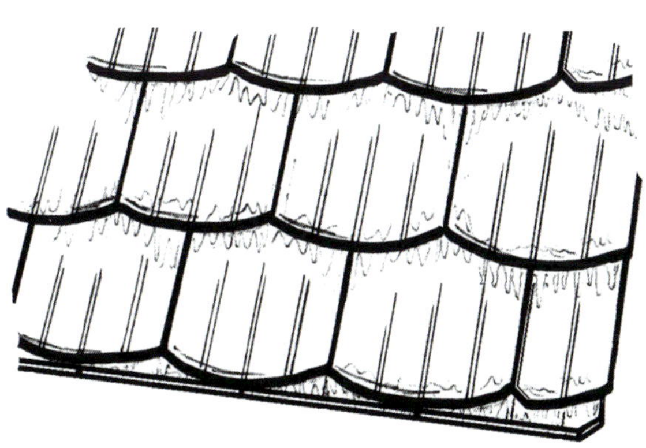

Abb. 6.54: Traufausbildung mit Traufansatzziegeln

Lage der ersten Traglatte bei der Verwendung von handwerklich gefertigten Traufansatzziegeln

Bei der Herstellung von handwerklich gefertigten Traufansatzziegeln ist zu beachten, dass die Mindesthöhenüberdeckung stets eingehalten bleibt.

Die einfachste Variante zur Ermittlung des Maßes eines handwerklich gefertigten Traufansatzziegels und der Lage dessen Latte ist:

Länge des Traufansatzziegels *= Ziegellänge – wahre Lattweite*

Höhe der Latte des Traufansatzziegels *= LAT – wahre Lattweite*

Zusammenfassung der Begriffe

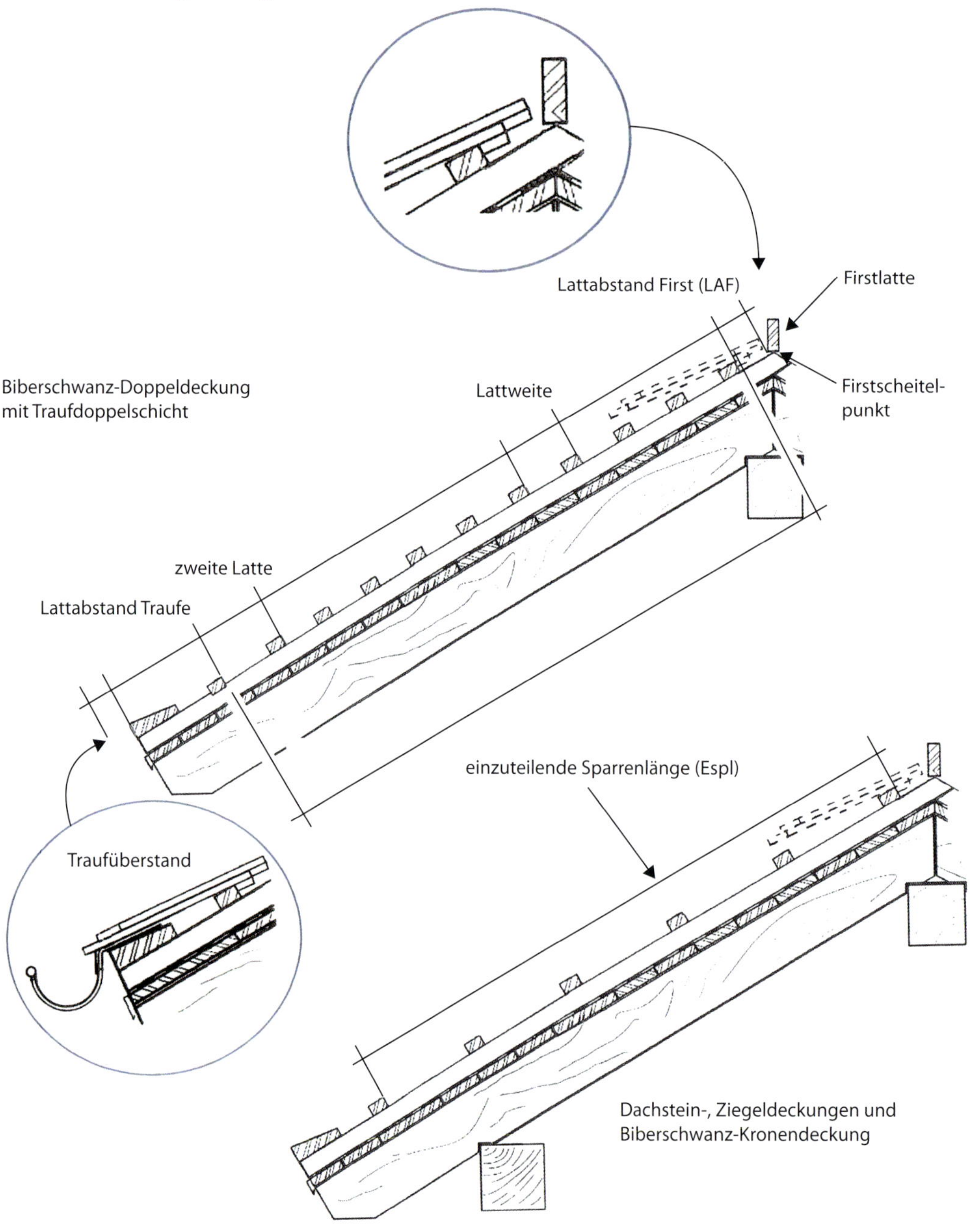

Abb. 6.55: Begriffe der Unterkonstruktion

Herstellung einer Dachlattung/Traglattung

Beim Einlatten einer Dachfläche ist das oberste Gebot die Einhaltung der Mindesthöhenüberdeckung sowie ein gleichmäßiges Deckbild der Dachziegel.

Die Traglattung sollte so angeordnet werden, dass keine sichtbaren (extremen) Unterschiede in den Deckmaßen entstehen. Um das zu erreichen, wird die Fläche (auch kleine und/oder Teilflächen) stets wie vorher beschrieben ein- oder aufgeteilt!

Keinesfalls wird eine Dachfläche so eingelattet, dass am First oder an der Traufe die Dachziegel bearbeitet werden müssen. Ausnahmen sind hier dreieckige (z. B. Türme, Walmflächen) oder geschwungene Dachflächen (z. B. Fledermausgauben mit starkem Verhältnis).

Abtragen/Auftragen der Bemaßung

Wenn ein Maß auf das Tragwerk übertragen wird, ist dieser Maßriss **immer die obere Kante** der Latte. Ausnahme von dieser Regel ist nur die erste Latte – der Lattabstand Traufe.

Also von Maßriss bis Maßriss ist immer Oberkante/Oberkante.

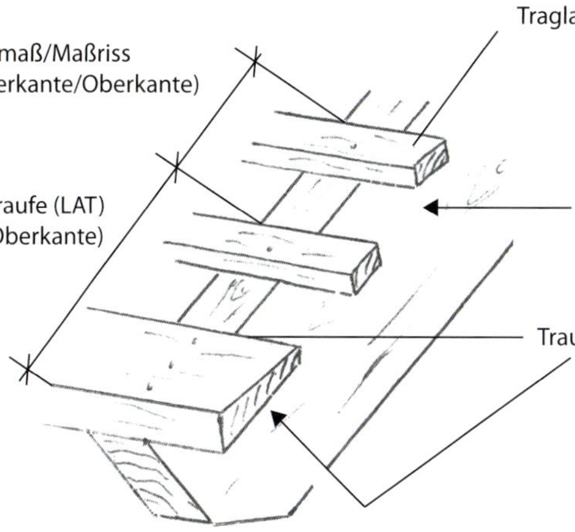

Abb. 6.56: Montieren der ersten Latten, Lattabstand Traufe (LAT)

Die erste Latte, also Lattabstand Traufe (LAT), wird stets von der äußersten Kante der Traufe (der Traufbohle, Traufbett, Doppellatte) abgetragen. Von der Unterkante!

Abb. 6.57: Anreißen der Bemaßung und Montage der Traglattung

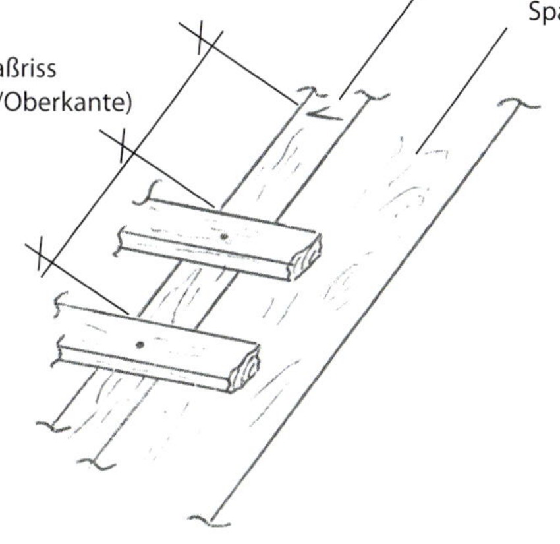

Letzte Latte, Lattabstand First (*LAF*)

Um das Maß der letzten Latte, den Lattabstand First (LAF), auf dem Tragwerk aufzureißen, muss zuerst der Firstscheitelpunkt ermittelt werden. Der Firstscheitelpunkt ergibt sich aus dem Lot des höchsten Punktes am Tragwerk (falls eine Konterlattung und/oder eine Schalung zurückgeschnitten wurde, müssen diese konstruktiv verlängert werden).

Nach der Ermittlung des Firstscheitelpunktes wird von dort die letzte Latte (der Lattabstand First) zurückgemessen, nun kann die letzte Latte angeschlagen werden.

Gleiches erfolgt sinngemäß bei langen Sparren mit Versprüngen in den Dachflächen bei aufgehenden Bauteilen (z. B. Gauben, Türmen, großen Schornsteinen).

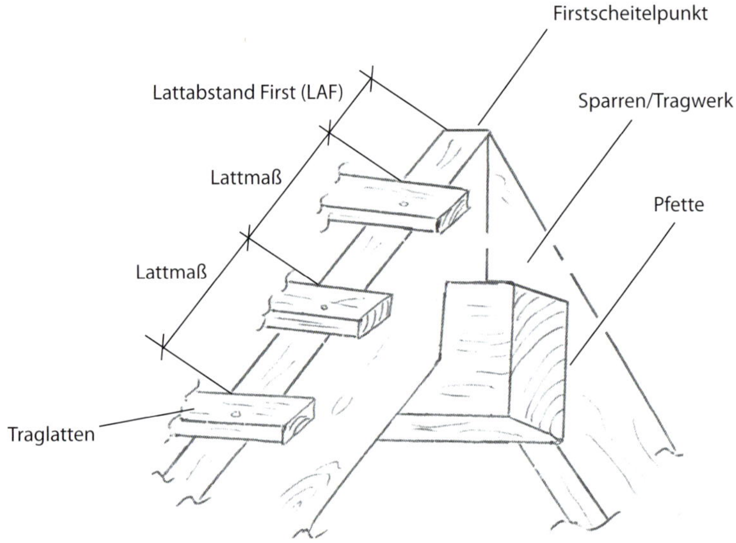

Abb. 6.58: Lattabstand First

Bei großen oder bei einer großen Anzahl von aufgehenden Bauteilen, z. B. Gauben oder Schornsteinen, wird die Dachfläche in mehrere „Etappen" aufgeteilt.

Die letzte Latte, also Lattabstand First (LAF) unterhalb der Gaube, wird stets von der obersten Kante des Tragwerks zurückgemessen und angetragen. Neben dem aufgehenden Bauteil ist diese Latte dann nicht mehr die LAF, sondern die LAT (Lattabstand Traufe/die erste Latte), von welcher aus neu aufgeteilt wird.

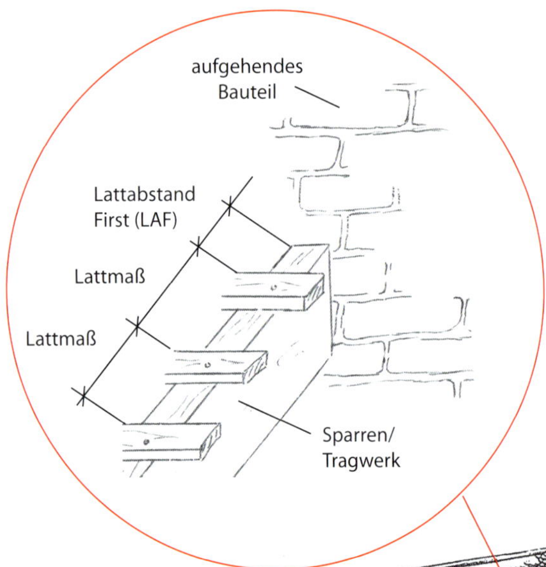

Abb. 6.59: Montage der letzten Traglatte unterhalb „aufgehender Bauteile"

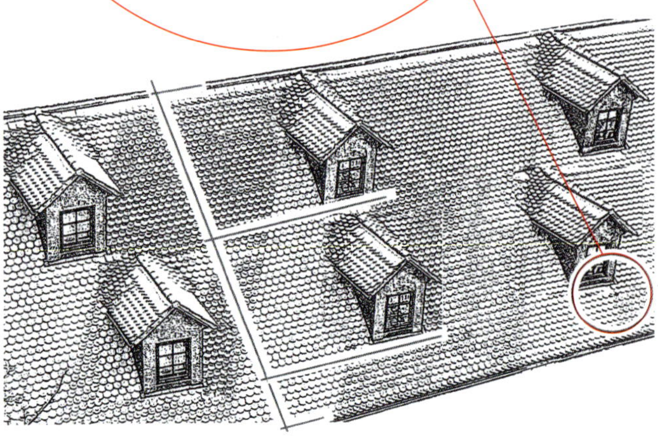

Abb. 6.60: Darstellung einer Mehrfachaufteilung von Dachflächen

6.2 Mörteltechnik

6.2.1 Einleitung und Grundwissen

Der Mörtel im Dachdeckerhandwerk dient als **Druck- und Lastenausgleich** (an schwierigen Detailpunkten), ***zusätzliche*** **Befestigung** und zur Fugensicherung von Dachziegeln oder Dachsteinen.

- First- und Gratziegel können in Mörtel gedeckt werden (mit zusätzlicher mechanischer Sicherung).
- Kehlausführungen, als eingebundene überdeckte Ziegelkehlen oder als überdeckte Wandanschluss-Hauptkehlen, können in der Mörteltechnik verlegt werden.

Um eine Dachfläche ordentlich und funktionstüchtig einzudecken, spielt der Mörtel eine wichtige Rolle. Von einem gewissenhaft und sorgsam hergestellten Dachdeckermörtel sowie einer fachgerechten Mörteltechnik hängt nicht nur die dauerhafte Befestigung der Dachziegeldeckung ab, sondern auch deren Regensicherheit und ihr Aussehen.

Nicht haftender Mörtel verschmutzt die Deckung und gibt den Dachziegeln ein unschönes Aussehen. Abfallender Mörtel aus Fugen oder Befestigungsbereichen verhindert einen sauberen Wasserlauf, verunreinigt die Dachböden oder schränkt die Lüftungsebene zwischen erster und zweiter Entwässerungsebene ein.

Komplette Dachflächen werden heutzutage nur noch selten in Mörtel gedeckt, die Mörteltechnik findet demnach hauptsächlich in der Denkmalpflege Anwendung.

Bei einigen klassischen Dacheindeckungen gilt diese Handwerkstechnik auch heute noch als zusätzliche Maßnahme. Diese Dachziegeleindeckungen sind z. B.:

- Mönch- und Nonnendeckung,
- Biberschwanzdeckung,
- Hohlpfannendeckung oder
- Krempziegeldeckung.

6.2.2 Mörteltechniken im Dachdeckerhandwerk

Die nachfolgenden Mörteltechniken finden meistens in Kombination Anwendung.

- Beim *Längsschlag* genau wie beim *Querschlag* wird ein schmaler Mörtelstreifen entweder an der überdeckten seitlichen oder an der oberen Ziegelkante der verlegten Schicht aufgeschlagen.
  Durch das Aufdecken des nächsten Dachziegels quillt der Mörtel etwas nach innen, dieser darf aber weder abfallen noch auf der Dachfläche sichtbar werden.
- Beim *Längsfugenanstrich* werden an der Seite des Biberschwanzziegels dünne Fugen aufgezogen.
- Der *Stützschlag* hat die Funktion, den Höhenunterschied, welcher durch das Auftragen des Querschlags entsteht, auszugleichen und dadurch den darüberliegenden Dachziegel gegen Zerbrechen zu „stützen".
- Der *Innenverstrich* erfolgt stets von innen, hier werden Scheinstellen und Fugen mit Mörtel verschlossen.

Techniken am Biberdach

Die Mörteltechniken am Biberschwanzziegeldach werden in drei wichtige Arten, welche auch teilweise miteinander kombiniert werden, unterschieden:

- Dacheindeckungen mit **Längsfugen**anstrich,
- Dacheindeckungen mit **Querschlag** und **Stützschlag**
  und
- als zusätzliche Maßnahme Dacheindeckungen mit **Innenverstrich.**

Techniken am Pfannendach

Bei den klassischen Pfannendeckungen wie z. B. Mönch-/Nonnenziegel-, Hohlpfannen- oder Krempziegeldeckung finden ähnliche Techniken Verwendung:

- Längsschlag,
- Querschlag
  und
- Innenverstrich.

Bei der Arbeit mit Dachdeckermörtel ist zu beachten:

- Mörtel darf nicht mit Metallblechen (z. B. Wandanschlussblechen, Schornsteineinfassungen Kehlblechen, Fenstern usw.) in Kontakt kommen.
- Holz/Holzwerkstoffen (Lattenstöße, Traufbretter, Unterschläge, Balkentragwerk) dürfen nicht mit Mörtel in Kontakt kommen.

Mörtel zersetzt Bleche und begünstigt das Verfaulen von Holz.

Nachteile der Mörteltechnik

Mörtel in der Dachfläche, z. B. bei einem Biberdach, darf niemals im Wasserlauf (Querschlag/Stützschlag) sichtbar werden, dadurch kann die Regensicherheit der Dacheindeckung deutlich eingeschränkt werden.

Mörtel zieht Wasser wie ein Schwamm!

Auch bei der Dachziegeldeckung in der Mörteltechnik sollte das Gebot der geschlossenen Deckung stets eingehalten werden. Hohl liegende Ziegel brechen sehr leicht.

- Der Quer- als auch der Stützschlag sollten auf ein Minimum reduziert verarbeitet werden.
- Die Nichteinhaltung des Mischverhältnisses kann ein zu frühes oder zu spätes Abbinden des Mörtels zur Folge haben, was wiederum eine schlechte Verarbeitbarkeit mit sich bringt.
- Bei der Beimischung von zu viel Zement wird ein späteres Reparieren der Dachfläche sehr aufwendig und in manchen Fällen fast unmöglich.

6.2.3 Der Dachdeckermörtel

Einleitendes Wissen

Mörtel wird in mehrere Bereiche unterteilt:

- in *Trockenmörtel*, d. h., aus Vermischen von Sand und Kalk entsteht eine trockene Mischung;
- in *fertigen Trockenmörtel*, hier wurde bereits der gewünschte Zementanteil beigefügt;
- in *Mörteltrockenmischungen*, entweder wird so ein *fertiger Trockenmörtel* bezeichnet oder es ist hier Sackware gemeint;
- in *Fertigmörtel*, hier ist durch Zugabe von Wasser ein verarbeitungsgerechter Mörtel entstanden.

Mischungsverhältnis von Dachdeckermörtel

Heutzutage wird der Dachdeckermörtel von den meisten Handwerkern als Sackware von verschiedenen Industriepartnern zugekauft.

Dadurch, dass dieser Dachdeckermörtel traditionell als Kalkzementmörtel hergestellt wird, kaufen einige Handwerker Maurer- oder Zementmörtel statt Dachdeckermörtel als Sackware, was jedoch keinerlei Einschränkung der Qualität der Arbeiten darstellt.

Sackware ist jedoch gefährlich, da die Mörtelqualität neben der Qualität der einzelnen Mörtelinhaltsstoffe auch von dem richtigen Mischverhältnis zwischen Sand und Kalk sowie von den Zementzusätzen entscheidend mitbestimmt wird.

Das Mischverhältnis zwischen Sand und Kalk wird durch folgende Punkte bestimmt:

- den Verwendungszweck des Mörtels:
  - *Deckmörtel*: für Quer- und Längsschläge sowie Längsfugenanstrich
  - *Außenmörtel*: für An- und Abschlüsse an Orten, Traufen sowie an First- und Gratziegeln
  - *Verstrichmörtel*: für das zusätzliche Verschließen/Verstreichen der Quer- und Längsfugen im Innenbereich (der Kalkanteil bei Verstrichmörtel sollte erhöht werden).
- die Sandbeschaffenheit:
  - Erhöhung des Kalkanteils bei zu scharfem Sand

- die Bindefähigkeit des Kalks:
  - bei zu lange gelagertem Kalk Erhöhung des Kalkanteils
- die Dichte und die Oberflächenstruktur des Dachziegels:
  - Erhöhung des Kalkanteils bei zu glatten, wenig saugfähigen Oberflächen

Das Mischverhältnis ist so zu wählen, dass sowohl die Haltbarkeit der Vermörtelung als auch ihre spätere Lösbarkeit gewährleistet sind. Es beträgt für Dachziegeldeckungen 1 : 3 bis 1 : 2.

Die Zugabe von Zement

Die Zugabe von Zement erhöht deutlich die Widerstandsfähigkeit und die Festigkeit des Mörtels sowie seine Beständigkeit gegen Feuchtigkeitseinwirkungen im abgebundenen Zustand.

Die Menge der Zugabe richten sich nach:

- dem Verwendungszweck des Mörtels:
  - bei Außenmörtel Erhöhung der Zugabe
- der Art des Zements:
  - Verringerung der Zugabe bei hochwertigen Zementen
- der Art des Kalks:
  - Verringerung des Zusatzes von Zement bei hydraulischen Kalken
- der Dachziegelart:
  - deutliche Erhöhung der Zugabe von Zement bei der Verwendung von engobierten, glasierten Dachziegeln oder von Betondachsteinen

Der Zusatz von Zement ist deshalb getrennt von der Mischung des Trockenmörtels zu betrachten und dessen Menge genau und sorgfältig zu wählen.

Die Zugabe von Zement beträgt auf 100 Liter Trockenmörtel ca. 3 bis 10 Liter (gleichbedeutend mit 3 bis 10 %). Für kleine Mengen, also bei Reparaturen, kann man sich für ein klassisches Deckfass (etwa 8 Liter Inhalt) ca. eine halbe bis zwei Kellen Zementzugabe merken.

Zu viel Zement verwandelt die Dachziegeldeckung in eine starre Fläche, diese Fläche kann bei Bewegungen des Bauwerks reißen. Des Weiteren erschwert ein zu hoher Zementanteil das Austauschen schadhafter Dachziegel oder macht dieses gar unmöglich.

Die traditionelle Zusammensetzung eines Deckmörtels für naturrote Ziegel in Mitteldeutschland lautet:

- **ein** (Raum-)Teil **Kalk,**
- **drei** (Raum-)Teile **Sand**
  und
- **ein halber** (Raum-)Teil **Zement**

Abweichende Mischverhältnisse sind regionaltypischen Besonderheiten in Deutschland geschuldet. Eines der gängigsten in der Fachliteratur zu findenden Mischverhältnisse lautet:

- **vier** (Raum-)Teile **Kalk**
  und
- **acht** (Raum-)Teile **Sand**
- **ein** (Raum-)Teil **Zement,**

Diese Mischung ist also einem Mischverhältnis von 1 : 2 mit einem sehr geringen Zementanteil zuzuordnen.

Je nach Region beschreibt verschiedenste Fachliteratur ein eventuelles Beimischen von fein geschnittenem Ross- oder Kälberhaar bzw. künstlichen Fasern. Diese Haare oder Fasern sollen Spannungsrisse im Mörtel bei hoher Beanspruchung verhindern.

Dachdeckermörtel und dessen verschiedene Einsatzgebiete

Der Dachdeckermörtel wird in zwei grundlegende Bereiche eingeteilt. Diese Bereiche werden wiederum unterschieden durch ihre Konsistenz:

Außenmörtel
- Setzmörtel
- Deckmörtel/Fugenmörtel

Innenmörtel
- Verstrichmörtel

Der Mörtel ist immer der gleiche, nur die Konsistenz variiert je nach Einsatzgebiet!

Anforderungen an den Fertigmörtel oder die verschiedenen Mörtelkonsistenzen

Fertig angestoßener Dachdeckermörtel wird traditionell etwas „sumpfen" gelassen und weist danach eine ordentliche Qualität sowie Konsistenz auf, er wird als „kellengerecht" oder als „kellenfertig" bezeichnet.

Jeder Dachdecker muss für sich selbst herausfinden, bei welcher Mörtelkonsistenz die Anwendung des Mörtels funktioniert (alle Prüfkriterien sind nur Vorschläge).

- **Setzmörtel** wird für das Setzen von First- und/oder Gratziegeln sowie für Formsteine verwendet. Seine Konsistenz ist ähnlich der Erdfeuchte, er ist „hart" und schon fast trocken.
- **Deckmörtel und Fugenmörtel** finden beim Längsfugenanstrich am Biberdach sowie beim Eindecken der Dachflächen Verwendung, ihre Konsistenz ist weich bis sämig.
- **Verstrichmörtel** findet beim Innenverstrich, beim Verstreichen von Scheinstellen oder ausgeplatzten Querschlägen im Innenbereich sowie bei der Mörteltechnik ohne Längsfuge Anwendung, seine Konsistenz ist eher weich bis sämig.

Kellengerechter Fertigmörtel gestattet ein sauberes Verarbeiten, wenn dieser

- beim Durchziehen mit einer Kelle einen Graben hinterlässt,
- beim Aufnehmen und Abschlagen am Kellenblatt zunächst senkrecht haften bleibt,
- beim Auftragen auf die Dachziegel gut von der Kelle gleitet,
- beim Auftragen auf die Dachfläche vollständig auf den Dachziegeln haften bleibt und
- nach dem Auftragen auf die Dachziegel kein Anmachwasser mehr absondert.

Die Beschaffenheit des Fertigmörtels wird bei der Verwendung von Kalkhydraten durch vorheriges Einsumpfen der Trockenmischung verbessert.

Prüfkriterien für Fugenmörtel

Fugenmörtel wird erst im Deckfass angestoßen, d. h., in den Mörtelkästen wird im Normalfall ein Setzmörtel angerührt, welcher danach portionsgerecht entnommen wird. Nun wird dieser Setzmörtel mit ausreichend Wasser so lange verdünnt, bis ein ordentlicher Fugenmörtel entsteht.

Dieser Fugenmörtel kann wie folgt geprüft werden:

- Beim Durchziehen der schräg gestellten Dachdeckerkelle durch den geglätteten Mörtel wird diese Kehle eine saubere Furche/einen sauberen Graben hinterlassen.
- Wenn durch den Mörtel mit der senkrecht stehenden Kelle etwa 8 bis 10 cm lang durchgezogen und danach kurz hinter diesem Schnitt etwa 3 bis 4 cm tief eingestochen wird, die Kelle unter den Schnitt geführt wird, muss sich hier beim vorsichtigen Anheben der Kelle ein leichter Graben öffnen.
- Beim Aufziehen einer Längsfuge sollte der Mörtel gut von der Kelle gleiten und sauber am Ziegel haften bleiben.
- Nach dem Auftragen des Mörtels auf den Dachziegel darf dieser kein Wasser mehr absondern/abgeben (Wasserspuren am Ziegel).

Fehlerquellen bei der Herstellung von Mörtel

Die Bindefähigkeit (das „Klebeverhalten") des Dachdeckermörtels kann durch vermeidbare Herstellungsfehler stark beeinträchtigt werden. Nachfolgende Fehlerquellen sind zu vermeiden:

- ungünstige Körnung des Sandes (gemischte Körnung bis maximal 2 mm)
- unsauberer und nasser Sand sowie ungeeignetes Wasser (chemisch oder organisch verunreinigtes Wasser)
- klumpiges Bindemittel (Kalk oder Zement)
- unsauberer Untergrund beim Mischen und Einsumpfen
- falsches Mischverhältnis (zwischen den Einzelbestandteilen)
- falsche Menge des Anmachwassers
- unangemessene Einsumpfdauer
- ungenügendes Durcharbeiten des Mörtels
- zu hoher Frostschutzmittelzusatz
- zu lange Lagerung des Fertigmörtels

Es soll immer nur so viel Mörtel angemacht werden, wie verarbeitet werden kann. Angestoßener Kalkzementmörtel kann nicht über Nacht gelagert werden.

Mindestqualitäten der Mörtelwerkstoffe

Als Dachdeckermörtel, also für Dachziegel-/Dachsteindeckungen, werden Kalkmörtel mit Zementzusätzen der Mörtelgruppe II verwendet. Bei speziellen Farbwünschen kann dem Mörtel Farbpulver (Farbpigmente) zugesetzt werden.

- **Sand**
  Zur Mörtelherstellung eignet sich am besten trockener, scharfkörniger Sand mit einer Korngröße bis 2 mm. Der Sand soll frei von Verunreinigungen und Beimischungen sein.
- **Kalk**
  Als Bindemittel werden Kalkhydrate in einem pulvrigen Verarbeitungszustand verwendet.
- **Zement**
  Für den Zementzusatz benötigt man keine besonders druckfesten Zemente. Es muss jedoch die Eignung (Verträglichkeit) für den gewählten Kalk geprüft werden.
- **Wasser**
  Das Anmachwasser muss frei von organischen Stoffen und chemischen Verunreinigungen sein!
  Im Bedarfsfall können dem Wasser Frostschutz oder wasserabweisende Mittel beigefügt werden.

Werkzeuge zur Herstellung von Mörtel

Die Herstellung von klassischem Dachdeckermörtel erfolgt in der Regel in zwei Arbeitsgängen:

Schritt 1 Anmischen von Sand, Kalk und Zement zu Trockenmörtel
Schritt 2 Einsumpfen und Anmachen des Trockenmörtels durch Zugabe von Wasser

Kleine und mittlere Mengen werden vorwiegend durch Handarbeit, größere Mengen maschinell gemischt. Für das baustellenmäßige Anmischen von Mörtel werden folgende Werkzeuge benötigt:

- Deckfass mit Dachdeckerkelle (für kleine Mengen)
- Mörtelkiste, rund oder eckig, mit Rührspaten oder Handrührgerät (für größere Mengen)
- Kleinmischer/Mörtelmischmaschine (für große Mengen)

Sämtliche Maschinen und Geräte, welche zur Mörtelherstellung Verwendung finden, sind nach dem Gebrauch gründlich zu reinigen und vor längeren Benutzungspausen mit geeigneten Maßnahmen gegen Korrosion zu schützen.

Gesundheits- und Arbeitsschutz

Mörtel und dessen Bindemittel sind ätzende Stoffe. Schützen Sie daher die besonders gefährdeten Partien Ihres Körpers wie Ihre Augen, Schleimhäute und Hände.

- Waschen Sie gründlich die Hände nach dem Umgang mit Bindemitteln und Mörtel, verwenden Sie Hautpflegemittel.
- Lassen Sie Behälter oder Verpackungen mit Bindemittel oder Mörtel nicht fallen oder aufstauchen.
- Schlagen Sie die Verpackung nicht auf (Spritzgefahr!).
- Schützen Sie Ihre Atemwege beim Anmischen des Trockenmörtels. Sie sollten so wenig wie möglich den Staub des Bindemittels oder des Trockenmörtels einatmen.
- Verkehrswege im Gebäude und am Arbeitsplatz sind nicht unnötig zu verschmutzen (Rutschgefahr!).

6.2.4 Dachziegel in der Mörteltechnik decken

Längsfuge, Längsfugenanstrich

Arbeitsschritte beim Längsfugenanstrich am Biberschwanzziegel (für Rechtshänder)

1. Der Biber wird leicht schräg (etwa im Winkel von 60°) mit der **Sichtseite** nach oben gehalten.
2. Der geprüfte Mörtel wird so lange von der Kelle „geworfen" oder geschüttelt, bis nur noch ein ca. 1 cm dicker Mörtelfilm darauf ist sowie das Kellenblatt gleichmäßig bedeckt ist.
3. Um die Längsfuge aufzustreichen, wird nun die mit Mörtel bedeckte Kelle in einem Winkel von etwa 30° an das untere Ende des Dachziegels gehalten (siehe Detail a)).
4. Nun wird die Fuge mit einem gleichmäßigen „Streich" immer auf der Sichtseite des Ziegels und weg vom Körper aufgezogen (die aufgezogene Fuge sollte nun etwa 2 bis 2,5 cm breit stehen) (siehe Detail b)).
5. Seitlich herunterkleckerndes, überschüssiges Material wird nun zum Körper hin abgezogen und wieder in das Mörtelfass zurückgetan (siehe Detail c)).
6. Als nächster Arbeitsgang wird die Fuge wieder mit der Kelle zum Körper hin geglättet. Nun sollte die Fuge glatt sowie sauber stehen und etwa 1,5 bis 1,8 cm breit sein (siehe Detail d)).
7. Jetzt bekommt der Dachziegel mit dem Kellenknauf/Kellengriff auf der gegenüberliegenden Seite der aufgestrichenen Fuge einen leichten Stoß (um das Verbinden/Verdichten des Mörtels zu fördern).
8. Zum Schluss wird am Segment des Dachziegels ein etwa 1 bis 2 cm breites Stück Fuge „abgeschnitten".
   Um noch mal zu prüfen, ob der Mörtel die richtige Konsistenz aufweist und die Fuge sauber steht, wird der Biber über dem Deckfass hängen gelassen und ein- bis zweimal leicht geschüttelt.
9. Der Dachziegel mit der fertigen Fuge wird nun auf das vorbereitete Deckgebinde (Querschlag und gegebenenfalls Stützschlag) schräg von oben aufgelegt und leicht eingeschwemmt, die fertig liegende Fuge sollte nun ca. 0,7 bis 1 cm breit sein.

In die Fuge zwischen den Ziegeln sollte ein Zimmermannsbleistift passen.

10. Die Fuge wird nun mit der Kellenspitze Richtung Dachfläche abgezogen, also überschüssiges Material abgenommen, und wieder zurück ins Fass getan.
11. Als letzter Arbeitsgang wird nun die Fuge hin zum Körper ebenfalls mit der Kellenspitze geglättet.

Jetzt beginnt man wieder bei Arbeitsschritt 1.

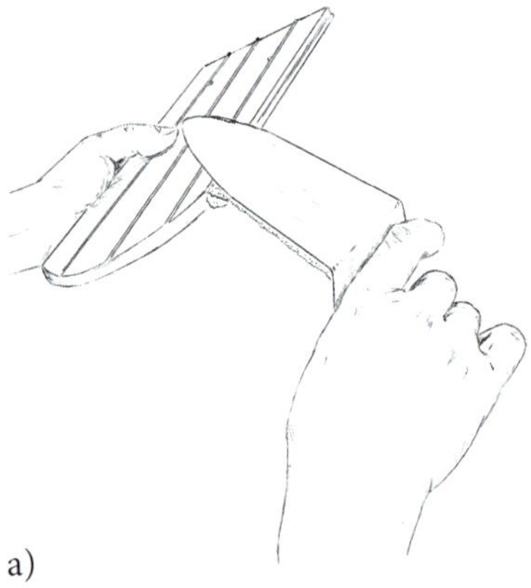

a)

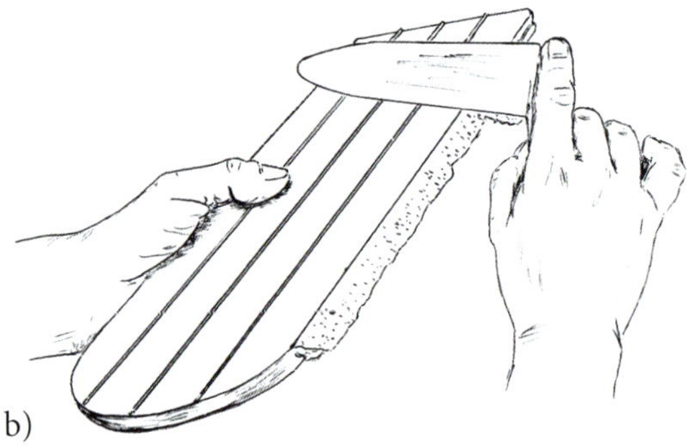

b)

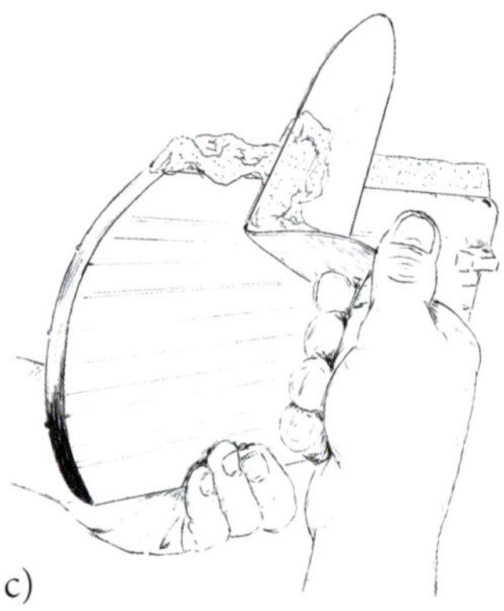

c)

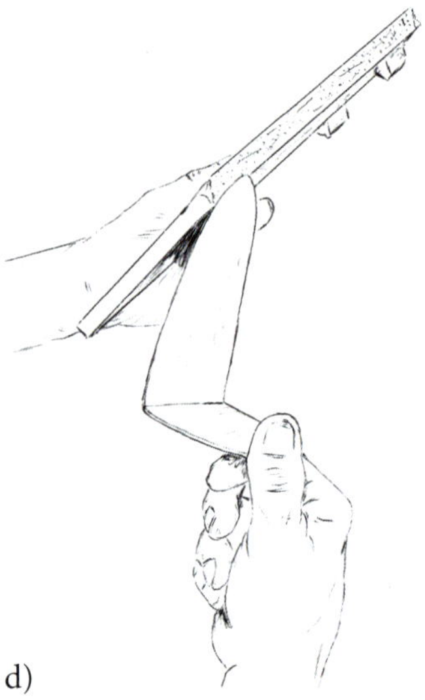

d)

Kontrolle des Längsfugenanstrichs an einem Biberschwanzziegel-Dach

Der Längsfugenanstrich an einem Biberschwanzziegel wurde sauber hergestellt, wenn folgende Kriterien erfüllt wurden:

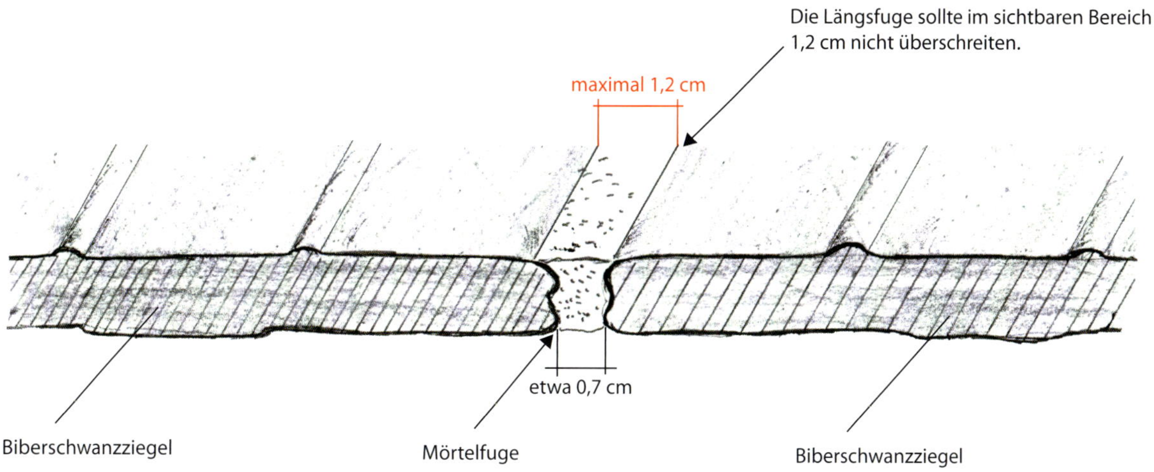

Abb. 6.61: Biberschwanzziegel, **Längsfugenanstrich, Fugenbreite** (Schnitt)

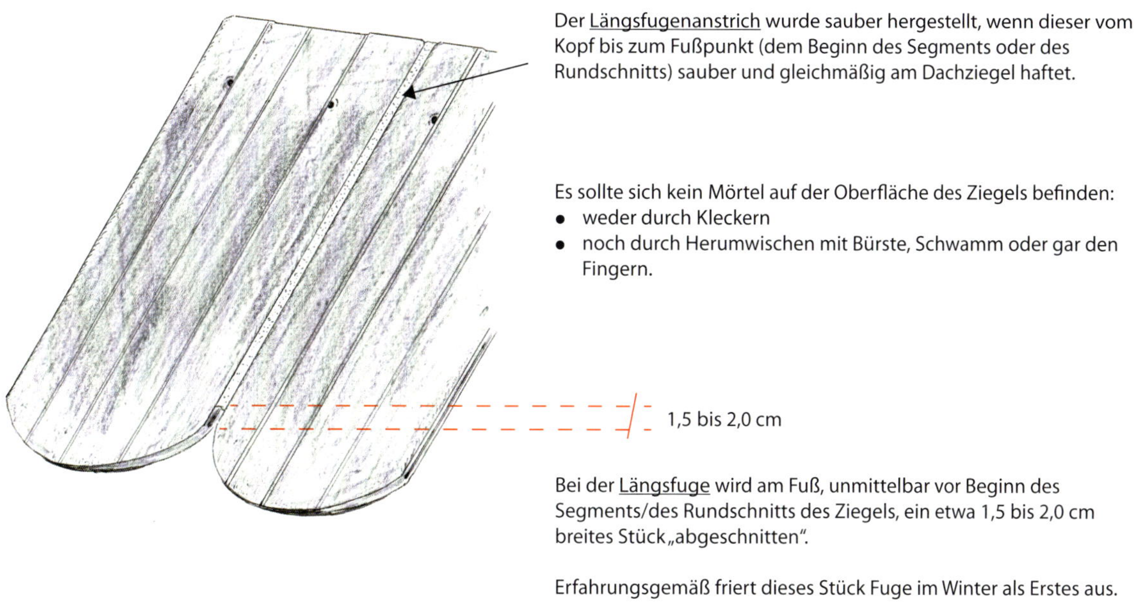

Abb. 6.62: Biberschwanzziegel, **Längsfugenanstrich** (Draufsicht)

Traufausbildung

An der Traufe kommt (unabhängig von der Dacheindeckung) das meiste Niederschlagswasser zumindest extrem konzentriert an. Die komplette Dachhaut von ableitenden Deckwerkstoffen hat hier ihren Ursprung.

Im Klartext, wenn die Traufe nicht richtig liegt, liegt die komplette Dachfläche nicht!

Der Traufausbildung muss beim Biberschwanzziegeldach in der Mörteltechnik besondere Aufmerksamkeit geschenkt werden.

Es ist also unbedingt auf ein sauberes Liegen der Traufdoppelschicht oder bei der Verwendung von Traufansatzziegeln auf den Sturz der Dacheindeckung zu achten.

Mörtelleiste an der Traufe

In der Mörteltechnik wird stets unter alle Dachziegel ein Querschlag gesetzt. Dieser Querschlag an der Traufe dient eventuell als Höhenausgleich, aber stets als Befestigung der Lagerschicht der Traufdoppelschicht und als Verbindung mit dem Bauwerk.

Dieses Mörtellager an der Traufe (der Querschlag) wird auch als Mörtelleiste bezeichnet.

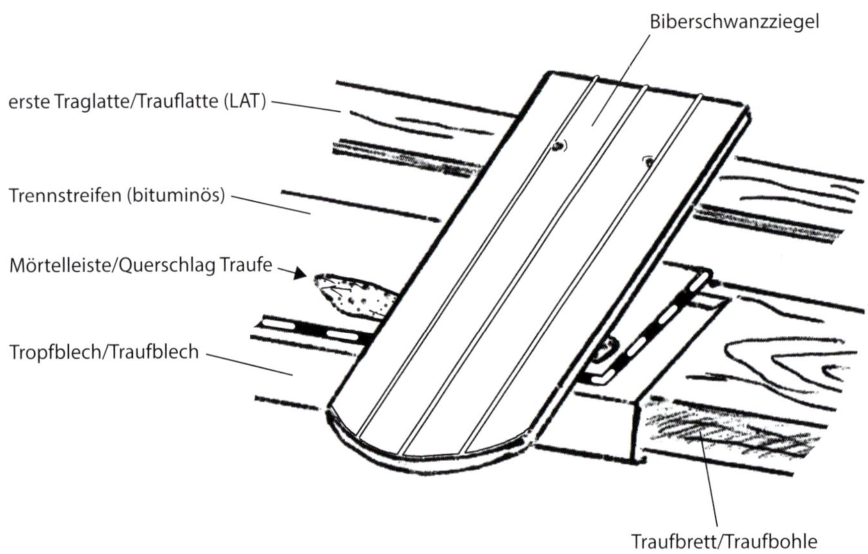

Abb. 6.63: Traufaufbau in der Mörteltechnik

Herstellung des Ziegelsturzes mit Mörtel

Um die Traufdoppelschicht in der Mörteltechnik sauber herzustellen, muss die Lagerschicht so weit ausgeglichen werden, dass der Querschlag etwa die Dicke von zwei Biberschwanzziegeln aufweist.

Achtung! Es darf jedoch keine einwärts sperrende Traufdoppelschicht entstehen.

Dieser Ziegelsturz wird in der Mörteltechnik durch einen sauber gesetzten Querschlag auf der Unterkonstruktion, welcher eventuell zusätzlich durch Unterfüttern mit ¼-Ziegeln oder Ziegelscherben verstärkt wird, hergestellt.

Wichtig ist in diesem Fall: Der Mörtel darf weder auf Bleche (Traufbleche, Einhangbleche, Hinterlagskehlen) noch auf Hölzer aufgeschlagen werden. Die eben genannten Werkstoffe müssen durch geeignete Maßnahmen geschützt werden, bevor der Querschlag als Mörtellager und eventuell als Höhenausgleich aufgetragen wird.

Darstellung einer Mörtelleiste an der Traufe (Schnitt)

Die nachfolgende Zeichnung stellt eine hinterlüftete Traufausbildung mit Keilbohle und Konterlatte dar.

Die Vordeckung der zweiten Entwässerungsebene sowie der Schleppstreifen (Bezeichnung für die Trennlage auf einem zu schützenden Bauteil) sind hier, der Eindeutigkeit der Darstellung halber, bituminös dargestellt. Diese Vordeckung und die Schleppstreifen können aber auch mit allen gängigen/zugelassenen Vordeckungen für geneigte Dächer – unter Beachtung der Herstellervorgaben – ausgeführt werden.

Bei Dacheindeckungen mit Mörtel verhindert ein Schleppstreifen den Kontakt des Mörtels mit der Unterkonstruktion aus Holz oder Feinblechen.

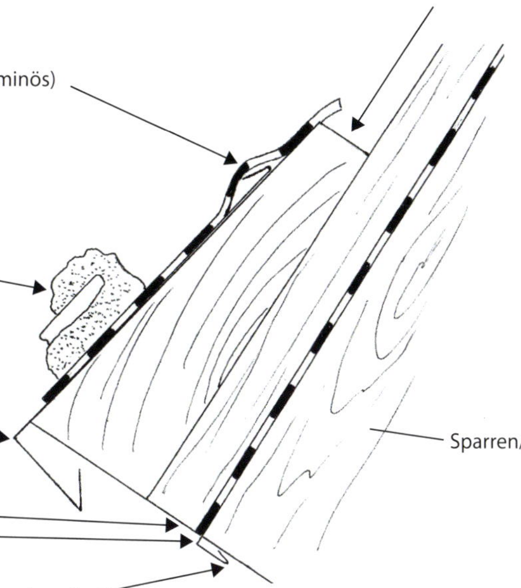

Abb. 6.64: Hinterlüftete Traufausbildung

Es ist bei der Herstellung der Mörtelleiste an der Traufe zu beachten: Der Biber/Der Dachziegel muss in das Mörtellager der Traufe sauber eingeschwemmt werden, damit die Lagerschicht zum einen Halt findet und zum anderen nicht hohl liegt!

Sturmsicherung der Traufe in der Mörteltechnik

Durch den Schleppstreifen/die Trennlage kann der Dachziegel keine Bindung mit der Unterkonstruktion eingehen. Ausnahme ist hier das Aufdecken der Dachziegel auf ein Gesims aus Sandstein, Klinkern oder Feldstein, wo auf gar keinen Fall ein Schleppstreifen aufgetragen wird.

Um eine Sturmsicherung auch in der Mörteltechnik zu gewährleisten, müssen zusätzliche Maßnahmen getroffen werden.

Eine Variante der Sturmsicherung an der Traufe mit Mörtel ist die Verdrahtung der Lagerschicht der Traufdoppelschicht.

Die Länge des Drahtes sollte 80 cm nicht überschreiten und stets korrosionsbeständig sein.

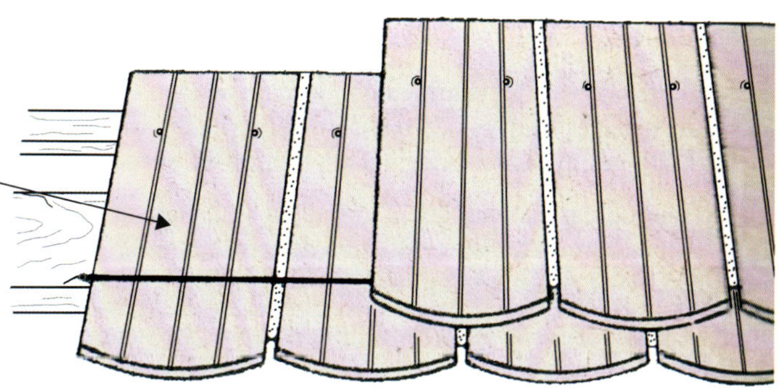

Abb. 6.65: Sturmsicherung an der Traufe

Eindecken der Dachfläche

Zweck der Mörteltechnik in der Dachfläche

Die Mörteltechnik im Dachdeckerhandwerk gibt den Dachziegeln untereinander einen zusätzlichen Halt, dient als Druckausgleich bei Unebenheiten und bietet ein sicheres Lager bei Erschütterungen.

Der Mörtel sichert die Fugen gegen Wind, Treibschnee sowie Flugasche.

Benötigte Werkzeuge bei der Mörteltechnik

Die klassischen Werkzeuge, welche in der Mörteltechnik Verwendung finden, sind aus „schwarzem" Stahl und aus Holz. Durch die Materialien dieser Werkzeuge selbst sowie durch den ständigen Kontakt mit dem Werkstoff Mörtel sowie dem Hilfsstoff Wasser werden diese sehr stark beansprucht und bedürfen daher einer gewissenhaften Pflege.

Mindestens müssen diese Werkzeuge stets sauber und gebrauchsfähig gehalten werden sowie gegen Korrosion durch eine trockene Lagerung geschützt werden.

Tabelle 6.3: Werkzeuge und ihre Verwendung

Arbeitsmittel	Verwendung
Deckfass mit Fasshaken	Aufnehmen des Mörtels am Arbeitsplatz
Eimer	Transport des Mörtels
Handbrett mit Griff (Traufel)	Aufnehmen des Mörtels beim Innenverstrich, beim Verstreichen der Orte oder kleiner Putzflächen sowie zum Glätten
Kellen	Auf- oder Antragen des Mörtels
– Deckkelle (breites, längliches Blatt)	Auftragen des Außenmörtels, zum Flächedecken
– Firstkelle (konisches, längliches Blatt)	Unterziehen von Grat- oder Firstkappen
– Verstrichkelle (schmales, längliches Blatt)	Herstellung Innenverstrich
Spachtel	Auftragen des Mörtels an sperrigen Fugen
Annässer (großer Ringpinsel oder Quaste)	Zum Vornässen, Anspritzen von Wasser
Pinsel (kleiner Ringpinsel)	Abstreichen von Unebenheiten und Mörtelresten
Wasserbehälter	Gefäß für Annässer und Pinsel

Abb. 6.66: Sächsische Deckkelle, auch Berliner Dachkelle genannt.

Diese Kelle hat sich über Generationen im Dachdeckerhandwerk bewährt. Der erfahrene Dachdecker kürzt sich nach dem Erwerb dieses Werkzeugs den Griff, um sauber in seinem Deckfass arbeiten zu können.

Diese Kelle wird oft mit der ähnlich aussehenden böhmischen Deckkelle verwechselt.

Fläche decken

Die Dachfläche wird stets mit einem durchgehenden *Querschlag* am Kopf des Ziegels eingedeckt. Beim Setzen des Querschlages kann es bedingt durch die Materialdicke des Mörtels passieren, dass einzelne Biberschwanzziegel hohl liegen, das muss zwingend verhindert werden.

Oft ist das jedoch nicht möglich. Vor allem in Zeiten, als die Dachziegel noch nicht industriell hergestellt wurden, kam es sehr oft zu Verwerfungen der einzelnen Biber (Flügeligkeit). Auch heute sind Verwerfungen einzelner Biber keine Seltenheit und müssen ausgeglichen werden. Hierbei hilft der *Stützschlag*.

In der Kronendeckung wird der Stützschlag nur zwischen Lager- und Deckschicht, niemals zwischen Deck- und Lagerschicht gesetzt.

Deckschemen der Mörteltechnik am Biberdach in der Fläche

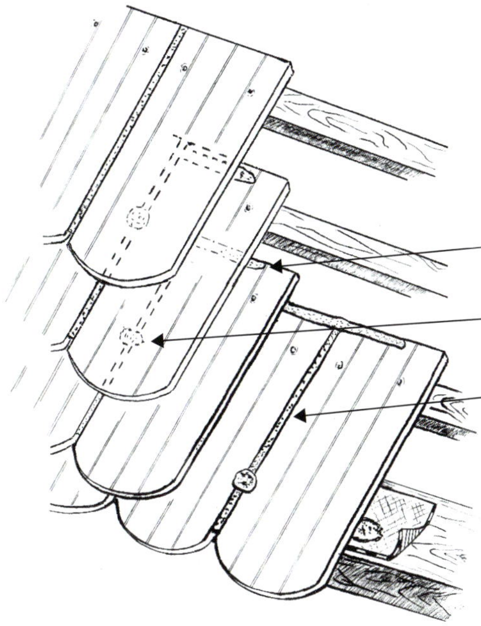

Abb. 6.67: Doppeldeckung

Der Mörtel des Querschlags sollte so aufgeschlagen werden, dass dieser am oberen Ende des überdeckten Ziegels von dem darüberliegenden Ziegel in die Konstruktion gedrückt wird!

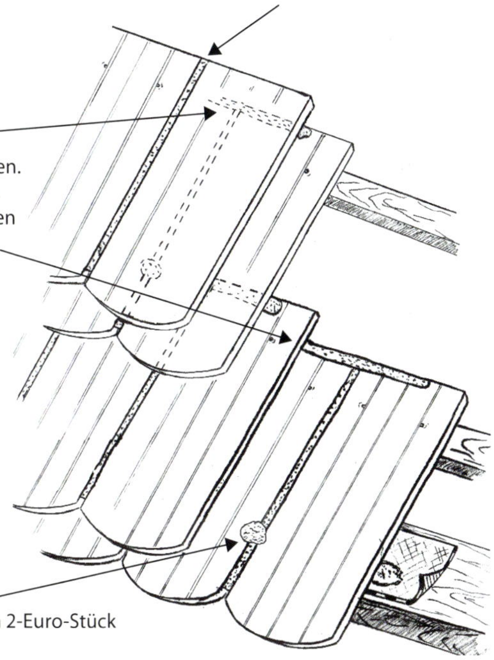

Abb. 6.68: Kronendeckung

Der Querschlag hat genau wie der Stützschlag seinen Namen von „schlagen“, was also bedeutet, der Mörtel wird sauber aus dem Handgelenk mit etwas Schwung aufgeschlagen.

Querschlag (etwa 2 bis 3 cm).
- *Wenn der Mörtel breit spritzt, war der Mörtel zu nass.*
- *Wenn der Mörtel herunter„kullert“, war der Mörtel definitiv zu trocken.*

Regionalspezifische Besonderheiten

So unterschiedlich wie die Landschaften in Deutschland sind, genauso unterschiedlich sind auch die Ausführungen der Mörteltechnik. Die Eindeckung von Gebäuden mit Dachziegeln entwickelte sich in Deutschland nicht nur zeitlich, sondern auch handwerklich recht unterschiedlich.

Das aktuelle Regelwerk des ZVDH äußert sich zur Mörteltechnik nicht, selbst im ersten Regelwerk (welches bereits 1931 erschien) wurde nicht bzw. nur sporadisch auf die Mörteltechnik eingegangen.

An den folgenden Prinzipskizzen sind **die gebräuchlichsten Mörteltechniken** erkennbar (alle Darstellungen schematisch, ohne Maßstab).

Dacheindeckung Biberschwanz-Doppeldeckung, nur Querschlag

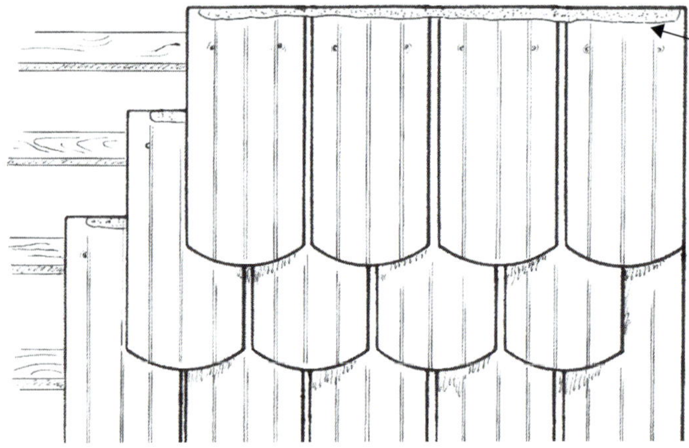

Abb. 6.69: Querschlag in der Biberschwanz-Doppeldeckung

Nachteil:
Wenn der Querschlag zu dick ausgeführt wird, können in der Lagestabilität Probleme entstehen, was wiederum ein Hohlliegen der Ziegel zur Folge hat.

Einschätzung:
Diese Art der Mörteltechnik ist die denkbar ungünstigste.

Dacheindeckung Biberschwanz-Doppeldeckung, Querschlag und Stützschlag

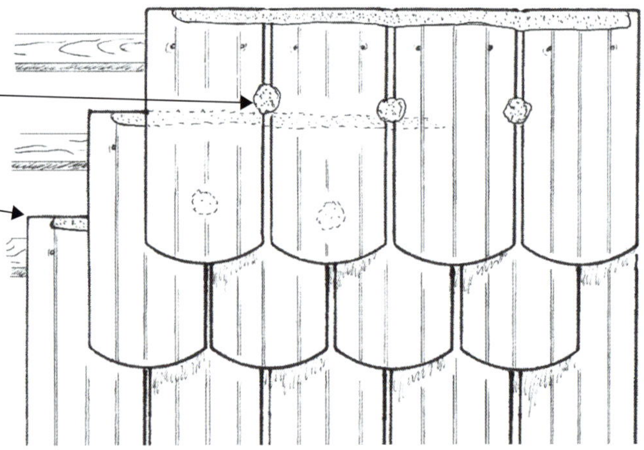

Abb. 6.70: Quer- und Stützschlag in der Biberschwanz-Doppeldeckung

Nachteil:
Wenn der Stützschlag zu dick ausgeführt wird, könnte dieser eine Verbindung zum darüberliegenden Querschlag aufbauen, was wiederum zur Folge hat, dass die Konstruktion nicht funktioniert.

Einschätzung:
Diese ist die gängigste Deckart in Sachsen.

Die Mörteltechnik in der Kronendeckung erfolgt analog zur Doppeldeckung, jedoch ist zu beachten:

Zwischen der Deckschicht und der darüberliegenden Lagerschicht wird nur mit dem Querschlag gearbeitet – ohne Stützschlag!

Dacheindeckung Biberschwanz-Kronendeckung, Querschlag und Stützschlag

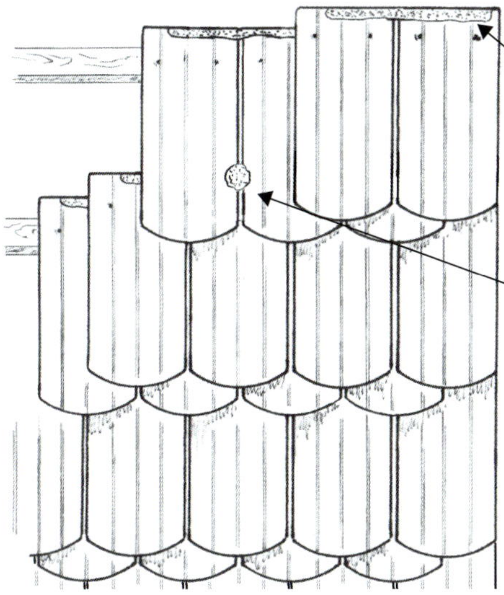

Der Querschlag wird so am Kopf des Dachziegels aufgeschlagen, dass dieser beim „Einschwimmen" des Ziegels etwas in die Konstruktion gedrückt wird und dort klar erkennbar ist.

Der Stützschlag wird so am Fuß des Bibers aufgeschlagen, dass dieser **nicht sichtbar** ist und eine Verbindung zum darunterliegenden Querschlag erhält.

Abb. 6.71: Quer- und Stützschlag in der Biberschwanz-Kronendeckung

Nachteil:
Wenn der Stützschlag zu dick ausgeführt wird, besteht die Gefahr eines „Hohlliegens" der sich darüber befindenden Lagerschicht. Es könnte ebenfalls Mörtel in den Sichtbereich der Dacheindeckung gelangen, was zur Folge hat, dass Wassereinträger produziert werden und die Konstruktion nicht funktioniert.

Einschätzung:
Bei der Kronendeckung ist diese Technik die gängigste.

Dacheindeckung Biberschwanz-Doppeldeckung, Querschlag und Längsschlag

Der Querschlag wird am Kopf des Ziegels aufgeschlagen, er darf nicht unterbrochen sein.

Der Längsschlag wird so aufgeschlagen, dass dieser die offene Fuge der Biber komplett bedeckt. Er muss eine Verbindung zum bereits aufgeschlagenen Querschlag und dem Querschlag des darunterliegenden Deckgebindes eingehen.

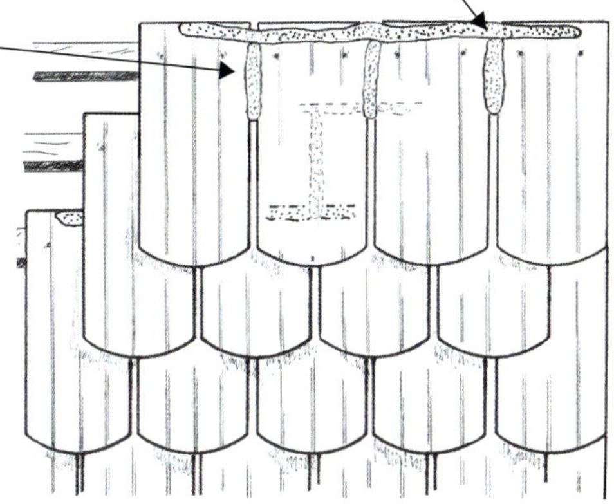

Abb. 6.72: Quer- und Längsschlag in der Biberschwanz-Doppeldeckung

Nachteil:
Durch den Längsschlag ist die Gefahr sehr hoch, dass die einzelnen Deckgebinde hohl liegen und das Eintreiben von Flugasche und dergleichen eher noch begünstigt als verhindert wird.

Anwendung:
Diese Art der Mörteltechnik findet immer dann Anwendung, wenn die einzelnen Biber extrem „flügelig" sind oder aber in schwierigen Bereichen der Konstruktion wie z. B. am geschwenkten Gratansatz oder am Kehlansatz.

Das Verlegen der Biber in der Mörteltechnik kann auch mit Fugenanstrich erfolgen, wobei der Arbeitsablauf (siehe dazu Längsfugenanstrich) bei der Doppeldeckung sowie in der Kronendeckung gleich ist.

Wenn eine Fuge aufgestrichen wurde, sollte auf einen Längsschlag verzichtet werden. Nachfolgend sind die zwei Arten des Längsfugenanstrichs noch einmal dargestellt.

Dacheindeckung Biberschwanz-Doppeldeckung, Halbfuge, Querschlag und Stützschlag

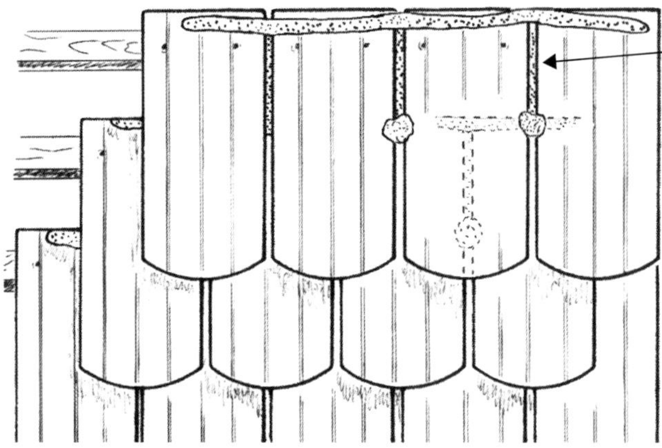

Abb. 6.73: Halbfuge, Quer- und Stützschlag in der Biberschwanz-Doppeldeckung

Anwendungsbereiche:
Es sollte in Bereichen von vollständig verschatteten und/oder recht flachen Dächern der Halbfugenanstrich erfolgen, da an diesen Konstruktionen ein Abtrocknen der Mörtelfugen nicht immer gewährleistet ist.

Arbeitstechnik:
Der Halbfugenanstrich erfolgt gleich wie der Längsfugenanstrich.

Dacheindeckung Biberschwanz-Doppeldeckung, Längsfuge, Querschlag und Stützschlag

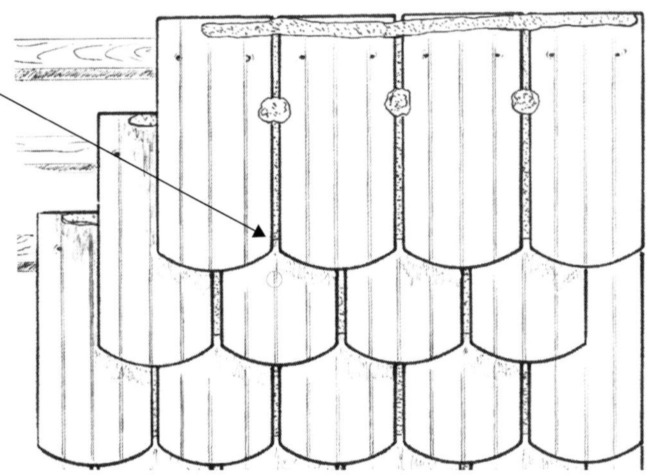

Abb. 6.74: Längsfuge, Quer- und Stützschlag in der Biberschwanz-Doppeldeckung

Anwendungsbereiche:
In Bereichen steiler Dächer und/oder unverschatteter Dachflächen sowie extrem flügeliger Dachziegel findet der Längsfugenanstrich im allgemeinen Anwendung.

6.2.5 Die Ortausbildung in der Mörteltechnik

Alle Dächer, welche in Mörtel gedeckt werden, bedürfen in ihrer Herstellung ganz besonders an den An-/Abschlüssen stets einer großen Sorgfalt, da Mörtel bekanntlich Wasser (wie ein Schwamm) zieht.

Außerdem muss das Niederschlagswasser zügig und ohne Behinderung von sogenannten Mörtelnasen oder ähnlichen verhinderbaren Beeinträchtigungen in die Fläche bzw. zur Traufe abgeleitet werden.

Bei der Biberschwanzziegeldeckung in der Mörteltechnik (egal welche Deckart) haben sich in der Vergangenheit verschiedene Handwerkstechniken der klassischen Ortausbildung, je nach Region, erhalten.

Nachfolgend sind hier die fünf wichtigsten klassischen Ortausbildungen erwähnt sowie deren typische Regionen ihrer Verbreitung.

Natürlich verschwimmen die Grenzen ihrer Verbreitung je nach Mode ihrer Errichtungszeit und handwerklichem Geschicks des Dachdeckers:

- Ortausbildung mit Putz und auslaufenden Schichten (Brandenburg/Pommern)
- Ortausbildung mit Unterplattung (Sachsen/Böhmen/Schlesien)
- Ortausbildung mit Mörtel-Zahnleiste (Brandenburg/Anhalt)
- Ortausbildung mit hölzerner Windfeder/Zahnleiste (Niedersachsen/Schleswig)
- Ortausbildung mit hölzernem Windbrett (Harzregion/Franken)

Ortausbildung mit Putz und auslaufenden Schichten

Diese Art der Ortgestaltung findet nur an geputzten/verputzten Giebeln oder Gauben ohne Dachüberstand Anwendung. Bei Sichtmauerwerk oder vorgehängten Fassaden ist diese Ortgestaltung nicht geeignet.

Die wichtigsten Grundsätze bei der Herstellung einer Dacheindeckung mit geputztem Ort kurz zusammengefasst:

- Der freie Überstand der Dachziegel (über Putz) von 40 mm darf nicht unterschritten werden.
- Der Dachziegel am Ort sollte durch geeignete Maßnahmen so verlegt werden, dass ein Abkippen nach außen verhindert wird.
- Die Ziegel müssen untereinander gegen Windkräfte gesichert werden, geeignet sind dafür z. B. Mörtelstreifen, Klammern, Drahten, Annageln/Anschrauben.
- Um das Niederschlagswasser in die Dachfläche zu leiten, werden die Dachziegel am Ort durch Anbringen von Keilen an den Lattenenden sowie die Ausführung von sauber hergestellten Mörtelstreifen (Längsschlägen) etwas angehoben.
- Die Biber werden an den Orten mit der unbearbeiteten Seite nach außen verlegt, um das Niederschlagswasser an der Segmentkante/der Rundschnittkante in die Fläche zu leiten.
- Der Zwischenraum zwischen der Dachkonstruktion und dem Giebelmauerwerk sollte nicht komplett ausgemauert werden, schmale Mörtelschläge genügen, um ein Arbeiten der Bauteile zu gewährleisten.
  - Doppelte Mörtelschläge auf breitem Mauerwerk/auf breiten Giebelwänden.

Besonderheiten der Unterkonstruktion

- Bei der Herstellung von Putzorten endet die Traglattung der Unterkonstruktion etwa 20 bis 30 mm vor der Mauerecke, da am Hirnholz der Traglattung der Mörtelputz nicht dauerhaft hält und abfallen könnte.
- Bei Neubauten und breiten Giebelwänden hat sich in der Vergangenheit das Einlassen der Traglattung in das Giebelmauerwerk bewährt. Wenn die Traglatte in das Mauerwerk eingelassen wird, sollte auf ein Befestigen (Annageln) der Lattung auf dem letzten Sparren verzichtet werden. Durch Setzungen des Bauwerks können sonst massive Schäden auftreten.

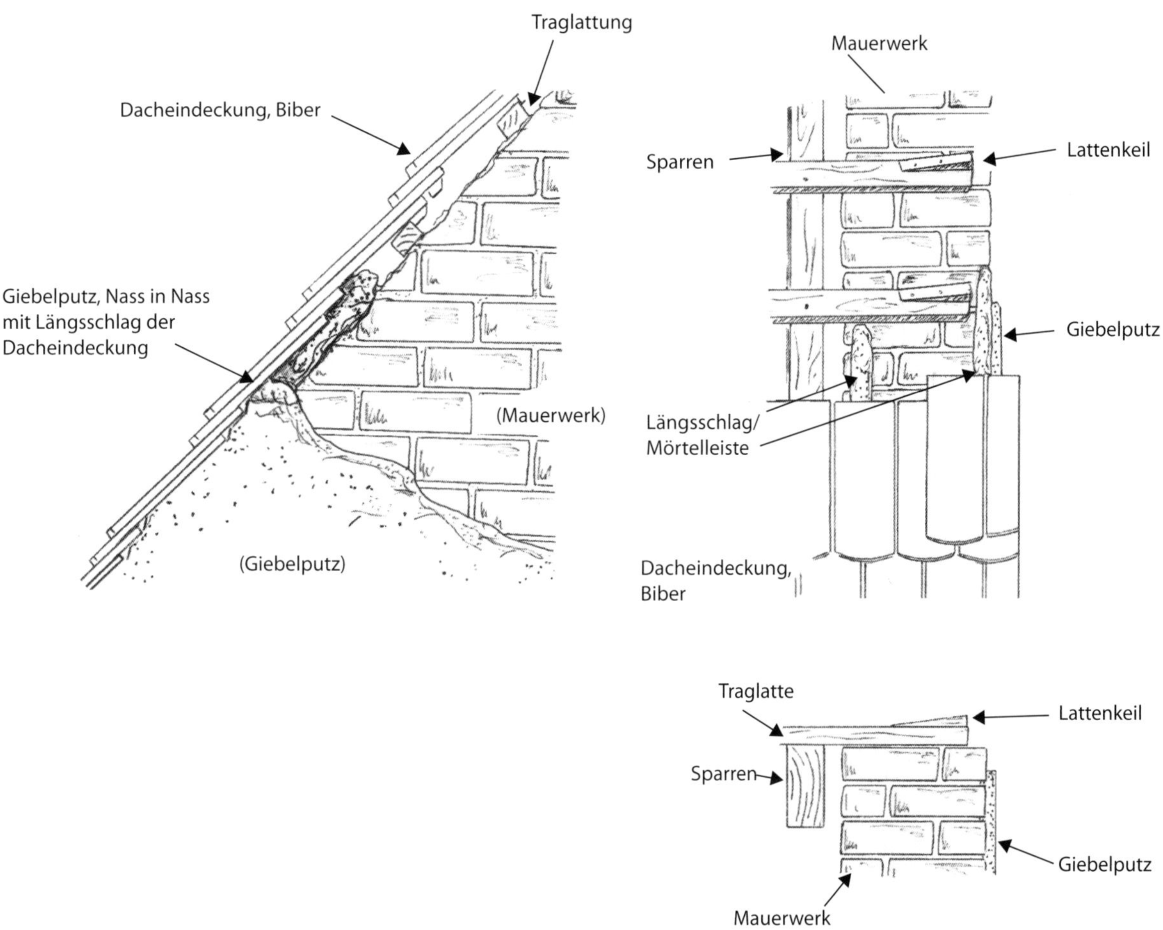

Abb. 6.75: (Prinzipskizze) Ortausbildung mit Putz (3 Details)

Ortausbildung mit Unterplattung

Die sauberste Form der klassischen Ortganggestaltung am Ziegeldach in der Mörteltechnik ist die Ortausbildung mit *Unterplattung.*

Die Unterplattung hat mehrere Vorzüge:

- Zum einen kann der Putz (des Giebels) oder das Sichtmauerwerk durch den Maurer sauber angeschlossen werden (Kellenschnitt – fertig!)
- und zum anderen ist durch die Unterplattung trotzdem der geforderte Mindestüberstand (ab Fertigmaß) von 4 cm an den Dachziegeln gegeben.

Der Ort ist so gegen Witterungseinflüsse und den Befall von Ungeziefer (Mäuse, Vögel, Marder, Wespen und dergleichen) sicher geschützt.

Durch die Unterplattung werden überstehende Dachziegel von unten abgedeckt, was eine Erhöhung der Wind- und Sturmsicherheit darstellt.

Der Ortgang mit Unterplattung kann auch an trocken eingedeckten historischen Bauwerken, welche der denkmalpflegerischen Sanierungsanordnung unterliegen, hergestellt werden. Hierbei ist jedoch zu beachten, dass die Mörteltechnik mindestens vier Biber breit (um ein Ausplatzen des Mörtels am Ortgangs zu verhindern) Anwen dung finden sollte.

Handwerklicher Aufbau eines klassischen Ortgangs mit Unterplattung

Der Ziegel an der Traufe (der erste Ziegel) wird auf den gewünschten Überstand angelegt und an dessen Kopfende wird im Nachgang die Unterplattung stumpf angestoßen (siehe hierzu Abb. 6.78 und 6.79).

Die nun folgenden Schichten der Unterplattung werden jeweils stumpf an die vorhergehende Platte gestoßen.

Die Unterplattung sollte so gewählt werden, dass das Fertigmaß des Überstands beim Biberschwanzziegel mindestens 4 cm beträgt.

Geeignete Werkstoffe für die Unterplattung können z. B. sein:

- Schiefer als Naturwerkstoff,
- Faserzementplatten (Kunstschiefer),
- Biberschwanzziegel,
  aber auch
- (frostsichere) Fliesen.

Die Traufe wird wie vorab beschrieben angelegt.

Die Deckgebinde werden im Bereich der Unterplattung mit einem satten Längsschlag im Überdeckungsbereich am Ort sowie an den Dachziegeln untereinander versehen.

- **Wichtig:**
  Alle Dachziegel ohne Anhängenase müssen mit mindestens korrosiongeschütztem Draht mechanisch befestigt werden.
  Die Dachziegel dürfen nicht über die Unterplattung hinausstehen!

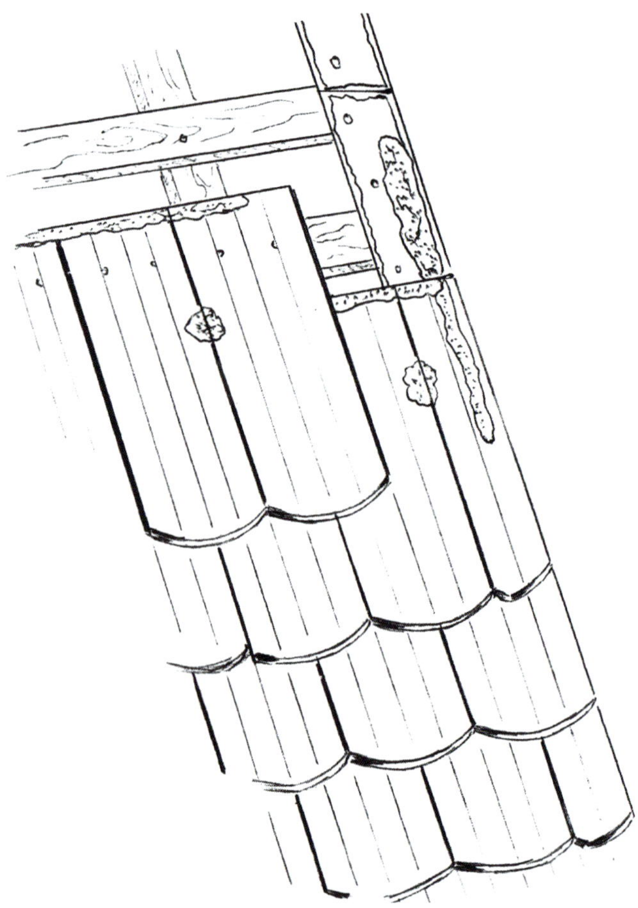

Abb. 6.76: Mörtelschläge am Ort mit Unterplattung

Seitlich ausquellender Mörtel (im Bereich des Überstands) wird sofort, noch vor dem Abbinden, glatt gestrichen und überschüssiges Material abgenommen.

Das Eindecken des Ortes wird so fortgeführt, mit satt aufgetragenem Längsschlag.

Der Ort wird noch Nass in Nass glatt gestrichen/verputzt, jedoch ohne die erneute Zugabe von Wasser! Also nicht nass abpinseln. Zum einen entsteht ein Kalkschleier auf den Ziegeln und der Unterplattung und zum anderen wird das zu schnelle (vorzeitige) Abbinden des Mörtels begünstigt.

Der Ortgang sollte immer in einem Arbeitsgang verstrichen werden.

Bei der Ortgestaltung mit Unterplattung wird diese direkt auf das Mauerwerk mit einer ausreichend dicken Mörtelleiste aufgetragen. Das heißt, die Unterplattung liegt nicht auf oder an den Traglatten!

Die untergelegten Plattenstreifen werden stumpf aneinandergestoßen und erhalten einen Schrägschnitt in Richtung Traufe (also nach außen). Die Plattenstreifen werden außerdem mit einer leichten Neigung nach unten verlegt, um ein sauberes Abtropfen der Wasserfäden des Niederschlagswassers zu gewährleisten (Tropfpunkt).

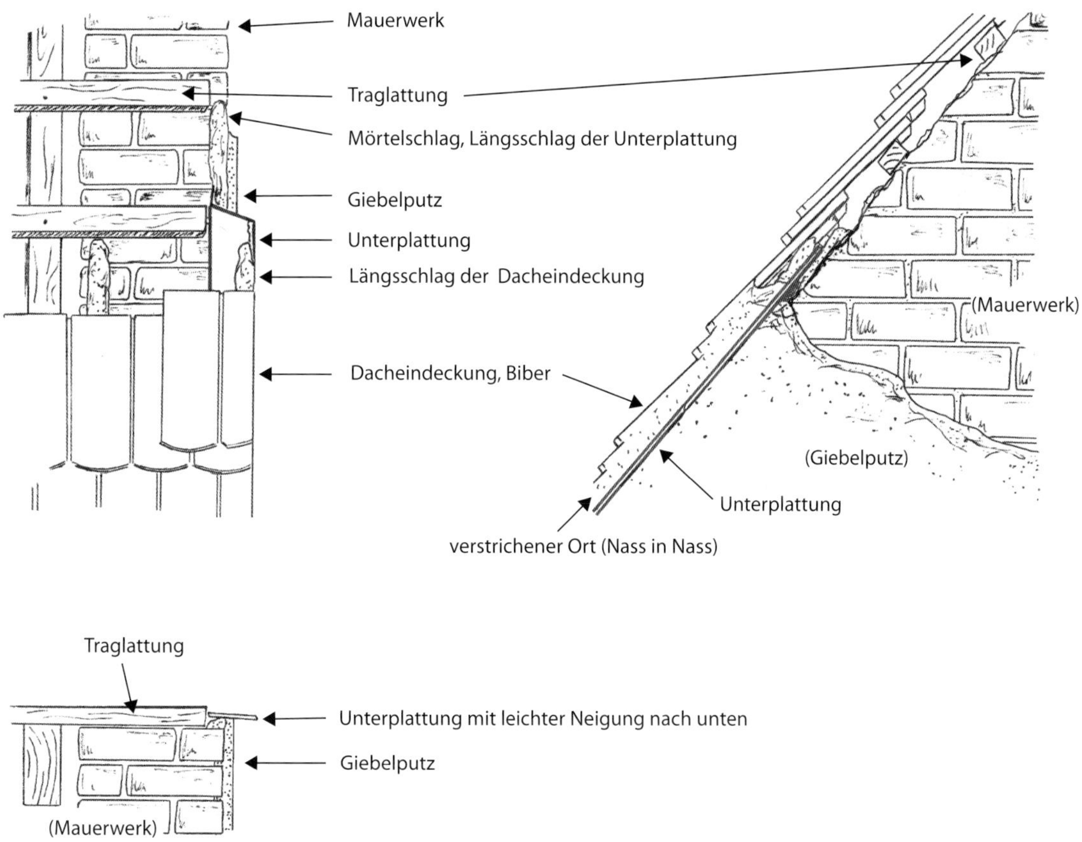

Abb. 6.77: (Prinzipskizze) Ortausbildung mit Unterplattung auf Mauerwerk (3 Details)

Ortausbildung mit Unterplattung auf Holzunterkonstruktion

Oft kommt es vor, dass der Ort nicht auf dem Mauerwerk aufliegt (z. B. an Gauben, Schleppen oder Vordächern). Doch es ist gefordert, dass alle Orte am Dach gleich ausgebildet werden. Hier kann die Unterplattung auch auf Holz hergestellt werden, diese Variante bedarf jedoch einer besonderen Sorgfalt bei ihrer Herstellung.

Die folgende Abbildung zeigt ein Konstruktionsbeispiel der Ortausbildung mit Unterplattung auf einer Holzunterkonstruktion an der Traufe.

Die Traufe wird genauso wie bei der Ortausbildung auf Mauerwerk hergestellt, d. h., die Unterplattung beginnt an der Lagerschicht der Traufdoppelschicht!

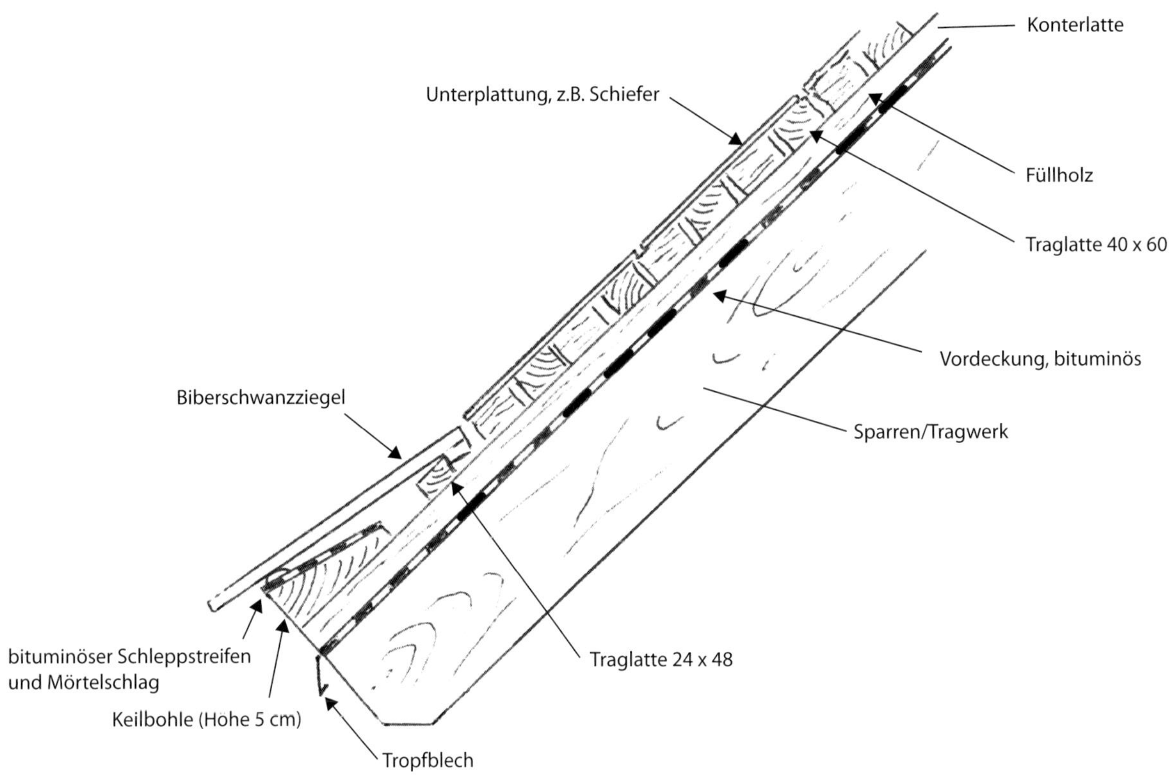

Abb. 6.78: Schichtenaufbau, Konstruktionsbeispiel – Biberschwanz-Doppeldeckung – Längsschnitt

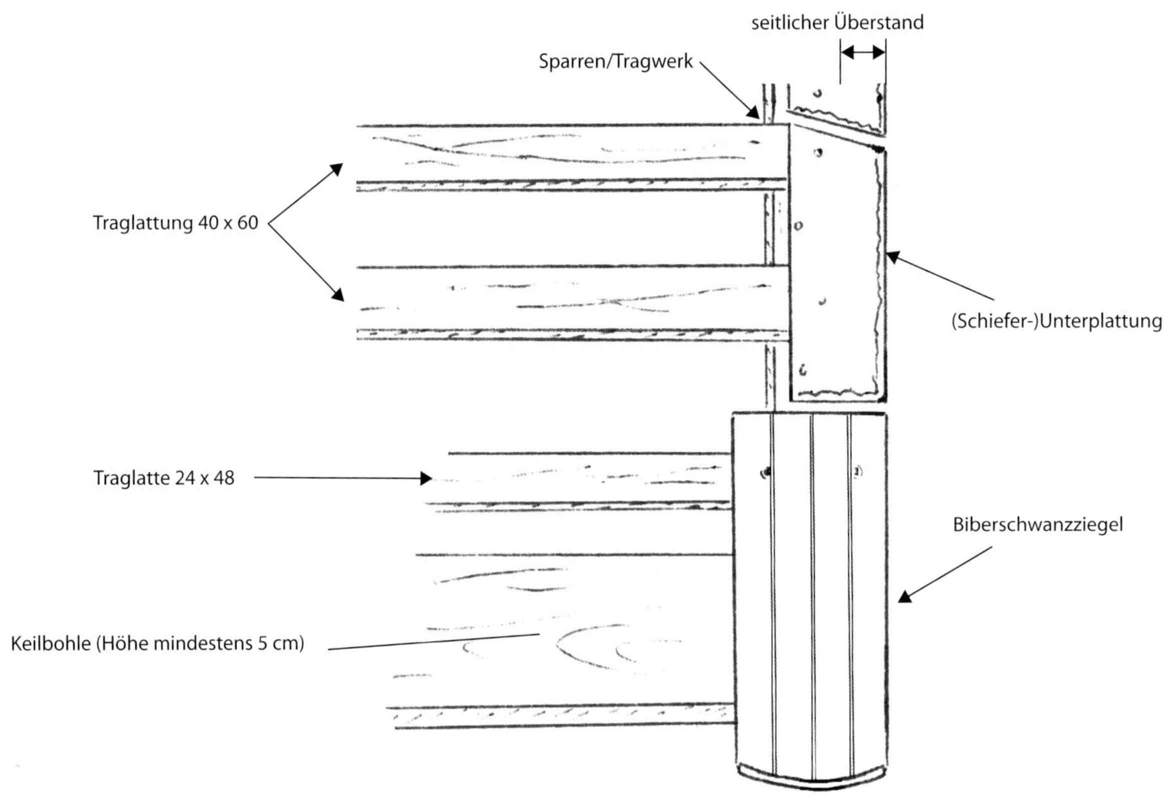

Abb. 6.79: Schichtenaufbau, Konstruktionsbeispiel – Biberschwanz-Doppeldeckung – Draufsicht

Ortausbildung mit Mörtel-Zahnleiste

Die Form der klassischen Ortganggestaltung am Ziegeldach ist hauptsächlich im ländlichen Raum an Scheunen oder Ställen anzutreffen. Bei einer sauberen Herstellung bietet diese Variante über Jahrzehnte eine ordentliche und dauerhafte Ortausbildung.

Bei Orten mit Mörtel-Zahnleiste am Biberdach gibt es jedoch einige wichtige Punkte zu beachten:

- Überstehende Traglatten (der Dachüberstand) müssen von unten verschlossen werden.
  Der Unterschlag dient dazu, überstehende Dachlatten und Dachziegel von unten abzudecken sowie als Auflagepunkt für die Mörtelleiste (den Längsschlag), was wiederum eine Erhöhung der Wind- und Sturmsicherheit darstellt!
- Der überstehende Unterschlag (die Sichtschalung) sollte etwa 1 bis 1,5 cm über die Traglattung hinausstehen. Der Unterschlag dient bei dieser Art der Dachrandgestaltung als eine Art Unterplattung und wird durch den Dachdeckermörtel komplett verschlossen. Der Mörtel wird nicht mit dem Pinsel, sondern nur mit einem Kellenstrich geglättet.
- Der Putz (des Giebels) oder das Sichtmauerwerk wird durch den Maurer sauber bis an die Traglattung geführt und der Unterschlag danach an den fertigen Giebel geführt.
  Der Ort mit Überstand ist durch diese Ausführung gegen Witterungseinflüsse und den Befall von Ungeziefer sicher geschützt.
- Der Mindestüberstand der Biberschwanzziegel, **ab Außenkante Unterschlag**, beträgt 4 cm.
- Alle mit Mörtel in Berührung kommenden Holz- oder Blechbauteile müssen auf geeignete Weise geschützt werden.
- Der Längsschlag muss satt auf dem Giebel sowie auf dem Unterschlag aufgetragen werden.

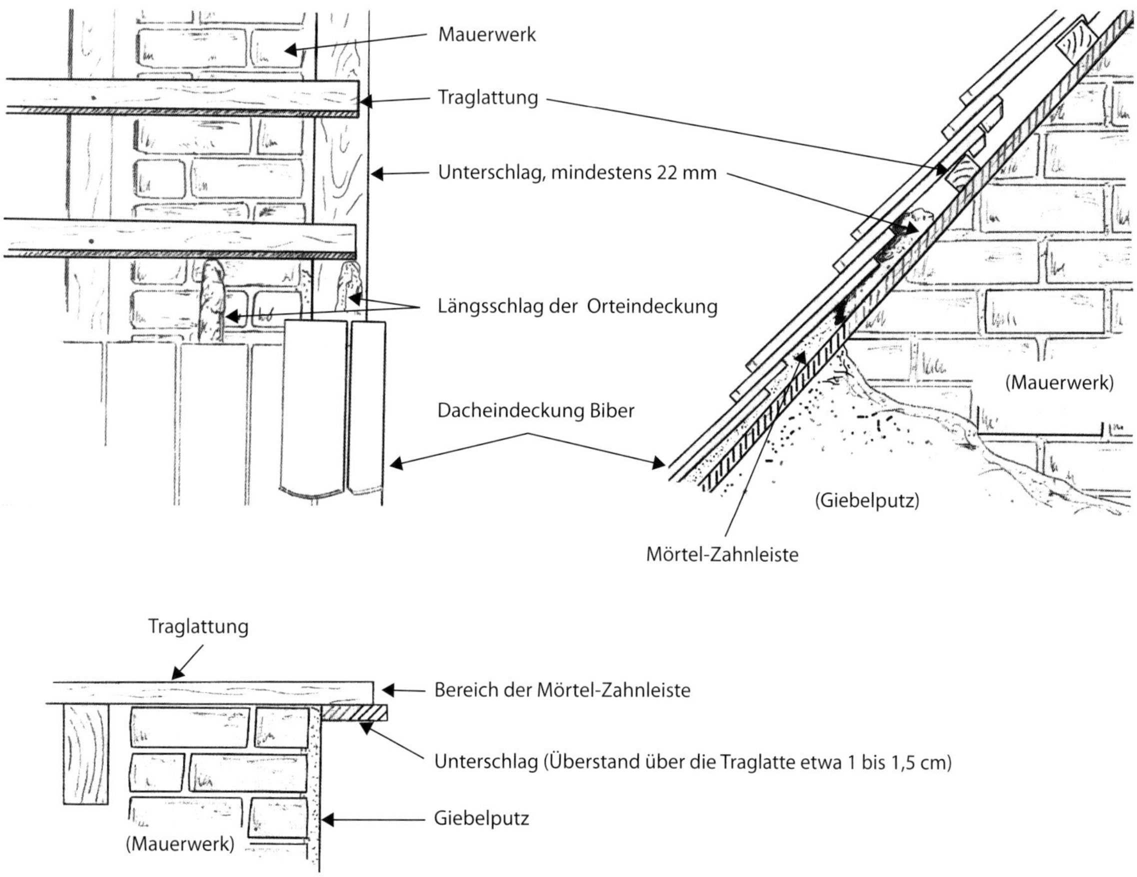

Abb. 6.80: (Prinzipskizze) Ortausbildung mit Mörtel-Zahnleiste (3 Details)

Ortausbildung mit hölzerner Windfeder (Zahnleiste)

Die wohl bekannteste Form der klassischen Ortganggestaltung am Ziegeldach ist die Ortausbildung mit der hölzernen Windfeder, welche auch als Zahnleiste bezeichnet wird.

Bei einer sauberen Herstellung und gutem Anstrich bietet diese Variante über Jahre oder Jahrzehnte eine ordentliche Ansicht.

Bei der Verwendung einer hölzernen Zahnleiste in der Mörteltechnik am Biberdach gibt es jedoch einige wichtige Punkte zu beachten:

- Überstehende Traglatten (der Dachüberstand) müssen von unten verschlossen werden.
  Durch den Unterschlag werden überstehende Dachlatten und die Dachziegel von unten abgedeckt, was eine Erhöhung der Wind- und Sturmsicherheit darstellt!
- Der Putz (des Giebels) oder das Sichtmauerwerk wird durch den Maurer sauber bis an die Traglattung geführt und der Unterschlag danach an diesen geführt.
  Der Ort mit Überstand ist durch diese Ausführung gegen Witterungseinflüsse und den Befall von Ungeziefer sicher geschützt.
- Der Mindestüberstand der Biberschwanzziegel, ab Außenkante Zahnleiste, beträgt 4 cm.
- Alle mit Mörtel in Berührung kommenden Holz- oder Blechbauteile müssen auf geeignete Weise geschützt werden.
- Der Längsschlag muss satt auf dem Giebel sowie auf dem Unterschlag aufgetragen werden.

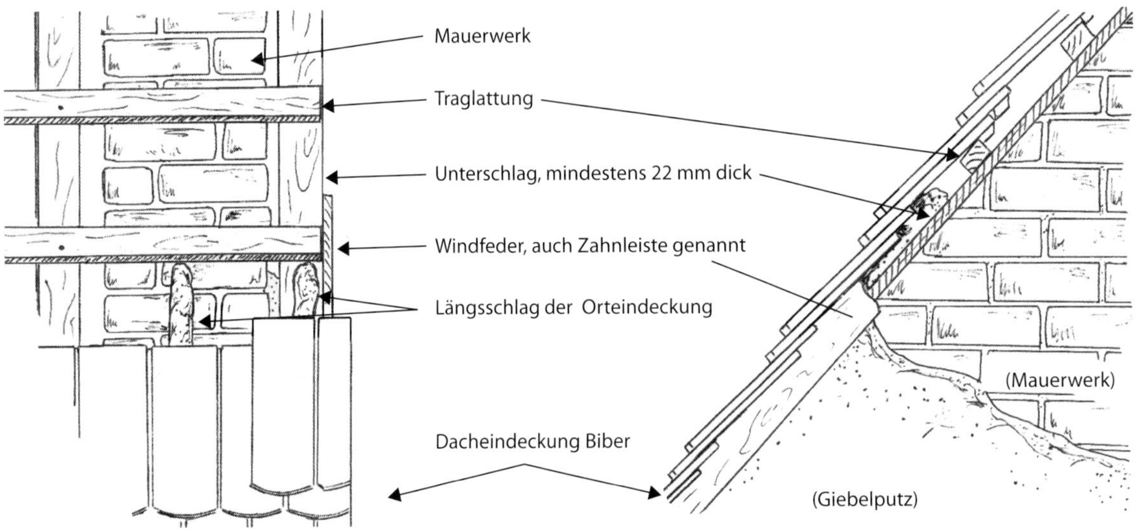

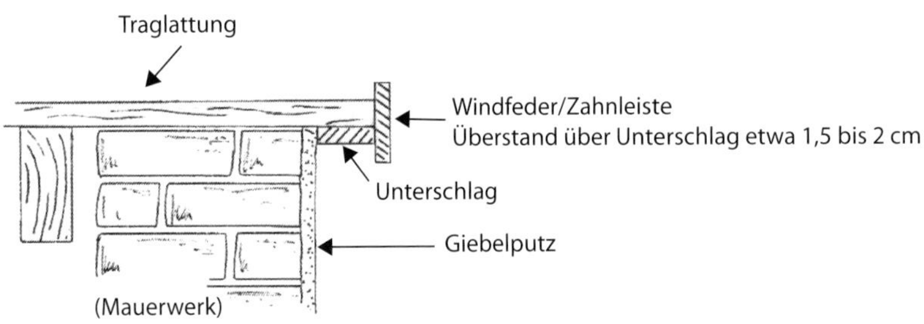

Abb. 6.81: (Prinzipskizze) Ortausbildung mit hölzerner Windfeder (Zahnleiste) (3 Details)

Ortausbildung mit hölzernen Windbrettern

Die gegen Windkräfte sicherste aller klassischen Ortganggestaltung am Ziegeldach ist die Ausbildung mit hölzernen Windbrettern. Diese Windbretter sind jedoch der Witterung besonders ausgeliefert, deshalb empfiehlt es sich, diese mit geeigneten Blechwerkstoffen zu verkleiden.

Bei der Herstellung eines Orts mit hölzernen Windbrettern sind einige wichtige Punkte zu beachten:

- Überstehende Traglatten (der Dachüberstand) müssen von unten verschlossen werden.
  Durch den Unterschlag werden überstehende Dachlatten und die Dachziegel von unten abgedeckt, was eine Erhöhung der Wind- und Sturmsicherheit darstellt!
- Der Putz (des Giebels) oder das Sichtmauerwerk wird durch den Maurer sauber bis an die Traglattung geführt und der Unterschlag danach an diesen geführt.
  Der Ort mit Überstand ist durch diese Ausführung gegen Witterungseinflüsse und den Befall von Ungeziefer sicher geschützt.
- Die Dachziegel werden bis an das seitliche Windbrett geführt, ohne dass diese oder Deckmörtel das seitliche Windbrett berühren. Der Mindestabstand zwischen Ziegel und Brett beträgt 0,5 cm.
- Die Mindestüberdeckung des oberen Deckbretts über die Biberschwanzziegel, ab Innenkante seitliches Windbrett, beträgt 4 cm.
- Der Mindestüberstand des oberen Deckbretts über das seitliche Windbrett beträgt 2,5 cm.
- Alle mit Mörtel in Berührung kommenden Holz- oder Blechbauteile müssen auf geeignete Weise geschützt werden.
- Der Längsschlag muss satt auf dem Giebel sowie auf dem Unterschlag aufgetragen werden.

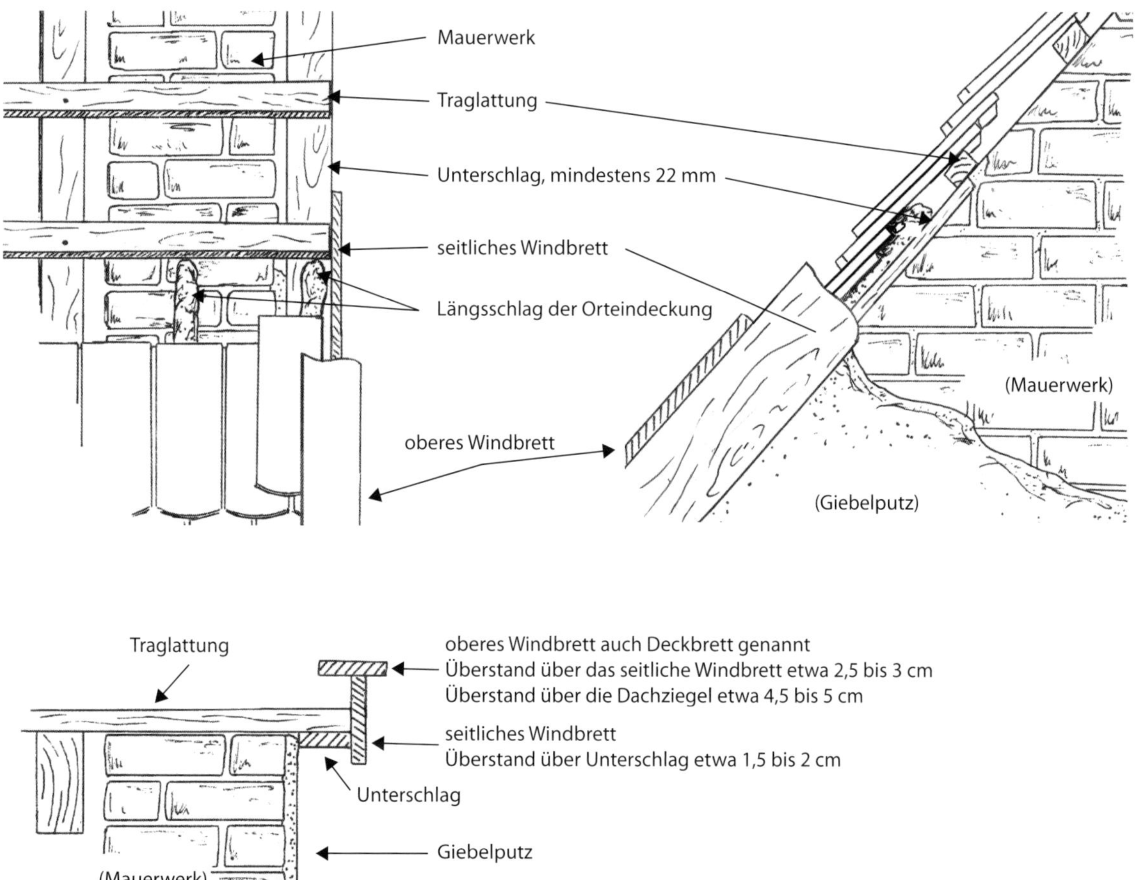

Abb. 6.82: (Prinzipskizze) Ortausbildung mit hölzernen Windbrettern (3 Details)

6.2.6 Kehlen bei Dacheindeckungen in der Mörteltechnik

Die Kehleindeckungen oder die Kehlkonstruktionen überbrücken und verbinden die innere Verschneidungslinie zweier Dachflächen. Neben der optisch harmonischen Verbindung der Dachflächen sind diese so auszubilden, dass anfallendes Niederschlagswasser weder in die Dachfläche eindringen kann noch über die Dachrinne hinwegläuft.

Aus Gründen der Wind-, Regen- und Schneesicherheit sowie der gleichmäßigen und harmonischen Ansicht sollten Kehldeckungen mit untergelegten Blechen nur dann Anwendung finden, wenn keine eingebundenen Kehleindeckungen oder untergelegten Ziegelkehlen möglich sind.

Besonderheiten der eingebundenen Kehlen in der Mörteltechnik

Wenn die Kehlen in Mörtel gedeckt werden, muss die Kehlschalung (das Kehlbrett) zwingend mit einer mindestens bituminösen Vordeckung versehen sein. Sämtliche Kehlziegel sowie alle Kehlspitzen sind mit Quer- und Stützschlag zu decken.

Sämtliche, auch komplett überdeckte Ziegel sind einzudecken. Der Längsfugenanstrich in der Kehle kommt nur dann zur Anwendung, wenn die Dachfläche ebenfalls mit Längsfugenanstrich eingedeckt wurde.

Ein „Ausmauern“ des Kehlansatzes oder der einzelnen Kehlschichten (dies gilt besonders für Unterläufer) ist nicht zulässig.

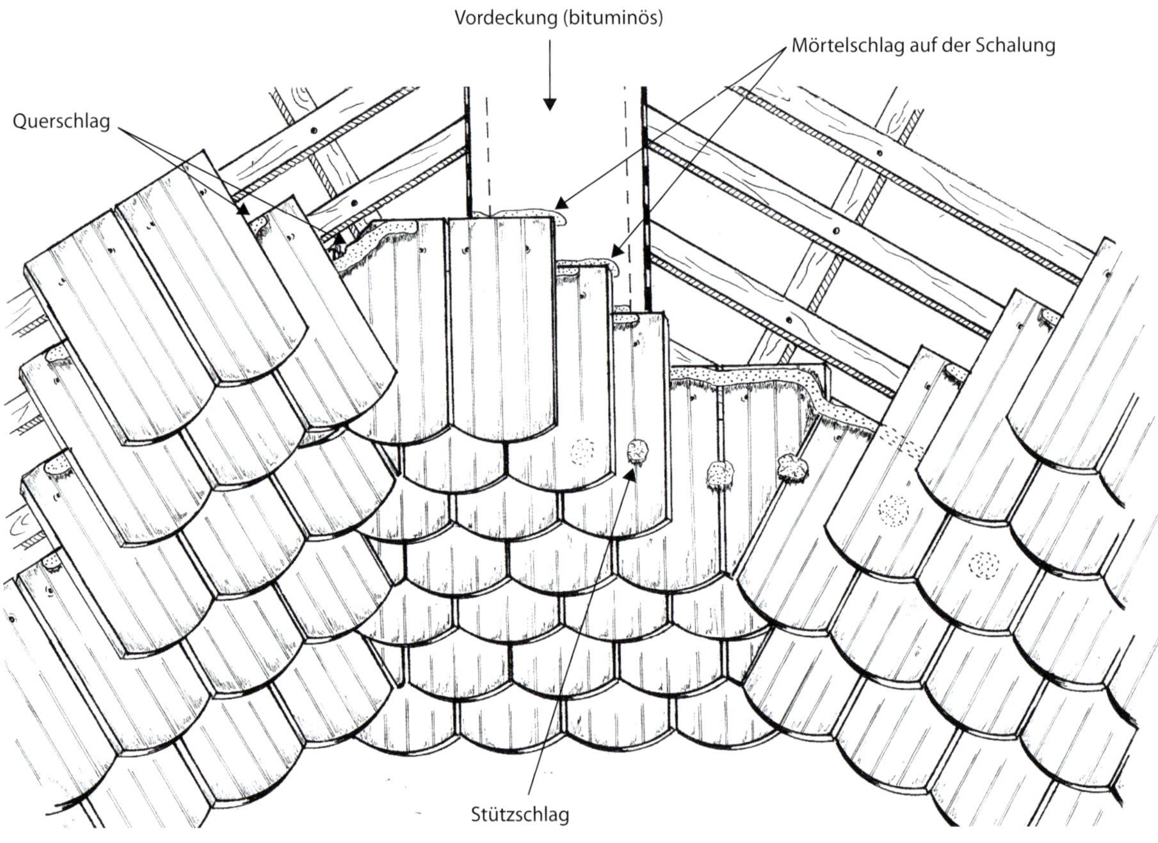

Abb. 6.83: (Prinzipskizze) Deutsch eingebundene Ziegelkehle in der Doppeldeckung, drei Ziegel breit

Der Mörtel darf nicht unter der Eindeckung hervortreten! Quer- und Stützschlag dürfen sich untereinander nicht berühren. Dies wird als Ausmauern gewertet, durch „Ausmauern“ ist die Kehlkonstruktion nicht funktionstüchtig!

Besonderheiten der überdeckten Biberkehlen in der Mörteldeckung

Wenn die Kehlen in Mörtel gedeckt werden, muss die Kehlschalung zwingend mit einer mindestens bituminösen Vordeckung versehen sein. Sämtliche Kehlziegel sowie alle halbziegelbreiten Kehlziegel sind mit geeigneten Maßnahmen mechanisch gegen Verrutschen zu sichern und mit Quer- und Stützschlag zu decken.

Auf die Kehlschalung (die Unterkonstruktion) wird am Kopf des Ziegels eine Mörtelleiste aufgeschlagen und der Ziegel in diese eingeschwemmt. Alle, auch komplett überdeckte Ziegel sind einzudecken. Der Längsfugenanstrich in der Kehle kommt nur zur Anwendung, wenn die Dachfläche ebenfalls mit Längsfugenanstrich eingedeckt wurde.

Ein „Ausmauern“ des Kehlansatzes oder der einzelnen Kehlschichten ist nicht zulässig.

Auf die Kehlschalung muss bei der Mörteldeckung immer mindestens eine bituminöse Vordeckung aufgetragen werden. Die Mörteltechnik in der Kehle ist an die Mörteltechnik der Dachfläche angelehnt.

Beim Stützschlag ist auf eine versetzte Anordnung zu achten.

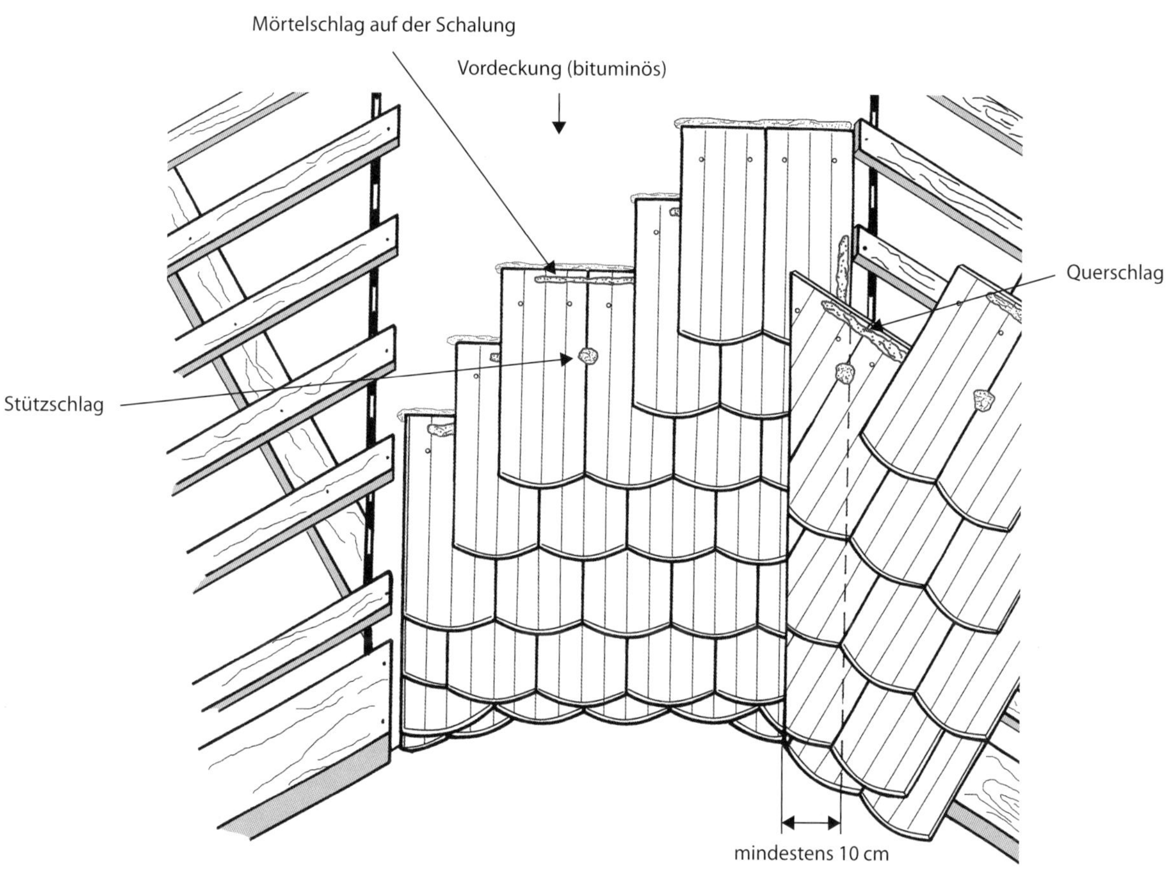

Abb. 6.84: (Prinzipskizze) Überdeckte Ziegelkehle in der Doppeldeckung, fünf Ziegel breit

6.2.7 Eindecken von Einbauteilen

Eindecken eines Leiterhakens

Beim Eindecken eines Leiterhakens oder einer Schneefangstütze in der Mörteltechnik gilt es, drei Grundregeln stets zu beachten:

- Die Bearbeitungskante des Anschlussziegels muss vom Einbauteil wegzeigen. Das bearbeitete Segment oder der Rundschnitt wird vom Einbauteil weggeführt, um so die Ableitung des ankommenden Niederschlagswassers zu beschleunigen.
- Es muss *immer* mindestens der ¼-Verband eingehalten bleiben.
- Der Mörtel sollte *nicht* das Einbauteil berühren, d. h., es muss eine geeignete Trennlage am Haken (am Einbauteil) verbaut werden!

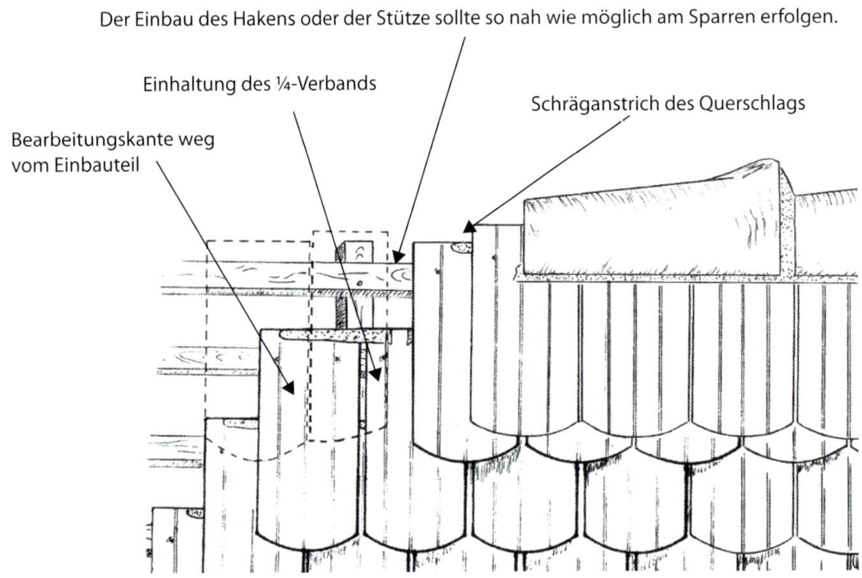

Abb. 6.85: (Prinzipskizze) Erste Schritte des Eindeckens

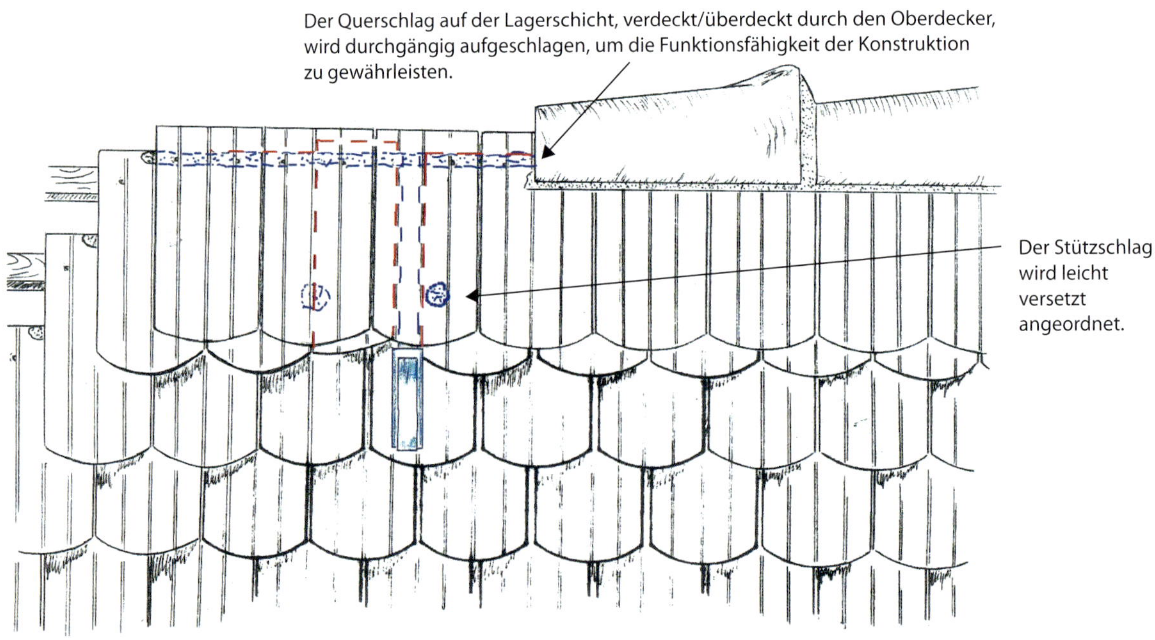

Abb. 6.86: (Prinzipskizze) Weitere Schritte des Eindeckens

Eindecken einer Laufroststütze

Das Eindecken einer Laufroststütze in der Mörteltechnik funktioniert vom Zuschnitt der einzelnen Biberschwanzziegel her genau wie in der Trockendeckung, jedoch ist stets zu beachten:

- Das Gebot der geschlossenen Deckung. Vereinfacht kann man sagen, immer wenn ein Ziegel deutlich sperrt (gaagt), ist irgendetwas falsch!
- Der Querschlag darf, genau wie in der Fläche, nicht abreißen.
- Der Stützschlag muss einen ausreichenden Druckausgleich im Bereich der Auflage der Stütze auf den Ziegel gewährleisten.
- Der Mörtel sollte *nicht* das Einbauteil berühren, d. h., es muss eine geeignete Trennlage im Bereich der Stütze (am Einbauteil) verbaut werden!

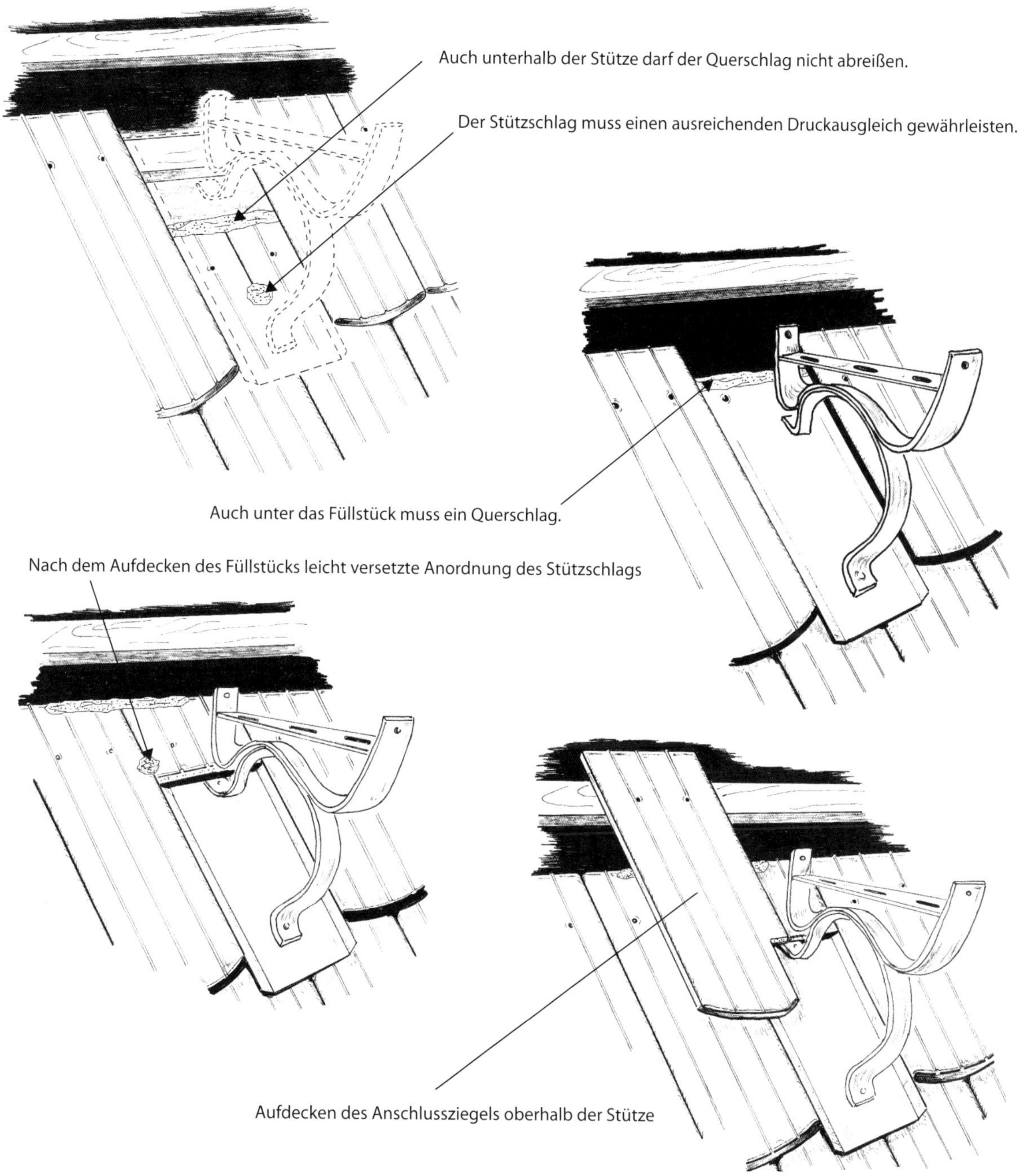

Abb. 6.87: (Prinzipskizze) Eindecken einer Laufroststütze (4 Details)

Eindecken eines Blechfensters oder Wandanschlussblechs

Das Eindecken eines Wohnraumdachfensters, eines klassischen Ausstiegsfensters aus Blech oder eines Wandanschlusses ist im Biberschwanzdach stets gleich. Der Einbau und die Überdeckungen (seitlich sowie firstseitig) sind bei Industrieprodukten stets durch den Hersteller vorgegeben.

Verschiedene namenhafte Hersteller geben immer noch 8 cm vor.

Laut ZVDH-Regelwerk werden Metallkehlen (Haupt-/Sattelkehlen, seitliche Wandanschlusskehlen und firstseitige Kehlen) stets mit mindestens 10 cm Überdeckung hergestellt.

Um die Mindesthöhenüberdeckung einzuhalten, sollte der traufseitige Abschluss des Fensters oder der „Schürze“ auf der Höhe des Segmentpunkts oder der Höhe des Rundschnitts liegen.

Die alte Regel:

- drunter
- dran
- drüber

findet an Anschlüssen immer Anwendung.

Der Querschlag wird nur bis an das Fenster geführt und mit einem Kellenschnitt seitlich verdichtet.

Auf den Anschlussziegel wird ein ausreichend starker Längsschlag aufgetragen, dieser Längsschlag muss eine Verbindung zum Querschlag aufweisen.

(Verdeckter) Stützschlag in der Fläche

Die Lagerschicht der Biberschwanzziegeleindeckung wird an das Dachfenster geführt. Der Anschlussrahmen des Fensters zählt so als „Dachziegel“.

Auf der Deckschicht (dem „Oberdecker“) werden nun wieder der Querschlag und der Längsschlag aufgetragen. Es ist wichtig, dass der Längsschlag nicht über die Segment-, Rundschnittpunkte hinausquillt.

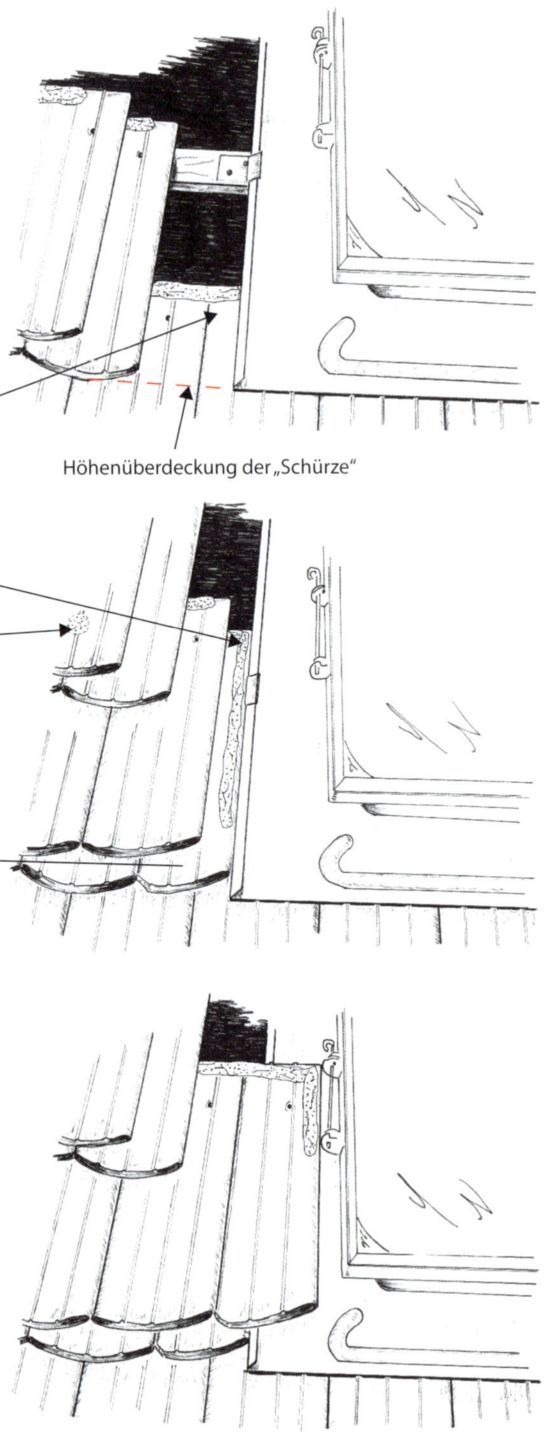

Abb. 6.88: (Prinzipskizze) Eindecken eines Metallfensters oder Wandanschlusses in der Kronendeckung (3 Details)

Das Eindecken der Anschlüsse in der Mörteltechnik funktioniert vom Zuschnitt der einzelnen Biberschwanzziegel her genau wie in der Trockendeckung, es ist jedoch stets zu beachten:

- Das Gebot der geschlossenen Deckung ist gerade an seitlichen Anschlüssen (aufgehenden Bauteilen) und firstseitigen Kehlen zwingend einzuhalten. Vereinfacht kann man sagen, immer wenn ein Ziegel deutlich sperrt (gaagt), ist irgendetwas falsch!
- Der Querschlag wird an seitlichen Anschlüssen stets mit einem Längsschlag verbunden und darf genau wie in der Fläche nicht abreißen.
- Der Stützschlag wird unmittelbar am Anschluss durch einen geeigneten Längsschlag ersetzt. Dieser Längsschlag muss einen ausreichenden Druckausgleich im Bereich der Auflage an den Ziegel gewährleisten.
- Der Mörtel sollte *nicht* das Einbauteil berühren, d. h., es muss eine geeignete Trennlage im Bereich der seitlichen Anschlusskehlen (am aufgehenden Bauteil) verarbeitet werden!

Gerade an Anschlüssen wie Fenstern, Dachdurchdringungen (Dunstrohren/Antennen) oder Wänden zeigt sich der begabte Dachdecker in der Mörteltechnik.

Wenn die Mörteltechnik ohne Längsfugenanstrich ausgeführt wurde, darf nirgendwo, weder in der Fläche noch an den Anschlüssen, Mörtel sichtbar heraustreten noch darf ein Sperren der Dachziegel eintreten.

6.2.8 Arbeitsschritte beim Eindecken einer Dachfläche

Beim Eindecken von Dachflächen in der Mörteltechnik muss mit besonderer Vorsicht und vor allem sehr überlegt vorgegangen werden. Hierbei ist besonders darauf zu achten, dass die Dachflächen während der Bauphasen nicht, oder nur bedingt, betreten werden können. Erst wenn der Mörtel seine Endfestigkeit nach etwa drei Wochen erreicht hat, können die Flächen betreten werden.

Also muss die handwerkliche Herstellung von Dacheindeckungen in der Mörteltechnik zwingend in Dreiecks- oder Pyramidengängen ausgeführt werden, was wiederum ein genaues Einteilen der Deckbreite, inklusive Auftragen von Schnurschlägen (Markierungen), voraussetzt.

Vorbereitung des Orts und der Traufe

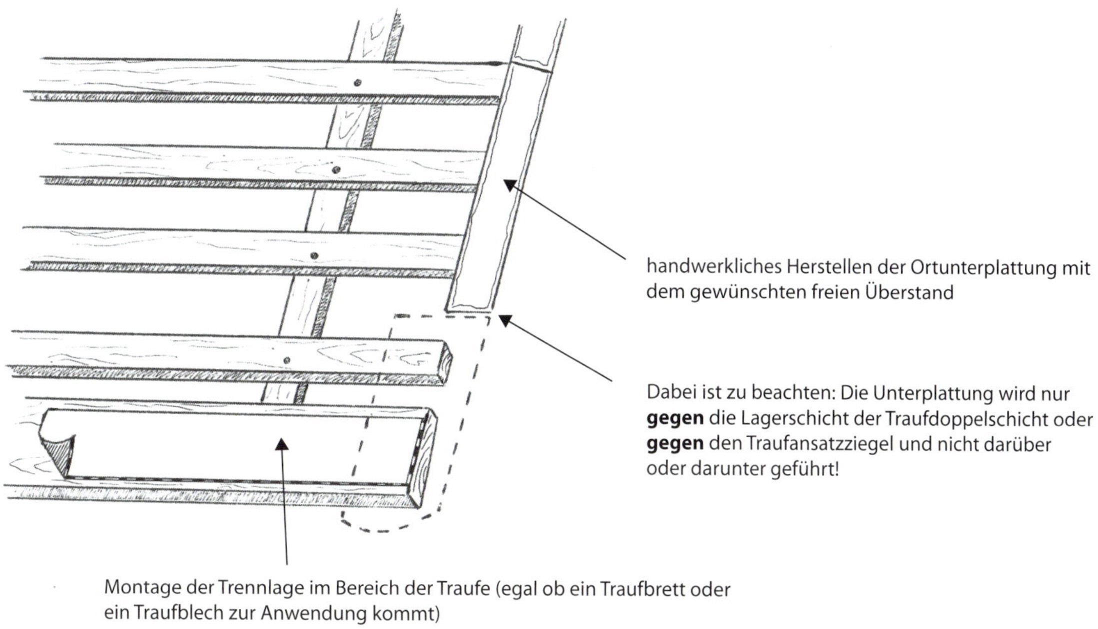

Abb. 6.89: (Prinzipskizze) Eindecken einer Dachfläche in der Biberschwanz-Doppeldeckung

Wenn die Traufe aus einem gemauerten Sims besteht, also ohne eine weitere Unterkonstruktion, sollte dieses Gesims gut vorgenässt werden. Der Mörtel bietet durch dieses Vornässen eine saubere Haftung zwischen Dachziegel und Mauerwerk.

Aufdecken der Traufe

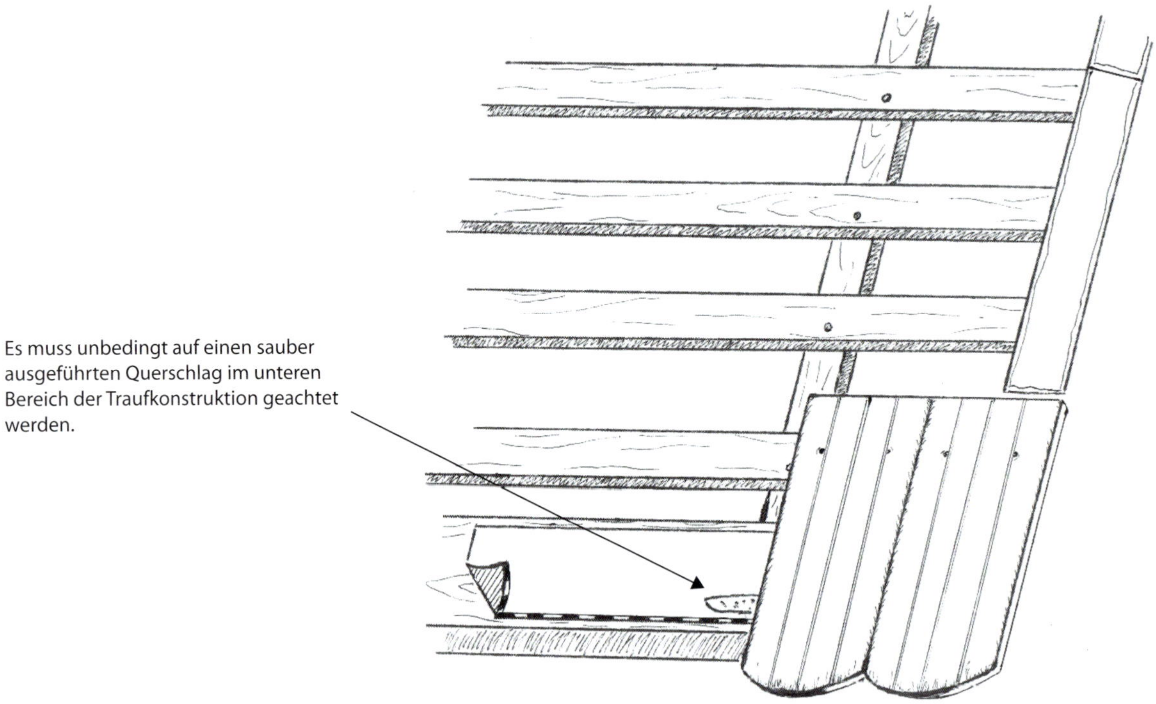

Abb. 6.90: Aufdecken der Lagerschicht, der Traufdoppelschicht

Aufdecken eines Ortgangs

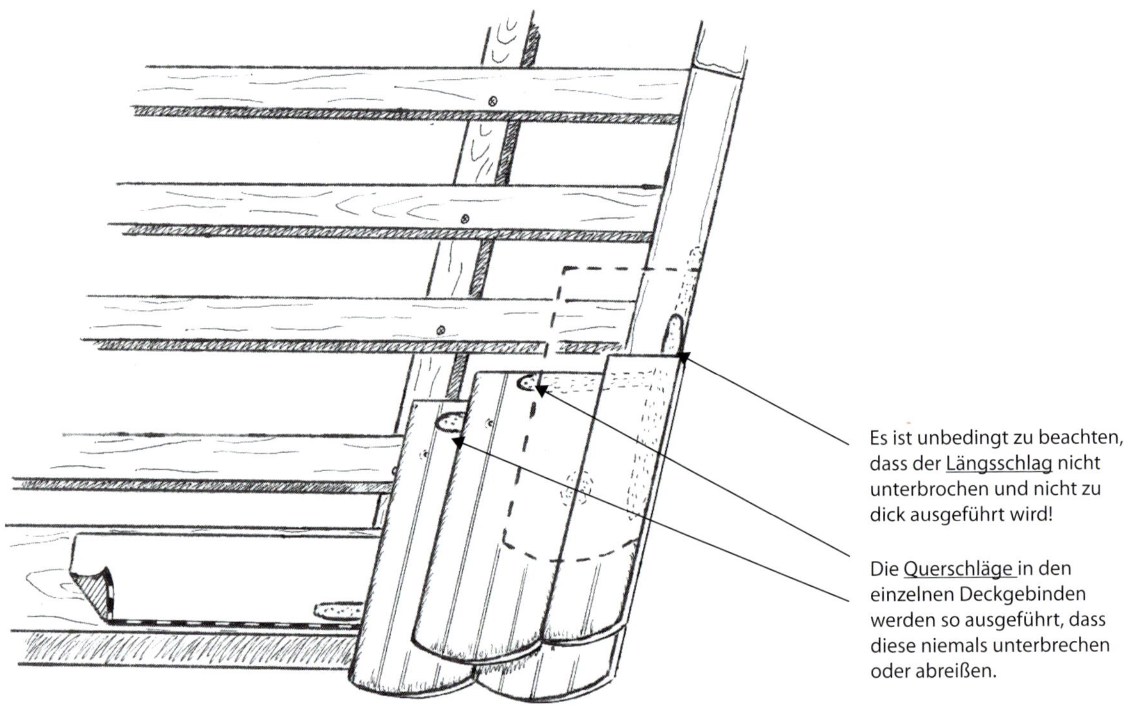

Abb. 6.91: Aufdecken der Deckschicht, der Traufdoppelschicht und Beginn der Ortausbildung

Es werden bei der Mörteltechnik die Deckgänge stets dreieckförmig hergestellt, die einzelnen einzudeckenden Gebinde sollten niemals mehr als vier Ziegel betragen.

Eindecken mit Dreiecksgang

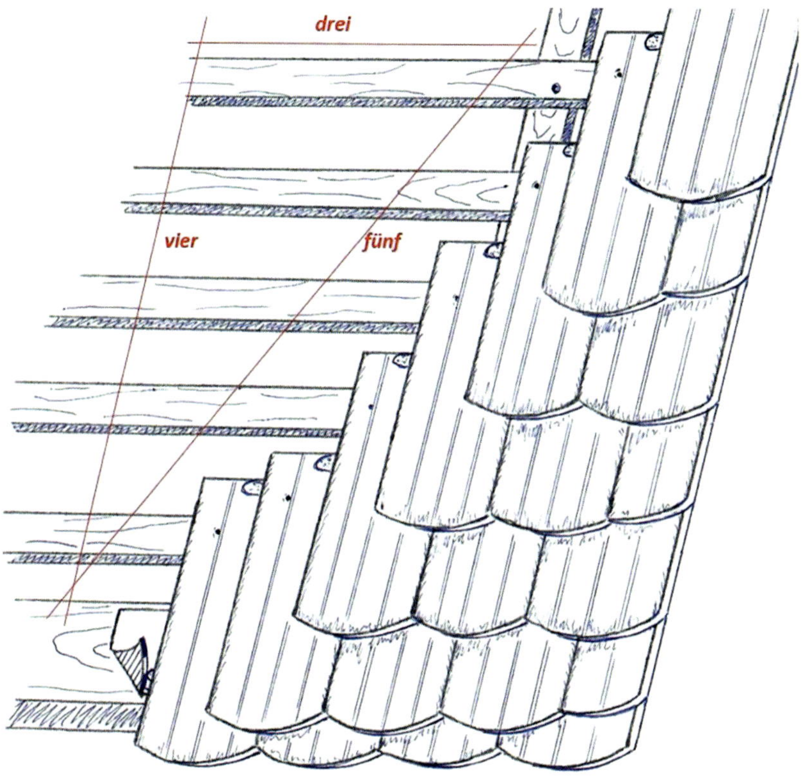

Abb. 6.92: Beim Eindecken der Dachfläche mit Dreiecksgängen/Treppengängen sollte trotzdem stets die Winkligkeit zur Traufe geprüft werden.

Die Winkligkeit kann durch die vorhandene Schnürung der Deckbreite beobachtet/kontrolliert werden.

Eindecken der Firstdoppelschicht

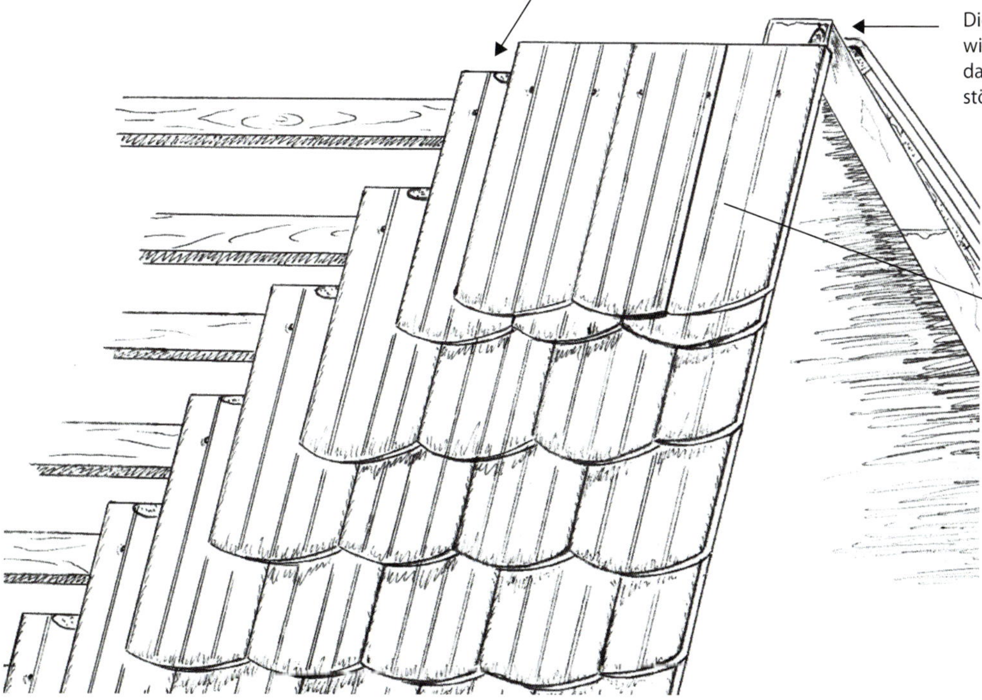

Abb. 6.93: Firstanschluss

Eindecken des Firstes

In der Mörteltechnik ist es wichtig, alle Details (alle Einbauteile) während des Eindeckens der Flächen gleich mit einzubauen/herzustellen.

Dies gilt natürlich auch für den First oder den Grat. Dieser First muss mit dem Fortschreiten der Dacheindeckung mitgezogen werden.

Es hat sich bewährt, die Treppen-/Dreiecksgänge in einer Breite von ca. vier Ziegeln herzustellen, da bis zu dieser Breite der Deckgänge der First noch sauber setzen kann, ohne die frisch eingedeckte Fläche zu berühren.

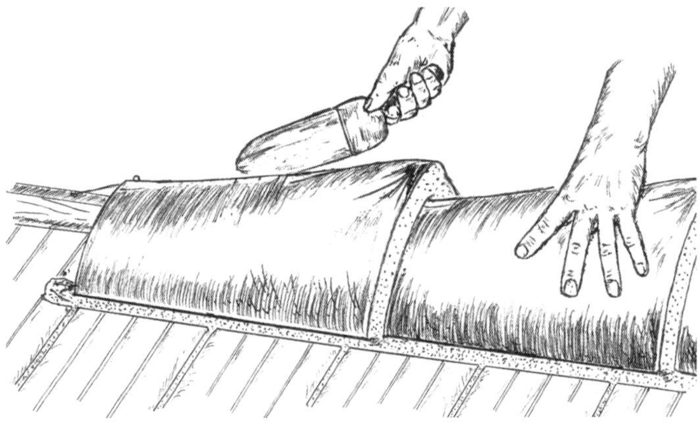

Abb. 6.94: Der First/Grat sollte idealerweise mit der Dachfläche Nass in Nass gesetzt werden.

Abb. 6.95: Ortgangausbildung mit firstseitigem Abschluss vor dem Verstrich

6.2.9 Anhang zum Mörtel – Tabellen, Berechnungen

Die Mörtellagerung oder die Lagerung von Mörtelbestandteilen

Sand:

- Sand kann bei der Lagerung auf unsauberen Untergründen oder bei längerer Lagerung durch Erde, Steine, Schutt, organische Stoffe u.Ä. verunreinigt werden.
- Auf erdigen Böden ist beim Abtragen des Sandes die unterste Schicht vorsichtig und nicht tiefschürfend zu entnehmen.
  Ein hoher Feuchtigkeitsgehalt des Sandes führt zu Erschwernissen beim Mischen und Sieben sowie zum Zusammenfrieren in der Frostperiode. Im Freien gelagerter Sand wird deshalb am besten bei ungünstiger Witterung vor dem Verarbeiten abgedeckt.

Bindemittel:
Bei den Bindemitteln führen Feuchtigkeitseinwirkungen aller Art, z. B. durch Lagerung auf feuchten Böden oder an feuchten Wänden, bei längerer Lagerung auch durch Luftfeuchtigkeit, zur Klumpenbildung bzw. zum vorzeitigen Erhärten. Bindemittel sind deshalb stets vor Feuchtigkeit geschützt zu lagern.

Trockenmörtel:
Für Trockenmörtel, Mörteltrockenmischungen gelten die unter der vorhergehenden Position (Bindemittel) beschriebenen Lagerbedingungen.

Es ist zu beachten, dass lose oder in offenen Behältern bzw. auf Ladeflächen von Kraftfahrzeugen oder Hängern gelagerte Bindemittel nicht durch Windstöße aufgewirbelt werden können.

Verpackte Bindemittel, z. B. in Papiertüten, dürfen nicht von den Ladeflächen der Kraftfahrzeuge abgeworfen oder an scharfkantigen Gegenständen gestapelt werden, um ein Aufplatzen bzw. Zerstören der Verpackung zu vermeiden.

Mengenberechnung von Dachdeckermörtel

Tabelle 6.4: Ermittlung des Bedarfs an Mörtel für Dachziegel-Deckungen

Mörtelbedarf in l/m² oder Mörtelbedarf in l/m	Biberschwanzziegel	Falzziegel
Dachfläche	5	6
Firstdeckung	5	7
Gratdeckung	6	8
Ortdeckung	4	5
Kehldeckung (eingebunden)	6	–
Kehldeckung (untergelegt mit Bibern)	5	6
Kehle Doppelmulde (eingebunden mit Bibern)	–	6
Hinweis: *Sämtliche Angaben entsprechen Erfahrungswerten für typische/klassische Mörteltechniken. Die Angaben für das Eindecken der Details gelten als Zulage (Mehraufwand).*		

Tabelle 6.5: Ermittlung der Ausbeute zwischen Trockenmörtelmischungen und Fertigmörtel

Mischverhältnisse der Trockenmischung	Anzahl der Teile/Mischungseinheiten	Wirkliche Ausbeute Ausbeutefaktor
1 : 2	3	2,4
1 : 3	4	3,2
1 : 4	5	4,0
Hinweis: *Beim Anstoßen einer Mörtel-Trockenmischung mit Wasser schwindet das Volumen des Mörtels um etwa 20 %. Dieser Effekt entsteht durch das Zusammenrutschen der einzelnen Teilchen des Mörtelwerkstoffs.*		

Umrechnung verschiedener Werkstoffe

1,0 l **Kalk**	entspricht	**1,2** kg Kalk
1,0 l Zement	entspricht	**1,4** kg Zement (6,0 l je 100,0 l Fertigmörtel)
1,0 l **Fertigmörtel**	entspricht	**1,25** kg Trockenmörtel (Sackware)
1.000 l Sand	entsprechen	**1,0** m³ Sand

Die Berechnung des Bedarfs und der Einzelbestandteile von Dachdeckermörtel

Um den Materialbedarf des Dachdeckermörtels zu errechnen, müssen mehrere Arbeitsgänge vollzogen werden. Nicht nur, dass die einzelnen Produkte in verschiedenen Einheiten berechnet und gehandelt werden, sondern auch auf ein korrektes Runden der Zuschlagsstoffe ist zu achten.

Gerundet werden immer nur die Endergebnisse und nicht die entsprechenden Zwischenergebnisse.

Die folgenden Rechenwege sind zum besseren Verständnis an einem Beispiel erstellt.

Berechnen des Bedarfs an Fertigmörtel in Liter (l)

Um die Bestandteile des Mörtels zu errechnen, beginnen wir den Gesamtbedarf des Dachdeckermörtels zu ermitteln, um danach die einzelnen Bestandteile aus diesem zu „ziehen".

Gegeben:	Dachfläche:	165,0 m^2
	Ortgang:	32,8 m (4 × 8,2 m)
	First:	10,0 m

Berechnung:

1.	Dachfläche (Gesamt)	×	Bedarf/m^2	=	Bedarf
	165,0 m^2	×	*5,0 l/m^2*	=	*825,0 l*
2.	Ortgang (Gesamt)	×	Bedarf/m	=	Bedarf als Zulage
	32,8 m	×	*4,0 l/m*	=	*131,2 l*
3.	First (Gesamt)	×	Bedarf/m	=	Bedarf als Zulage
	10,0 m	×	*5,0 l/m*	=	*50,0 l*

Gesamtbedarf an Mörtel für diese Dachfläche: – *1.006,2 l*

Berechnung des Kalkanteils dieses Fertigmörtels in Kilogramm (kg)

Kalk als Sackware wird in Kilogramm abgerechnet und geliefert. Um den Bedarf in Kilogramm zu ermitteln, wird zuerst die Menge des Kalks in Litern errechnet, um diesen danach zum Bedarf des Sands ins Verhältnis zu stellen.

Es ist bei der Bedarfsermittlung des Dachdeckermörtels der Ausbeutefaktor (siehe dazu Tabelle 6.5) unbedingt zu beachten, da der ermittelte Mörtelbedarf bereits mit Wasser angemacht wurde.

Für die Bedarfsermittlung braucht man die Mengen des Trockenmörtels!

Für die Verhältnisrechnung wird z. B. der Dreisatz anwendet.

Für die Berechnung des Kalkanteils sind folgende Werte wichtig:

- Bedarf des Fertigmörtels: 1006,2 l
- Mischverhältnis: 1 : 2
- Ausbeutefaktor (siehe Tabelle): 2,4
- Gewicht des Kalks je Liter: 1,2 kg

Berechnung des Kalkbedarfs in Liter(l)

$$\textbf{\textit{Bedarf in Liter}} = \frac{\textit{Fertigmörtel in Liter}}{\textit{Ausbeutefaktor}} = \frac{1006{,}2\ l}{2{,}4}$$

Bedarf in Liter = 419,25 l

Berechnung des Kalkbedarfs in Kilogramm (kg)

Bedarf in Kilogramm	=	***Bedarf an Kilogramm/Liter***	×	***Gesamtbedarf in Liter***
Bedarf in Kilogramm	=	*1,2 kg/l*	×	*419,25 l*
Bedarf in Kilogramm	=	*503,1 kg (gerundet auf Verpackungseinheiten)*		*525 kg*

Berechnung des Bedarfs an Sand in Kubikmeter (m^3)

Sand wird immer in Kubikmeter berechnet/abgerechnet und geliefert, wobei 1000 Liter einem Kubikmeter entsprechen.

Berechnung des Sandes in m^3

Gesamtbedarf an Kalk:	*419,25 l*	*(1 Raumteil)*	×	*2 Stück*
= Gesamtbedarf an Sand:	*838,50 l*	*(2 Raumteile)*		
838,50 l entspricht gerundet 840 l		*entspricht*		*0,84 m^3 Sand*

Berechnung des Bedarfs an Zement in Kilogramm (kg)

Der Zementbedarf wird immer über die Menge des Trockenmörtels errechnet und steht zu diesem im Verhältnis.

<u>Gegeben:</u> Trockenmörtel: 1.257,75 l
Zementzusatz: 6 l/100 l (Trockenmörtel)
Masse: 1 l = 1,4 kg

<u>Berechnung:</u>

$$Zementbedarf = \frac{Trockenmörtel \times 6\ l}{100\ l}$$

$$Zementbedarf = \frac{1.257{,}75\ l \times 6\ l}{100\ l}$$

Gesamt Zementbedarf in Liter *= 75,465 l*

Berechnung des Zementbedarfs in Kilogramm (kg)

Bedarf in Kilogramm	= ***Bedarf an Kilogramm/Liter***	×	***Gesamtbedarf in Liter***
Bedarf in Kilogramm	= *1,4 kg/l*	×	*75,465 l*
Zement Bedarf in Kilogramm	= *105,651 kg*	*(gerundet auf Verpackungseinheiten)*	<u>**105 kg**</u>

Ergebnis aus der Beispielrechnung für den Gesamtbedarf und die Einzelbestandteile von Dachdeckermörtel

Für eine Dachfläche mit 165 m², 32,8 m Ortgang und 10 m First werden 1.333,22 l Kalk-/Zementmörtel benötigt. Um die gewünschte Menge Mörtel herzustellen, werden 525 kg Kalk, 0,84 m³ Sand sowie 105 kg Zement benötigt.

6.3 Eingebundene Kehlen am Ziegeldach

6.3.1 Allgemeines

Einbinden von Dachflächen und Dachaufbauten

Als Einbinden wird die Technik bezeichnet, welche zwei sich treffende (Dach-)Flächen mit demselben „Roh-"/ Werkstoff ohne sichtbaren Übergang verbindet. Im Klartext bedeutet das, dass da, wo eine Ziegelreihe ankommt, diese Reihe auch mit der gegenüberliegenden Seite verbunden sein muss.

> *Jede Ziegelreihe aus der Fläche (ver-)bindet die Kehle.*

Bei eingebundenen Kehlen fließen die Kehlgebinde so von einer Dachfläche in die andere, dass die Kehle und Dachflächen ein Ganzes bilden.

Das geschieht immer mit ebenen, falzlosen Dachziegeln, welche von einer zur anderen Dachflächenseite nahtlos durchgedeckt werden.

> *Durch das Ineinanderfließen der einzelnen Kehlgebinde in die angrenzenden Dachflächen erhält die eingebundene Ziegelkehle ihre Schmiegsamkeit und harmonische Optik.*

6.3.2 Einbinden von Dachflächen mit Formziegeln

Die Herstellung von eingebundenen Ziegelkehlen in Falzziegeldächern wurde bereits vor der Jahrhundertwende (zwischen dem 19. und 20. Jahrhundert) angewendet. Diese Technik erhielt sich in einigen Regionen Deutschlands bis zur Jahrtausendwende fast unverändert.

Die Industrieunternehmen während der deutschen Gründerzeit waren nicht untätig und entwickelten verschiedene Anschlussziegel, womit ohne größere Anstrengungen die Falzziegeldeckungen mit Biberschwanzziegeln eingebunden werden konnten.

Auch für das Biberdach entwickelten verschiedene Unternehmer Kehlanschlussziegel. Probleme bei diesen Formziegeln waren jedoch der verhältnismäßig hohe Preis, die oft recht langen Lieferzeiten und die nicht ausreichenden Höhenüberdeckungen.

Die Erfahrungen zeigten mit den Jahren, dass die meisten Produkte dieser Zeit erst ab einer Dachneigung von etwa 48° (Kehlneigung ca. 38°) einwandfrei funktionierten.

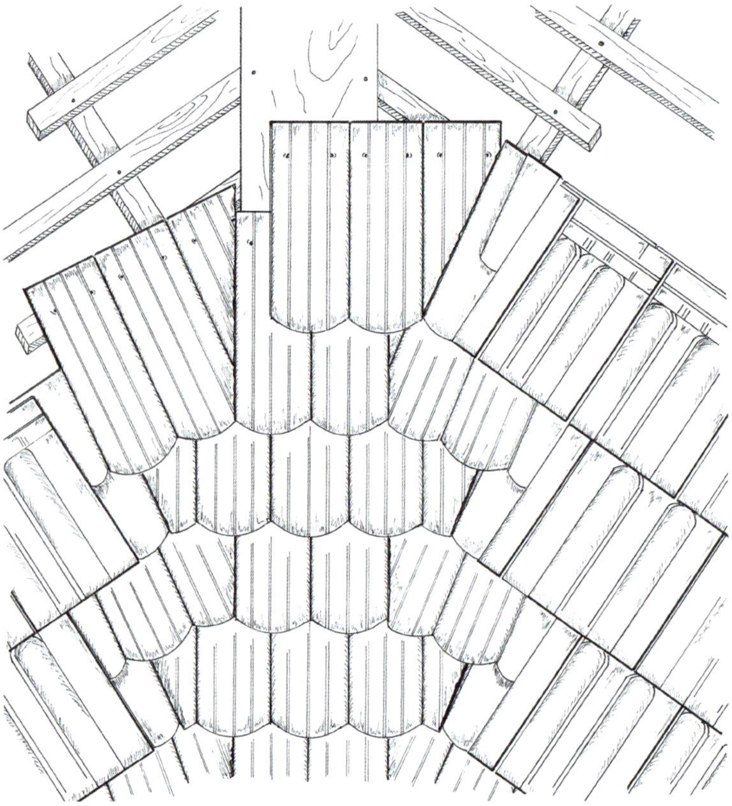

Abb. 6.96: Eingebundene Ziegelkehle mit Anschlussziegeln als Kehlfalzziegel

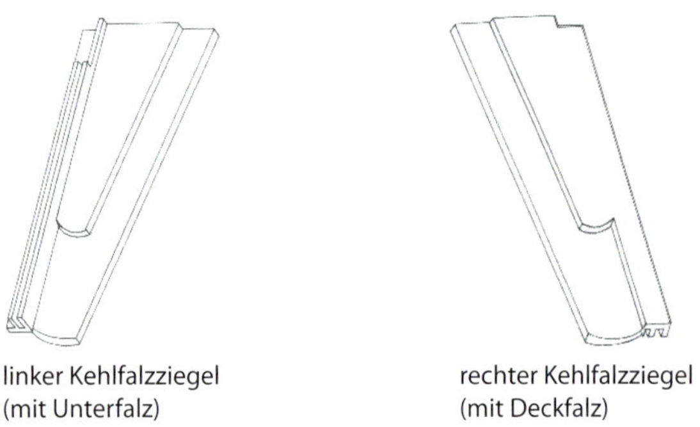

Abb. 6.97a: Detailbeispiel: Kehlanschlussziegel für die Herstellung einer deutsch eingebundenen Kehle einer Dacheindeckung mit Doppelmuldenfalzziegeln

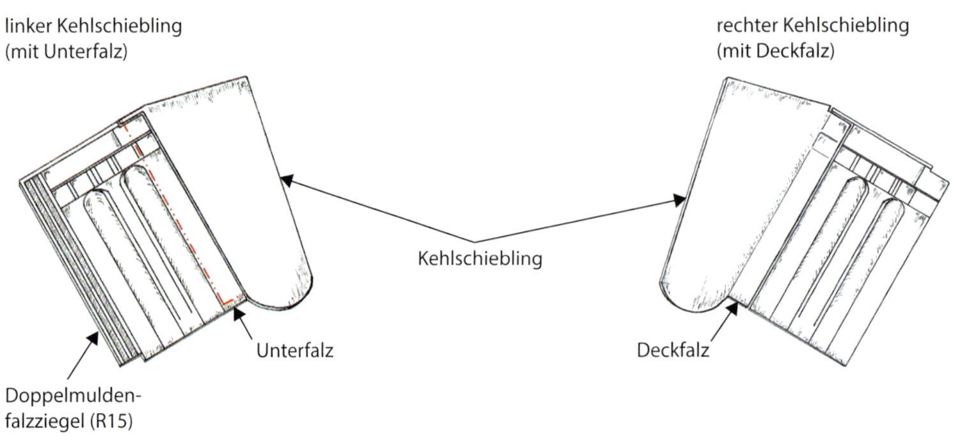

Abb. 6.97b: Anschlussziegel für eingebundene Ziegelkehlen in eine Doppelmuldendeckung: Kehlschieblinge

Formziegel Kehle, Biberschwanz

Die wohl bekannteste Art dieser Kehlen wird auch die „Meschede-Kehle“ genannt. Hin und wieder sieht man an historischen Gebäuden in Deutschland diese Kehlenart noch (natürlich auch in den grenznahen Gebieten unserer Nachbarländer), jedoch ist mir keine einzige neue Kehleindeckung mit der „Meschede-Kehle“ bekannt.

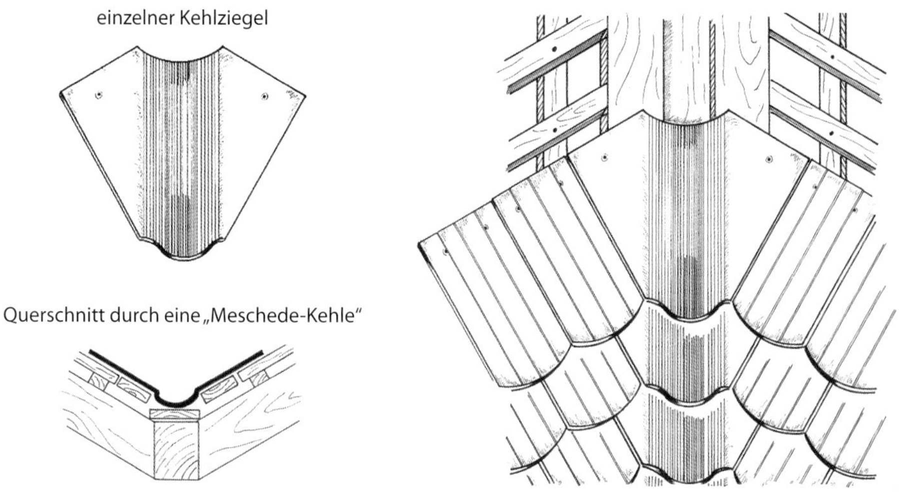

Abb. 6.98: Eingebundene Ziegelkehlen mit Biberschwanz-Formziegeln

Ziegelkehlen aus Biberschwanz-Dachziegeln

Geschichte der eingebundenen Ziegelkehlen

Seitdem es den Biberschwanzziegel gibt, entwickelten sich in den unterschiedlichen Regionen Deutschlands stets Techniken, um Details mit diesem Material herzustellen. Dass sich der Biberschwanzziegel hervorragend zum Einbinden von Kehlen in Dachflächen, zur Herstellung von geschwungenen und zum Teil schwierigen Details eignet, sprach sich schnell herum und so entwickelten viele Dachdecker in völlig unterschiedlichen Zeiträumen und Regionen ihre ganz eigenen Techniken.

Ab etwa dem frühen 18. Jahrhundert entstanden von Region zu Region gut dokumentierte und doch recht unterschiedliche Arten, um Kehlen einzudecken. Genau wie die Biberschwanzziegel ihre ganz eigenen Namen besaßen, wurden auch die Details wie Kehlen, Grate und Orte irgendwie gleich und doch auch anders eingebunden.

Als Reaktion auf die Vielfältigkeit der Handwerkstechniken in Deutschland kam in den deutschen Innungen ab etwa 1910 immer wieder der Ruf nach einer universalen Lösung auf. So wurde aus der böhmischen und der sächsischen Kehle eine bis dahin völlig neue Kehldeckart entwickelt und in den folgenden Jahren an der Bauherrenschaft getestet.

Als durchweg positive Rückmeldungen von den einzelnen Verarbeitern sowie der Kundschaft kamen, entschlossen sich die ersten Regionalverbände, einheitliche Verlegerichtlinien zu erstellen.

Auf dem Reichsverbandstag des deutschen Dachdeckerhandwerks 1927 im schlesischen Görlitz wurden nun einheitliche Richtlinien für die Herstellung von Ziegelkehlen verabschiedet. Ein Jahr später, im Jahre 1928 zum 4. Reichsverbandstag des Deutschen Dachdeckerhandwerks, wurde eine „Kehlenkommission“ gewählt und arbeitete ab da drei Jahre an der Erstellung eines Regelwerkes über eingebundene Ziegelkehlen.

Auf dem Reichsverbandstag des Jahres 1931 wurde nun die neu entstandene Fachregel „Die Ziegeldeckerregeln für deutsch eingebundene Biberkehlen“ beschlossen und als nächster Schritt in die Allgemeinen Technischen Vorschriften für Bauleistungen, die VOB, eingepflegt.

Auf diesem Verbandstag erhielt diese neue Art der Kehleindeckung den Namen **„deutsch eingebundene Kehle“**.

Heute (noch) bekannte Ziegelkehlen aus Biberschwanz-Dachziegeln

1. *Blechkehle (überdeckte Metallkehle)*
   Die Blechkehle ist die wohl einfachste und verbreitetste Art der Kehlausbildung. Auch wenn die untergelegte oder überdeckte Metallkehle den Eindruck erweckt, dass sie leicht auszubilden ist, kann diese es in sich haben.
   Wenn möglich verzichtet man auf diese Kehldeckart im Bereich eines Biberdachs.

2. *Die eingebundene Nockenkehle (Schichtstückkehle)*
   Die eingebundene Nockenkehle wird mit extra für das einzelne Bauvorhaben hergestellten Schichtstücken eingebunden, d. h., unter jede Ziegelschicht muss zwingend ein ausreichend großes Stück Blech, welches jedoch nicht sichtbar sein darf.
   Diese Art der Kehldeckung wird hauptsächlich aus gestalterischen Gesichtspunkten gewählt, da hier die Ziegel genau an der Kehlmittellinie zusammengespitzt werden. Die Folge ist ein gradliniges und sehr sicheres Deckbild.

3. *Die Schnittkehle (überdeckte Ziegelkehle)*
   Die Schnittkehle ist die wohl einfachste Ziegelkehle und findet hauptsächlich im Bereich der Denkmalpflege und hier wiederum im Bereich von Falzziegeldeckungen Anwendung.
   An Biberdächern ist diese Ziegelkehle eher unüblich, jedoch auch möglich.

4. *Die deutsch eingebundene Kehle*
   Die deutsch eingebundene Kehle ist die heute wohl bekannteste und am häufigsten angewendete Art der Ziegelkehlen. Sie ist universell einsetzbar und in vielen Varianten und Deckarten möglich. Diese Kehle kann je nach Bedarf in den unterschiedlichsten Breiten hergestellt werden.

   4.a. *Deutsch eingebundene Kehle als Sonderkehle*
   In vielen oft ländlichen Gebieten mit hohem Vorkommen an Ton (meistens Bergbauregionen) konnte man früher Ziegeldächer mit Strangfalzziegeln und darin eingebundenen Biberkehlen sehen.
   Diese Sonderkonstruktionen verschwinden immer öfter aus unserem Blickfeld, was bedeutet, dass diese „Kunst“ der Kehleindeckungen langsam vergessen wird.

5. *Die sächsische Kehle*
   Die sächsische Kehle ist eine der Vorgängerinnen der deutsch eingebundenen Kehle und wohl (oft eher unbewusst) mindestens genauso bekannt wie die deutsch eingebundene Ziegelkehle. Sie ist ebenfalls universell einsetzbar und in vielen Varianten und Deckarten möglich. Diese Kehle kann je nach Bedarf in den unterschiedlichsten Breiten hergestellt werden.

6. *Die böhmische Kehle*
   Die böhmische Kehle ist ebenfalls eine der Vorgängerinnen der deutsch eingebundenen Kehle, obwohl heute fast unbekannt, selbst im heutigen Böhmen werden zu 97 % in der Denkmalpflege deutsch eingebundene Ziegelkehlen verwendet.
   Die böhmische Kehle ist sehr schwierig zu decken, da hier bereits der komplette Kehlansatz eingebunden hergestellt wird. Weitere Besonderheiten dieser Kehldeckart sind:
   - Es gibt keine Ausspitzer (nur Einspitzer),
   - ein sehr enger Kehlradius
     sowie
   - stets die Teilung 2 : 3.

   Böhmische Kehlen sind heute im deutschen Sprachraum fast völlig verschwunden.

7. *Die Weißenfelser Kehle (Herzkehle)*
   Obwohl auch heute noch im Großraum Weißenfels/Leipzig sehr viele historische Gebäude mit den originalen Dächern aus ihrer Errichtungszeit stehen, werden diese speziellen Kehlen immer seltener.
   Der Grund dafür ist zum einen, dass ab dem Jahr 1931 der Siegeszug der deutsch eingebundenen Kehle auch vor dieser Region nicht haltmachte, und zum anderen, dass die alten Dachdecker immer weniger werden. Es haben mittlerweile Generationen von Dachdeckern nur noch die deutsch eingebundenen Kehlen kennengelernt oder besser erlernt.
   Und zum Dritten ist seit etwa 15 bis 20 Jahren ein Trend Richtung Flachdachpfanne und/oder Betondachstein mit untergelegten Metallkehlen deutlich erkennbar.

8. *Die Einfällerkehle*
   Diese Art der Kehldeckung ist eindeutig in die Abteilung Schmuckkehlen zu stecken, zum einen recht schwierig zu decken und zum anderen optisch bei geringen Kehlsparrenneigungen sehr gewöhnungsbedürftig.
   Diese Art der Kehldeckung findet hauptsächlich im Bereich von Steilmansarden, gründerzeitlicher Stadtreihenbebauung oder an besonders ehrwürdigen Gebäuden mit einer sehr steilen Dachneigung Anwendung.

9. *Die Schwenkkehle (Schwenkziegelkehle)*
   Auch diese Art der Kehldeckung ist eindeutig in die Abteilung Schmuckkehlen zu stecken und wird nur mit extra gefertigten Formziegeln hergestellt. Des Weiteren werden keinerlei Läuferschichten verbaut, was ein harmonisches Gesamtbild dieser Kehle vermittelt.

10. *Die Magdeburger Kehlen (eingebundene Schnittkehle)*
    Magdeburger Kehlen haben einen sehr wichtigen gestalterischen Aspekt, da diese eine strenge Geradlinigkeit aufweisen. Im Jugendstil und den frühen 1920ern wurden sie im Magdeburger Raum sehr häufig ausgeführt. Leider sind diese historischen Kehlen fast gänzlich aus Deutschland verschwunden.
    Markant für die eingebundene Schnittkehle ist, dass ein ungeübtes Auge den Eindruck einer „einfachen" überdeckten Ziegelkehle vermittelt bekommt, doch der Fachmann erkennt die Gradlinigkeit einer überdeckten Ziegelkehle mit der Regensicherheit einer eingebundenen Kehle.

11. *Die fränkische Kehle (Kronenkehle)*
    Die fränkische Kehle ist gänzlich aus Deutschland verschwunden, vereinzelt und mit viel Glück sieht man diese noch in der Provinz z. B. im sächsischen/bayrischen Vogtland, in Teilen Frankens und im südlichen Harz. Diese Kehle benötigt besondere Formziegel, welche seit Kriegsende nicht mehr produziert werden.
    Die optische Gestaltung einer fränkischen Kehle ähnelt einer Schwenkkehle mit zusätzlichen Unterläufern. Diese Kehldeckart wurde nur in der Kronendeckung angewandt, da die Kronengebinde auch in der Kehle fortgesetzt wurden.

12. *Die süddeutsche Kehle (österreichische Kehle)*
    Diese Kehldeckung ist eine Mischung aus einer Schwenkkehle (mit gleich hohen Bibern) und einer deutsch eingebundenen Kehle. Hierbei werden alle Anschlussziegel und Kehlspitzen konisch bearbeitet, was wiederum eine gefällige Optik darstellt.
    Süddeutsche Kehlen werden immer wechselseitig eingebunden und dürfen erst ab einer Kehlsparrenneigung von 30° ausgeführt werden.

13. *Die Kehle mit industriell gefertigten Formziegeln*
    Diese Kehldeckungen waren um das Jahr 1900 groß in Mode, sind jedoch heute kaum noch in Deutschland verbreitet. Für die Industrie ist die Herstellung dieser Sonderziegel (angepasst an die Dachneigung) nicht mehr interessant.

Der Ordnung halber seien noch diese zwei Kehldeckarten angesprochen:

14. *Die Dreipfannenkehle (norddeutsche Kehle)*
    Diese Kehldeckung ist hauptsächlich in Schleswig-Holstein, in Mecklenburg und Niedersachsen sowie den beiden großen Stadtstaaten verbreitet. Hier werden, wie der Name sagt, drei Pfannen als Kehlausbildung verarbeitet.
    Diese Kehldeckung wurde stets unter Zuhilfenahme von Mörtel gedeckt. Heutzutage hat sich das geändert, sodass diese Kehle auch oft trocken gedeckt wird. Die Dreipfannenkehle ist eine überdeckte Ziegelkehle mit den traditionellen (norddeutschen) Hohlpfannen.

15. *Die Dreifalzziegelkehle*
    Die Dreifalzziegelkehle ist ein Versuch einiger Dachdecker, unter Einbindung der Industrie die traditionelle Dreipfannenkehle, welche bekanntlich aus Hohlpfannen besteht, in ein Hohlfalzziegeldach zu integrieren. Diese Kehldeckart zählt zu den Sonderkehlen. Sie ist erst ab hohen Dachneigungen regensicher und muss stets mit einem wasserdichten Unterdach hergestellt werden.

6.3.3 Niederschlagswasser in der Kehle

Das meiste Wasser geht durch die Kehle, so heißt es. Bezogen auf eine glatte Dachfläche und eine Dachfläche mit Kehle kommt an der Traufe bei gleicher Firstlänge dieselbe Menge Wasser an (einfache Flächenberechnung).

> *Die Wassermenge, welche aus einer Kehle heraus in die Dachrinne geleitet wird, ist identisch mit der abgeleiteten Wassermenge einer vergleichbar großen einfachen Dachfläche.*

Die oben zitierte langläufige Meinung scheint somit nicht haltbar, jedoch ist der Kehlansatz besonders gefordert. Am Kehlfußpunkt ist die Belastung für die Traufkonstruktion durch die doppelte Wassermenge extrem beansprucht. Am Kehlabschluss (dem Kehlkragen) ist die anfallende Wassermenge kaum messbar, also gleich null.

In einer Kehle fließt das Wasser ähnlich wie in einem Kanal auf kürzestem Weg zur Traufe. Diese Fließgeschwindigkeit wird jedoch durch verschiedene Faktoren gebremst. Eine Kehle liegt immer flacher in der Dachfläche als die Sparrenlage, also läuft auch das Niederschlagswasser langsamer ab. Durch Windböen wird das sowieso vergleichsweise zögernd abfließende Wasser noch auseinandergetrieben und gebremst, während ständig neues Wasser nachfließt. Das kann zu seitlichem Wassereintreiben und Rückstau führen.

Durch Reibung und Beschleunigung ist die Fließgeschwindigkeit des Niederschlagswassers sehr unterschiedlich. Die anfallenden Wassermengen werden aus diesem Grund anders als in der Fläche verteilt.

6.3.4 Kehlneigung oder Kehlsparrenneigung

Um eingebundene Kehlen sauber, lagestabil und vor allem regensicher herzustellen, muss stets auf die Mindestkehlsparrenneigung – ähnlich der Mindestdachneigung – geachtet werden, aber nicht nur darauf geachtet, sondern diese muss zwingend eingehalten werden.

Die Mindestkehlneigung für eingebundene Kehlen muss größer/gleich 26° sein.

*Die Kehlneigung darf **nicht** mit der Dachneigung verwechselt werden. Als Faustregel kann gesagt werden:*

Der Kehlsparren liegt stets etwa 8 bis 10° flacher im Dach als der Sparren.

Eine eingebundene Biberschwanzkehle kann also bedenkenlos ab einer Dachneigung von etwa 35° eingedeckt werden, da hier die Kehlneigung von größer 26° gegeben ist.

Die Errechnung der Kehlneigung (Kn) funktioniert über eine recht einfache Formel:

$$\tan \mathrm{Kn} = \frac{\tan DN}{\sqrt{2}}$$

Kehlsparrenlänge

In einer Kehle läuft das Wasser zweier Dachflächen an einem Verschneidungspunkt zusammen, hier ist die Regensicherheit besonders gefährdet. Der reine Wasserlauf ist hier stets flacher als in den übrigen Dachflächen.

Das anfallende Niederschlagswasser befindet sich folglich länger in diesem besonderen Bauteil und von daher sind Kehlen immer ein Schwachpunkt in der Dachfläche.

Je länger die an die Kehle anlaufenden Sparren sind, umso größer ist auch der Wasseranfall in Richtung der Kehlneigung. Dieser erhöhte Wasseranfall entsteht durch das in der Kehle fließende und noch von den Dachflächen hinzufließende Niederschlagswasser. Diese Gegebenheit nennt man auch *den Additionseffekt.*

- Ein langer Kehlsparren sollte auch eine steile Kehlneigung aufweisen, um anfallende Wassermengen durch eine hohe Fließgeschwindigkeit sauber abzuleiten.
- Bei kurzen Kehlsparrenlängen ist eine starke Kehlsparrenneigung nicht zwingend nötig.

Faustregel:

***kurze** Kehlsparrenlänge = wenig Wasser = **flach**e Kehlneigung*
***lange** Kehlsparrenlänge = viel Wasser = **steil**e Kehlneigung*

6.3.5 Kehlwinkel

Definition des Kehlwinkels: Der Kehlwinkel sagt aus, wie breit die Kehle in der Dachfläche liegen sollte.

Gerade bei der Fertigung im Bereich von untergelegten/überdeckten Metallkehlen hat sich jedem Dachdecker (jedem Klempner) schon einmal die Frage „*Und welchen Winkel kanten wir nun?*“ aufgetan. Meistens geschieht dann die Kantung dieses Bauteils rein intuitiv – ab einem gewissen Erfahrungsschatz funktioniert das auch.

Doch jeder Verarbeiter stand schon einmal auf der Baustelle und hat sich auf die Blechkehle gekniet, um den Winkel zu vergrößern, bzw. hat die Kehle irgendwie auf die Konstruktion „geknittert“, um ein zu flach gekantetes Blech doch noch zu verbauen.

Der Kehlwinkel ist das meistunterschätzte Element einer (eingebundenen) Kehle und dennoch von größter Bedeutung.

Kurz das Wichtigste zum Thema Kehlwinkel:

<u>Bei flacher Dachneigung</u>

- *ist ein **großer Kehlwinkel** vorhanden (gegeben),*
- *„sperren“ die Ziegel deutlich weniger, **harmonische** und **weiche Übergänge** sind also deutlich einfacher herzustellen,*
- *kann das **Kehlbrett** recht **schmal** gewählt werden, da der Abstand zum Kehlsparren ebenfalls recht gering gehalten sein darf.*

<u>Bei steiler Dachneigung</u>

- *entsteht ein **kleiner Kehlwinkel**,*
- *ist die Wahrscheinlichkeit, dass die **Ziegel sperren,** deutlich größer,*
- *muss das **Kehlbrett** nach oben verlagert werden, was wiederum bedeutet, dass es recht **breit** gewählt werden sollte.*

In den nachfolgenden drei Darstellungen sind die Kehlwinkel mit ihren Besonderheiten noch einmal zum Verständnis beschrieben.

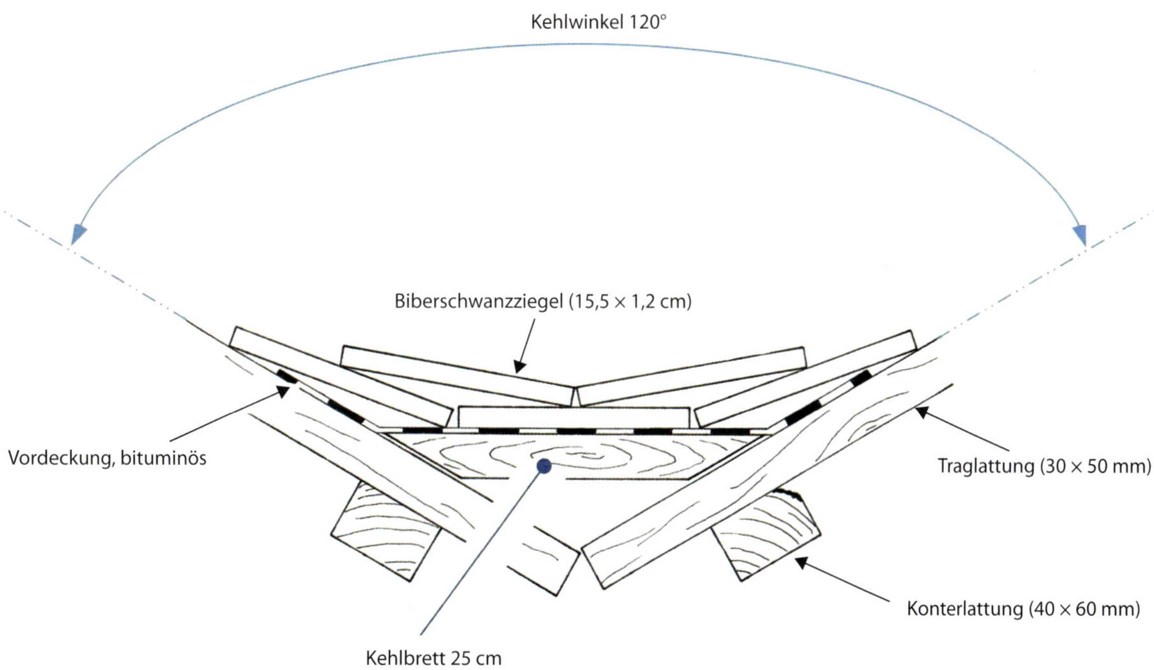

Abb. 6.99: Gleichhüftige Kehle bei einer Dachneigung von etwa 45°

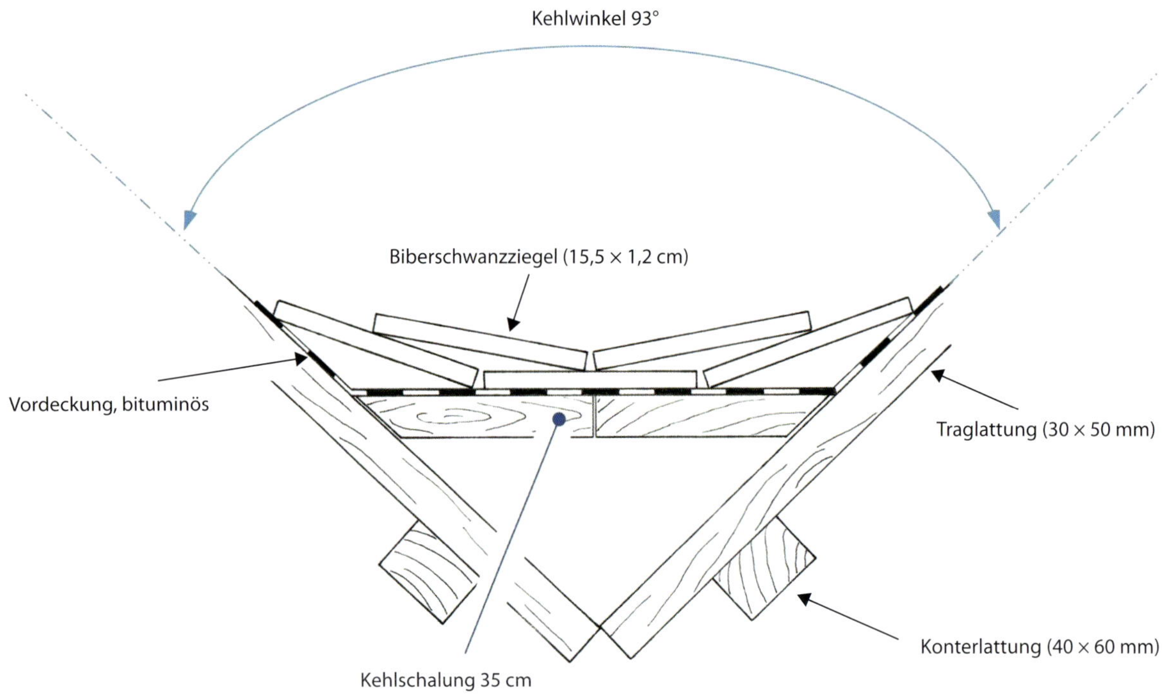

Abb. 6.100: Gleichhüftige Kehle bei einer Dachneigung von etwa 75° (kleiner Kehlwinkel)

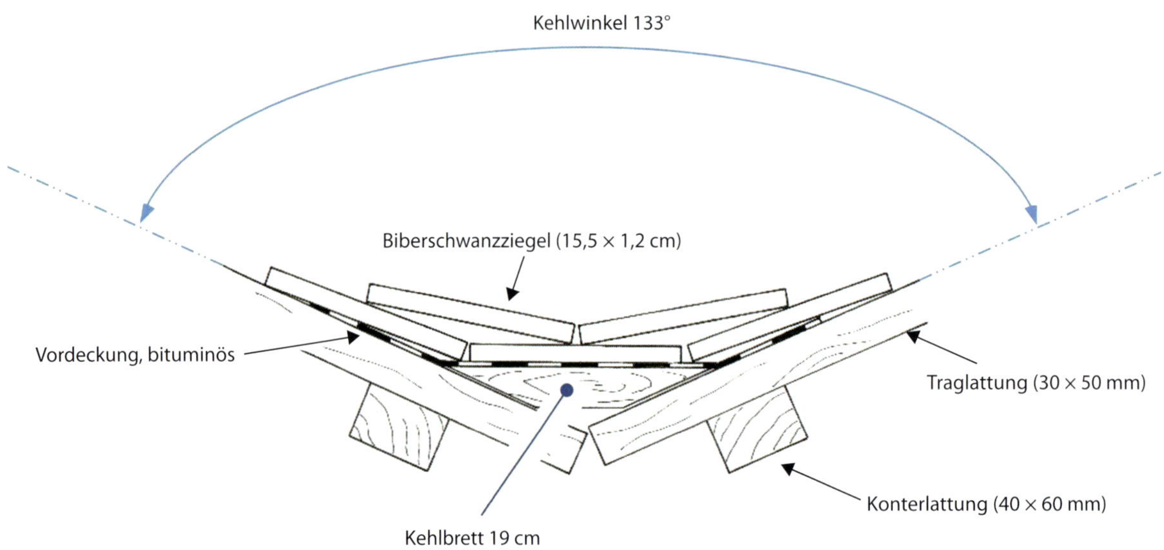

(schematische Darstellungen ohne Maßstab)

Abb. 6.101: Gleichhüftige Kehle bei einer Dachneigung von etwa 35° (sehr großer Kehlwinkel)

Rechnerische Ermittlung des Kehlwinkels

Um den wahren Kehlwinkel zu ermitteln, reicht die nachfolgende einfache Formel.

Es muss bloß darauf geachtet werden, dass der entstandene Wert bei gleichhüftigen Kehlen verdoppelt wird und bei ungleichhüftigen Kehlen mit beiden Dachneigungen ermittelt und zum Schluss addiert werden muss.

Die Errechnung des Kehlwinkels (Kw) funktioniert über die gegebene Kehlneigung (Kn):

$$\tan \mathrm{Kw} = \frac{1}{\sin Kn}$$

Diese Formel gilt also bei gleichhüftigen Kehlen, bei ungleichhüftigen Kehlen mit geringen Neigungsunterschieden sowie „echten" ungleichhüftigen Kehlen als Näherungsformel.

Rechnerische Ermittlung der Breite des Kehlbretts

In der einschlägigen Fachliteratur der letzten Jahrzehnte wird stets bei einer Dachneigung von 45° (entspricht einem Kehlwinkel von 120°) von einem **Idealmaß des Kehlbretts** von **25 cm** gesprochen.

Diese Aussage kann jedoch nur als Empfehlung gewertet werden, da es immer im persönlichen Empfinden des Dachdeckers liegt, wie das Kehlbrett gestaltet wird.

Eine rechnerische Ermittlung der richtigen Kehlbrettbreite ist also nicht möglich, jedoch kann diese bei der Annahme, dass 25 cm die Idealbreite sind, als Näherung über den Dreisatz ermittelt werden.

Rechenweg zur Ermittlung der Kehlbrettbreite, als Näherung

Als Grundwert wird also (45° DN) der Kehlwinkel von 120° und eine Brettbreite von 25 cm angenommen. Bei größeren Kehlwinkeln wird das Kehlbrett schmaler (die Differenz subtrahiert), bei kleineren Kehlwinkeln wird das Kehlbrett breiter (die Differenz addiert).

- Bei flacher Dachneigung (35°)
  <u>120°</u> = <u>25 cm</u>

  133° = x = <u>27,8 cm</u> (Differenz ≈ 3 cm)

  25 cm – 3 cm = <u>22 cm</u>

  Die Breite des Kehlbretts liegt bei 35° DN, als Näherung **also bei etwa 22 cm.**

- Bei steiler Dachneigung (75°)
  <u>120°</u> = <u>25 cm</u>

  93° = x = <u>19,4 cm</u> (Differenz ≈ 6 cm)

  25 cm + 6 cm = <u>31 cm</u>

  Die Breite des Kehlbretts liegt bei 75° DN, als Näherung **also bei etwa 31 cm.**

6.3.6 Kehlteilung

Um eingebundene Kehlen herzustellen (zu decken), **müssen** erst die einzelnen Kehlschichten gleichmäßig ein-/ oder besser aufgeteilt werden. Dieses Einteilen wird als Kehlteilung bezeichnet.

Der Begriff **Teilung (Kehlteilung)** sagt aus, wie viele Kehlgebinde in die Dacheindeckung, also in die einzelnen Deckschichten der Dachfläche, eingefügt werden.

Der Abstand der einzelnen Kehlschichten untereinander (also das Schichtmaß) richtet sich stets nach den Abständen (der Lattweite) der ankommenden Deckschichten aus der Dachfläche, nach der gewünschten Kehlbreite sowie nach dem Teilungssystem.

Teilungssysteme

Durch die Teilungssysteme werden die Schichthöhen der Kehldeckgebinde ermittelt. Diese Schichthöhen sorgen für harmonische Übergänge zwischen den einzelnen Deck- und Kehlgebinden.

Ausschlaggebend für das Teilungssystem/die Teilung, also die Schichthöhe, sind:

- die Deckungsarten (ob Doppel- oder Kronendeckung)
  und
- die Art der Kehle (gleichhüftig oder ungleichhüftig).

Es sind grundsätzlich zwei Teilungssysteme in einer eingebundenen Biberschwanzkehle möglich.

Zum einen:

- die Teilung für die Doppeldeckung von 1 : 2 (gleichbedeutend mit 2 : 4),
- die Teilung für die Kronendeckung von 1 : 4
  oder aber
- die Teilung 2 : 3 in der Doppeldeckung sowie 1 : 3 in der Kronendeckung.

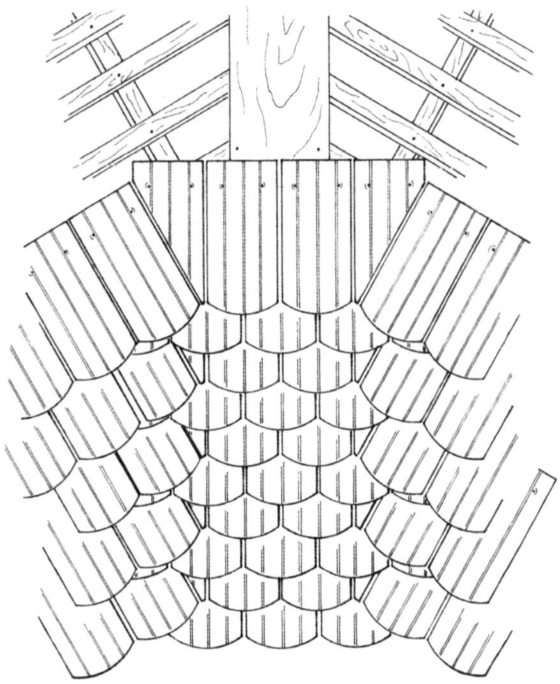

Abb. 6.102: Teilung **2 : 4** (zu je zwei Deckgebinden laufen vier Kehlgebinde)

Das Eindecken einer Kehle in der 2 : 4-Teilung ist vergleichsweise einfach. Bei einem gleichmäßigen (Kehl-)Schichtenabstand können offene Kreuzfugen leicht vermieden werden.

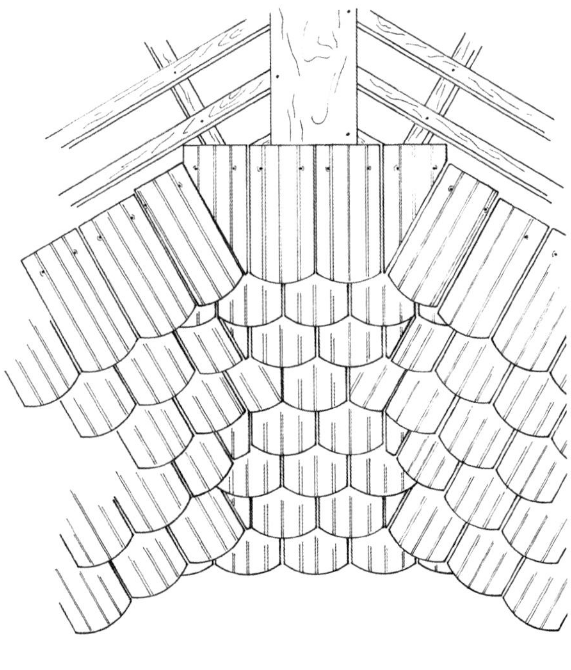

Abb. 6.103: Teilung **2 : 3** (zu je zwei Deckgebinden laufen drei Kehlgebinde)

Bei einer 2 : 3-Teilung wird das Einbinden sehr schwierig, da gerade in der Doppeldeckung die Gefahr von offenen Kreuzfugen sehr hoch ist.

Für unerfahrene oder ungeübte Dachdecker ist es empfehlenswert, die 2 : 3-Teilung nicht bei der Doppeldeckung anzuwenden!

Erläuterung der Teilung

Die 2 : 4-Teilung

- Doppeldeckung:
  1 : 2 – eine Deckschicht (Flächengebinde) zu zwei Kehlschichten
  oder
  2 : 4 – zwei Deckschichten zu vier Kehlschichten
- Kronendeckung:
  1 : 4 – eine Deckschicht („Oberdecker") zu vier Kehlschichten
- Vorteile der 2 : 4-Teilung
  Die Teilung 2 : 4 empfiehlt sich immer dann, wenn ein ungeübter/unerfahrener Kehldecker am Werke ist, da hier eine Kreuzfuge nahezu ausgeschlossen ist.
  Die Kehle wirkt sehr gradlinig und kann auch bei großem Lattabstand (großen Lattweiten) sauber und ohne die unmittelbare Gefahr, dass die maximalen Schichtenweite überschritten wird, eingedeckt werden.
- Nachteile der 2 : 4-Teilung
  Bei dieser Art der Kehldeckung kann es durch die oft deutlich erhöhte Höhenüberdeckung der Kehldeckgebinde (wiederum bei unerfahrenen Kehldeckern) zu einem extremen Aufbauen der einzelnen Kehlschichten gerade im Bereich des Kehlansatzes kommen.
  Hier ist mit einem höheren Materialaufwand (etwa 40 %) im Vergleich zur 2 : 3-Teilung zu rechnen.
  Der Arbeitsaufwand ist deutlich größer im Vergleich zur 2 : 3-Teilung (durch die erhöhte Zahl der Kehlschichten).

Die 2 : 3-Teilung

- Doppeldeckung:
  2 : 3 – zwei Deckschichten (Flächengebinde) zu drei Kehlschichten
- Kronendeckung:
  1 : 3 – eine Deckschicht („Oberdecker") zu drei Kehlschichten
- Vorteile der 2 : 3-Teilung
  Diese Kehlart wirkt sehr locker und passt sehr gut zum gleichmäßigen Deckbild der Doppeldeckung. Der Materialverbrauch ist deutlich geringer als bei der 2 : 4-Teilung. Hier werden im Vergleich (nur) ca. 60 % an Ziegeln im Bereich der Kehle verbraucht.
  Die 2 : 3-Teilung bringt einen zügigen Baufortschritt mit sich.
- Nachteile der 2 : 3-Teilung
  Die 2 : 3-Teilung ist verhältnismäßig schwer zu decken, hier entstehen schnell Kreuzfugen.
  Die Gefahr der Überschreitung der maximalen Kehlschichtenweite ist bei dieser Art der Kehlteilung allgegenwärtig.

Teilungssysteme bei gleichen Dachneigungen (gleichhüftigen Dächern)

*Bei gleichen Dachneigungen und gleichen Sparrenlängen **muss** stets eine gleichmäßige Teilung erfolgen.*

Um diese gleichlaufenden gleichmäßigen Teilungen zu erzielen, wird eine symmetrische Traglattung hergestellt, welche sich in der Kehlmitte exakt trifft.

*Bei gleichen Dachneigungen, jedoch unterschiedlichen Sparrenlängen **kann** eine abwechselnde Teilung zur Anwendung kommen.*

Diese abwechselnde Teilung wird immer bei unsymmetrischer Traglattung angewendet, d. h., die Traglattung trifft sich nicht in der Kehlmitte.

Die Teilung wird von den ausführenden Handwerkern, also den Kehldeckern, vor dem Einbinden einer Kehle festgelegt. Die einmal gewählte Teilung wird danach bis zum Kehlabschluss/dem Kragengebinde ohne Änderung fortgeführt.

*Nach dem Festlegen der Teilung (2 : 4 oder 2 : 3 – wechselseitig oder gleichlaufend) kann nun die (Kehl-)Schichtenweite durch die **handwerkliche** oder die **rechnerische** Variante ermittelt werden.*

Teilungssysteme bei ungleichen Dachneigungen (ungleichhüftigen Dächern)

Eingebundene Kehlen in ungleichhüftigen Dächern sind etwas anders als Kehlen in gleichhüftigen Dächern zu betrachten.

Die Lattmaße der anlaufenden Deckschichten sowie deren Winkel zur Fläche, auf beiden Seiten der Kehle, sind verschieden.

Hier wird stets die steilere Seite der Dachflächen zum Einteilen der Kehle gewählt. Durch die höhere Dachneigung der Fläche ist weniger Höhenüberdeckung der Deckschichten vorhanden, was wiederum dazu führt, dass teilweise deutlich größere Traglattenabstände an die Kehldeckbreite laufen.

Von dieser Einteilung wird vom Kehlansatz bis zum Kragengebinde nicht abgerückt.

Die Kehldeckbreite sowie die Kehlteilung werden bei ungleichhüftigen Kehlen stets auf der steileren Dachseite abgelesen und von der Kehlmittellinie aus errechnet.

Da auf der steileren Seite der Kehle die Deckschichten-Abstände relativ groß sein können, wird im Idealfall mit der Teilung 2 : 4 bzw. 1 : 4 gearbeitet. Auf der flacheren Dachseite ist kein gleichmäßiges Einteilen möglich, hier wird eingebunden, wie man ankommt.

Bei ungleichhüftigen Kehlen kann das Einteilen (also die Ermittlung der Teilung) nur auf einer, der steileren Seite erfolgen. Die Kehlbreite wird aus der Kehlmitte auf die steile Seite übertragen.

Ausnahmen der gleichmäßigen Teilung bei eingebundenen Kehlen

Vom Gebot der gleichmäßigen Teilung der eingebundenen Kehlen kann unter Umständen abgewichen werden. Dieser Wechsel der Teilung ist jedoch sehr gefährlich, denn es besteht die Gefahr von offenen Kreuzfugen. Nachfolgend sind einige dieser Ausnahmen beschrieben und können z. B. sein:

- Dachflächen mit extremen Neigungsunterschieden, z. B. an Türmen, Mansarden oder Aufschiebern.
  Die Änderung der Teilung erfolgt jedoch nur von großer Höhenüberdeckung in der Kehle (Teilung 2 : 4) nach geringer Höhenüberdeckung in der Kehle (Teilung 2 : 3).
- Wenn eine Kehle mit der Teilung 2 : 3 ausgebildet werden soll, besteht am Kehlansatz die Gefahr von offenen Fugen oder sogar offenen Kreuzfugen.
  Hier am Kehlansatz besteht die Möglichkeit, statt der Teilung 2 : 3 eine Teilung von 2 : 4 anzuwenden.

Umrechnung der Dach-/Kehlneigung in Grad und Prozent

Bei vielen Planern und verschiedenen Handwerksmeistern (Zimmereien) ist es üblich oder zweckmäßig, die Dachneigung statt in Grad in Prozent anzugeben. Dabei werden die Dachtiefe und die Dachhöhe für die Winkelfunktion der Dreiecksberechnung angenommen.

Jeder Dachdecker und jede Dachdeckerin sollten aber die für sich selbst gebräuchliche oder zweckmäßige Einheit aus der gegebenen errechnen können.

Errechnung der Kehlneigung in Grad:

$$\tan DN = \frac{\text{Dachhöhe}}{\text{Dachtiefe}} \quad \underline{\text{oder}} \quad \tan DN = \frac{\text{Prozent}}{100}$$

Errechnung der Dach-/Kehlneigung in Prozent:

$$\%\,DN = \tan DN \times 100$$

6.3.7 Ermittlung der Kehlschichtenweite

Mindesthöhenüberdeckung einer Biberschwanzkehle

Die Mindesthöhenüberdeckung in der Kehle, also die maximale Kehlschichtenweite, bei der bei einer Ziegelkehle (überdeckten Biberschwanzkehle oder einer eingebundenen Biberschwanzkehle) noch das anfallende Niederschlagswasser ohne Probleme abgeleitet werden kann (ohne die Regensicherheit zu beeinträchtigen), kann durch eine einfache Formel errechnet werden.

Diese Formel lautet wie folgt:

$$\frac{\text{Ziegellänge} - \text{Mindest-HÜ}}{\text{Teilung}} = \textbf{maximale Kehlschichtenweite}$$

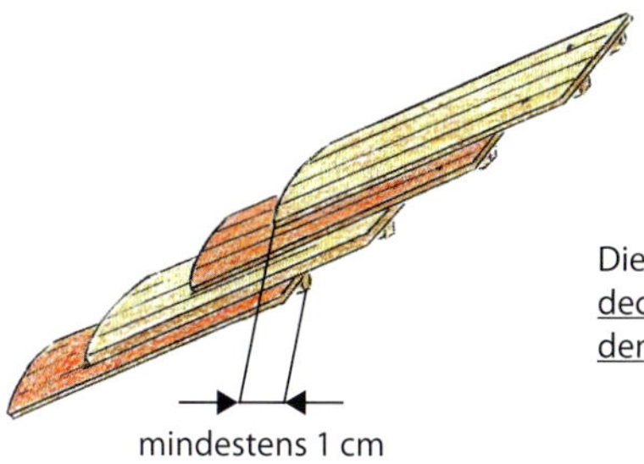

Die einzelnen Kehlschichten werden in der Dreifachdeckung verlegt, hierbei überdeckt der vierte Ziegel den ersten um mindestens 1 cm!

Abb. 6.104: Darstellung der Mindesthöhenüberdeckung einer Biberschwanzkehle

Rechnerische Ermittlung der Schichtenweite

Die rechnerische Ermittlung der maximalen Kehlschichtenweite erfolgt unter Berücksichtigung der **Mindesthöhenüberdeckung** und der Teilung. Diese Schichtenweitenermittlung ist sehr mit Vorsicht zu „genießen", da schon geringe Abweichungen des Traglattenabstands starke Probleme beim Einbinden hervorrufen können.

Auf die rechnerische Ermittlung des Kehlschichtenabstands sollte im Bereich der Baustelle verzichtet und sie hauptsächlich zu kalkulatorischen Zwecken genutzt werden!

Rechnerische Ermittlung der Schichtenweite am Beispiel

Teilung 2 : 4

$$\frac{38\ \text{cm} - 1\ \text{cm}}{4} = \underline{9{,}25\ \text{cm}}$$

Teilung 2 : 3

$$\frac{38\ \text{cm} - 1\ \text{cm}}{3} = \underline{12{,}33\ \text{cm}}$$

Rechnerische Ermittlung der Schichtenweite für eine gesamte Kehle am Beispiel

Die tatsächliche Schichtenweite kann auch für die gesamte Kehle rechnerisch ermittelt werden.

Diese Variante der Schichtenweitenermittlung ist für die Materialkalkulation/Materialmengenermittlung von Vorteil, jedoch in der Praxis mit extremer Vorsicht zu genießen, da das Einbinden hier sehr schwierig werden kann.

Ermittlung der Kehllänge und der tatsächlichen Schichtenweite

1. *Ermittlung der Kehllänge bei einem Meter:*

$\sqrt{\text{Sparrenlänge ein Meter} + \cos^2 \times \text{DN}°}$	$\sqrt{1\text{ m} + \cos^2 \times 55°}$
= **<u>Kehllänge</u>**	= <u>1,15281 m</u>

2. *Ermittlung, Maß der Teilung:*

Kehllänge (in Meter)	×	Lattweite der Dachfläche (in Zentimeter)	=	**<u>Maß der Teilung</u>**
1,15281 m	×	15,2 cm	=	<u>17,52283 cm</u>

3. <u>*Ermittlung der Schichtenweite:*</u>

- ***bei Teilung 2 : 4 (1 : 2)***

Maß der Teilung	×	zwei / vier	=	**<u>Schichtenweite in der Kehle</u>**
17,52283 cm	×	2 / 4	=	<u>8,8 cm</u>

- ***bei Teilung 2 : 3***

Maß der Teilung	×	zwei / drei	=	**<u>Schichtenweite in der Kehle</u>**
17,52283cm	×	2 / 3	=	<u>11,7 cm</u>

Am angegebenen Beispiel (unter Punkt drei) ist klar zu erkennen, wie wichtig die rechnerische Ermittlung der Schichtenweite schon im Vorfeld der auszuführenden Arbeiten ist, da hier die Teilung eine wichtige Rolle spielt – es ist aufs Genaueste die maximale Schichtenweite zu beachten.

Um eine genaue und gleichmäßige rechnerische Schichtenweitenermittlung durchzuführen, muss nun der Wert (also die Kehllänge je einen Meter Sparren) ins Verhältnis zur tatsächlichen Sparrenlänge gesetzt werden.

Verhältnisrechnung:

$$\frac{\text{ermittelte Kehllänge}}{x} = \frac{\text{ein Meter Sparren}}{\text{tatsächlicher Sparren}}$$

x = tatsächliche Kehlsparrenlänge

Am Beispiel (unter Verwendung von Punkt 1: <u>Ermittlung der Kehllänge bei einem Meter</u>):

$$\frac{1{,}15281\text{ m}}{x} = \frac{1{,}0\text{ m}}{5{,}2\text{ m}}$$

x = <u>5,9946 m</u>

Um nun die exakte Schichtenweite zu erhalten, wird als letzter Arbeitsgang die tatsächliche Kehllänge mit dem errechneten Schichtmaß eingeteilt. Dies geschieht wie bei jeder anderen Einteilung.

1. $\frac{\text{tatsächliche Länge}}{\text{Schichtmaß}}$ = Stückzahl (Reihen)*

2. $\frac{\text{tatsächliche Länge}}{\text{Stückzahl (Reihen)*}}$ = <u>tatsächliches</u> Schichtmaß

(immer aufgerundet)*

Handwerkliche Ermittlung der Schichtenweite

Im Vergleich zur rechnerischen Ermittlung erfolgt die handwerkliche Ermittlung der Kehlschichten stets direkt vor Ort während der Bauphase. Diese Variante sollte immer favorisiert werden, da schon durch leichte Abweichungen/Ungenauigkeiten der Lattung Probleme beim Einbinden der Kehlschichten in die Deckschichten entstehen können (siehe dazu *Aufteilen der einzelnen Kehlschichten*).

6.3.8 Ausführungen und Besonderheiten

Kehldeckbreite/Kehlbreite

Die Kehldeckbreite ist die schmalste Stelle einer Kehleindeckung. Diese Breite wird durch die Anzahl der Ziegel bestimmt, welche sich rechts und links der Kehlmitte befinden.

- Bei *deutsch eingebundenen Kehlen* **muss** diese Breite mindestens zwei Ziegel betragen. Varianten, bei denen ein ganzer sowie zwei halbziegelbreite Ausspitzer verlegt werden, sind möglich.
- An „normalen" (Wohn- oder Geschäfts-)Gebäuden sollte die Kehldeckbreite einer *deutsch eingebundene Kehle* höchstens vier Ziegel betragen.

Die Breite einer deutsch eingebundenen Kehle darf, rechts und links der Kehlmitte, nicht weniger als eine Ziegelbreite betragen.

Grundregeln zur Wahl der Kehldeckbreite (Kehlbreite)

Im Bereich von eingebundenen Kehlen, bei denen mit „normalem" Wasseranfall gerechnet werden kann, sollte aus gestalterischen Gründen – als gestalterisches Element – darauf geachtet werden, dass kurze Kehlen eher schmal und sehr lange Kehlen eher breit ausgeführt werden.

Für die Wahl der Kehlbreite sind folgende Punkte ausschlaggebend:

- die Kehllänge,
- die Kehlsparrenneigung,
- die Teilung
  sowie
- der Kehlwinkel.

Dennoch ist die Kehldeckbreite reine Geschmackssache und kann, wenn nicht von einem Planer oder dem Bauherrn vorgegeben, frei gewählt werden.

Für ungeübte Dachdecker empfiehlt sich erfahrungsgemäß in der

- *Doppeldeckung* eine *drei* Ziegel breite
  und in der
- *Kronendeckung* eine *zwei* Ziegel breite

Kehldeckbreite. Dafür sprechen vor allem die doch recht einfache Verarbeitung und Aufteilung.

Wenn einmal eine Kehlbreite gewählt wurde, muss diese vom Kehlansatz bis zur Kehlauslaufschicht, also bis zum Ende der Kehle, fortgesetzt werden.

Ein Wechseln der Kehlbreite innerhalb einer eingebundenen Kehle ist nicht zulässig.

Besonderheiten bei ungleichhüftigen Kehlen

Die Kehldeckbreite wird auch bei *ungleichhüftigen* Kehlen von der Kehlmittellinie aus definiert, die Kehlbreite muss mindestens einen Ziegel (angelegt an die Kehlmittellinie) in Richtung der steileren Dachseite betragen!

Die Mindestkehldeckbreite einer ungleichhüftigen Kehle ist ebenfalls zwei Ziegel:

- Das Andecken von einem halbziegelbreiten Ausspitzer an den Wasserziegel (oder einen ungeschmälerten Biberschwanzziegel) ist möglich.
- Die flachere Dachseite kann wegen des geringeren Lattabstands der Traglattung aus der Dachfläche nicht gleichmäßig eingeteilt werden, aus diesem Grund ist das Eindecken mit gleichmäßigen Abständen nicht möglich.
- Ungleichhüftige Kehlen sollten auf der flacheren Dachseite mindestens einen Ziegel breiter als die gewählte Kehldeckbreite hergestellt werden.

Die wichtigsten Grundregeln zur Kehldeckbreite, kurz zusammengefasst:

1. *Bei **flachen Kehlneigungen** oder bei **langen Kehlen** ist eine größere Kehlbreite zu wählen, drei oder vier Ziegel breit.*
   Bei extrem langen Kehlen (z. B. an Kirchen oder Ritterburgen) kann als Sonderkonstruktion auch eine noch breitere Kehleindeckung gewählt werden.
2. *In **steile** Dachflächen mit einem engen Kehlwinkel sollten eher schmale Kehlen eingedeckt werden.*
3. *Kleine Dachflächen mit meist kurzen Kehlen (z. B. Gauben oder stehende Fenster) sollten aus optischen Gründen eher mit schmalen Kehlen eingedeckt werden.*
4. *Bei **ungleichhüftigen Kehlen** wird die Kehlbreite immer an der steileren Seite abgelesen.*
   - *Auf der flacheren Seite ist eine gleichmäßige Einteilung (durch verschiedene Traglattenabstände) nicht möglich.*
   - *Es sollte darauf geachtet werden, die Kehle so eng wie möglich an die Kehldeckbreite heranzuführen, jedoch niemals in den Bereich der definierten Kehldeckbreite hinein.*

Ermitteln der Kehldeckbreite

Die Ermittlung und das Auftragen der Kehldeckbreite sollten immer handwerklich erfolgen. Dies geschieht recht einfach. Unter Beachtung der Kehlmitte erfolgt das Auflegen der gewünschten Anzahl an Biberschwanzziegeln in Richtung des Kehlsparrens (diese Ziegel werden Kehlbiber genannt), danach werden am äußeren Rand, in Richtung Fläche, Markierungen auf der Traglattung angerissen.

Auch bei ungleichhüftigen Kehlen sollte immer die Kehldeckbreite (unter Beachtung der Kehlmitte) auf **beiden** Dachseiten angerissen werden.

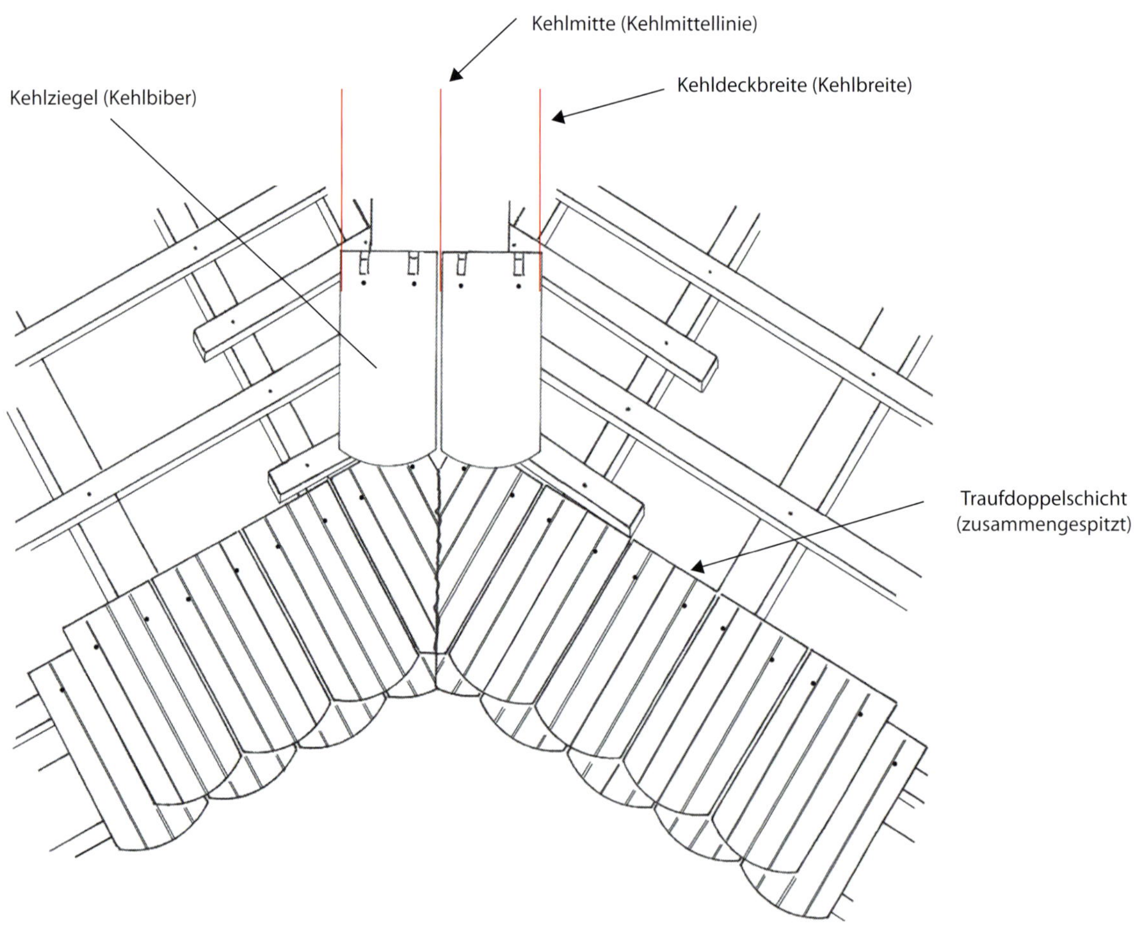

Abb. 6.105: Darstellung des handwerklichen Auftragens einer zwei Ziegel breiten Kehle in der Kronendeckung

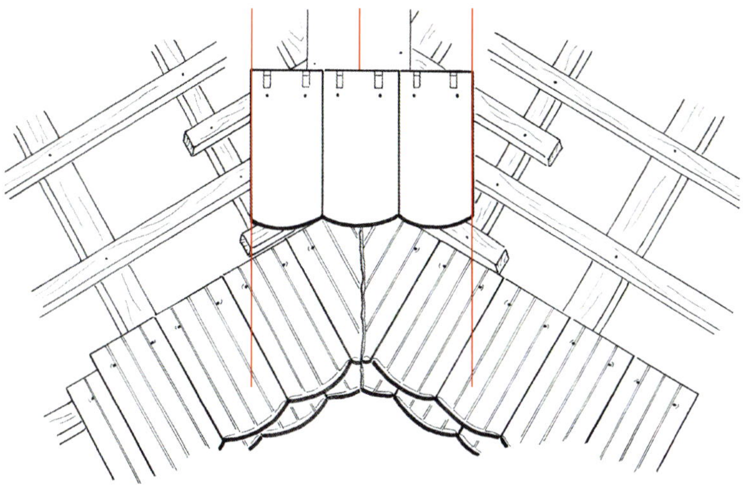

Abb. 6.106: Darstellung des handwerklichen Auftragens einer drei Ziegel breiten Kehle in der Kronendeckung

Bei der handwerklichen Kehlbreitenermittlung müssen die Kehlziegel im Traufbereich/Kehlansatz sowie im Bereich des Kehlabschlusses aufgelegt werden. Bei abgeknickten Kehlen muss die Kehldeckbreite dem Kehlverlauf folgen. Die einzelnen Markierungen werden danach mit einem geeigneten Werkzeug, z. B. Schnurschlag, verbunden.

Einmessen der Kehldeckbreite

Auf die Arbeitstechnik des Einmessens der Kehldeckbreite sollte stets verzichtet werden. Erfahrungsgemäß entstehen immer Maßungenauigkeiten beim Aufreißen dieser Risse auf der Unterkonstruktion.

Die beim Aufreißen gesparte Zeit wird meistens durch das erschwerte Einbinden wieder verloren.

Beim Aufreißen der eingemessenen Kehldeckbreite entstehen oft Ungenauigkeiten. Diese Ungenauigkeiten der Markierungen erschweren das spätere Einbinden der Kehle deutlich.

Verhalten der Deckgebinde (Fläche) im Bereich von Kehlen

Die festgelegte und auf der Traglattung (der Unterkonstruktion) markierte Kehldeckbreite darf bei eingebundenen Ziegelkehlen durch die anlaufenden Deckgebinde (aus der Dachfläche) nicht unterschritten und sollte nicht überschritten werden.

Die einzige Ausnahme dieser Regelung ist die ungleichhüftige Kehle, hier darf die Kehldeckbreite auf der flacheren Dachseite über-, jedoch niemals unterschritten werden.

Schwierigkeiten beim Einhalten der Kehldeckbreite

Die Anschlussziegel der (Flächen-)Deckschichten liegen nicht immer an der kehldeckbreiten Markierung.

Viele Dachdecker sind dann irritiert, da sie nach einigen Kehlschichten (überhaupt) nicht mehr zusammenkommen, d. h. an ihre Kehlbreite kommen.

Es bedarf dort großer Anstrengungen und hoher Konzentration, um die geforderte Kehldeckbreite weiterhin einzuhalten.

Grund der Schwierigkeit beim Einhalten der Kehldeckbreite

Der Halbverband der Dacheindeckung verläuft nur bei einer Dachneigung von etwa 60° (58°) und bei gleichhüftigen Dachflächen parallel zur *Verschneidungslinie* (Kehlmittellinie) der Kehle.

Es ist zu beachten:

- Bei **geringeren Dachneigungen** (unter 58° Neigung) und einem sehr engen Traglattenabstand läuft der Verband von der Kehldeckbreite weg, er **entfernt sich.**
- Bei **hohen Dachneigungen** und einem weiten Traglattenabstand läuft der Verband in die Verschneidungslinie der Kehle hinein. Er **nähert sich**.

Bei ungleichhüftigen Kehlen gibt es zusätzlich noch eine Besonderheit: **Auf der steileren Dachseite entfernt sich der Verband, wobei sich hingegen der Verband auf der flacheren Dachseite zur Kehle hin entwickelt.**

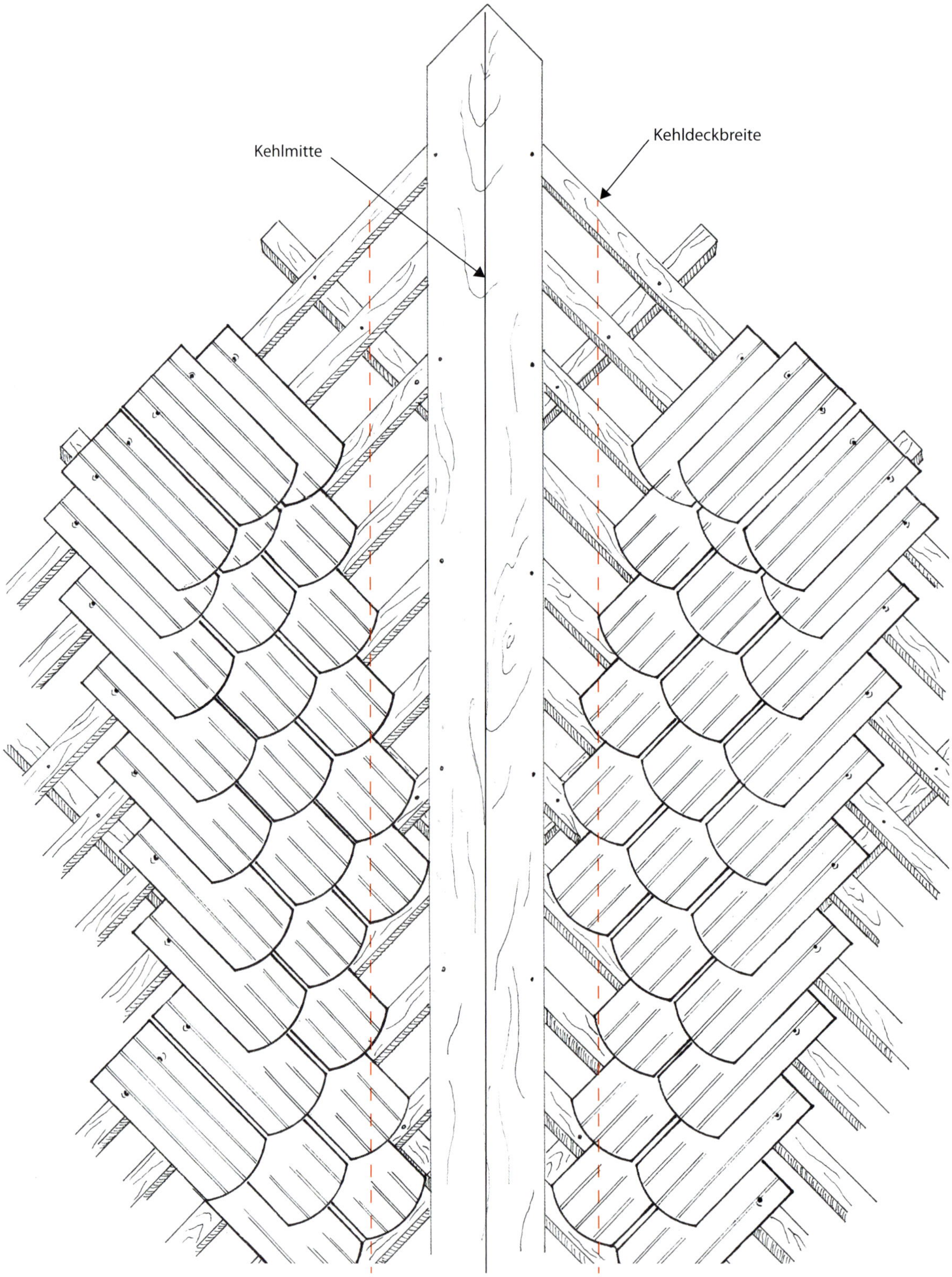

Abb. 6.107: Darstellung einer Biberschwanzkehle, **gleichhüftige Kehle**, Dachneigung **etwa 40°**

Der Verband der Deckgebinde entfernt sich bei gleichhüftigen Kehlen sowie einer Dachneigung unter 58° von der Verschneidungslinie der Kehle, also der Kehlmittellinie.

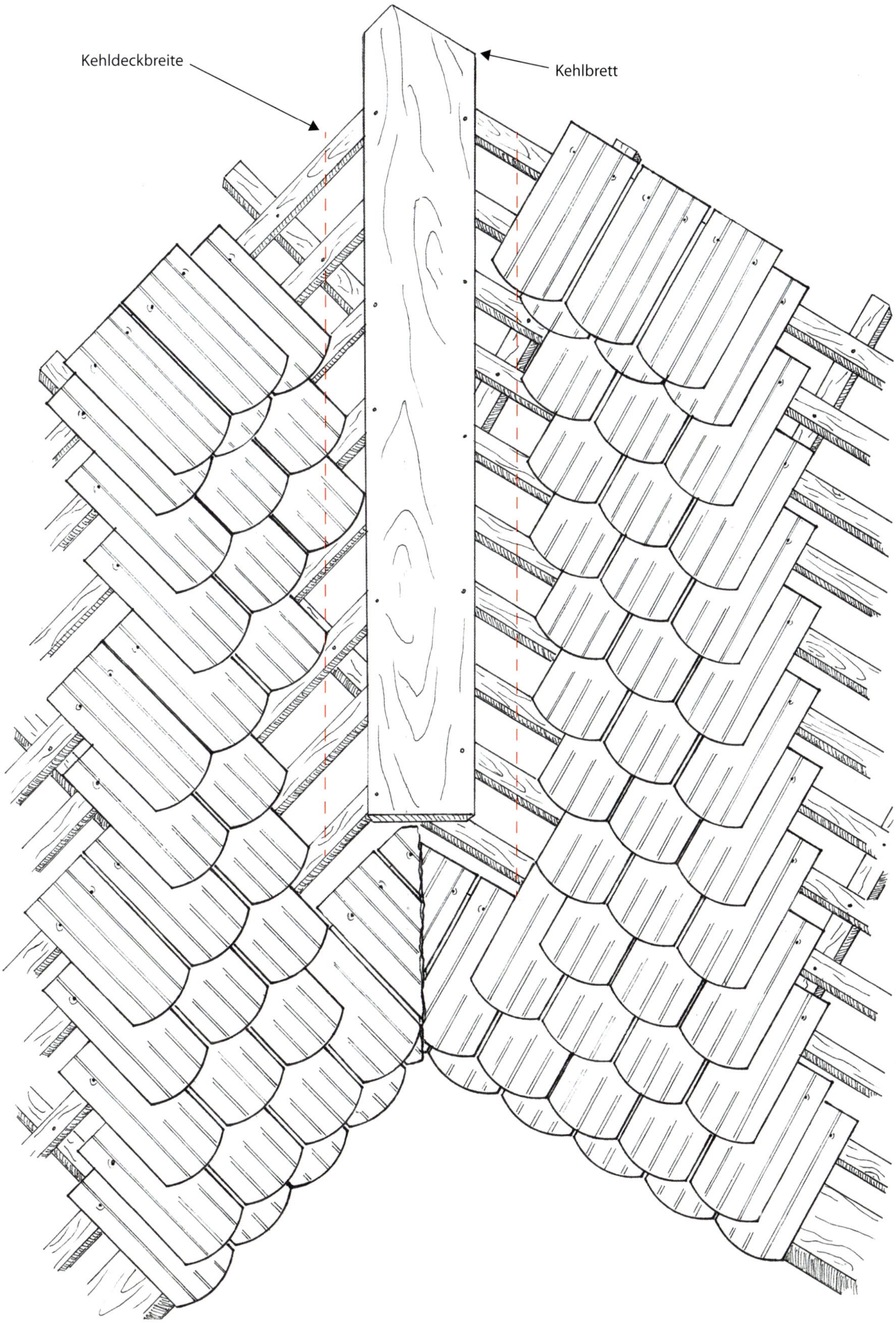

Abb. 6.108: Darstellung einer Biberschwanzkehle, **ungleichhüftige Kehle** (Dachneigung steile Seite etwa 60°, flache Seite etwa 38°)

Bei ungleichhüftigen Kehlen ist zu beachten:

- *Auf der steileren Dachseite entfernt sich der Verband von der Kehle,*
- *auf der flacheren Dachseite entwickelt sich der Verband der Deckschichten zur Kehle.*

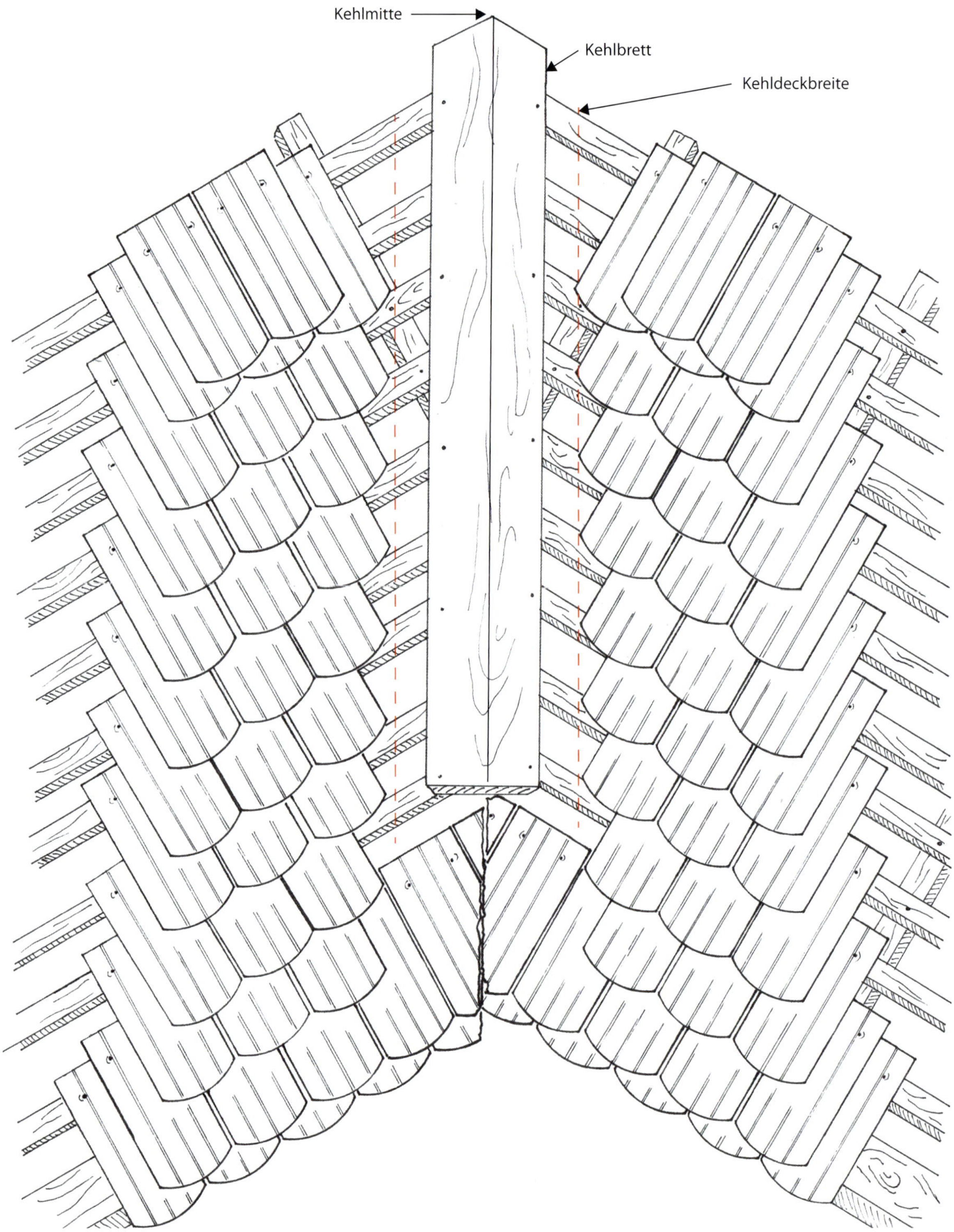

Abb. 6.109: Darstellung einer Biberschwanzkehle, **gleichhüftige Kehle**, Dachneigung von **etwa 58°**

Der Verband der Dachflächen verläuft bei gleichhüftigen Kehlen und ab etwa 58° Dachneigung parallel zur Kehldeckbreite bzw. zur Kehlmitte.

6.3.9 Deckgrundsätze beim Erstellen von eingebundenen Biberkehlen

Kehle decken – allgemeine Grundsätze

- Der wichtigste Deckgrundsatz lautet: Bei eingebundenen Kehlen dürfen keine offenen Kreuzfugen entstehen.
- Eingebundene Kehlen sollen ohne ein deutliches Sperren der Dachziegel harmonisch den Deckgebinden folgen.
- Eingebundene Biberkehlen dürfen als Trockendeckung oder in der Mörteltechnik hergestellt/eingedeckt werden.
  Es ist jedoch stets zu bedenken: Mörtel ist kein Befestigungsmittel, was im Umkehrschluss bedeutet, auch bei der Mörteltechnik muss mechanisch gegen Verrutschen gesichert werden.

Anschluss der Biber an die Kehle

Die Mindestseitenüberdeckung der Anschlussziegel (Dachziegel, welche an die Ausspitzer gedeckt werden) entspricht mindestens einem Viertelziegel (Format A = 4 cm und Format B = 4,5 cm).

In eingebundenen Kehlen müssen Fugen allseits um mindestens 2 cm über- oder unterdeckt sein.

Angearbeitete oder bearbeitete Dachziegel wie Einspitzer, Ausspitzer, Unterläufer

- dürfen **nicht** im sichtbaren Bereich, d. h. **am Segment bearbeitet** sein,
- **glasierte, engobierte** oder ähnliche Oberflächenstrukturen der **Biberschwanzziegel dürfen im Sichtbereich gar nicht bearbeitet** werden (z. B. Wasserschnitte, Segmentnachschneiden, Kämmen).

Eingebundene Kehlen aus Biberschwanzziegeln werden stets mit dem gleichen Ziegelformat und Schnitt der Dachziegel aus der Fläche eingedeckt. Spezielle industriell gefertigte Sonderziegel können Verwendung finden, sind aber weder nötig noch empfehlenswert.

Vordeckung

Laut dem Regelwerk des Deutschen Dachdeckerhandwerks wird eine Vordeckung nur beim Verlegen der Kehle in der Mörteltechnik oder der Verwendung einer Kehlschalung aus Holzwerkstoffplatten gefordert.

Es empfiehlt sich jedoch, stets eine Vordeckung zu verwenden.

Diese Vordeckung schützt die Unterkonstruktion vor Flugasche, Treibschnee usw. Außerdem kann die Kehle bei einem Baustopp (z. B. übers Wochenende) mit Dachziegeln/Bibern grob vorgedeckt werden und so erfolgt mit der Vordeckung und den provisorisch gedeckten Ziegeln ein vorübergehender Wetterschutz, d. h., es wird eine Ablaufmöglichkeit für anfallende Niederschläge geschaffen.

Besonderheiten der eingebundenen Biberschwanzkehlen

1. Trockendeckung

Werden Biberkehlen trocken eingedeckt, so wird jeder Kehlbiber mit Ausnahme der Aus-/Einspitzer mit **korrosionsbeständigem Draht*** gegen Herausrutschen/Herabfallen gesichert.
Eine zusätzliche mechanische Sicherung/Befestigung mit dauerelastischen Dichtstoffen (z. B. Silikon) sowie eine mechanische Sicherung mit Schrauben oder Nägeln ist **nicht zulässig**!

Kleine Zwickel, welche als Füllstücke dienen, **können weggelassen werden.**

* **Korrosion**	(von lateinisch *corrodere* ‚zersetzen', ‚zerfressen', ‚zernagen') ist aus technischer Sicht die Reaktion eines Werkstoffs mit seiner Umgebung, die eine messbare Veränderung des Werkstoffs bewirkt. Korrosion kann zu einer Beeinträchtigung der Funktion eines Bauteils oder Systems führen.
* **Korrosionsbeständigkeit**	beruht auf der Ausbildung einer schützenden Passivschicht.

2. Nassdeckung (Mörteldeckung)

Wenn Kehlen in Mörtel gedeckt werden, so **muss die Kehlschalung zwingend mit einer Vordeckung** (mindestens V 13 oder G200DD) versehen sein.

Kehlbiber sowie sämtliche Ausspitzer/Kehlspitzen sind mit Längs-, Quer- und gegebenenfalls mit Stützschlag (regionale Besonderheiten beachten) zu decken.

Sämtliche, auch komplett überdeckte Ziegel sind einzudecken. Dies gilt besonders für kleine Zwickel oberhalb der Kehlspitzen, da dieser Zwickel als Füllstück und als Auflager für den Mörtel der kommenden Kehlschichten fungiert.

Mit Längsfugenanstrich (also mit Mörtelfuge) wird die Kehle nur eingedeckt, wenn die Dachfläche ebenfalls mit Längsfugenanstrich eingedeckt wurde.

Ein „Ausmauern" des Kehlansatzes oder der einzelnen Kehlschichten (dies gilt besonders für Unterläufer) **ist nicht zulässig.**

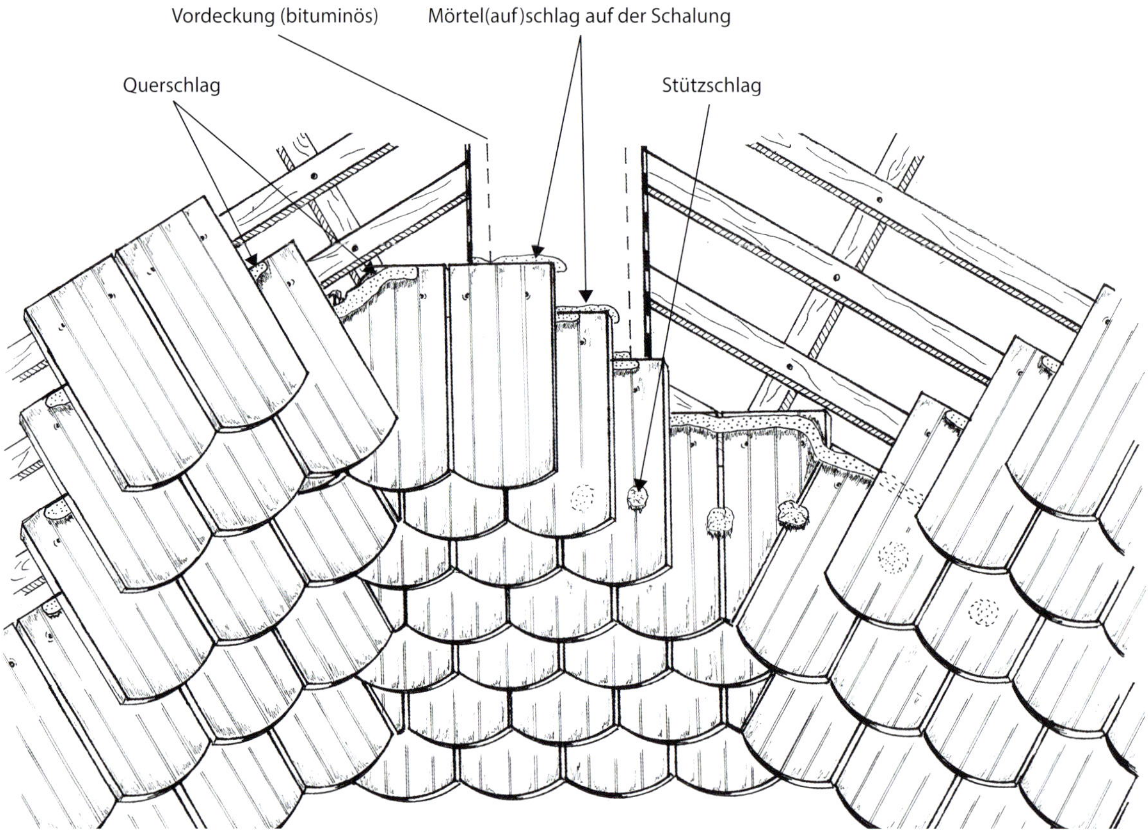

Abb. 6.110: Darstellung der Mörteltechnik in einer drei Ziegel breiten Biberschwanzkehle

Bei der Mörteltechnik in der Kehle ist zu beachten:

- Im Bereich des Kehlbretts wird Mörtel auf die Vordeckung (ähnliche Stärke wie der Querschlag) als Mörtellager aufgeschlagen.
- Der Querschlag sollte (genau wie in der Fläche oder am Einbauteil) niemals abreißen und nicht dicker als Daumenstärke sein.
- In der Kehle werden zwei Stützschläge (ein bisschen größer als ein 2-Euro-Stück) etwas neben der Längsfugen aufgeschlagen.
- Im Kehlbereich müssen die Biber so sauber wie möglich eingeschwemmt werden.
- Auch bei der Verwendung von Mörtel müssen die Dachziegel ohne Anhängenase mechanisch gegen Abrutschen gesichert (also mit **korrosionsbeständigem Draht** angedrahtet) werden.

Der Mörtel darf nicht aus der Eindeckung hervortreten und der Quer-/Stützschlag dürfen sich nicht untereinander berühren. Dies wird als Ausmauern gewertet.

Mörtel zieht Wasser, was bedeutet, dass durch „Ausmauern" die Konstruktion nicht regensicher oder funktionstüchtig ist!

Grundsätze beim Einbinden der Kehle

Kehlspitzen und Anschlussziegel

Durch die in den Abbildungen 6.107 bis 6.109 (S. 155 bis 158) beschriebenen Besonderheiten lassen sich meist unterschiedliche Abstände (zwischen Kehlschicht und Anschlussziegeln) bis hin zu einer halben Dachziegelbreite nicht vermeiden.

Die Folge dieser unterschiedlichen Abstände sind Kehlspitzen (Ausspitzer) mit unterschiedlichen Segmentbogenbreiten und Kehlanschlussziegel in unterschiedlichen Breiten.

Geschmälerte Dachziegel dürfen nur dann Verwendung finden, wenn die Längsfugen ausreichend gesichert bleiben (¼-Verband beachten) und diese als Anschlussziegel das Halbformat nicht unterschreiten.

Einbinden

Vor dem Einbinden einer Kehle sollte sich jeder Dachdecker darüber im Klaren sein, dass die deutsch eingebundene Kehle in die Fläche eingebunden wird (und nicht die Fläche in die Kehle), so wie **jede** einzelne Deckschicht aus der Fläche auch in der Kehle angeschlossen werden muss!

Die sogenannten Totschichten (also Ziegelreihen, die ohne Verbindung zur Kehle gedeckt werden) sind nicht zulässig!

Es ist anzustreben, die einzelnen Kehlschichten mit den ankommenden Deckschichten durch Ausspitzer (Kehlspitzen) und passende Anschlussziegel sauber einzubinden.

- Die Kehlspitzen sollten am Segment etwa Daumenbreite aufweisen, jedoch zwischen mindestens 1 und etwa 4 cm Breite.
- Wenn die Segmentbreite der Ausspitzer (Kehlspitzen) bei etwa **1 bis 2 cm** liegt (Daumenbreite), entspricht das ungefähr der Halbverbandsdeckung in der Fläche. Das erleichtert gleichmäßige Übergänge aus der Kehle in die Deckgebinde der Dachflächen und verringert so die Gefahr offener Kreuzfugen.
- Zusätzlich besteht auch die Möglichkeit (ist es zulässig), den Ausspitzer etwa 8 cm breit (Segmentbreite) herzustellen. Diese besonders breite Kehlspitze wird als **Kehlhalber** bezeichnet und wird auf die Kehldeckbreite gerechnet (zwei Halbe ergeben einen Ganzen).

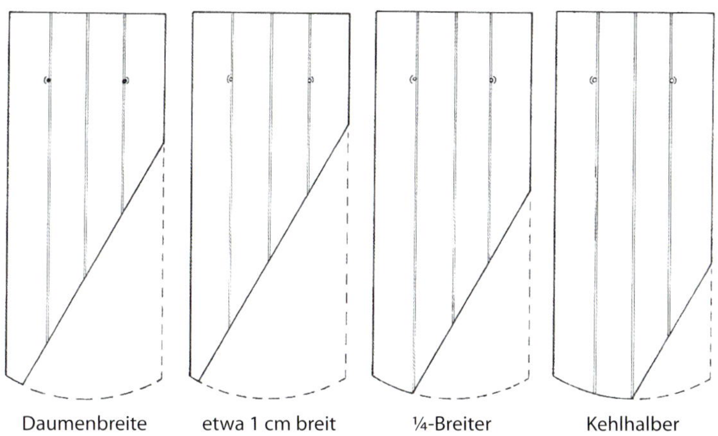

Abb. 6.111: Darstellung verschieden breiter Ausspitzer, Segmentschnitt – Biber

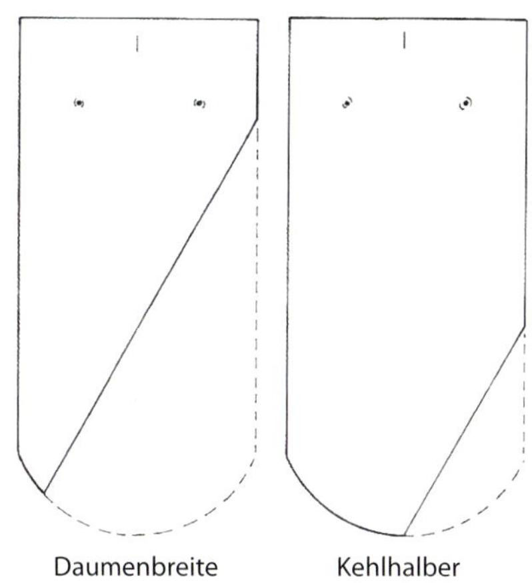

Abb. 6.112: Darstellung verschieden breiter Ausspitzer, Rundschnitt – Biber

Im Bereich der Kehlspitzen/Ausspitzer muss zu den Anschlussziegeln der darüber- und darunterliegenden Gebinde mindestens der Viertelverband (der Dachziegel in der Dachfläche) eingehalten werden.

Kehlschichten

Die einzelnen Schichten der Biberschwanzziegel in der Kehle werden **immer** im Halbverband und in der Dreifachdeckung angeordnet. Ein Abweichen von diesem Halbverband oder die Unterschreitung der Dreifachdeckung ist nicht zulässig!

Die Dreifachdeckung innerhalb der Kehlschichten ist zur Einhaltung der Mindesthöhenüberdeckung enorm wichtig.

Die einzelnen Kehlschichten, welche in die Schichten der Dachfläche eingebunden werden, heißen **Kehldeckschichten**.

Wenn nur Kehldeckschichten verbaut würden, wäre oft die Mindesthöhenüberdeckung innerhalb der Kehle nicht eingehalten.

In der eingebundenen Ziegelkehle müssen zum Ausgleich der unterschiedlichen Schichtmaße (Schichtmaß Kehle maximal 12,3 cm, Schichtmaß Doppeldeckung maximal 16,5 cm, Schichtmaß Kronendeckung maximal 33 cm) zusätzliche Schichten, die sogenannten **Läuferschichten** (auch **Unterläufer** genannt), eingedeckt werden.

Als Faustregel zur Verwendung von Kehldeckschichten (Bindeschichten) und Läuferschichten kann man sagen:

- *bei der Doppeldeckung:*
  Eine Schicht bindet, eine Schicht läuft. (Diese Faustregel entspricht der Teilung 1 : 2 oder 2 : 4.)
- *bei der Kronendeckung:*
  Zwei Schichten laufen, zwei Schichten binden. (Diese Faustregel entspricht der Teilung 1 : 4.)

Auftragen / Anreißen der Deckschichtenweiten

Beim Anreißen der ermittelten (Deck-) Schichtenweite ist stets zu beachten, dass die Segmenthöhe das Ziegeldeckmaß verfälschen kann.

Das Maß zwischen Fußlinie des Bibers und dem Segment ist bei den einzelnen Ziegelherstellern verschieden und muss dennoch stets beachtet werden.

Es empfiehlt sich das Schichtenmaß am Ziegelkopf abzunehmen und aufzutragen.

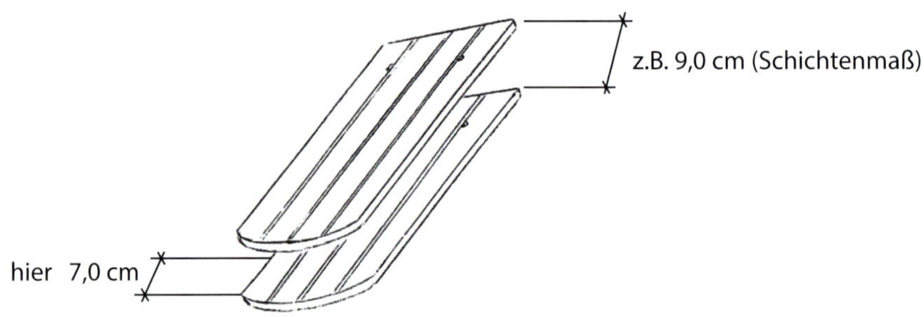

Die Schichtenhöhen, werden ***immer am Kopf des Dachziegels*** *abgemessen. Angerissene Schichtmasse stellen stets die Kopflinie da.*

Besonderheiten bei der Kronendeckung

Bei der Kronendeckung wechseln sich immer zwei Kehldeckschichten und zwei Unterläuferschichten ab. Die eingebundene Lagerschicht zählt nicht zur Kehlbreite und sollte zur Einhaltung des Halbverbands stets einen Ziegel breiter ausgebildet werden.

Eine Läuferschicht zwischen der Lager- und Deckschicht bei der Kronendeckung oder der Firstdoppelschicht ist nicht zulässig!

Die wichtigsten Grundregeln zu den Deckgrundsätzen, kurz zusammengefasst:

- *Die Kehldeckschichten zwischen Kehlansatz (Traufe) und First sollten immer in der gleichen Teilung abwechselnd Unterläufer und Ausspitzer gedeckt werden.*
- *Die Kehlschichten müssen durchgängig einen gleichmäßigen Gebindeabstand aufweisen.*
- *Eingebundene Kehlen werden stets mit einer Dreifachüberdeckung (der vierte Ziegel überdeckt den ersten um mindestens 1 cm) hergestellt.*
- *Im Bereich der Anschlüsse (Unterläufer/Anschlussziegel) muss eine allseitige Über- oder Unterdeckung von mindestens 2 cm gewährleistet sein.*
- *Die Mindestseitenüberdeckung von einem Viertelziegel muss auch und gerade im Anschlussbereich der eingebundenen Kehle zwingend eingehalten werden.*
- *Biberschwanzziegel zum Anarbeiten an die Kehle dürfen das Halbformat nicht unterschreiten (mindestens halbe Ziegelbreite).*
- *Anschlussziegel werden direkt an die Ausspitzer gedeckt.*
- *Beim Übersetzen zwischen den Deckschichten der Kehle (Anschlussbiber an die Ausspitzer) sollten nicht mehr als drei Ziegel geschmälert sein.*
- *Alle Dachziegel, auch komplett überdeckte Ziegel, müssen in ihrer tatsächlichen Größe eingedeckt werden. Auch vollständig überdeckte Ziegel **müssen** gedeckt werden!*
- ***Offene Kreuzfugen sind nicht zulässig.***

6.3.10 Unterkonstruktion der eingebundenen Kehlen

Das Kehlbrett oder die Kehlschalung

Die Kehlschalung ist ein Hilfsmittel des Dachdeckers, um eingebundene Kehle sauber herzustellen. Diese Kehlschalung dient als feste Auflage für die Dachziegel ohne Anhängenase und ermöglicht eine ausreichende harmonische Rundung der Kehlschichten.

Eine Kehlschalung kann höchst unterschiedlich gestaltet werden und stellt weder einen handwerklichen noch einen technischen Mangel bei seiner Gestaltung dar.

Allgemeine Grundsätze des Kehlbrett

Das Kehlbrett beginnt unmittelbar über der zusammengespitzten Traufdoppelschicht, etwa Unterkante der zweiten Traglatte (bei ungleichhüftigen Kehlen, etwa Unterkante zweite Traglatte der steileren Seite) und endet am Kehlauslauf, dem Kehlkragengebinde in etwas geringerer Breite.

Durch dieses leichte Versenken können die Kehlauslaufschichten von den darüber liegenden Firstziegeln sauber überbrückt / überdeckt werden.

Grundsätze der Kehlschalung

- *Die Kehlschalung muss bei Änderung der Kehlwinkel z. B. durch Aufschieblinge oder Rundungen, der Richtungsänderung der Kehle folgen.*
- *Die Winkelhalbierenden des Kehlwinkels dient als Mitte des Kehlbretts. Das Kehlbrett ist genau dort anzuordnen.*
  - *Bei ungleichhüftigen Kehlen ist das anordnen über dieser Winkelhalbierenden besonders wichtig, um auf der steileren Dachseite keinen auffälligen Knick am Übergang zu den Deckschichten der Fläche zu erhalten.*
  - *Das Kehlbrett wird bei ungleichhüftigen Kehlen also etwas aus der Kehlmitte gerückt!*

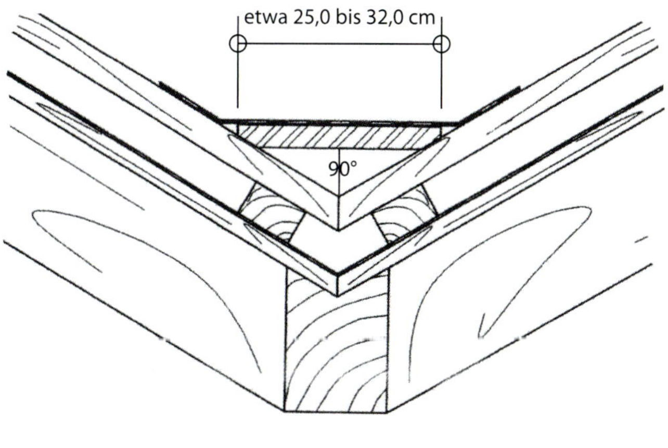

Abb. 6.113: Darstellung eines Kehlbretts in der Winkelhalbierenden

Handwerkliche Ermittlung der Lage und Breite des Kehlbretts am Kehlansatz

Es empfiehlt sich, gerade im Bereich ungleichhüftiger Kehlen, das Kehlbrett oder die Kehlschalung erst zu konstruieren

- nach dem Zusammenspitzen der Traufdoppelschicht und der Dachfläche, welche als „Auflagerziegel“ dienen sowie
- nach der Ermittlung der Kehlbreite und der Lage der Kehle
- sowie nach dem Herstellen des provisorischen Kehlansatzes.

Erst dann kann die optimale Breite des Kehlbretts abgelesen werden. Diese optimale Lage und Breite des Kehlbretts ist immer dann gegeben, wenn die Kehlschichten sauber auf dem Kehlbrett liegen also dem Kehlverlauf folgen.

Der Kehlansatz sollte ebenso wie die Traufe mit einem sauberen Sturz ausgebildet werden.

Die Breite und die Lage des Kehlbretts richtet sich stets nach den Ziegeln und nicht die Ziegel nach dem Kehlbrett!

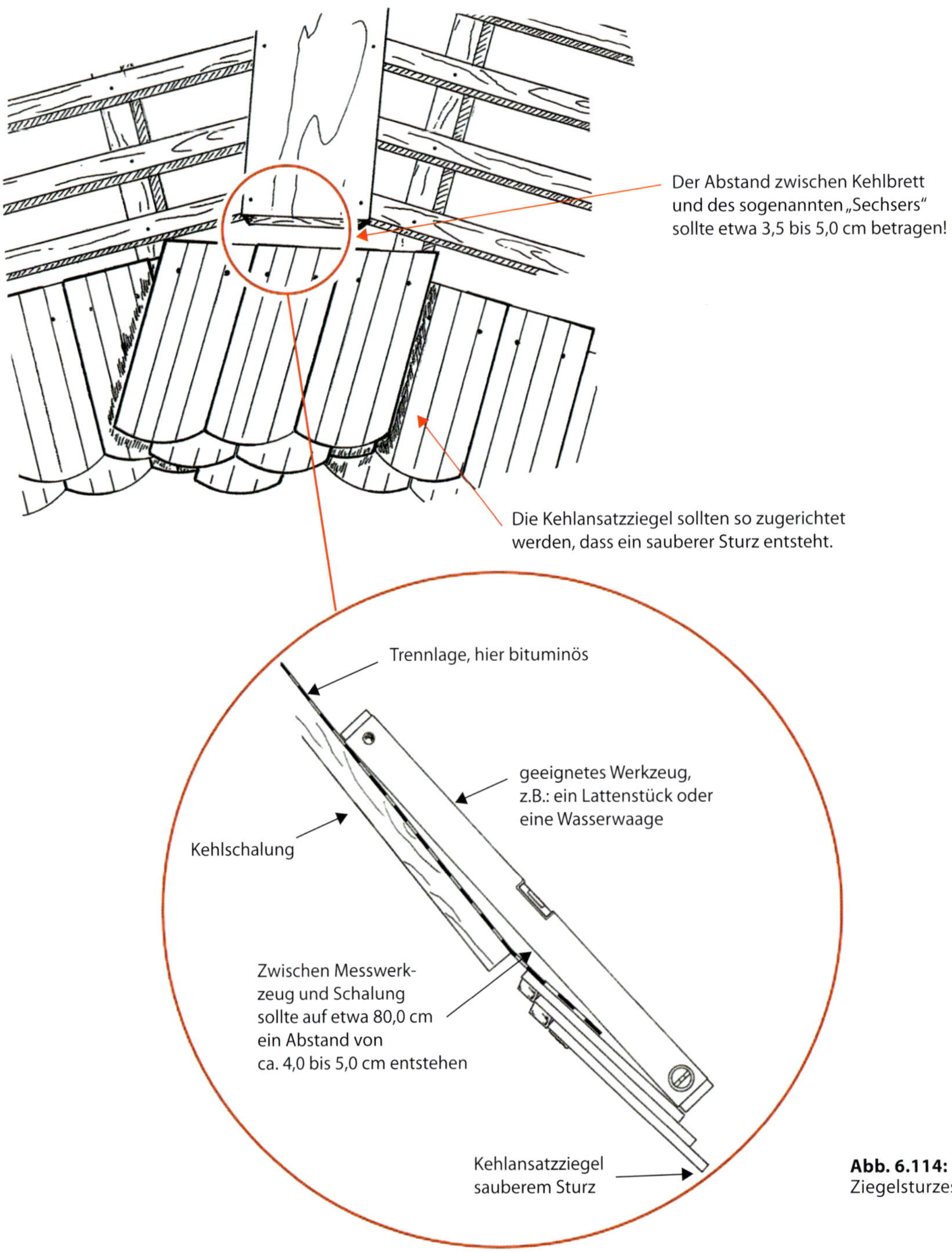

Abb. 6.114: Prüfen des Ziegelsturzes

In dieser Darstellung, einem Querschnitt durch den traufseitigen Kehlansatz, ist kein Sperren der einzelnen Kehlziegelreihen zu erkennen, außerdem liegen die Kehlziegel sauber auf dem Kehlbrett.

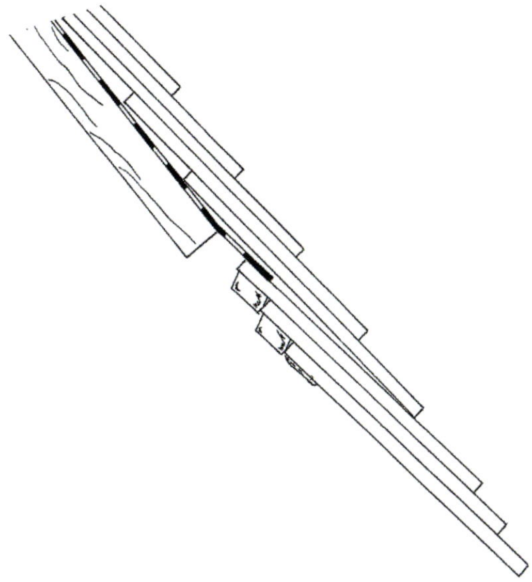

Abb. 6.115: Sauber hergestellter Ziegelsturz

Die Lage des Kehlbretts zu den Kehlschichten

Das Kehlbrett soll den anlaufenden Kehlschichten eine saubere Auflage und dem Dachdecker eine Arbeitserleichterung schaffen, deshalb muss dieses Brett (bei mehreren Brettern – die Schalung) vollflächig, Lagestabil und dem Kehlwinkel folgend montiert werden.

Falsche Lage des Kehlbretts, hier werden Probleme beim Kehle decken entstehen.

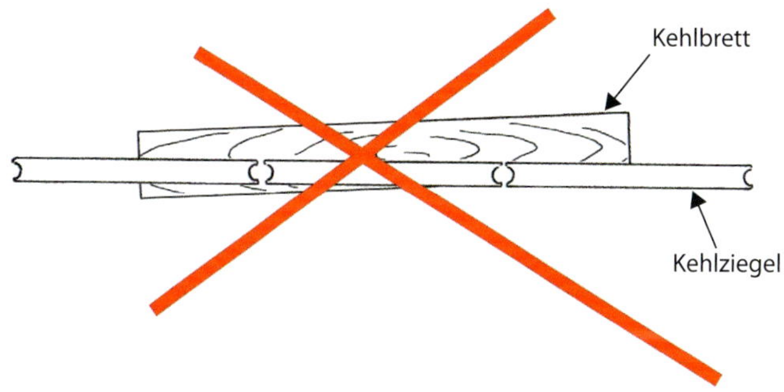

Das Kehlbrett richtet sich stets nach den Ziegeln am Kehlansatz und sollte dessen Neigung folgen …

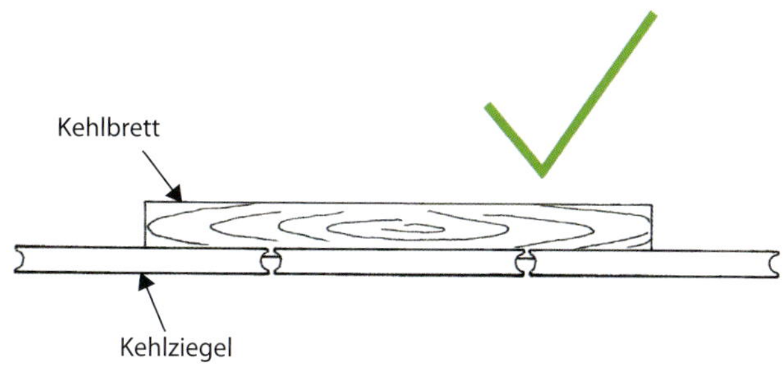

Abb. 6.116: Lage des Kehlbretts

Breite der Kehlschalung

Die Breite des Kehlbretts richtet sich stets nach den gewählten Dachziegeln (Format des Biberschwanzziegels), des gewählten Kehlanfangs, der Kehldeckbreite und dem wahren Kehlwinkel.

Bei einem Kehlwinkel von etwa 120° (45° Dachneigung) und einer drei Ziegelbreiten Kehle (Format A – 15,5 × 38,0 cm) und mit klassischem Kehlansatz mit aufgelegtem Wasserziegel, genügt ein Brett von ca. 25,0 cm Breite.

Gleiche Situation jedoch einem Biber mit Format B (18,0 × 38,0 cm), hier sollte das Kehlbrett etwa 32,0 cm betragen.

Faustregel zum Kehlbrett:

Dachneigung	bis	45°	——►	Kehlbrettbreite	bis	25,0 cm
Dachneigung	ab	45°	——►	Kehlbrettbreite	ab	25,0 cm

Besonderheiten bei der Wähl der Kehlbrettbreite

- ***Die Breite** des Bretts **verringert sich bei größeren Kehlwinkeln** oder kleinerer Kehlbreite. Bei einem eingebundenen Wasserziegel, kann das Kehlbrett sehr schmal gewählt werden.*
- ***Die Breite vergrößert sich bei kleineren Kehlwinkeln** oder größerer Kehldeckbreite auf beispielsweise drei Bretter mit etwa 44,0 cm Gesamtbreite.*

Die Breite der Kehlschalung ist immer dann ausreichend gewählt, wenn zwischen Kehlschalung und Kehlschichten sowie zwischen den Kehlschichten untereinander keine auffälligen Hohlräume, oder ein „Sperren" entstehen.

Konstruktionsgrundlagen

Richtig gewählte Kehlbrettbreite …

Zu schmal gewähltes Kehlbrett, hier liegen die Biber hohl.

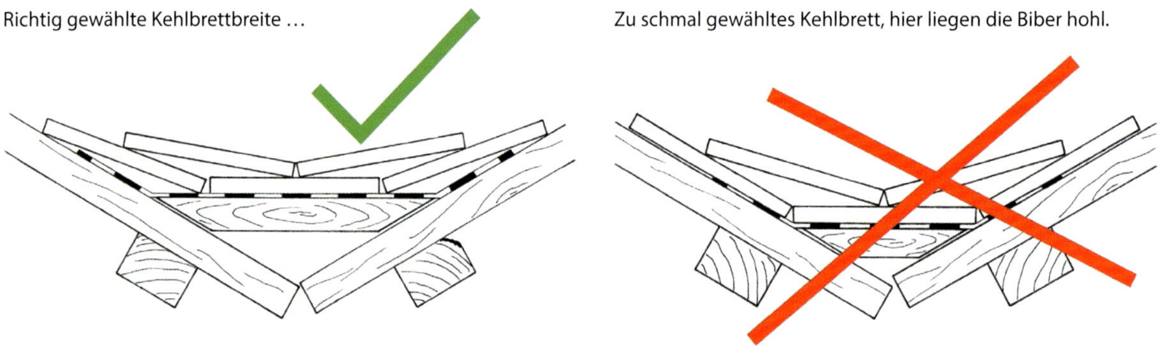

Abb. 6.117: Darstellung zweier Kehlbrettbreiten

Um eine durch das Verwerfen der Kehlschalung auftretende technische Veränderung der Kehleindeckung zu verhindern, muss für die Kehlschalung stets *Vollholz als Mittelbretter* oder *Holzwerkstoffplatten* aus Wasserfest verleimten Mehrschichtplatten verwendet werden.

- Das Kehlbrett sollte eine Stärke von mind. 30mm haben.
- Das Holz der Kehlschalung muss gesund und wurmfrei sein.
  - Das Kehlbrett / die Kehlschalung kann aus mehreren Brettern zusammengesetzt sein.
  - Die Zwischenräume dreiteiliger Kehlschalung dienen der Hinterlüftung. Diese sollten nicht verschlossen werden!
  - Zur besseren Auflage der einzelnen Kehlschichten, sind die Seitenkanten der Schalbretter, welche auf den Traglatten aufliegen, etwas abzuschrägen.

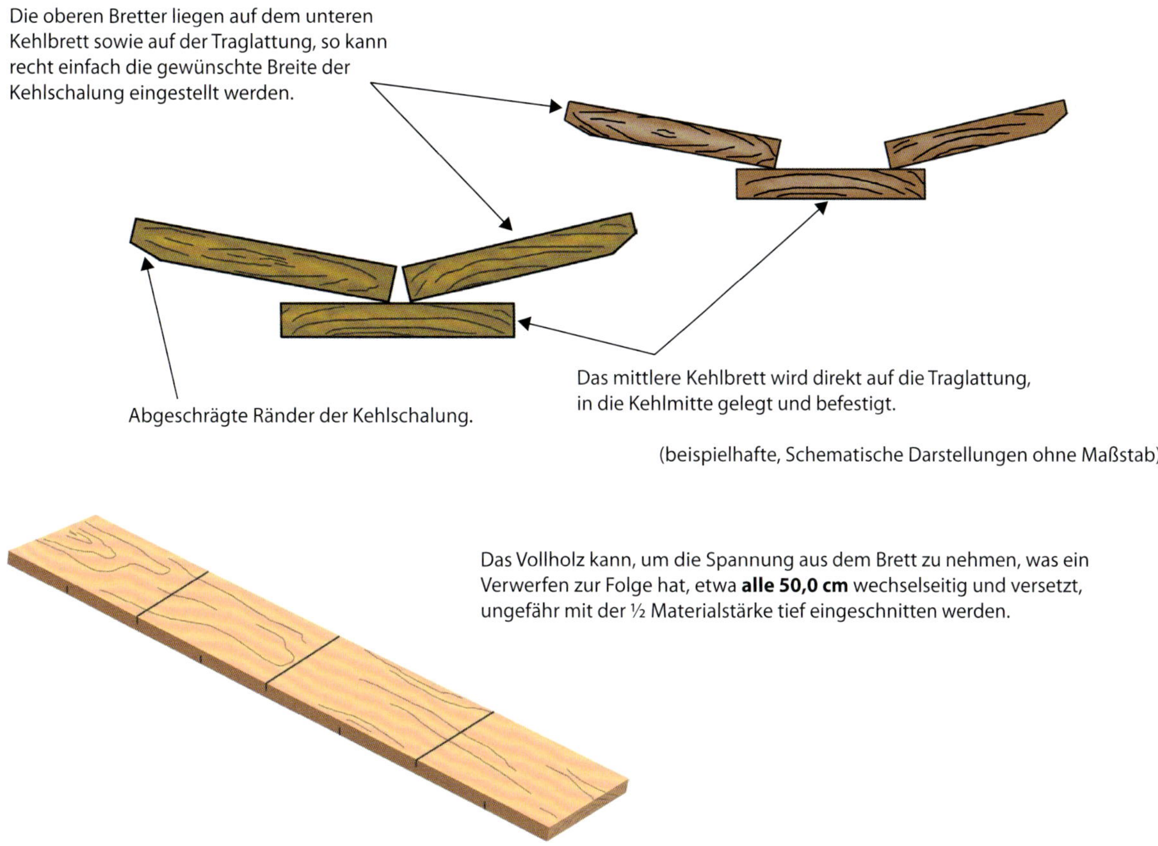

Abb. 6.118: Darstellung einer Kehlschalung (3 Details)

Besonderheiten

Bei der Kronendeckung mit Biberschwanzziegeln, Glattziegeln mit Seitenfalz oder einer Eindeckung mit Ringverfalzten Ziegeln müssen vor der Montage der Kehlschalung, kurzer Zwischenlatten als Hilfslatten montiert werden, hierbei ist zu beachten:

- **das Lichte Maß der Lattenzwischenräume darf 13,0 cm (≤ 13,0 cm) nicht überschreiten.**

Diese Hilfslatten dienen als Auflage der einzelnen Unterläuferschichten sowie der Lagestabilen Montage des Kehlbretts / der Kehlschalung.

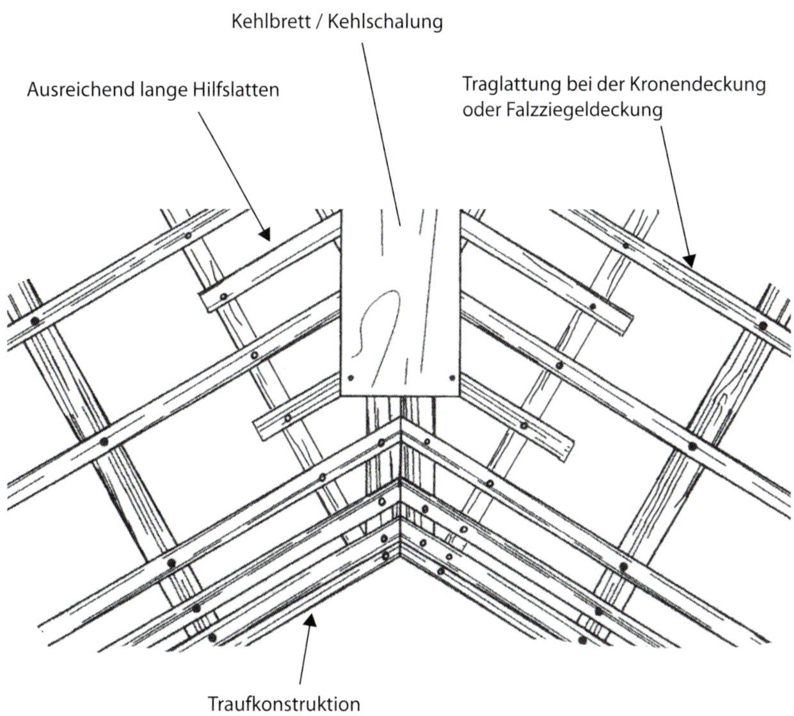

Abb. 119: Darstellung einiger Hilfslatten unterhalb des Kehlbretts

Kehlauslauf, Kehlbrett am Kehlkragen

Am Kehlkragen, auch Kehlauslauf genannt, sollten die Kehlgebinde nicht „zu hoch" liegen. Dies ist nicht immer leicht da zwangsläufig, einfach durch die Konstruktion der Kehle – durch ihre konstruktiven Besonderheiten – die Kehlgebinde schon höher liegen.

Um einen optisch ansprechenden Abschluss der Kehle herzustellen muss auch die Unterkonstruktion entsprechend angepasst, oder besser vorbereitet werden.

Am Kehlkragen wird zwischen zwei Abschlüssen unterschieden:

- ***Kehlauslauf bei verschiedenen Firsthöhen,*** *z. B.: Gauben, Türme, kleinere oder versetzt angeordnete Anbauten und*
- ***Kehlauslauf bei gleichen Firsthohen,*** *Wiederkehren / Dachspieße, große nicht versetzt angeordnete Anbauten*

Kehlauslauf bei verschiedenen Firsthöhen

Der Kehlauslauf mit verschiedenen Firsthöhen ist recht einfach herzustellen, da hier die einzelnen Kehlgebinde sauber aus der Kehle auf der unteren Firstebene auslaufen. Die Kehlgebinde auf der durchlaufenden Dachfläche, binden weiterhin normal ein.

Jedoch sollte hier, am Auslauf, zwingend auf eine geringe Aufbauhöhe der Kehle und dessen First geachtet werden.

Viele Kollegen sprechen von einem schön langgezogenen Kehlauslauf mit einem sauber geschwungenem, in die Dachfläche auslaufenden Firstabschluss. Das kann auch so gebaut werden, doch bei Dachflächen mit einem hohen Anfall von Niederschlagswasser (z. B. langen Sparren), kann die optische Wirkung eines langen Kehlauslaufs durch konstruktive Probleme deutlich geschmälert werden.

Der in die Fläche verlaufenden First hat, konstruktiv, eine deutlich geringere Höhenüberdeckung was diesen Übergang zwischen Gaube (Kehle) und Dachfläche zu einem erheblichen Schwachpunkt einer solchen Dachkonstruktion macht.

Geschmäcker sind verschieden, jedoch kann ein extrem langer / hoher Kehlauslauf konstruktive Probleme, unabhängig der Höhenüberdeckungen darstellen. Wenn die Kehle zum Beispiel nahe eines anderen Einbauteils (Laufanlage, Dachausstiege, Dachflächenfenster) oder in der Nähe des Hauptfirstes liegt.

Ein langer / hohen Kehlauslauf zieht natürlich auch einen deutlich höheren Fertigungsaufwand, durch eine Vielzahl bearbeiteter Dachziegel nach sich, was wiederum ein konstruktives Befestigungsproblem der Ziegel sowie einen erhöhten Lohnkostenanteil darstellen kann.

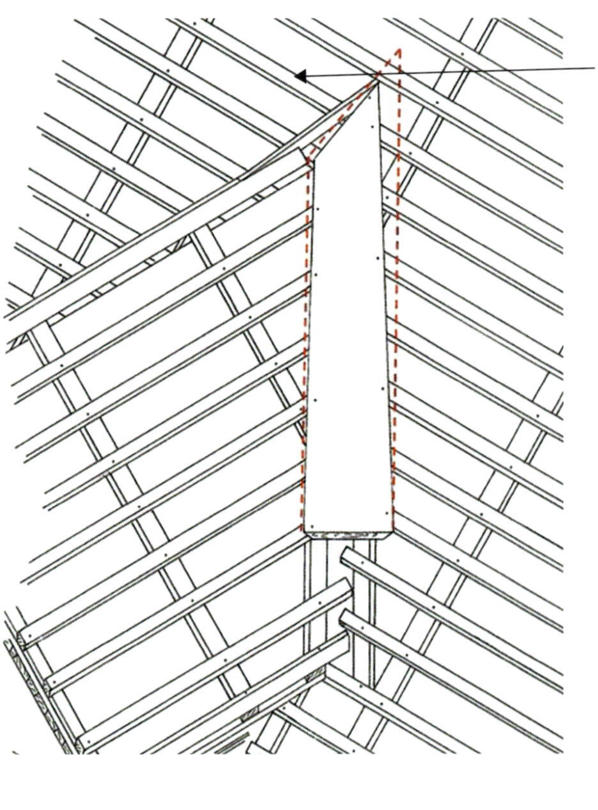

Durch geschicktes, konisches zurichten des Kehlbretts wurde hier die Aufbauhöhe, des Kehlauslaufs, deutlich verringert.

Abb. 6.120a: Darstellung einer Unterkonstruktion des Kehlauslaufs mit verschiedenen Firsthöhen, in der Doppeldeckung

Beim konischen Schmälern, des Kehlbretts, muss eine Mindestbrettbreite von 18,0 cm eingehalten bleiben.

Im Bereich von sehr kurzen Kehlen, empfiehlt es sich das Kehlbrett bereits ab dem Kehlansatz konisch zu bearbeiten um einen auffälligen Knick im Kehlverlauf zu vermeiden.

Die Höhe des fertigen Kehlkragengebindes kann durch ein geschicktes schmälern des Kehlbretts, im Bereich des Kehlauslaufs, sowie durch ein sauberes Eindecken der Biberschwanzziegel in der Kehle, eingestellt werden!

Kehlauslauf bei gleichen Firsthöhen

Die Herstellung der Kehlausläufe mit gleichen Firsthöhen ist nicht ganz so einfach wie man glaubt. Hier laufen die Kehlgebinde beidseitig an die Firstebene, was wiederum bei einem zu hohen Kehlauslauf zu einer optisch eher unansehnlichen Lage des Anbaufirstes zum Hauptfirst führen kann.

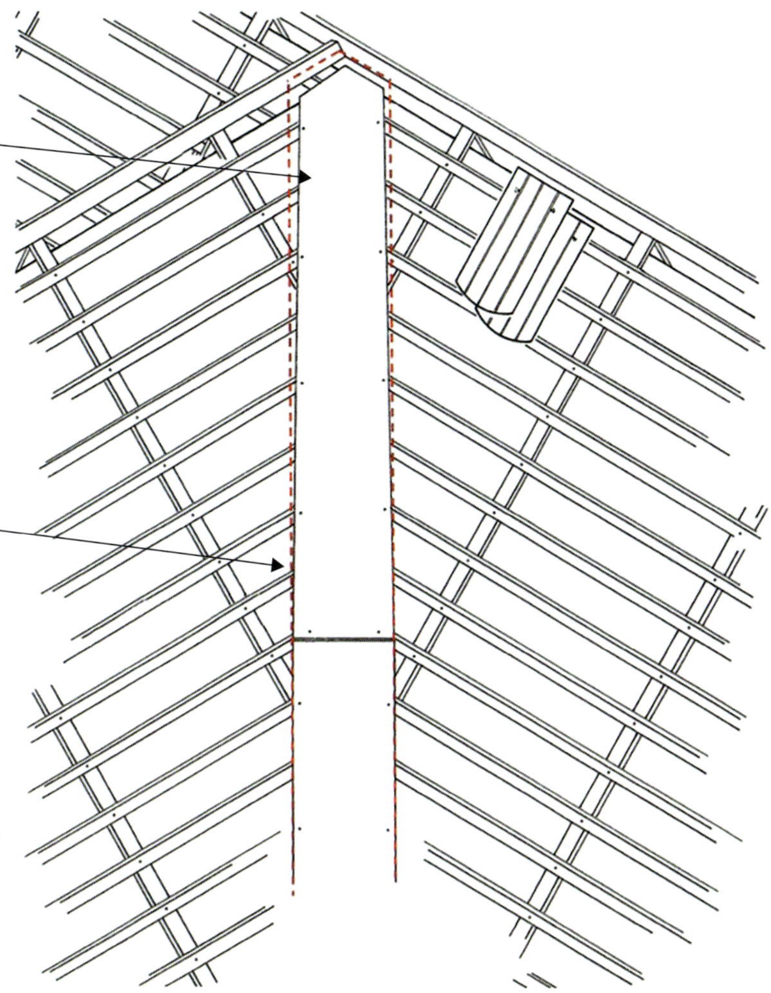

Durch ein geschicktes, konisches zurichten des Kehlbretts kann die Höhe des Kehlauslaufs verringert werden.

Bei langen Kehlen sollte das Kehlbrett mindestens zwei teilig hergestellt werden. Der konisch zugerichtete Bereich des Kehlbretts sollte dann etwa 1,5m unterhalb des eigentlichen Kehlauslaufs beginnen.

Abb. 6.120b: Unterkonstruktion eines Kehlauslaufs mit gleichen Firsthöhen in der Doppeldeckung

Die Höhe des Kehlkragengebindes muss hier durch ein geschicktes schmälen des Kehlbretts (im oberen Bereich der Kehle) sowie durch ein sauberes und geschicktes Eindecken eingestellt werden, um so eine gleichbleibende Höhe der zusammenlaufenden Firste zu gewährleisten.

Holzschutz / Vordeckung

Im Regelwerk des deutschen Dachdeckerhandwerks wird nur beim Eindecken der Ziegelkehlen in der Mörteltechnik sowie bei der Verwendung von Holzwerkstoffplatten als Kehlschalung eine geeignete Vordeckung verlangt.

Es hat sich jedoch in den letzten Jahrzehnten, auf den Baustellen stets das Anbringen einer Vordeckung bewährt um ein Durchfeuchten der Unterkonstruktion sowie ein Eindringen von Niederschlagswasser im empfindlichen Bereich der Kehle während der Bauphase zu minimieren.

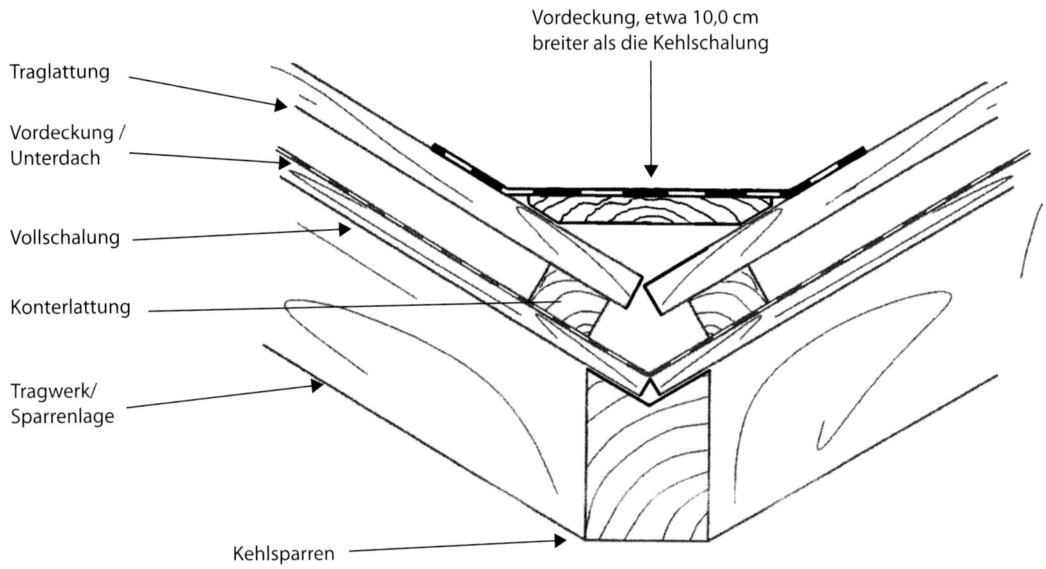

Abb. 6.121: Kehlschalung mit Vordeckung im Querschnitt

Handwerkliches Herstellen der Vordeckung

Die fertiggestellte Kehlschalung sollte in der gesamten Breite (im Idealfall etwa 10,0 cm Breiter als das Kehlbrett) mit einer Vordeckung versehen werden.

Beim Verlegen dieser Vordeckung muss, wie überall, die vorgeschriebene Höhenüberdeckung eingehalten bleiben. Weiterhin sollte stets mit einer geringen Anzahl von Befestigungsmitteln gearbeitet werden.

Die Befestigung erfolgt nur im Überdeckungsbereich oder aber durch zusätzliches Verschließen der einzelnen Nagel- / Tackerlöcher durch geeignete Maßnahmen.

Die Vordeckung der Kehlschalung sollte mit einer geeigneten Überdeckung auf den bereits verlegten Kehlansatz geführt werden.

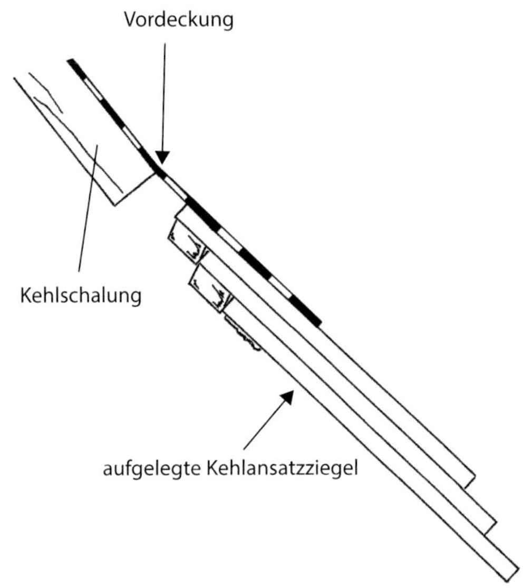

Abb. 6.122: Darstellung eines Kehlansatzes mit Vordeckung, im Längsschnitt

Geeignete Materialien für eine Vordeckung

Die Vordeckung sollte aus dafür geeigneten Materialien bestehen, diese können beispielsweise bituminösen Dachbahnen (V13 oder G200DD) oder auch gewebte Schalungsbahnen (Herstellervorgaben beachten) sein.

*Bituminöse Dachbahnen mit einer Trägereinlage aus Rohfilz **(R333)** oder Jute **(J 60 S4)** sind, auch im Kehlbereich, als Vordeckung nicht zulässig.*

Nachteile einer Vordeckung

Durch eine Vordeckung, wird das Durchfeuchten der Kehlschalung während der Bauphase vermieden. Jedoch besteht stets die Gefahr, gerade bei bituminösen Vordeckungen, das Feuchtigkeit in der Konstruktion eingeschlossen wird und so ein überdurchschnittlich schneller Zerfall der Unterkonstruktion entstehen kann.

Die Gefahr einer frühzeitigen, feuchtigkeitsbedingten Zerstörung der Unterkonstruktion kann durch die Verwendung einer diffusionsoffenen Unterdeckbahn verringert werden.

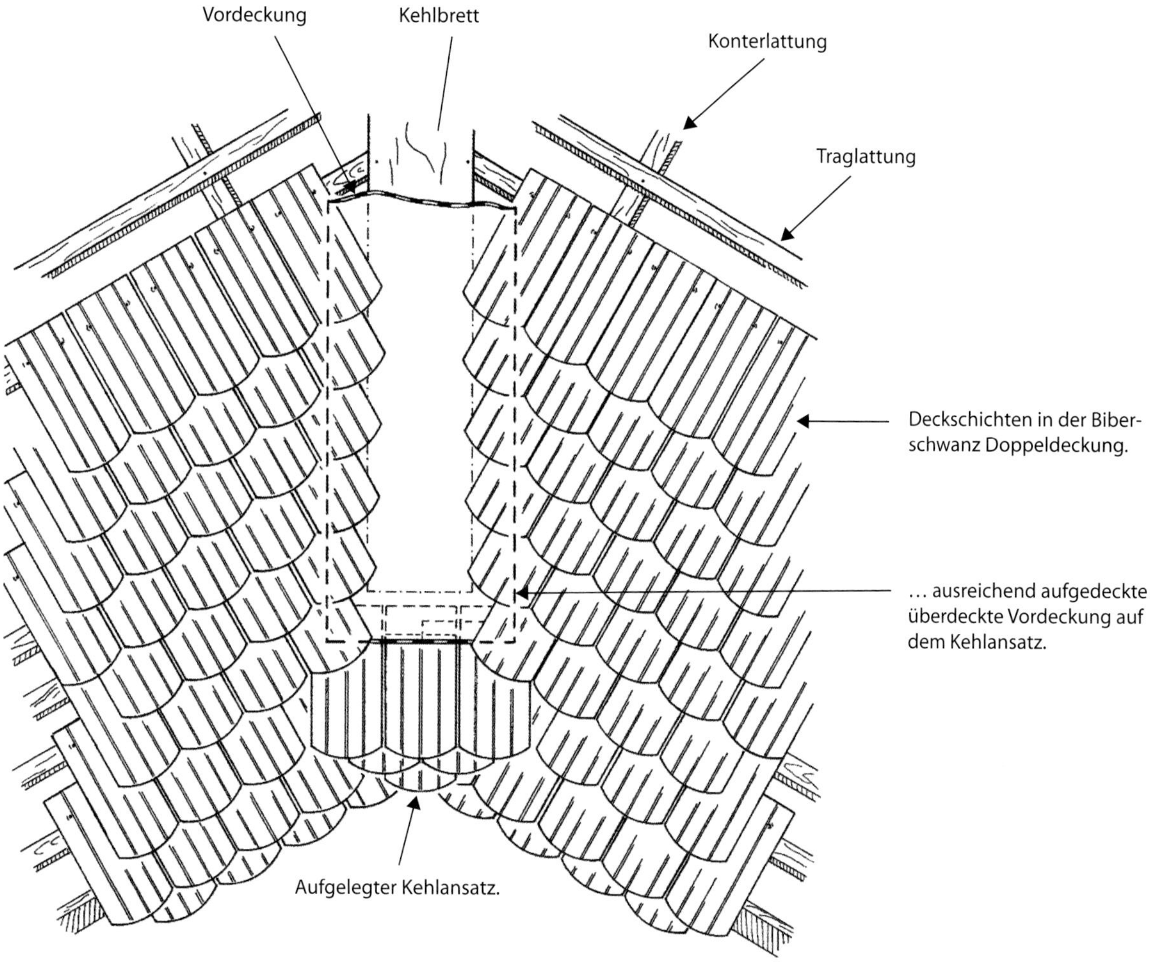

Abb. 6.123: Beispielhafte Darstellung, einer handwerklich hergestellten Vordeckung

6.3.11 Der Kehlansatz

Um eine eingebundene Kehlen sauber herzustellen, muss als erstes die exakte Lage dieser Kehle ermittelt werden.

Die Deckgebinde der Fläche sollten mit Ausspitzern (den sogenannten Kehlspitzen), welche noch etwa 1–2 cm breite Segmentbogen aufweisen, in die Kehlschichten eingebunden werden. Gerade am Ansatz sollte diese Segmentbreite exakt beachtet werden, um das fortlaufende Einbinden der Kehle nicht unnötig zu erschwerern.

Der Kehlansatz an schmalen (kurzen) Traufen

Bei kurzen Trauflängen wie zB. an Anbauten, Gauben aber auch Wiederkehren, kann die kleinere Fläche (die Dachfläche mit der schmäleren Traufe) nach der Dachfläche mit der längeren Traufe (der größeren Dachfläche) ausgerichtet werden.

Denoch bleibt zu beachten, dass auch wenn die Kehle die Lage der Deckschichten (Flächenschichten) der kleineren Fläche vorgibt muss bei ungleichen Dachneigungen immer die steilere Dachseite die Kehlbreite definieren.

Ermittlung der Position der Kehle in den Dachflächen

Es wird vor dem Schnüren der Kehlbreite immer als erstes die vorgegebene (gewünschte) Breite der Kehle mit Hilfe von Biberschwanzziegeln auf der Unterkonstruktion (Traglattung) der Dachfläche (provisorisch) aufgelegt.

Wenn diese Kehldeckbreite aufgetragen wurde, wird von dort aus in die gegebenen Dachflächen zurückgestochen.

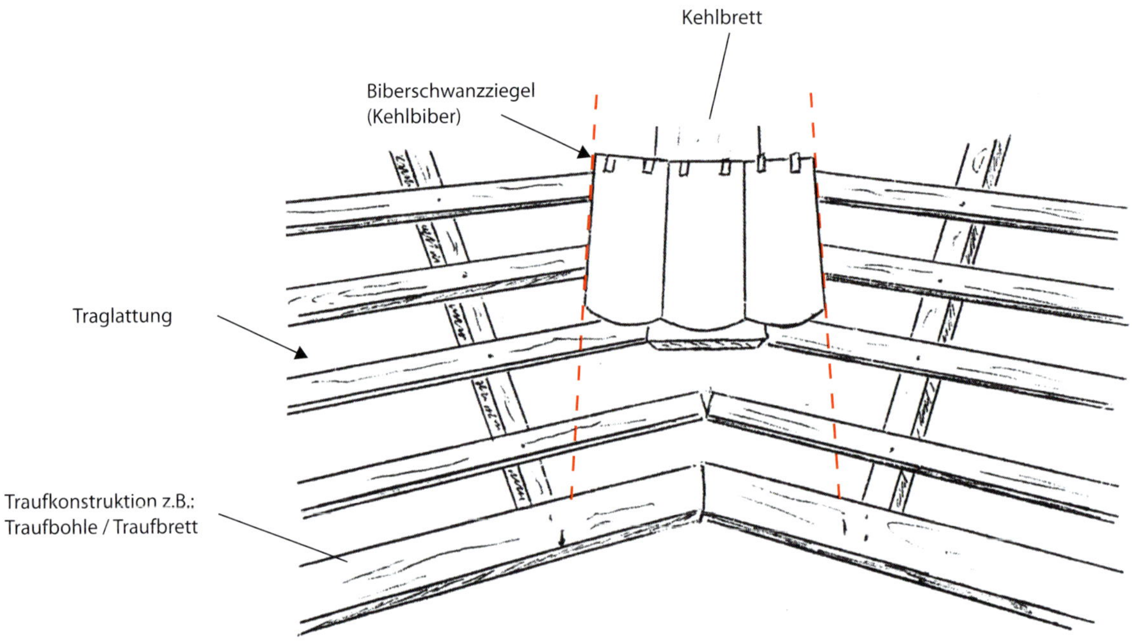

Abb. 6.124: Provisorische Kehlbreitenermittlung

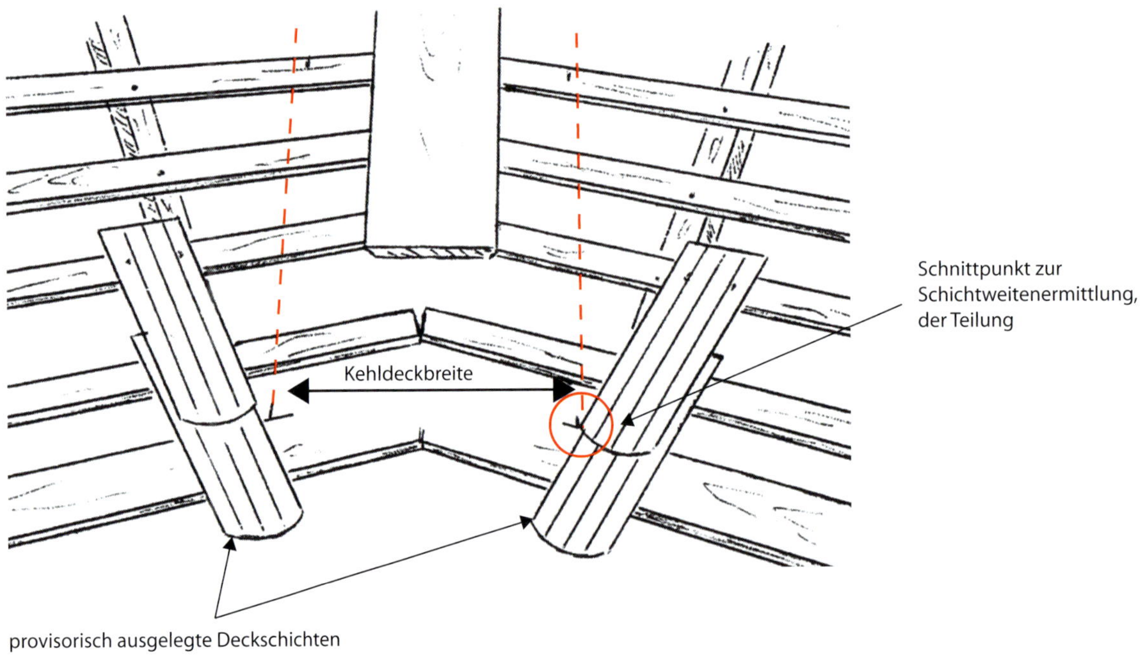

Abb. 6.125: Ermittlung der Schnittpunkte für die Schichtweitenermittlung (die Teilung)

Verlagern der Kehldeckbreite

Wenn der Verband aus der Dachfläche nicht so ankommt, dass der Halbverband der Anschlussziegel zum Ausspitzer eingehalten werden kann, oder in der Traufdoppelschicht (der stumpf zusammengespitzten Schichten) eine „Fug auf Fug", oder am Ende sogar eine offene Kreuzfuge entsteht, sollte die Kehle etwas verschoben werden.

Dieses verschieben der Kehle wird als Verlagern der Kehldeckbreite bezeichnet. Durch diese Technik kann die optimale Breite der Ausspitzer / Kehlspitzenbreite, zumindest am Kehlansatz erreicht werden.

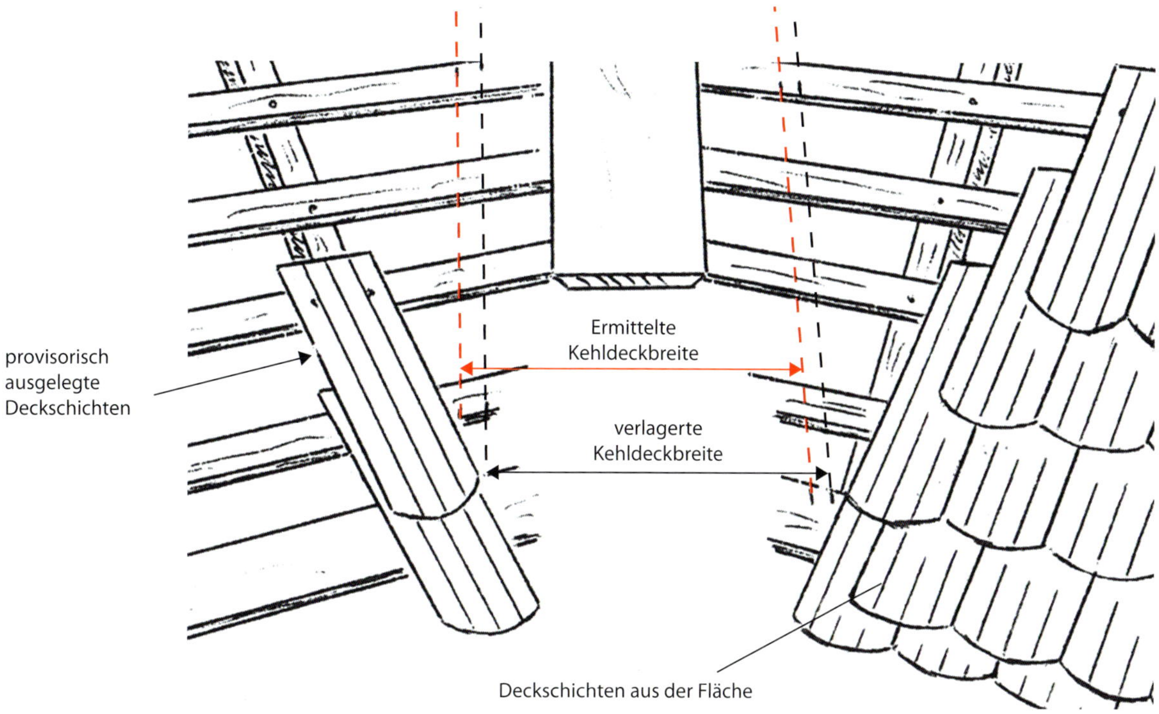

Abb. 6.126: Verlagern der Kehldeckbreite

Die wichtigsten Grundregeln zur Lagebestimmung der Kehle:

- *bei **kurzen** Traufen; zurückstechen der ankommenden Deckgebinde (also somit richtet sich die Fläche nach der Kehle)*
- *bei **langen** Traufen; Verlagern oder Erweitern der Kehldeckbreite (... zu den ankommenden Anschlussziegeln der anlaufenden 1. Deckschicht aus der Dachfläche).*

Der klassische, aufgelegte, Kehlansatzes

Der aufgelegte (klassische) Kehlansatz setzt sich aus sechs Biberschwanzziegeln, welche in der Fläche verwendet werden, zusammen.

Diese sechs Ziegel liegen stets für sich, auf der zusammengespitzten Traufdoppelschicht, und haben die besondere Aufgabe, dass hier ankommende (gebündelte) Niederschlagswasser sauber und zügig abzuleiten.

Alte Dachdecker nennen diese sechs wichtigen Biberschwanzziegel auch spöttisch „Sixpack" oder „mein Sechser".

Verschiedene Arten von Kehlansätzen

Für eine saubere Wasserableitung am Kehlansatz ist die Position des Wasserziegels in seiner Höhenlage (traufseitig / firstseitig ausgerichtet) von großer Bedeutung.

Der Kehlansatz kann verschieden hergestellt werden, wobei sich hier die Varianten der Kehlansätze durch die Lage des ersten Wasserziegels in der Kehle bzw. in der sich treffenden Dachfläche unterscheiden.

Dieser erste Wasserziegel (auch Wasserbiber genannt) kann zum Beispiel als:

- aufgelegter Wasserziegel (klassische/einfachste Variante)
  oder als
- vertiefter Wasserziegel (verschiedene oft regionaltypischen, Variationen)

hergestellt werden.

Erläuterung der Varianten zur Herstellung des Wasserziegels am Kehlansatz:

- Aufgelegter Wasserziegel; *der Biberschwanzziegel welcher den Wasserziegel darstellt, wird auf die zusammengespitzten **Deck- und Lagerschichten** der Traufdoppelschichten oder aber auf die Deck- und Lagerschicht und die anlaufende Dachfläche aufgelegt bzw. gedeckt.*
- Vertiefter Wasserziegel; *hier wird der Wasserziegel (der Biberschwanz) nur auf die zusammengespitzte **Lagerschicht** der Traufdoppelschicht gedeckt. Die darüber liegende Deckschicht, der Traufdoppelschicht, wird bei dieser Variante bereits eingebunden.*

Eindecken des Kehlansatzes

Der Abstand vom Wasserziegel (dem ersten Ziegel in Kehlrichtung), zur ersten eingebundenen Kehlschicht richtet sich nach der Deckart in der Dachfläche (Kronendeckung/ Doppeldeckung/ Falzziegeldeckung), der Kehldeckbreite (zwei/ drei oder vier Ziegel breit) sowie der Traufkonstruktion.

Der Kehlansatz kann in seiner handwerklichen Ausführung stark variieren, ausschlaggebend für seine Ausbildung sind die verschiedenen Arten der Traufkonstruktionen.

Varianten des Kehlansatzes können zum Beispiel sein:

- **Freier Überstand** (eine Traufe ohne Dachrinne) hier wird der Wasserziegel so weit heruntergezogen, dass anfallendes Niederschlagswasser oder rutschender Schnee mit ausreichendem Abstand von der Gebäudewand abgeleitet wird.
- Traufkonstruktion mit **vorgehängten Dachrinnen**; dort wird der Wasserziegel so weit hochgeschoben, dass anfallendes Niederschlagswasser sauber in die Dachrinne abgeleitet wird und die Selbstreinigung der Rinne ohne Beeinträchtigung erfolgen kann.
- Bei Sonder- oder Regionaltypischen Konstruktionen zum Beispiel **mit Aufdachrinnen**, vertieften **Gesimsrinnen**, oder bei **tiefhängender Rinnen** sollte der Wasserziegel so angeordnet werden, dass auch bei starken Niederschlägen das anfallende Regenwasser ordnungsgemäß in die Rinne (nicht darüber hinweg) geleitet wird.

Verlagerter Kehlansatz, in dieser Abbildung beginnt die eingebundene Kehle mit einer überdeckten Blechkehle.

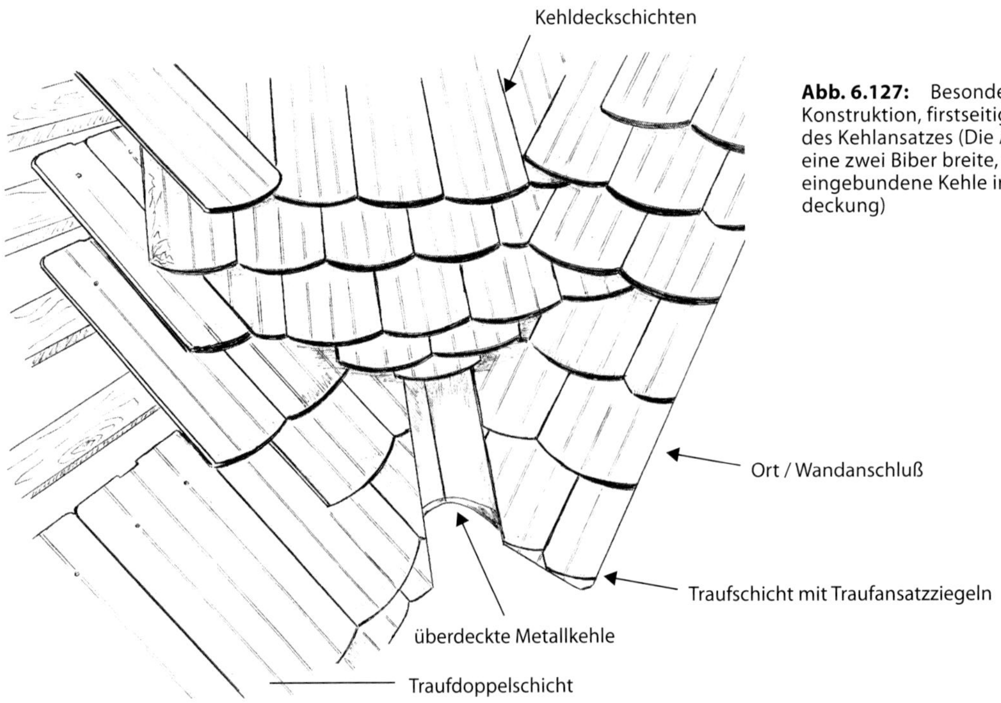

Abb. 6.127: Besondere bauliche Konstruktion, firstseitige Verlagerung des Kehlansatzes (Die Abbildung zeigt eine zwei Biber breite, wechselseitig eingebundene Kehle in der Doppeldeckung)

Diese Konstruktion wurde hier gewählt, um die Funktionstüchtigkeit des Ortgangs (oder Wandanschlusses) zu gewährleisten.

Der firstseitig Verlagerte, oder auch hochgeschobene Kehlansatz, wird häufig in Regionen mit erhöhtem Schneevorkommen aber auch bei besonderen baulichen Konstruktionen hergestellt.

Dieses hochschieben oder verlagern kann mit einer untergelegten / überdeckten Metallkehle oder als eingebundene Nockenkehle (Kehle mit Schichtstücken) ausgeführt werden.

Besondere bauliche Konstruktionen, im Bereich von eingebunden Kehlen, können sein:

- *der Kehlansatz befindet sich im Bereich eines Ortgangs (kurze oder sehr kurze Traufe),*
- *im Bereich der Traufen kann die geforderte mindest Kehlsparrenneigung nicht eingehalten werden (z. B.: denkmalpflegerische Konstruktionen, Aufschieblinge, Schleppen)*
- *stark gegliederte (verschachtelte) Dachkonstruktionen mit einer Vielzahl oft sehr unterschiedlichen Gauben Typen.*

Handwerkliches Aufdecken des Kehlansatzes, mit aufgelegtem Wasserbiber

Der Ansatz von eingebundenen Kehlen ist der wichtigste Bestandteil dieser Kehldeckart. Zum einen kommt hier bekanntlich, dass meiste Wasser an und zum anderen ist zu beachten;

„… wenn der Kehlansatz nicht richtig liegt, können später ungeahnte Probleme beim Einbinden der Kehle entstehen“

Zusammenfügen (-spitzen) der Traufschichten

Die Kehldeckung beginnt, nach dessen Lagebestimmung, mit dem wechselseitigen zusammenspitzen der Traufschichten bzw. der Traufdoppelschichten in der Kehlmitte.

„… das zusammenspitzen der Traufen hat den Zweck der Schaffung einer festen Auflage, sowie des Höhenausgleichs, der Kehle“

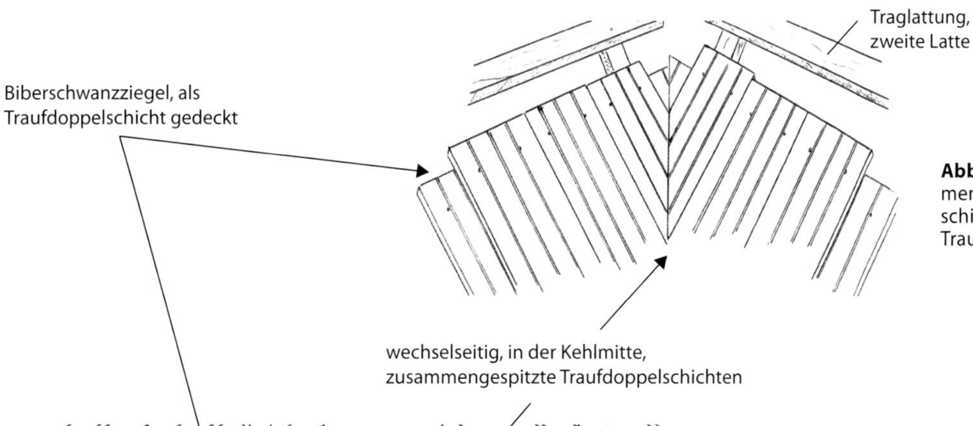

Abb. 6.128: Zusammengespitzte Traufschicht bei gleicher Traufhöhe

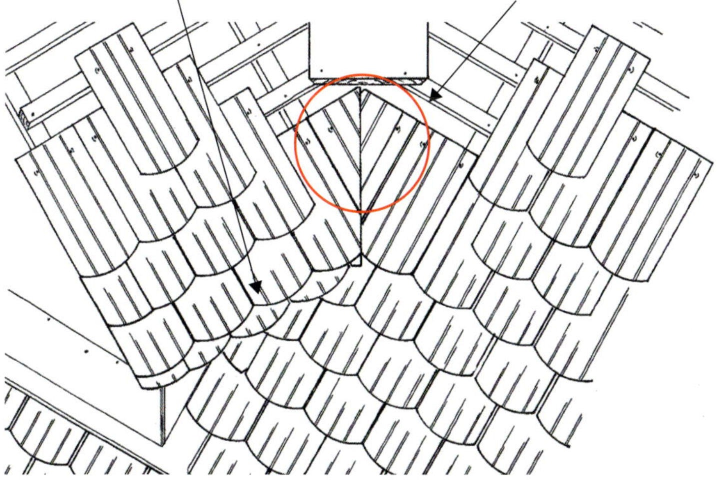

Abb. 6.129: Zusammengespitzte Traufe, bei verschiedenen Traufhöhen

Beim zusammenspitzen der Traufschichten ist es nicht von Belang, ob diese als Traufdoppelschicht, Traufschicht mit Traufansatzziegel, wechselseitig (Traufausbildungen mit Traufdoppelschicht und Traufansatzziegeln) oder aber einseitige Traufschichten (z. B. an Gauben innerhalb der Dachfläche) hergestellt wurden.

Markieren und Festlegen der Kehldeckbreite

Nach dem zusammenführen und zusammenspitzen der Traufschichten, wird nun die Kehlbreite auf der Traglattung der angrenzenden Dachflächen sowie die Kehlmitte (die Kehlmittellinie) auf der sorgfältig hergestellten Kehlschalung, durch Auslegen von provisorischen Kehlbibern am firstseitig sowie traufseitigen Abschluss, markiert. Diese Markierungspunkte werden nun mit einem geeigneten Mittel, seitlich der Kehle komplett übertragen.

Geeignete Mittel können zum Beispiel sei:

- *Schnurrschlag*
- *Richtscheit*
- *(gerade) Dachlatte*

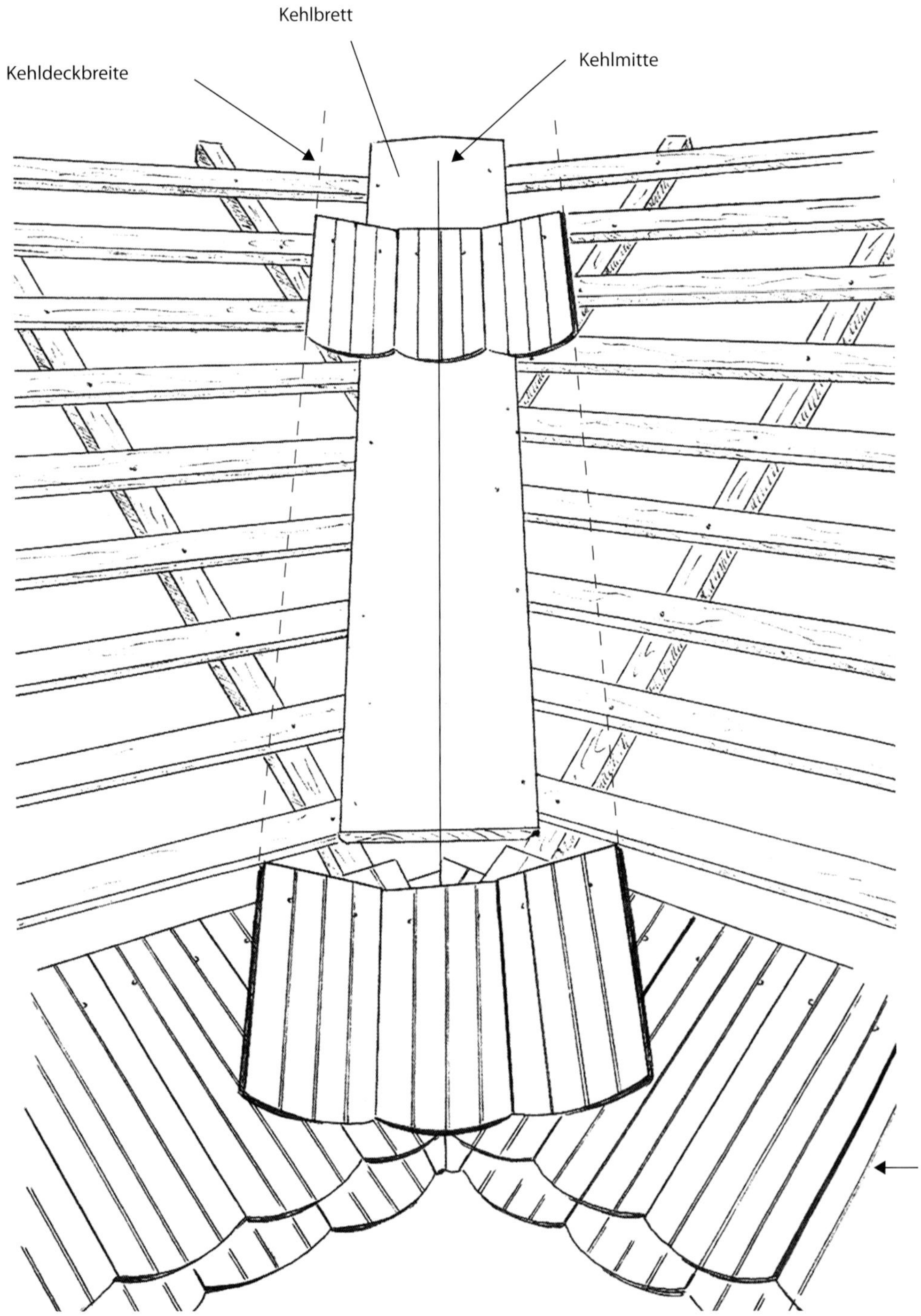

Das handwerkliche Markieren der Kehldeckbreite, erfolgt an den Seitenkanten von provisorisch aufgelegten Biberschwanzziegeln, in der Stückzahl der gewünschten Kehldeckbreite.

Abb. 6.130: Markieren der Kehldeckbreite

Aufdecken der ersten Kehlziegel

Die provisorisch aufgedeckten Kehlziegel, welche zur Kehldeckbreitenermittlung Verwendung fanden, werden nun wieder entfernt. Als nächster Schritt muss nun der Knick in der Kehle (das einwärts Sperren am Ziegelsturz – im Traufbereich der Dachfläche) ausgeglichen werden.

Dieser Höhenausgleich erfolgt durch eine Staffelung von sechs übereinanderliegenden Biberschwanzziegeln in Kehlrichtung.

Diese Staffelung wird auch als „Doppelkrone“ bezeichnet.

Durch diese ‚Doppelkrone‘ besteht jedoch die Gefahr, dass der Kehlansatz sperrt oder gar nicht zum Liegen kommt.

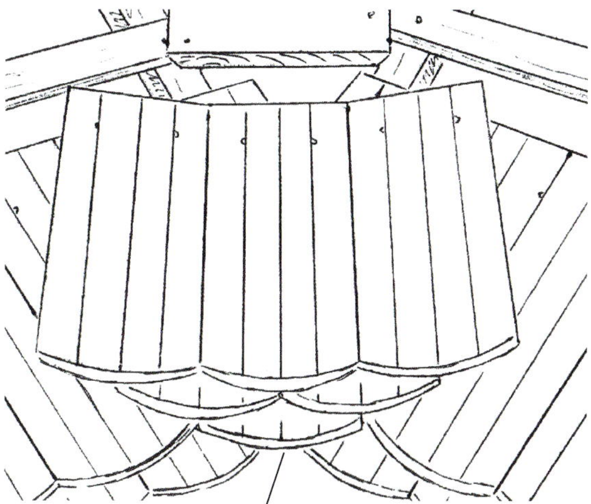

Abb. 6.131: Der gestaffelte Kehlansatz, die „Doppelkrone“

In diesen Darstellungen wird deutlich, dass alle sechs Ziegel als Doppelkrone direkt aufeinander liegen (die Anhängenasen der Kehlbiber übereinander, sollten nicht entfernen werden).

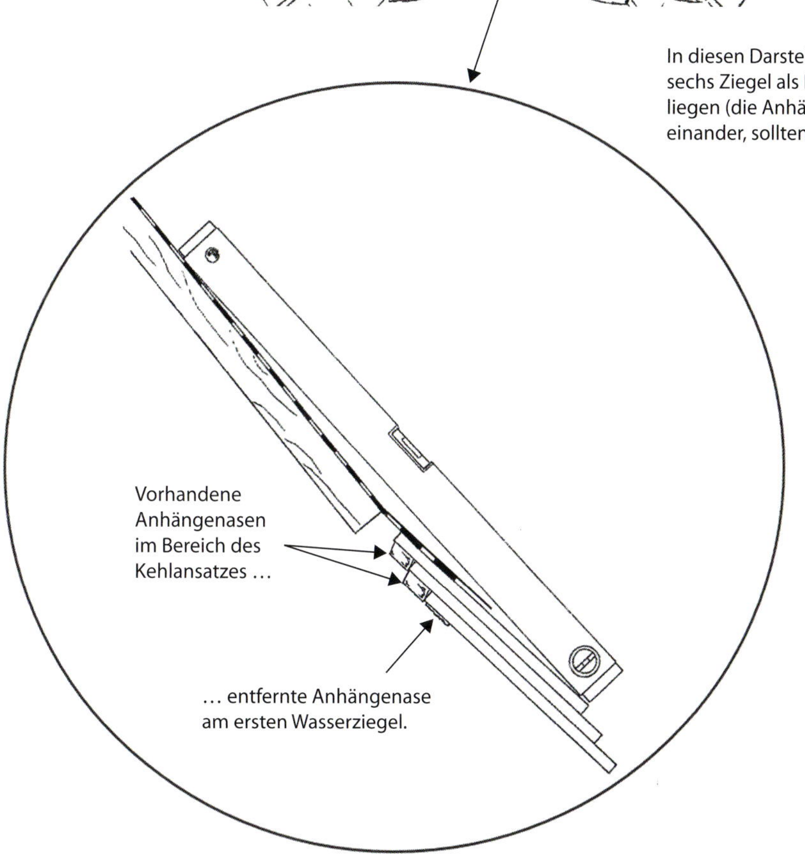

Abb. 6.132: Der gestaffelte Kehlansatz, die „Doppelkrone“ im Längsschnitt.

Am Kehlansatz ist der Sturz aus der Taufe, zwischen den folgenden Kehlgebinden und der zusammengespitzten Ziegelreihen so auszugleichen, dass die Dachziegel der ersten Kehlgebinde im Bereich des Kehlansatzes ohne deutliches Sperren aufgedeckt werden können.

Dieser Ausgleich kann durch das Bearbeiten der ersten vier Kehlziegel (Kämmen, scherbeln oder Anschrägen) erfolgen.

Um den Kehlansatz, also diese sechs Biber sauber zu decken muss man sich vorsichtig herantasten. Es werden die ersten drei Biber aufgedeckt, welche von Natur aus sperren und so keinen ordentlichen Sturz für die weiteren Kehlschichten bilden können.

Aus diesem Grunde können oder dürfen, je nach Dachneigung die ersten drei Ziegel leicht konisch bearbeitet bzw. an geschrägt (gekämmt oder gescherbelt) werden.

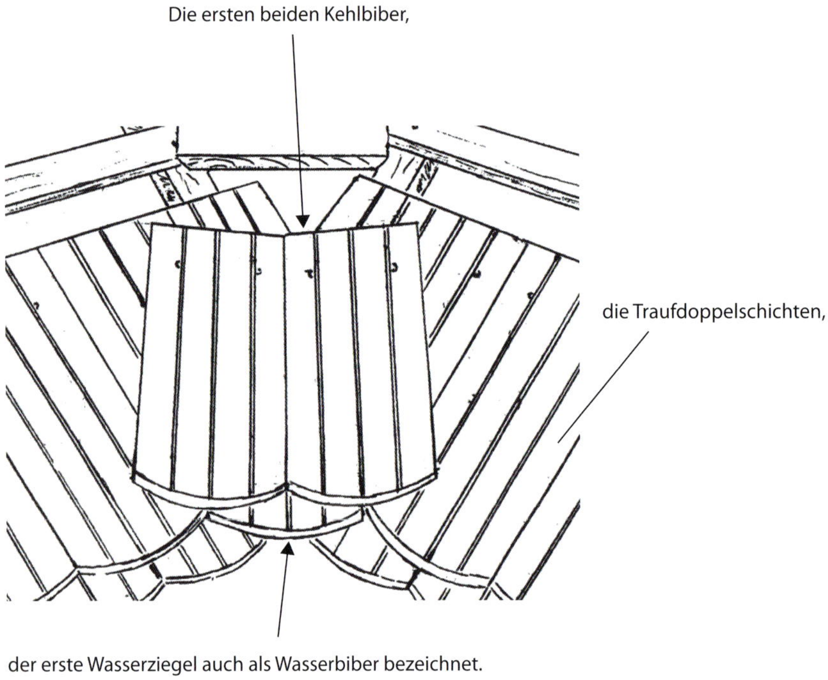

Abb. 6.133: Die ersten drei aufgedeckten Kehlziegel

Falls der gestaffelte Kehlansatz nicht zum Liegen kommt, also kein sauberer Sturz entsteht, dürfen die ersten drei Biberschwanzziegel des Kehlansatzes handwerklich zugerichtet werden. Es empfiehlt sich hier jedoch ein vorausschauendes herantasten!

Das Gebot sollte wie immer lauten: „... so viel wie nötig, so wenig wie möglich ...“!

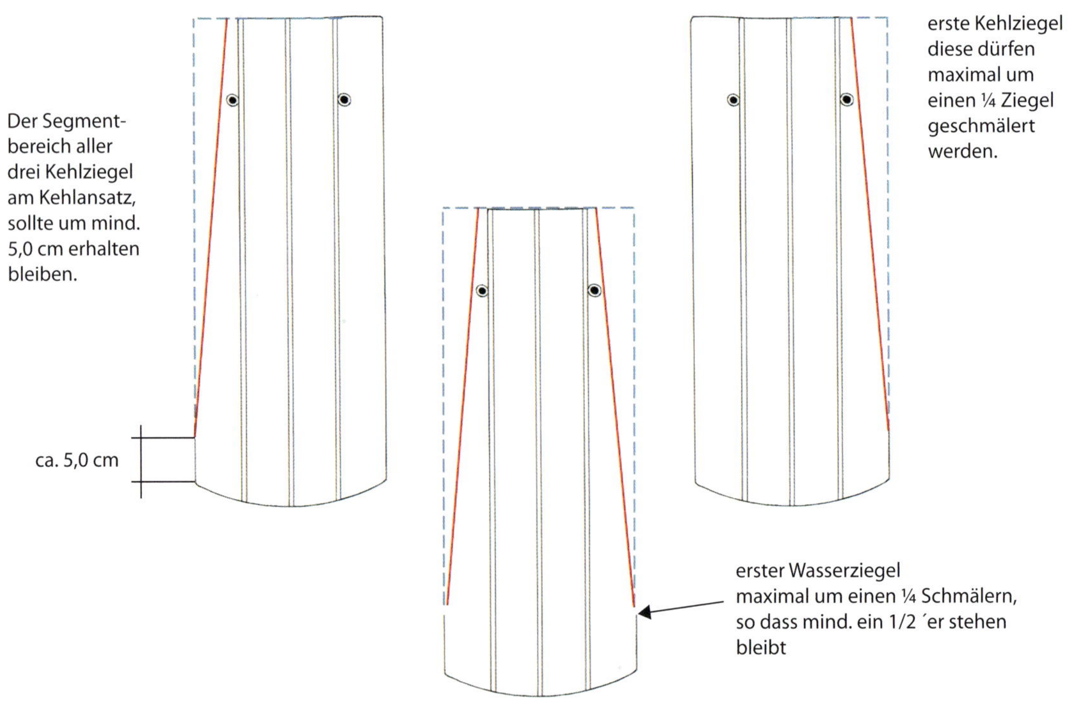

Abb. 6.134: Mögliches Zurichten der ersten drei Kehlziegel am gestaffelten Kehlansatz

Übergang in die Kehldeckschichten

Bei der Verlegung eines klassischen Kehlansatzes (mit aufgelegtem Wasserziegel) gibt es je nach Kehlbreite verschiedene Varianten diesen als Übergang in die Kehldeckschichten herzustellen.

Für die richtige Wahl des Übergangs zwischen Kehlansatz und dem weiteren Kehlverlauf, sind die Dacheindeckung (Doppeldeckung / Kronendeckung oder Falzziegeldeckung) sowie die Kehldeckbreite entscheidend.

Doppeldeckung

In der Doppeldeckung gibt es zwei Varianten als Übergang zwischen Kehlansatz und Kehlgebinden.

Zum einen kann die oberste Reihe des Kehlansatzes direkt eingebunden werden, so entsteht eine ***drei*** *Biber breite Kehle.*

Zum anderen kann die dritte Reihe des Kehlansatzes als Unterläuferschicht gedeckt werden, dabei entsteht eine ***zwei*** *Ziegel breite Kehle.*

Die gebundene Deckschicht (die Reihe mit den Ausspitzern) gibt stets die Kehlbreite vor.

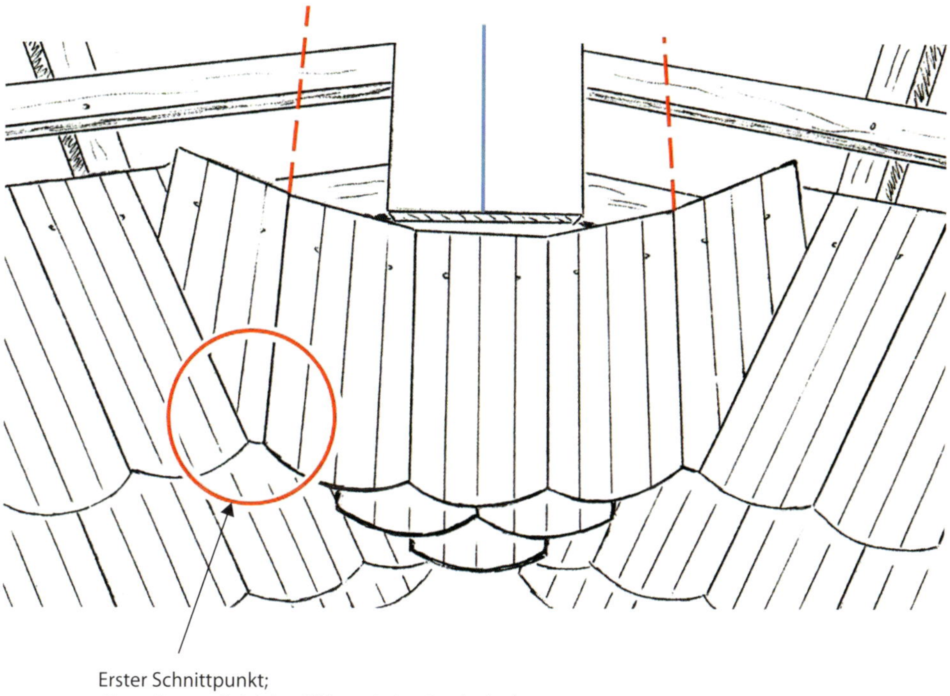

Abb. 6.135: Übergang des Kehlansatzes in die Fläche, Doppeldeckung (**drei** Ziegel breit)

Für unerfahrene / ungeübte Dachdecker empfiehlt es sich, bei der Doppeldeckung stets eine drei Ziegel breite Kehle herzustellen. Hier bindet bereits die dritte Reihe des Kehlansatzes direkt in die Dachfläche. Bei sorgfältiger Ermittlung des ersten Schnittpunktes, liegt die Kehle ordentlich und es kann sofort mit der Kehlschichteneinteilung fortgesetzt werden kann.

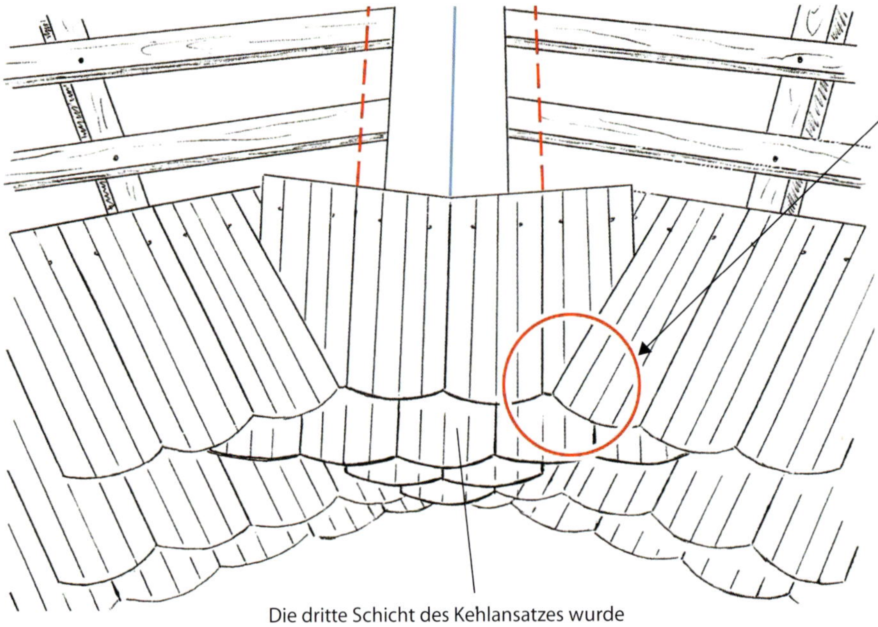

Abb. 6.136: Übergang des Kehlansatzes in die Fläche, Doppeldeckung (**zwei** Ziegel breit)

*Wenn eine **zwei** Ziegel breite Kehle in der Doppeldeckung gefordert ist, wird der Kehlansatz mit einer Unterläuferschicht gedeckt.*

Die Kehldeckschicht (Ausspitzerschicht) gibt die Kehldeckbreite vor, aus diesem Grunde kann die dritte Reihe des Kehlansatzes nicht gebunden werden. Eine sauber ausgebildete zwei Ziegel breite Kehle wird stets in der vierten Reihe gebunden.

Besonderheiten zum handwerklichen Aufdecken des Übergangs in die Kehldeckschichten

Beim eindecken des Kehlanfangs (Kehlansatzes) ist es immer von Vorteil, diesen gesamten Kehlanfang (inklusive aller sechs Ziegel sowie der ersten Binderschicht) zunächst provisorisch aufzudecken. Danach ist es möglich diesen komplett so zu verschieben, dass die erste Kehldeckschicht (Ausspitzerschicht) sauber an den Anschlussziegeln des ersten Deckgebindes, der Fläche, liegt.

Nun markiert man die Position sämtlicher Ziegel, des Kehlansatzes. Baut den provisorisch aufgedeckten Kehlansatz danach wieder komplett zurück, um jetzt die mechanische Sicherung der Dachziegel herzustellen.

Ein eventuell verbleibender Hohlraum unter dem ersten Wasserziegel kann bei entsprechender Größe mit schmalen Dachziegelstreifen als Vogelschutz ausgefüttert werden. Dieser Hohlraum ist jedoch nicht völlig zu verschließen, um eine Belüftung der Kehle entlang der Kehlschalung (des Kehlbretts) zu ermöglichen.

Hier eine bildliche Zusammenfassung:

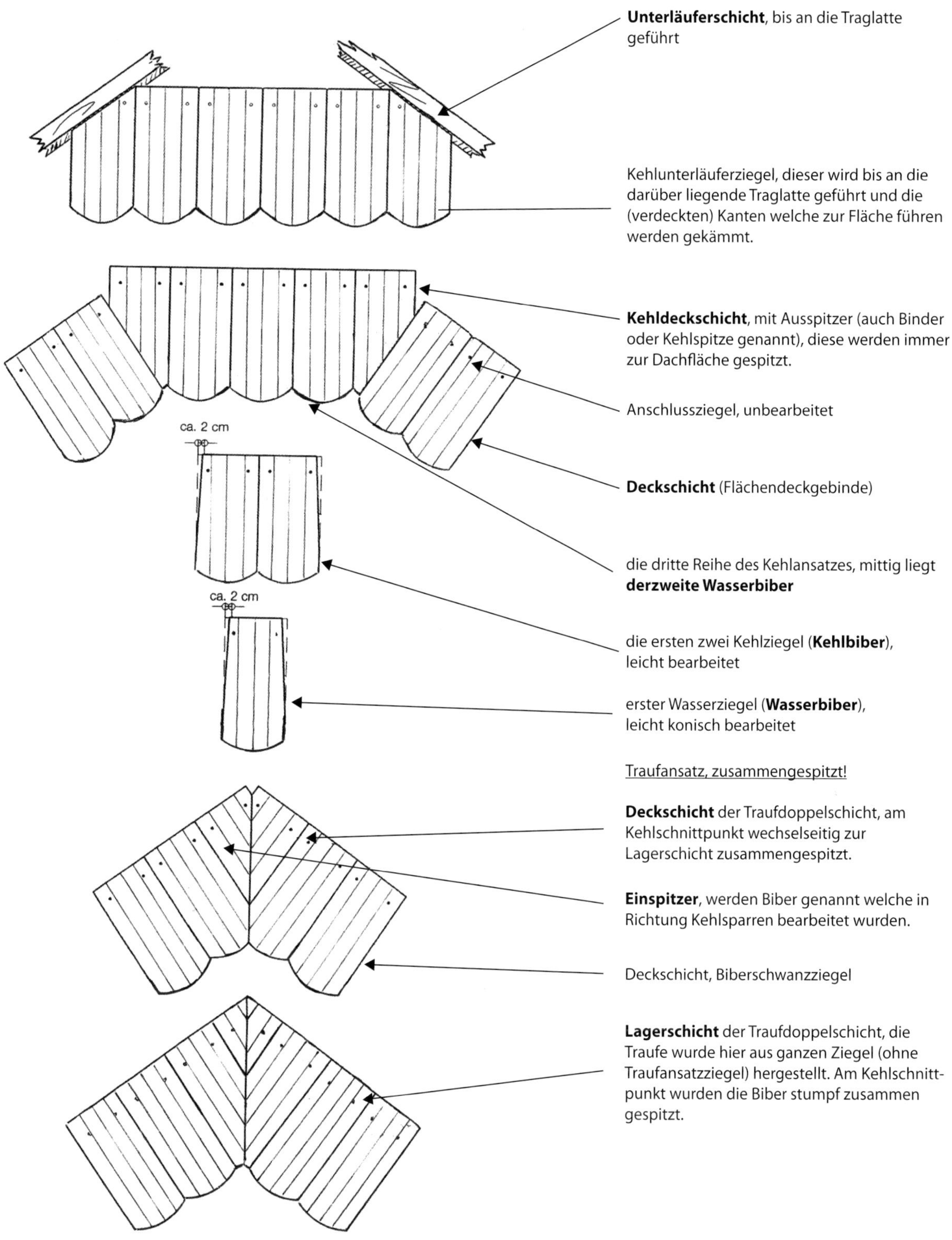

Abb. 6.137: Sprengschema eines Kehlansatzes mit aufgelegtem Wasserbiber, Kehle drei Ziegel breit (Doppeldeckung mit Traufdoppelschicht – Segmentschnitt Format A)

Handwerkliches Aufdecken des Kehlansatzes, mit eingebundenem Wasserbiber

In verschiedensten Situationen kann es notwendig werden, den Kehlansatz bereits einzubinden. Was bedeutet das der erste Wasserziegel (und nur dieser) in die Deckschichten der Traufdoppelschicht eingebunden wird. Die ersten zwei Kehlziegel, über dem Wasserziegel, werden (können) danach zu einer Unterläuferschicht erweitert – aber nur, wenn unbedingt nötig.

Die Erweiterung, der zweiten Reihe des Kehlansatzes, zu einer Unterläuferschicht ist jedoch schwierig zu bewerten. Hier wird der Vorteil eines Eingebundenen Wasserziegels (die vertiefte Lage) durch diese zusätzliche Läuferschicht zunichtegemacht.

Das Einbinden des ersten Wasserziegels erfolgt meistens;

- wenn ein sehr enger Kehlwinkel mit starker Kehlneigung vorhanden ist (steile Dachflächen),
- im Bereich von Dachflächen mit Kronendeckung,
- am Kehlansatz einer zwei Ziegel breiten Kehle in der Doppeldeckung.

„... der Kehlansatz sollte immer dann eingebunden werden, wenn (durch steile Dachflächen) in der Kehle einen sehr engen Kehlwinkel entstehen"

Zusammenfügen (-spitzen) der Lagerschicht der Traufdoppelschicht

Die Kehldeckung beginnt auch hier nach der Lagebestimmung, mit dem zusammenspitzen der Trauflagerschicht beider Dachseiten in der Kehlmitte. Beim Kehlansatz mit eingebundenen Wasserziegel ist jedoch zu beachten, dass zwischen den Einspitzern etwa ein Daumenbreiter Abstand eingchalten werden sollte.

Der Wasserziegel kann nur in die Traufschichten eingebunden werden, wenn die Traufe mit einer Traufdoppelschichten, oder bei verschiedenen Traufhöhen als einseitige Traufdoppelschicht (z. B. an Gauben) ausgeführt wurde.

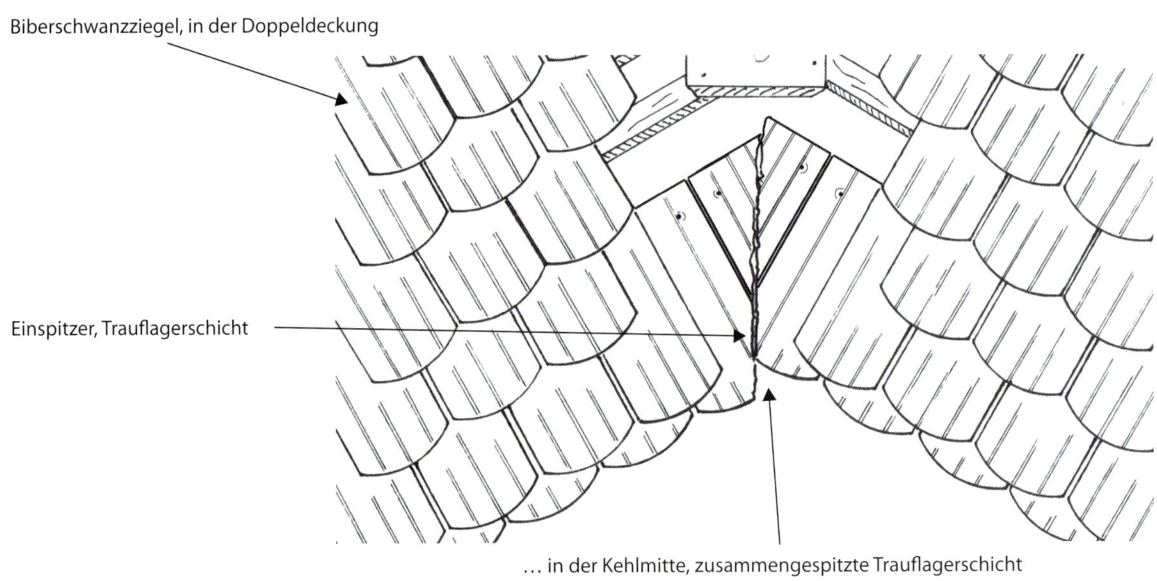

Abb. 6.138: Zusammengespitzte Trauflagerschicht bei gleicher Traufhöhe

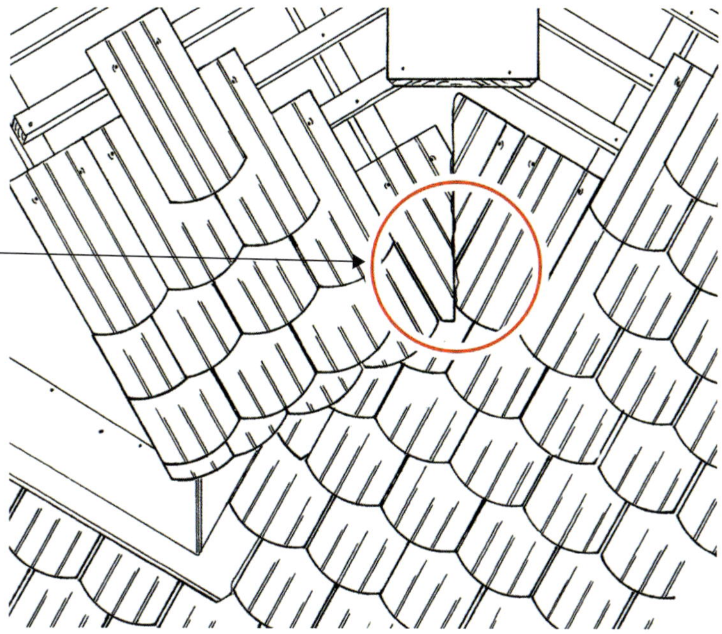

Abb. 6.139: Zusammengespitzte Trauflagerschicht, einer Gaube, mit der Dachfläche

Das zusammenspitzen, von Ziegelreihen innerhalb einer Kehle, erfolgt immer mit Einspitzern!

Festlegen der Lage und der Höhe des eingebundenen Wasserziegels

Nach dem zusammenspitzen der Lagerschicht an der Traufdoppelschicht, wird nun die Kehlmitte auf dem Kehlbrett ermittelt und angerissen. Diese Kehlmittellinie wird nach unten gestochen und durch auslegen eines provisorischen Kehlwasserbibers dessen Lage ermittelt.

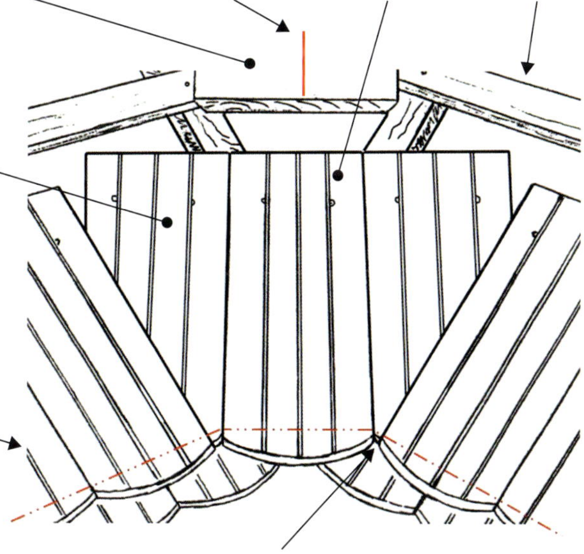

Abb. 6.140a: Darstellung eines eingebundenen Wasserziegels

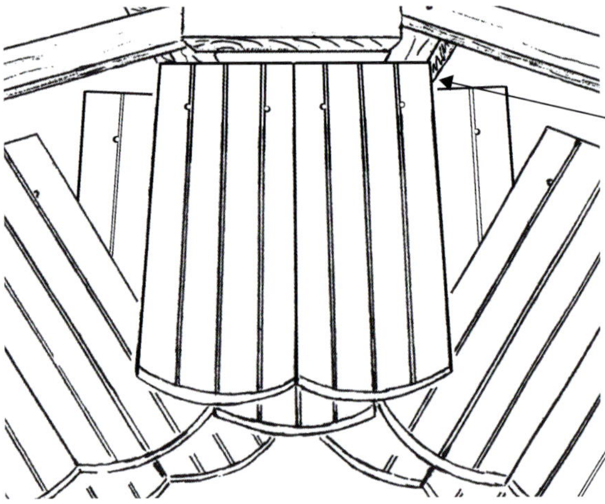

Abb. 6.140b: Aufdecken der zwei Kehlziegel, des Kehlansatzes

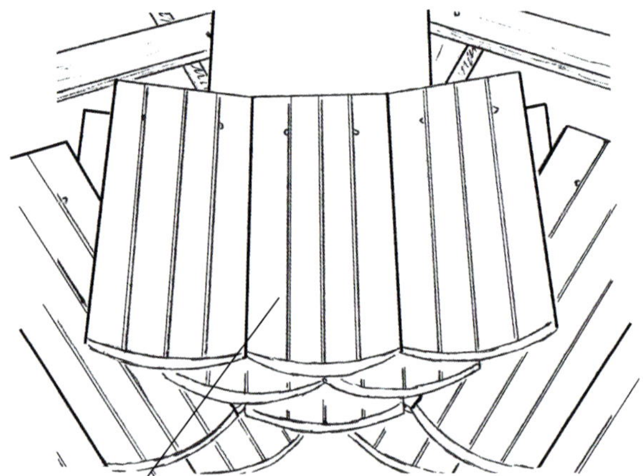

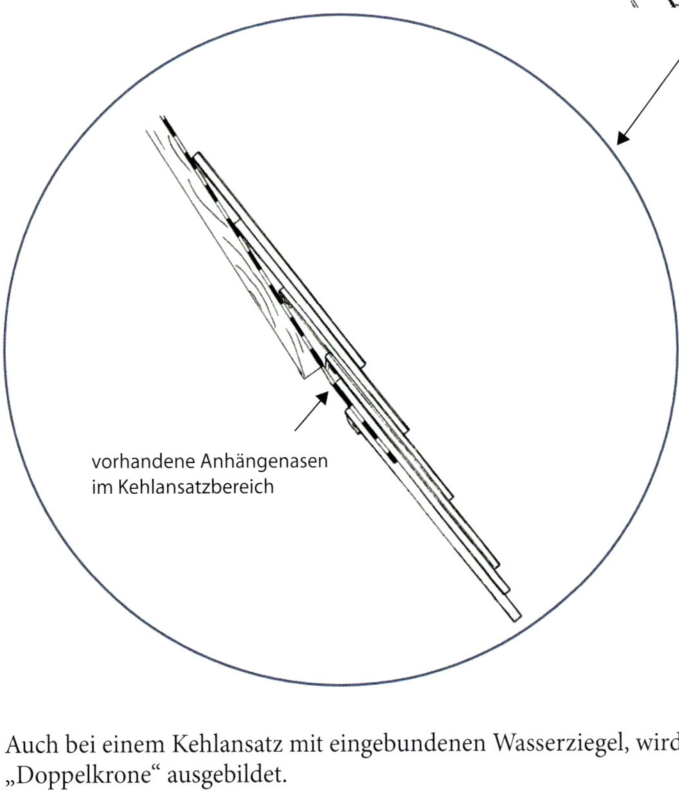

Abb. 6.141: Aufdecken der dritten Kehlziegelreihe, der drei Kehlziegel

Auch bei einem Kehlansatz mit eingebundenen Wasserziegel, wird dieser als gestaffelter Kehlansatz, also als „Doppelkrone“ ausgebildet.

Alle weiteren ankommenden Kehlgebinde werden, egal welcher Kehlansatz Verwendung findet, normal abwechselnd als Unterläufer oder Kehldeckschicht aufgedeckt und eingebunden.

Aufteilen der Kehldeckschichten / Schnittpunktermittlung

Um gleichmäßige Abstände der einzelnen Kehlschichten untereinander zu erhalten muss man, je nach gewählter Teilung, Markierungen auf der Kehldeckunterlage anordnen.

Diese Markierungen werden auch Schichtmasse genannt. Um nun ein gleichmäßiges Schichtmaß zu erhalten gibt es zwei Verfahren;

- *die* ***rechnerische*** *Schichtmaß – Ermittlung,*
- *die* ***handwerkliche*** *Schichtmaß – Ermittlung.*

Technik der handwerklichen Schichtmaßermittlung

Für die handwerkliche Schichtmaßermittlung, hängt man einzelne Anschlussziegel, bei der Doppeldeckung in jedes zweite Deckgebinde aus der Fläche und bei der Kronendeckung in jede Deckschicht (nicht zu verwechseln mit der Lagerschicht), danach schiebt man diesen Anschlussziegel mit der Fußlinie an die Kehlbreitenlinie.

Jetzt wird ein weiterer Biber auf gleicher Höhe (der Fußlinie) an den Anschlußbiber jedoch in Kehlrichtung angelegt.

Die Kopflinie des in Kehlrichtung liegenden Biberschwanzziegels ist nun unser Maß – zur Ermittlung des Kehlschichtmasses.

Diese Kopflinie wird markiert und die Segmenthöhe zurückgestochen, nun wird angezeichnet.

Das Maß zwischen der bereits aufgedeckten Kehldeckschicht (der Ausspitzerschicht) und der ermittelten Höhe, wird nun durch die gewünschte Teilung gerechnet. So erhalten wir unser Schichtmaß.

Beim Eindecken einer eingebundenen Biberschwanzkehle empfiehlt es sich, diese vorab beschriebene Schichtmaßermittlung an ***jeder*** *ankommenden Kehldeckschicht zu wiederholen! So können eventuell anfallende Ungenauigkeiten sauber vermittelt werden.*

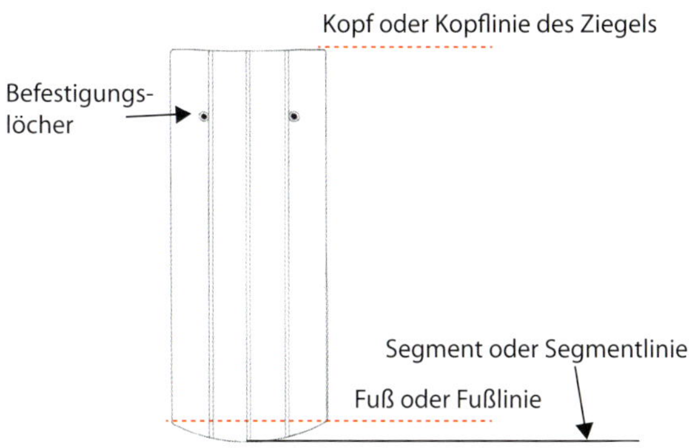

Abb. 6.142: Definition der einzelnen Bestandteile am Biberschwanzziegel (Segmentschnitt)

Die Segmenthöhe ist das Maß zwischen Fuß- und Segmentlinie.

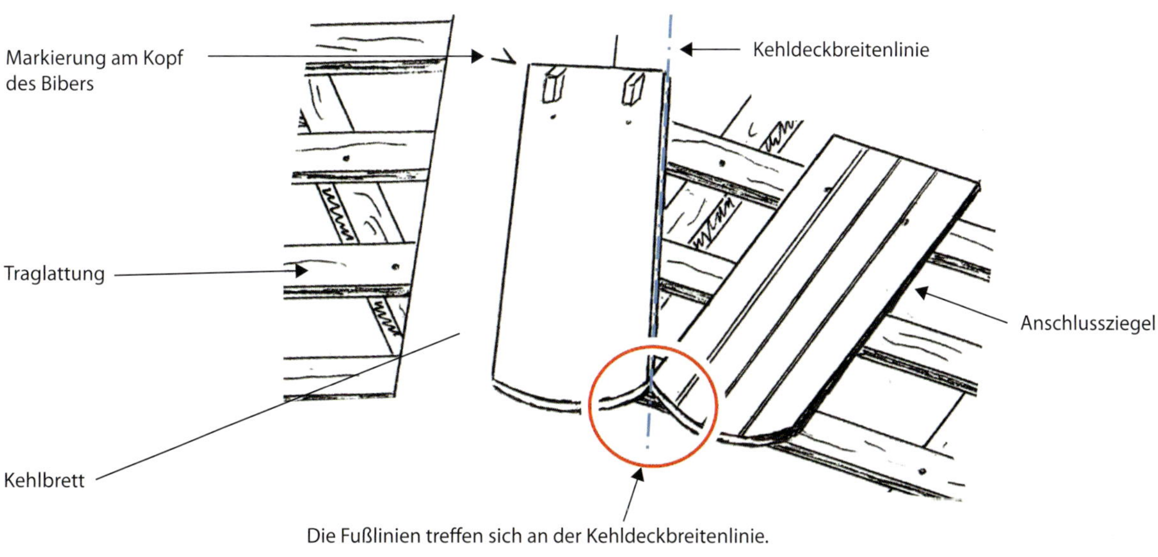

Abb. 6.143: Handwerkliche Ermittlung des Schichtmaßes – bei der Doppeldeckung

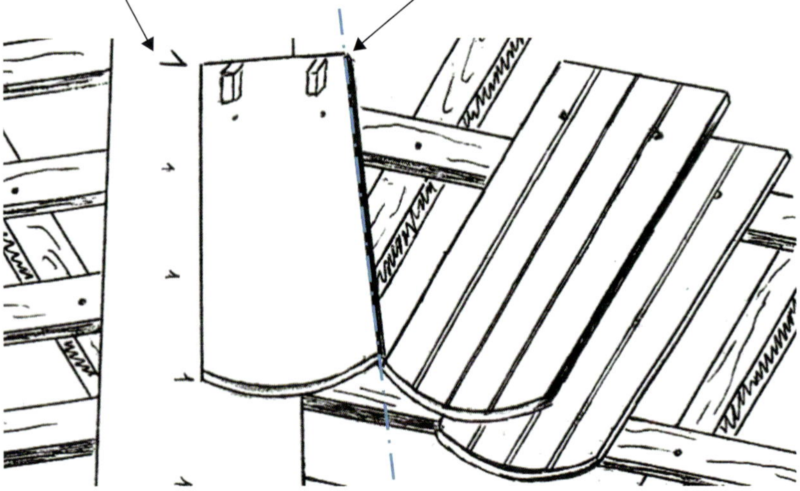

Bei der Kronendeckung wird bei der handwerklichen Ermittlung der Kehlschichtenweite immer von der Deckschicht ausgegangen, die Deckschicht gibt die Kehlbreite vor.

Abb. 6.144: Handwerkliche Ermittlung des Schichtmaßes – bei der Kronendeckung

Einteilen des Kehlansatzes

Um auch am Kehlansatz ein gefälliges, funktionstüchtiges und gleichmäßiges Deckbild (Kehlschichtenabstände) zu erreichen, muss man je nach gewählter Kehlteilung, Markierungen auf der Dachfläche anordnen.

Diese Markierungen werden, anders wie im Verlauf der Kehle, nicht auf dem Kehlbrett angerissen (da dies ja noch nicht zur Verfügung steht).

Außerdem werden (nur) am Kehlansatz die Schichtmasse nicht am Kopf des Ziegels ermittelt und abgetragen, sondern an den sich schneidenden Fußlinien zwischen der Kehlschicht an der Kehlbreite zum Anschlussziegel und der Deckschicht aus der Dachfläche.

Besonderheiten beim Einbinden einer *zwei* Ziegel breiten Kehle in der Doppeldeckung

Anders als bei der drei Ziegel breiten Kehle in der Doppeldeckung, wo die dritte Reihe des Kehlansatzes bereits in die Kehldeckschicht eingebunden wird, muss bei der zwei Ziegel breiten Kehle – der Kehlansatz (ähnlich der Kronendeckung) hergestellt und eingeteilt werden.

Die Schwierigkeit hier, die dritte Reihe des Kehlansatzes muss als Unterläuferschicht ausgeführt werden, dadurch wird die erste Kehldeckschicht (Binderschicht) bereits mit einem ‚normalen' Kehlschichtenmaß eingedeckt.

Die Aufteilung erfolgt durch provisorisches Aufdecken und Auslegen des Kehlansatzes an die Kehlbreite, wobei die Fußlinie des Kehlbibers an die Fußlinie der Traufdoppelschicht geschoben wird. Durch dieses Auslegen der Kehlbiber an die (festgelegte) Fußlinie der Traufdoppelschicht, ist der erste Schnittpunkt für unsere Einteilung entstanden.

Danach wird nun ein provisorisch ausgelegter Anschlussziegel an die Kehlbreite gedeckt und ein weiterer Kehlbiber aufgedeckt, so entsteht der zweite Schnittpunkt der Fußlinien.

Das Maß dieser zwei Schnittpunkte wird nun durch die geforderte Teilung dividiert, was wiederum das Maß unserer Fußlinien der Kehlschichten am Ansatz bildet.

Beim Eindecken muss der Dachdecker nur darauf achten, dass diese Markierungen nicht die Segmentlinien, sondern die Fußlinien bilden.

Bei der Kehlteilung 2 : 3 gibt es am Kehlansatz eine Besonderheit; hier sollten die Schichten mit einer kleineren Teilung also 1 : 2 (2 : 4) aufgedeckt werden.

Durch diese geänderte Teilung vermeidet der Dachdecker, am Kehlansatz zwei Ausspitzer welche direkt übereinanderliegen. Wenn Läuferschichten fehlen ist eine offene Kreuzfuge, gerade bei unerfahrenen Dachdeckern, nicht immer auszuschließen.

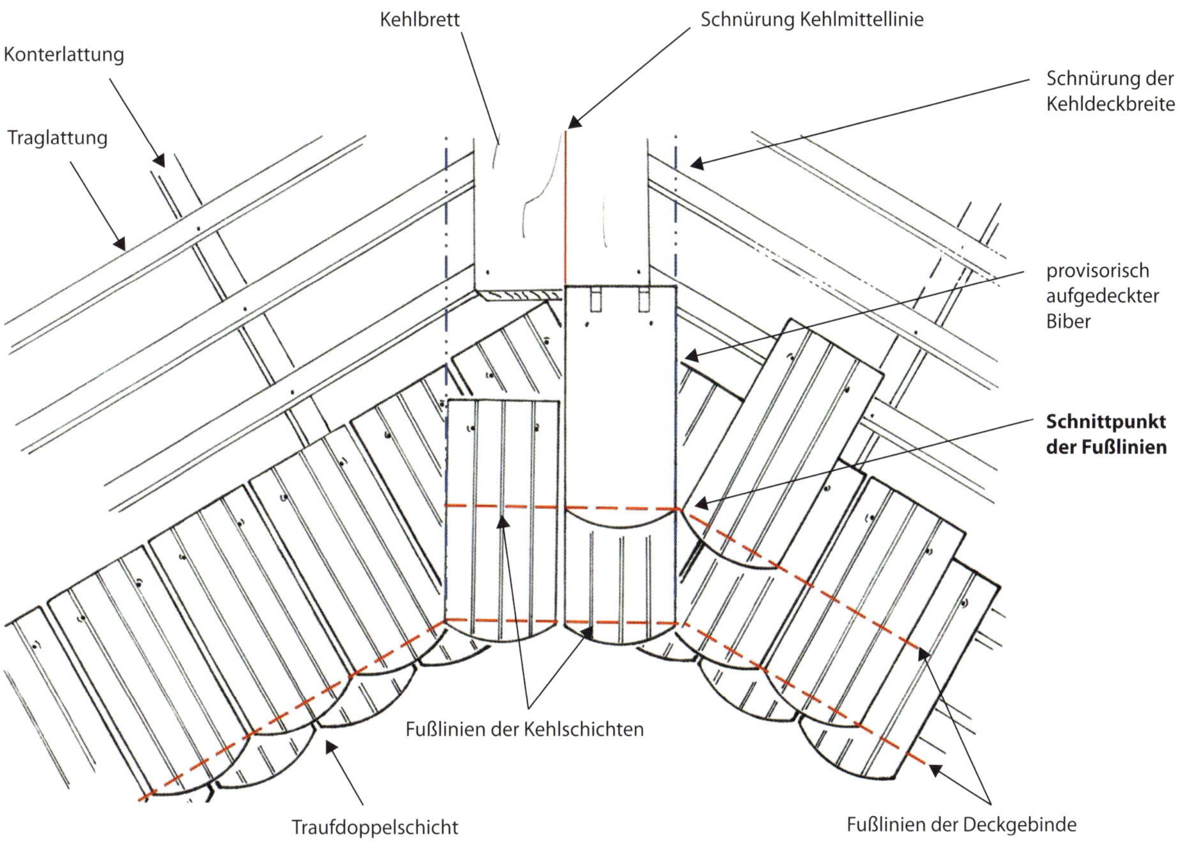

Abb. 6.145: Einteilung des Kehlansatzes einer zwei Ziegel breiten Kehle in der Doppeldeckung

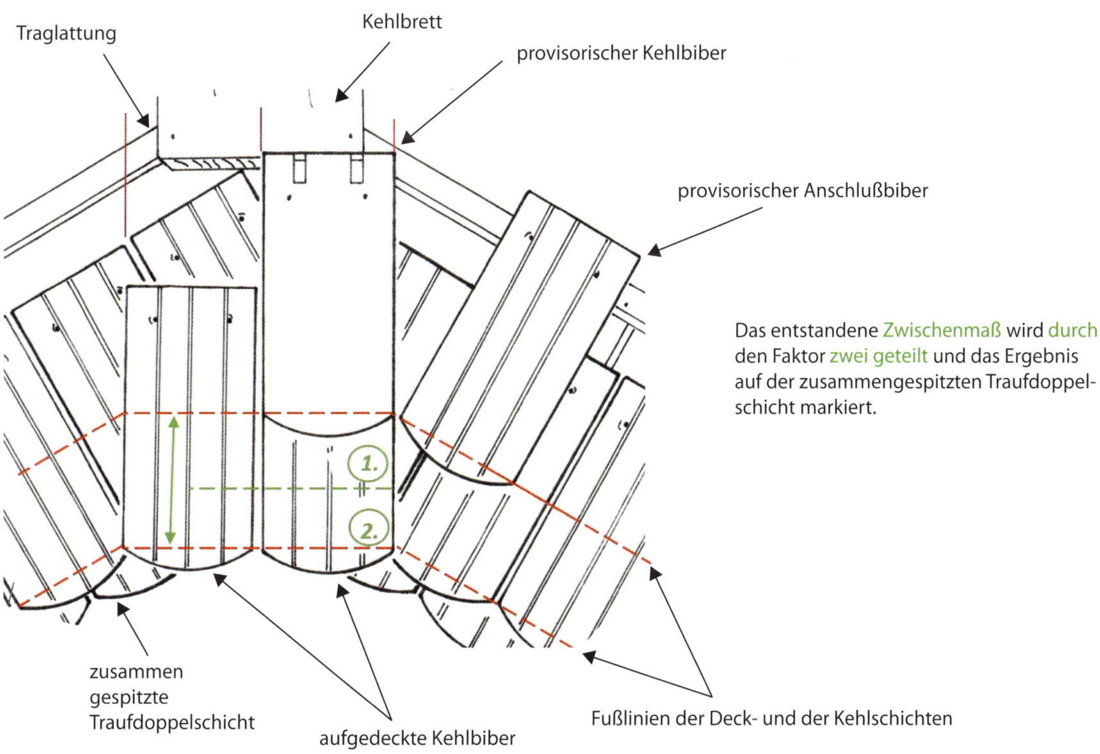

Abb. 6.146: Aufgeteilter Kehlansatzes, zwei Ziegel breite Kehle - Doppeldeckung

Einteilen einer zwei Ziegel breiten Kehle in der Kronendeckung (Teilung 1 : 4)

Bei zwei Ziegel breiten Kehle in der Kronendeckung, wird die dritte Reihe des Kehlansatzes sowie die erste ‚normale' Kehlschicht als Unterläuferschicht ausgeführt. Die erste Kehldeckschicht (Binderschicht) muss jedoch in die Lagerschicht der Kronendeckung eingebunden werden.

Diese Kehldeckschicht (Ausspitzerschicht / Bindeschicht) liegt um einen Ziegel, je Seite um einen ½ Ziegel, außerhalb der festgelegten Kehlbreite.

Die eingebundene Deckschicht, der Kronendeckung, muss aber an der gewählten / vorgegebenen Kehlbreiten – Markierung liegen.

Die Auf- oder Einteilung erfolgt durch provisorisches Auslegen der Kehlbreite, die Fußlinie des Kehlbibers wird an die Fußlinie der Traufdoppelschicht geschoben. Wenn also dieser Kehlbiber sauber an der (festgelegten) Fußlinie der Traufdoppelschicht anliegt, ist der erste Schnittpunkt für unsere Einteilung entstanden.

Danach wird nun eine weitere Doppelschicht in die darüber liegende Traglattung provisorisch aufgedeckt. Hierbei muss beachtet werden, dass der Anschlussziegel der Deckschicht an die geschnürte Kehlbreite geschoben wird, da dieser unseren gesuchten Schnittpunkt vorgibt.

So entsteht der zweite Schnittpunkt, der anlaufenden Fußlinien.

Das Zwischenmaß dieser zwei entstandenen Schnittpunkte wird nun durch die geforderte Teilung gerechnet, es entsteht das Kehlschichtmaß (der Fußlinien) am Kehlansatz.

Der Dachdecker muss zwingend darauf achten, dass diese Markierungen die Fußlinien der Kehlschichten bilden und darf diese nicht mit den Segmentlinien vertauschen.

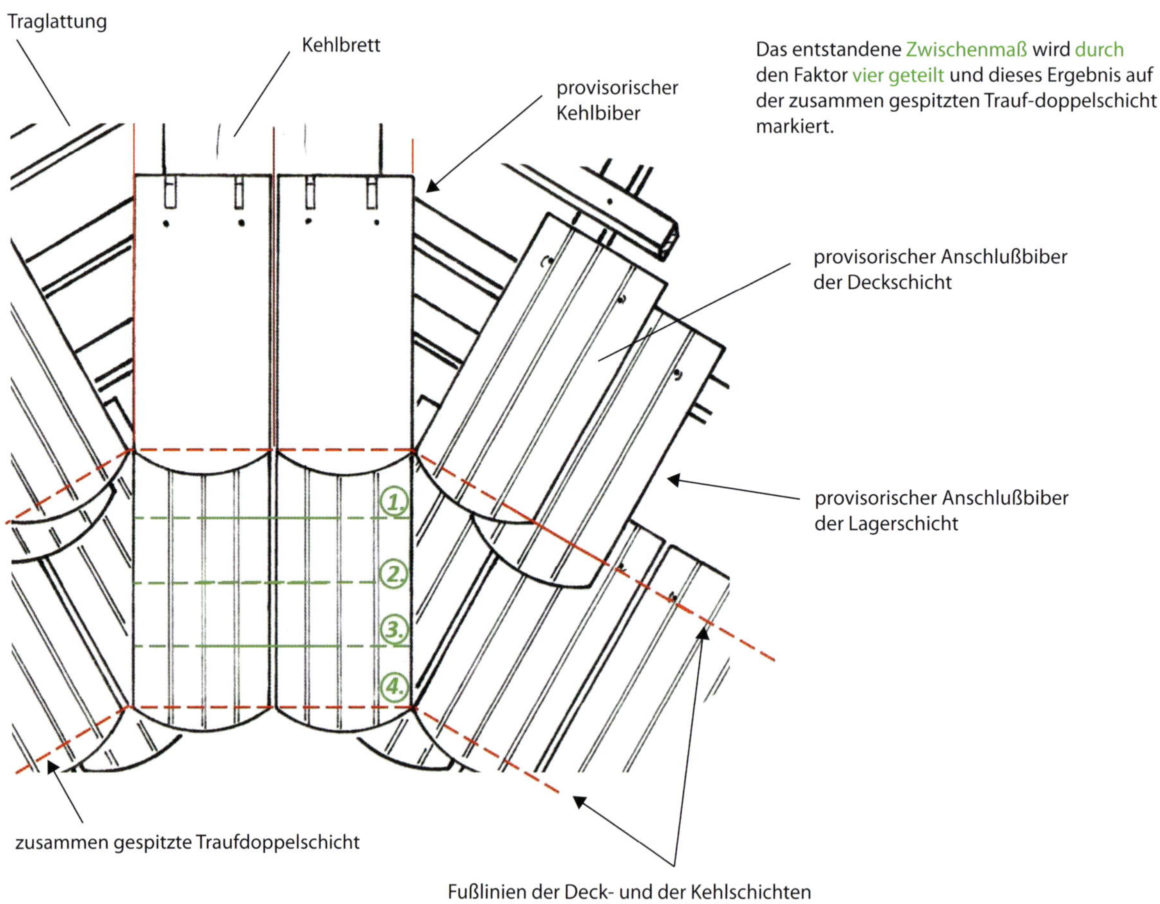

Abb. 6.147: Aufgeteilter Kehlansatz, einer zwei Ziegel breiten Kehle, in der Kronendeckung (Teilung 1 : 4)

Einteilen einer drei Ziegel breiten Kehle in der Kronendeckung (Teilung 1 : 4)

Die Einteilung des Kehlansatzes bei einer drei Ziegel breiten Kehle in der Kronendeckung funktioniert genauso wie die Einteilung einer zwei Ziegel breiten Kehle. Also wird auch hier die dritte Reihe des Kehlansatzes sowie die erste ‚normale' (vierte) Kehlschicht als Unterläuferschicht ausgeführt.

Die erste Kehldeckschicht (Binderschicht), welche also die fünfte Kehlschicht darstellt, muss nun in die Lagerschicht, der Kronendeckung, eingebunden werden und liegt deswegen um eine Ziegelbreite außerhalb der (festgelegten) Kehlbreite.

Die Deckschicht wird danach wieder an der vorgegebenen Kehldeckbreiten eingebunden.

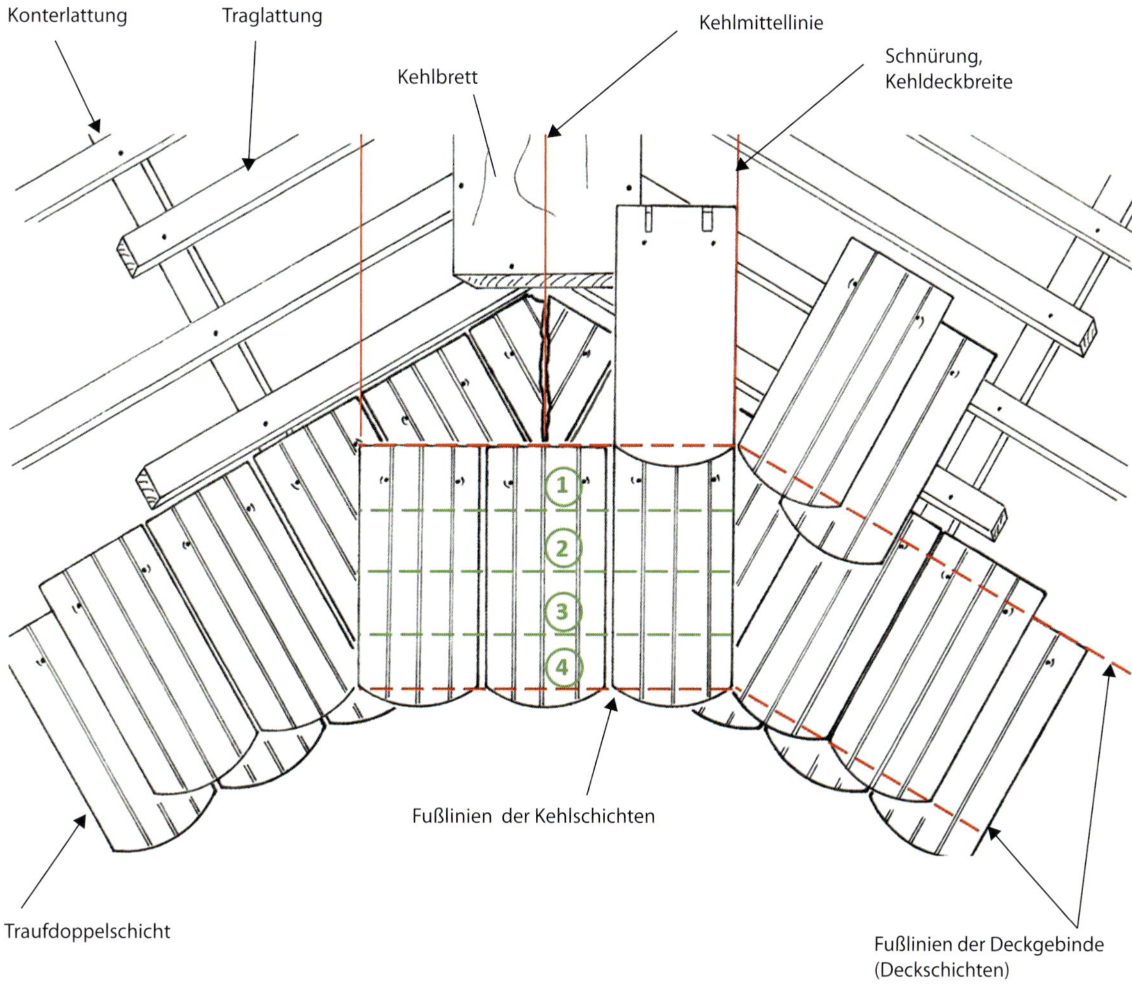

Abb. 6.148: Aufteilen eines Kehlansatzes, drei Ziegel breit, Kronendeckung (Teilung 1 : 4)

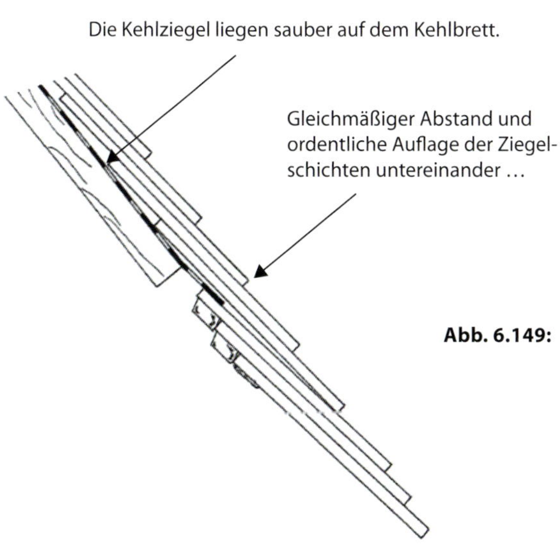

Durch einen ordentlich hergestellten Ziegelsturz am Kehlansatz ist keinerlei Sperren der nachfolgenden Kehldeckschichten erkennbar.

Abb. 6.149: Sauber aufgeteilter Kehlansatz

6.3.12 Die Kehlschichten

Handwerkliches Aufteilen der Kehlschichten

Beim Einteilen der fortlaufenden Kehlgebinde, wird anders wie am Kehlansatz, nicht die Fußlinie unsere Maßlinie, sondern stets die Kopflinie.

Für die handwerkliche Schichtmaßermittlung, das handwerkliche Aufteilen der Kehlschichten, werden einzelne Anschlussziegel / -biber provisorisch (ohne auf den Verband der Deckgebinde zu achten) in die Traglatte der Deckgebinde gehängt und mit dessen Fußlinie bis an die geschnürte Kehlbreitenlinie geschoben.

Als nächster Schritt folgt das provisorische Aufdecken eines Kehlbibers (in Kehlrichtung) an der Schnürung der Kehlbreite, welcher dann mit seiner Fußlinie bis an Fußlinie des Anschlußbibers geschoben wird.

Wenn die richtige Position erreicht ist, markiert sich der Kehldecker die Kopflinie dieses Ziegels auf der Kehlschalung und sticht die Segmenthöhe zurück, nun wird erst angezeichnet.

Nach der Schnittpunktermittlung, sollte vor dem Anzeichnen, die Segmenthöhe von der Kopfmarkierung zurückgestochen werden.

Das entstandene Maß (zwischen den Kopflinien) wird nun durch die gewünschte Teilung gerechnet, das Ergebnis wird danach ebenfalls auf der Kehlschalung angerissen.

Diese Technik der handwerklichen Ermittlung der Kehlschichtweite kann vor dem Eindecken der Kehle, vom Kehlansatz bis zu Ihrem Auslauf, fortgesetzt werden. Dadurch wird während des handwerklichen Eindeckens keine unnötige Zeit zu verloren.

Bei der Doppeldeckung zu beachten

Um ein optisch gleichmäßiges Kehlschichtmaß zu gewährleisten sollte für die Einteilung stets nur jede zweite Deckschicht gewählt werden.

- *Bei der Verwendung jeder Deckschicht kann es passieren, dass bei unsauberer Lattung unschöne Schichtmaßabweichungen entstehen.*
- *Bei größeren Abständen (zum Beispiel: jede dritte oder vierte Deckschicht) kann es bei Lattmaß Abweichungen sehr schwierig werden einen sauberen Anschluss an die Deckgebinde herzustellen.*

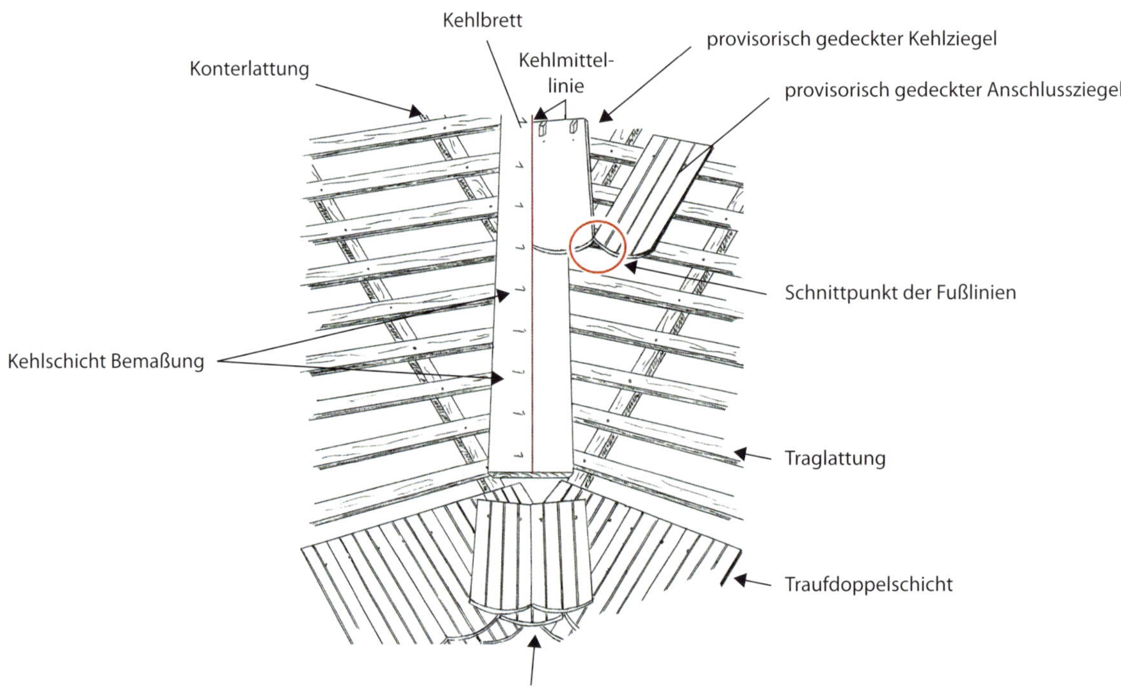

Abb. 6.150: Kehlschichtmaß Einteilung, einer zwei Ziegel breite Kehle / Doppeldeckung

Bei der Kronendeckung zu beachten

In der Kronendeckung sollte jede Deckschicht für die Einteilung der Kehlschichtmasse Verwendung finden. Um ein optisch gleichmäßiges Kehlschichtmaß zu erhalten, ist der Lattabstand der Kronendeckung ideal (vergleiche hierzu Doppeldeckung).

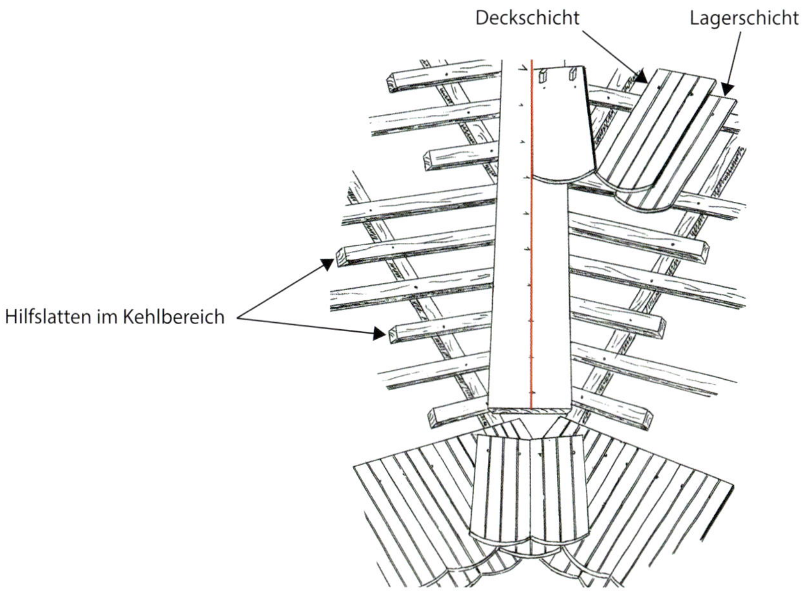

Abb. 6.151: Kehlschichtmaß Einteilung, zwei Ziegel breite Kehle / Kronendeckung

Achtung bei der Einteilung einer eingebundenen Kehle in der Kronendeckung darf nicht die Lager- / und Deckschicht verwechselt werden!

Diese beiden Darstellungen zeigen jeweils die handwerkliche Schichtmaßermittlung, jedoch mit verschiedenen Eindeckarten.

Dennoch ähneln sich beide Darstellungen sehr stark, es ist jeweils die selbe Technik sowie die selbe Herangehens Weise der Einteilung von Kehlschichtmaßen.

Aufdecken verschiedener Kehlschichten

Es wird grundsätzlich zwischen **vier** elementaren Arten von Kehlschichten (welche auf den Kehlansatz folgen) unterschieden.

Natürlich spricht das Regelwerk des deutschen Dachdeckerhandwerks noch von anderen Arten, auf diese ich hier jedoch nicht eingehen möchte.

Diese vier Hauptarten von Kehldeckschichten werden bezeichnet als:

- Kehlschichten, welche in gleicher Höhe mit den Deckschichten der Dachfläche liegen,
- Kehlschichten, welche die Deckgebinde unterlaufen,
- Kehlschichten, welche nicht in gleicher Höhe mit den Deckschichten liegen,
- Kehlschichten, welche wechselseitig in den Deckschichten liegen.

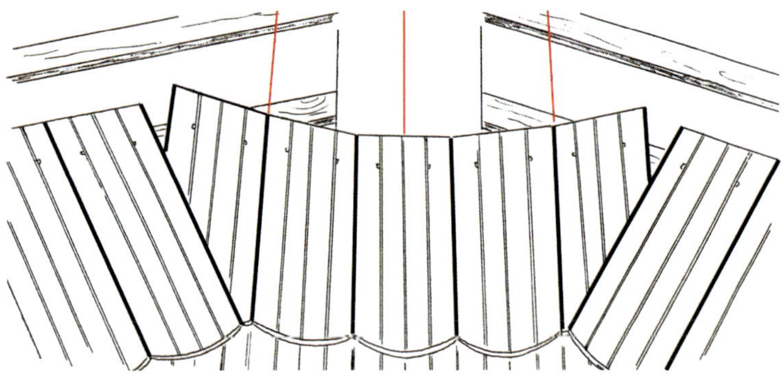

Stets zu beachten ist , dass die Ausspitzer (Kehlspitzen) mit der bearbeiteten Seite zu den Anschlussziegeln liegen müssen. Dadurch erhalten die keilförmig zugerichteten Dachziegel die größte Reibungsfläche zu den Ziegeln, ohne Anhängenase, in Kehlrichtung.

Abb. 6.152: Darstellung einer Deckschicht mit gleichen Höhen.

Zur besseren Auflage der darüber verlaufenden Kehlschichten, müssen auch kleine Ergänzungsspitzen dem Deckverband der Dachfläche folgend eingedeckt werden.

Kehlschichten, welche die Deckgebinde unterlaufen

... werden auch Läufer, Läuferschichten oder Unterläufer genannt. Diese Läufer sind sehr wichtig, da diese in vielen Fällen Kreuzfugen zwischen den Flächen- und Kehldeckgebinden verschließen.

Aus diesem Grund müssen die Läuferschichten auch mit ausreichender Überdeckung (also in voller Höhe) unter die Deckschichten geführt werden.

Die Kopfkanten, dieser Unterläufer werden beim Überdecken der darüber liegenden Traglatte unmittelbar an deren Unterkante bearbeitet (gekürzt) – also die bearbeitete Kante des Läufers muss an der Unterkante dieser Traglatte stoßen.

*Damit die überdeckenden Ziegelreihen der Dachfläche nicht sperren, sind **die nicht sichtbaren Seitenkanten** der Unterläufer etwas zu kämmen (zu scherbeln / abzuschrägen) jedoch aber nicht zu kürzen, den*

Zu kurze Läufer (Abstände) führen allzu oft, zu offenen Kreuzfugen.

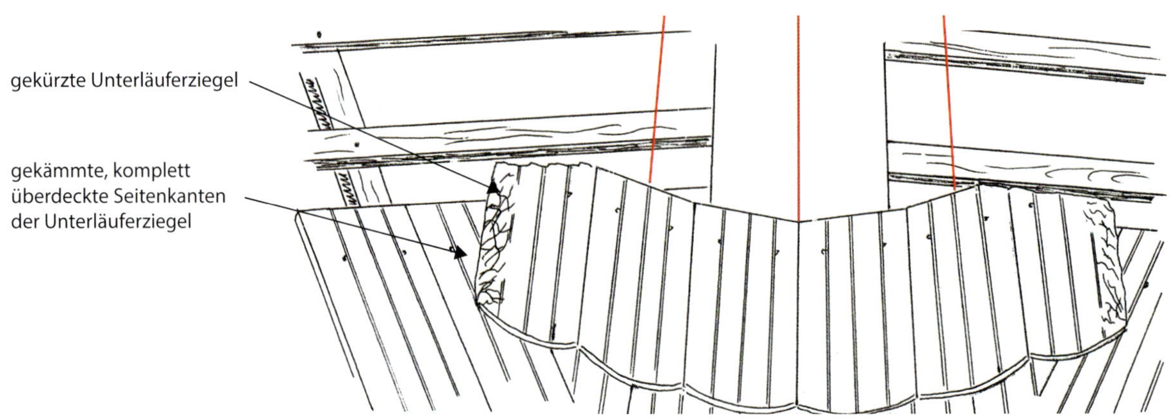

Abb. 6.153: Darstellung einer unterlaufenden Kehlschicht

Kehlschichten, die nicht auf gleicher Höhe mit den Deckschichten liegen

... müssen an ihren Übergängen, durch die anlaufenden Anschlussziegel, An- oder Ausgeglichen werden.

Dieses Ausgleichen ist durch die Technik das Schmälern und Staffeln der Anschlussziegel aus der Fläche möglich. Hierbei ist jedoch zu beachten, dass stets die Höhenüberdeckung eingehalten bleibt und das maximal ***drei*** *geschmälte Ziegel nebeneinander eingedeckt werden.*

Die Segmentbogen der Ziegel können durch diese Technik nach unten oder oben verlagert werden.

Bei vielen „alten" Dachdeckern kommt auch die sog. Winkelhalbierende, auch Keilfuge genannt, zur Anwendung. Doch **Achtung,** diese darf nur in Ausnahmefällen in Frage kommen!

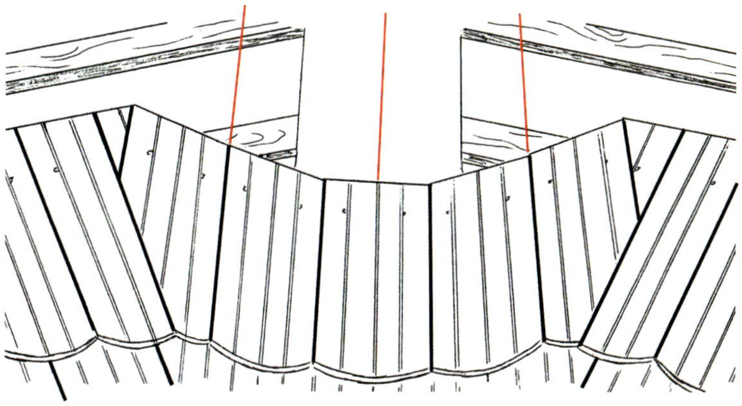

Keinesfalls aber, darf das Segmente (weder des Anschlussziegels noch des Ausspitzers) verändert / bearbeitet werden.

Eine Ausnahme bildet hier das „Ankneifen" eines Wasserabweisers.

Abb. 6.154: Darstellung von ungleichen Höhen der Deckschichten

Bei den geschmälerten Anschlussziegeln, müssen zwingend die Längsfugen durch ausreichende Seitenüberdeckung (mindestens durch den ¼ Verband) gesichert sein. Oft wird auch eine ausreichende Überdeckung (ein ausreichender Fugenschluß) durch einen Unterläufer in richtiger größe gesichert.

Kehlschichten, welche wechselseitig in den Deckschichten liegen

Finden immer dann Anwendung, wenn bei einer gleichhüftigen Kehle nicht exakt gelattet werden konnte (sei es durch Schlamperei oder aber auch bei verschiedene Sparrenlängen).

Wechselseitige Kehlschichten werden auch eingesetzt bei ungleichhüftigen Kehlen mit geringem Neigungsunterschied.

- *Bei echten ungleichhüftigen Kehlen (also mit großem Neigungsunterschied) wird wie bereits beschrieben nur die steilere Dachseite eingeteilt was bedeutet, man kommt auf der flacheren Dachseite an, wie man ankommt.*

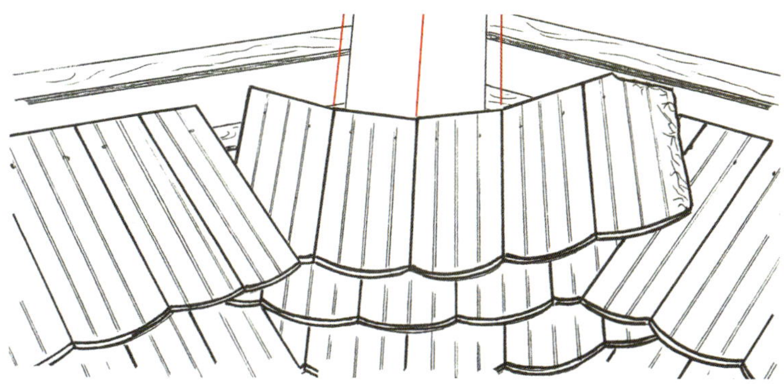

Abb. 6.155: Darstellung einer wechselseitig eingebundenen Kehlschicht (zwei Ziegel breit)

Aufdecken verschiedener Anschlussziegel

Beim Aufdecken von Anschluss- ziegeln, muss auf einige Grundregeln geachtet werden:

- *der Anschlussziegel darf das Halbformat nicht unterschreiten*
- *Anschlussziegel werden immer an den Ausspitzer (die Kehlspitze) gedeckt*
- *es dürfen nur maximal drei Anschlussziegel (um den Verband zu wahren) Verwendung finden*

Durch ein geschicktes Staffeln der Anschlussziegel, kann die Lage des Schnittpunkts zwischen Ausspitzer und Anschlussziegeln teils erheblich verändert werden.

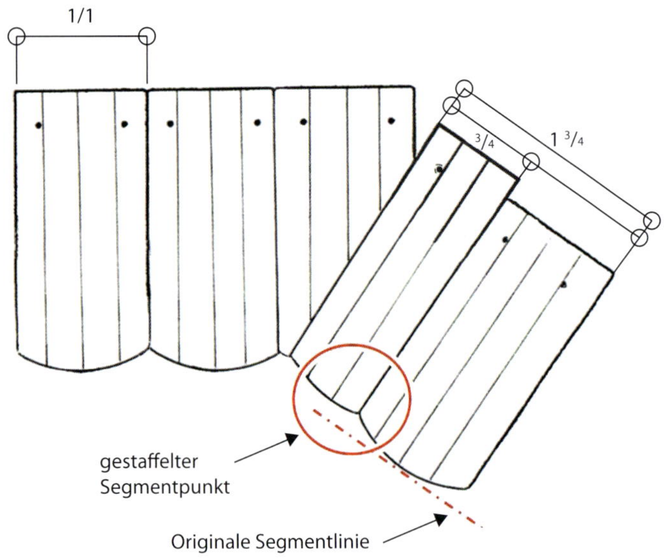

Abb. 6.156: Anschlussziegel als ¾, ungleich hohe Deckschichten

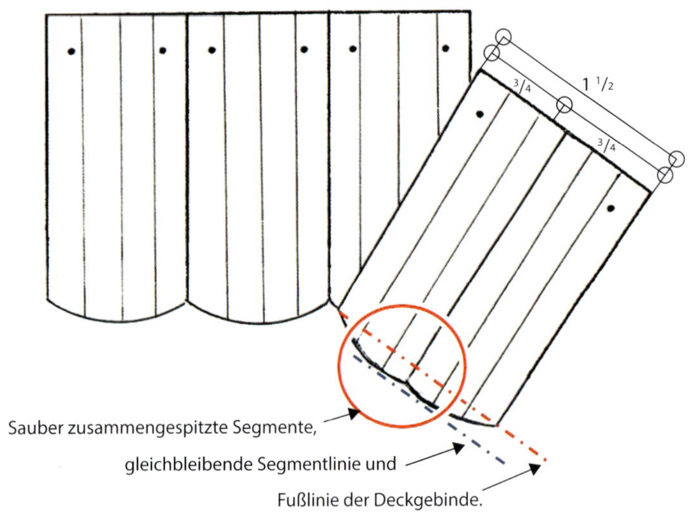

Abb. 6.157: Anschlussziegel als zweimal ¾, gleich Hohe Deckschichten

Bei der Verwendung von geschmälten Anschlussziegeln, muss auf Ziegel welche das Halbformat unterschreiten stets verzichtet werden.

Außerdem sollten halb Ziegel Breite Anschlussziegel, wenn möglich vermieden werden, da hier die Längsfuge nicht mehr durch ausreichende Seitenüberdeckung (¼ Verband) gesichert bleibt.

Als Alternative zu den ½ 'en kann man zwei ¾ 'ge verwenden.

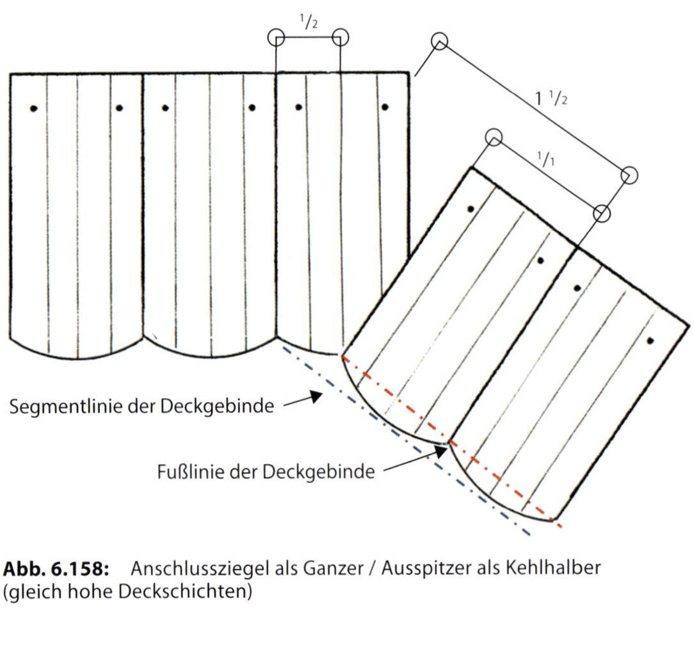

Abb. 6.158: Anschlussziegel als Ganzer / Ausspitzer als Kehlhalber (gleich hohe Deckschichten)

Bei der Verwendung von Kehlhalben Ausspitzern, muss zwingend darauf geachtet werden, dass diese Kehlhalben auf die Kehlbreite gerechnet werden. Diese extrem breite Kehlspitze zählt nicht mehr richtig zu den Ausspitzern.

In der hier gezeigten Darstellung kann man den Grund hierfür klar erkennen, die Segmentlinien sowie die Fußlinien treffen sauber aufeinander.

Besonderheiten bei den Kehlschichten (deutsch eingebundener Kehlen), Kronendeckung

Das Eindecken der Kehl- / und Flächengebinde erfolgt genau wie in diesem Abschnitt bereits beschrieben, es ist jedoch darauf zu achten: in der Kronendeckung werden stets Lager- /und Deckschicht eingebunden.

Es wird immer zweimal übereinander gespitzt. ***Das Gebot der Gleichmäßigkeit ist einzuhalten!***

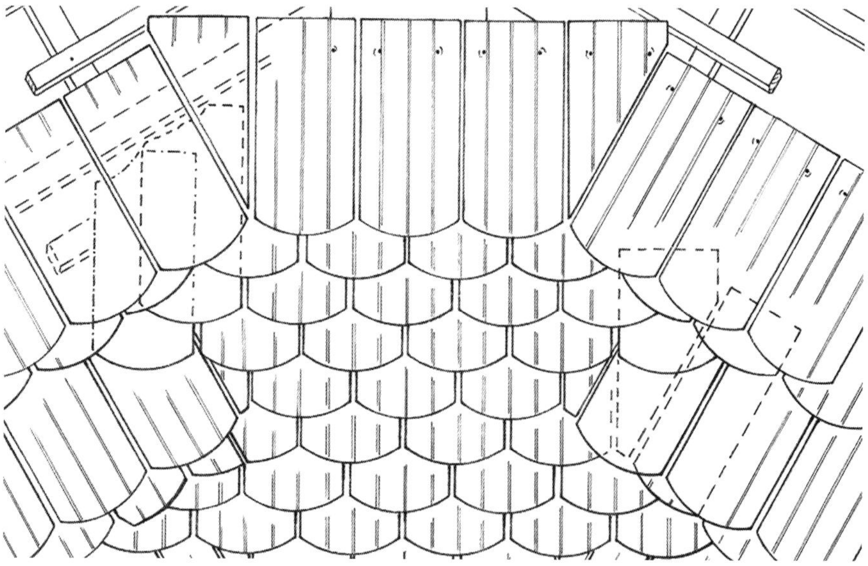

Abb. 6.159: Kehlschichten, liegen auf gleicher Höhe mit den Deckgebinden

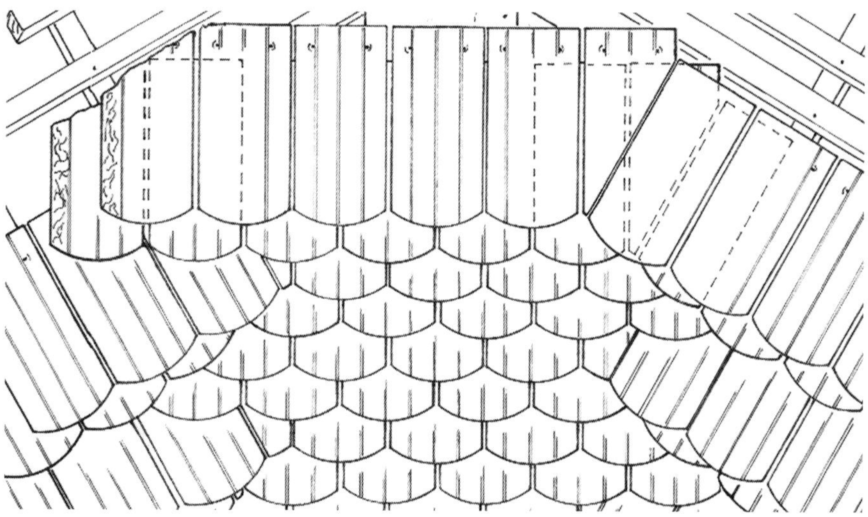

Abb. 6.160: Kehlschichten, liegen (wechselseitig) auf gleicher Höhe mit den Deckgebinden

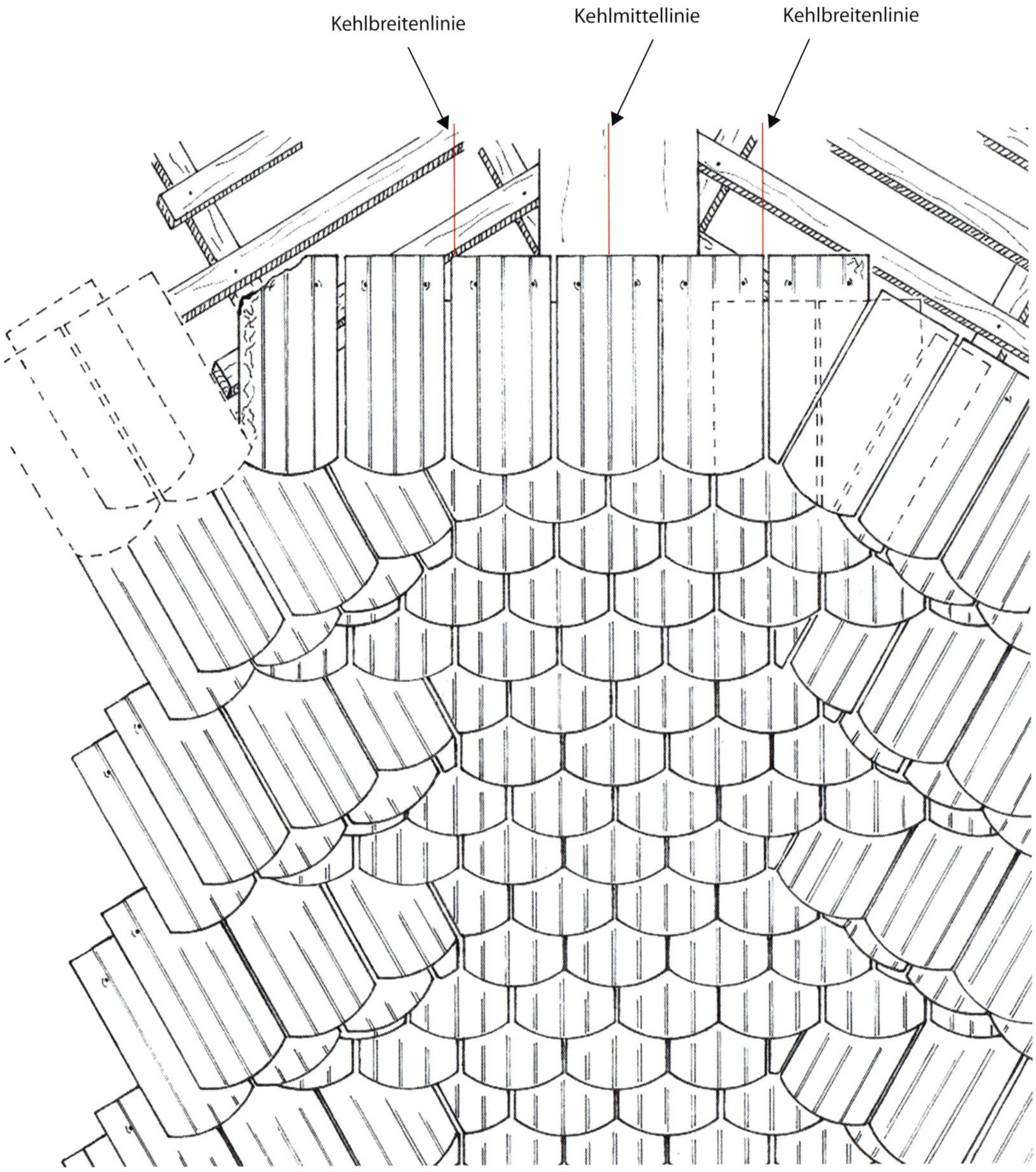

Abb. 6.161: Kehlschichten, liegen nicht auf gleicher Höhe mit den Deckgebinden

Die Ausführung der Bindeschichten (Ausspitzerschicht), auf der linken Kehlseite, erfolgte hier mit Kehlhalben Bibern. Auf der rechten Kehlseite erfolgt das Einbinden der Deckschicht an der Kehlbreitenlinie!

Beim Eindecken der einzelnen Kehlschichten in eine Biberschwanz – Kronendeckung ist zu beachten:

„… es darf niemals zwischen einer Lagerschicht und deren Deckschicht ein Unterläufer (eine Unterläuferschicht) gedeckt werden!"

6.3.13 Der Firstanschluss

Der Kehlauslauf

Zum Kehlauslauf rechnet man bereits das Einbinden der Firstdoppelschicht in die Kehlschichten sowie die überlaufenden (Kehl-) Abschluss Schichten. Die Abstände der Kehlschichten sowie die Kehlbreite am Kehlauslauf dürfen nicht verändert werden.

Einbinden der Firstdoppelschicht

Das Einbinden der Firstdoppelschicht, in der Biberschwanz - Doppeldeckung erfolgt analog zum Einbinden einer Kehle in der Kronendeckung, mit dem einen Unterschied, dass bei der Doppeldeckung immer versucht werden sollte, die abwechselnde Teilung einzuhalten (Unterläufer wechseln sich mit Ausspitzern ab).

In der Doppeldeckung erfolgt also zwangsläufig das Einbinden der Firstdoppelschicht mit zwei Ausspitzern (Kehlspitzen).

Wenn zwei Ausspitzer über einander liegen ist es sehr gefährlich, wenn eine kleine Kehlspitze auf einer Großen zum liegen kommt – Gefahr einer offenen Kreuzfuge! Dennoch darf auch an der Firstdoppelschicht keine Änderung der Kehlbreite erfolgen, um die Breite der Kehle zu wahren muss zwangsläufig mit Kehlhalben Ausspitzern gearbeitet werden.

Das Einbinden der Firstdoppelschicht mit drei oder mehr Ausspitzern ist nicht zulässig!

Besonderheit am First

Um den Kehlauslauf am First sauber herzustellen, sollte wie im Abschnitt Unterbau / Kehlschalung beschrieben das Kehlbrett leicht verjüngt werden.

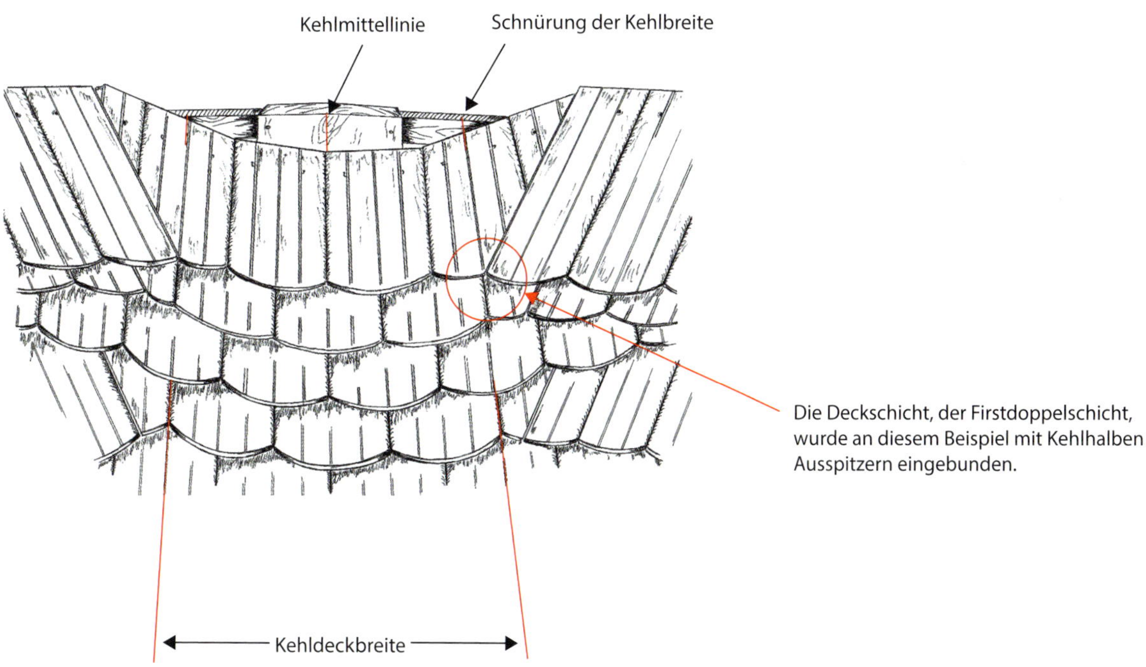

Abb. 6.162: Beispielhafte Darstellung eines Kehlauslaufs bei gleichen Firsthöhen

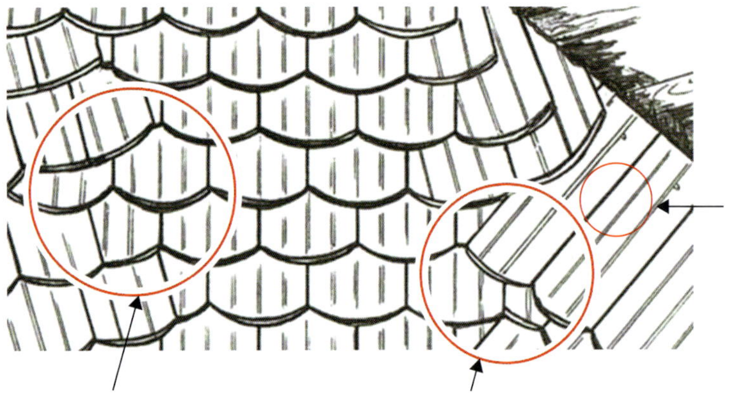

Abb. 6.163: Beispielhafte Darstellung eines Kehlauslaufs bei ungleichen Firsthöhen

Grundsätzlich erfolgt bei der Herstellung der First-Doppelschicht, das Ausspitzen der Deckschicht an der Kehldeckbreite. Auch die Lagerschicht der Firstdoppelschicht sollte, um die Kehldeckbreite einzuhalten, an der Kehldeckbreitenlinie ausgespitzt werden.

Fehler beim Einbinden der Firstdoppelschicht

Auch am Firstanschluss muss zwingend darauf geachtet werden, dass die Ausspitzer nicht zu breit werden, da hier sonst offene Y- Fugen entstehen können und die Kehlbreite nicht mehr eingehalten ist.

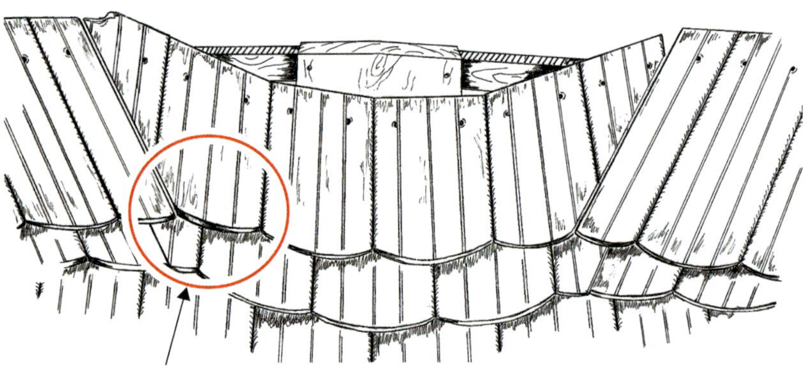

Abb. 6.164: Zu breite Ausspitzer

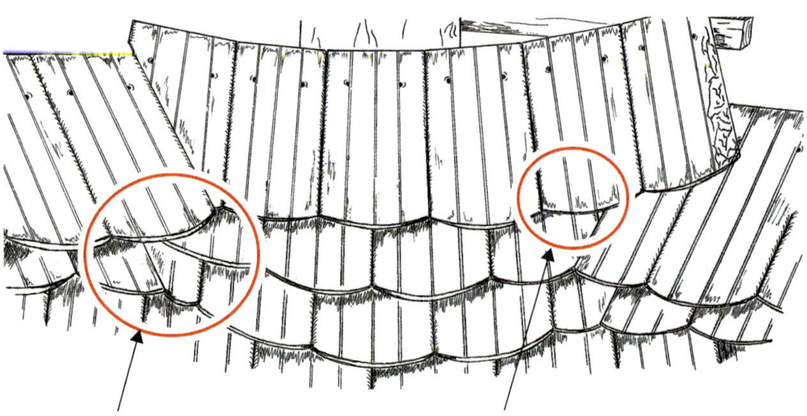

Abb. 6.165: Zu breiter Ausspitzer, fehlerhafte Lage der Unterläuferschicht

Aufdecken des Kragengebindes, der Überläuferschichten

Überläuferschichten am Kehlkragen sind nur insoweit erforderlich, wie offene Stellen oder Längsfugen am Kehlauslauf vorhanden sind.

Die seitlich abschließenden Dachziegel der Überläuferschichten können mit Keilfugen, das heißt konisch bearbeiteten Biberschwanzziegeln, hergestellt werden um eine zu große Verbreiterung der Überläuferschichten und damit ein unschönes Liegen des Firstes zu vermeiden.

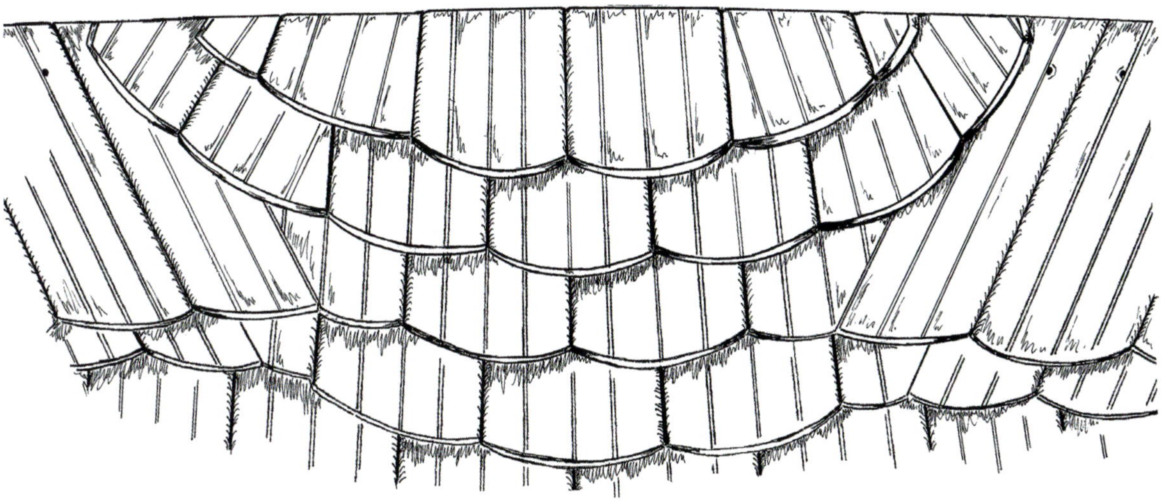

Abb. 6.166: Kragengebinde (Überläuferschichten) mit konisch bearbeiteten Bibern, **bei gleichen Firsthöhen**

Durch dieses konische, keilförmige bearbeiten der Dachziegel wird der Kehlkragen nicht zu breit, was wiederum den Effekt hat, dass der Firstziegel gerade im Bereich des Hauptfirstes sauber zum Liegen kommt.

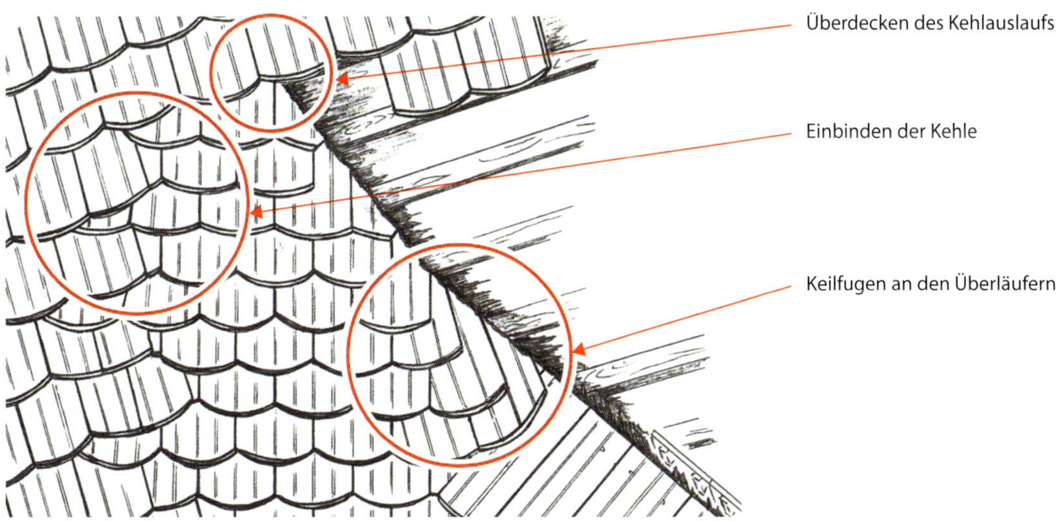

Abb. 6.167: Kragengebinde (Überläuferschichten) mit konisch bearbeiteten Bibern, **ungleiche Firsthöhen** (Einbinden der Firstdoppelschicht und Ausführung der Überläuferschichten in einer ungleichhüftige Kehle.)

Bei verschiedenen Firsthöhen wird die Kehle auf der Dachseite mit den längeren Sparren bis zu ihrem Ende „stur" weitergedeckt (also die begonnene Teilung fortgesetzt … auf der kürzeren Seite wird die Firstdoppelschicht eingebunden und danach werden die Überläuferschicht gedeckt.

Aufdecken und Einbinden des Kragengebindes in die Firstdoppelschicht

Beim Auf- oder Eindecken der Kehle am Übergang zur Firstdoppelschicht, gerade im Bereich der Doppeldeckung aber auch oft im Bereich der Kronendeckung (bei ungleichhüftigen Kehlen) kann es sein, dass die regelmäßige Teilung nicht mehr funktioniert. Hier sollte jeder Dachdecker/jede Dachdeckerin bereits im Vorfeld vorausschauend arbeiten.

Oft ist es nötig die Schichten anders aufzuteilen, das bedeutet:

- *Der Dachdecker stellt unmittelbar vor der Firstdoppelschicht fest, dass das letzte Kehlgebinde unterhalb der Firstdoppelschicht als Ausspitzerschicht hergestellt werden muss. Nun besteht akuter Handlungsbedarf.*
- *Drei Lösungsmöglichkeiten gibt es.*

Möglichkeit 1.)
Ignorieren des drei- oder viermaligen Bindens und einfach weitermachen …

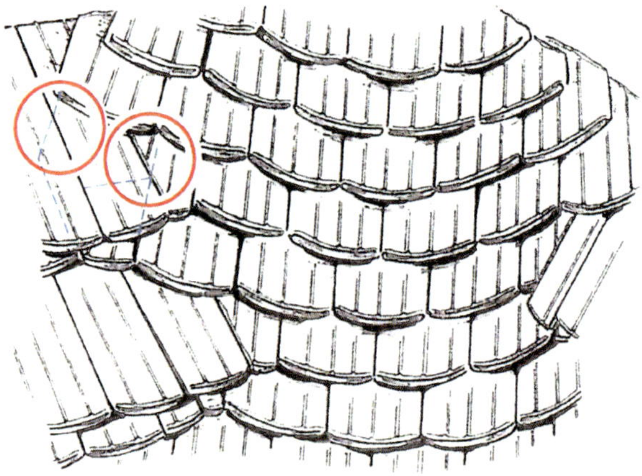

… und dabei eine oder mehrere offene Kreuzfugen zu riskieren!

Möglichkeit 2.)
Irgendwie Zusammenschustern dieses Anschlusses meist aus Hilflosigkeit oder Unwissenheit durch einen (scheinbaren) Mangel an Alternativen.

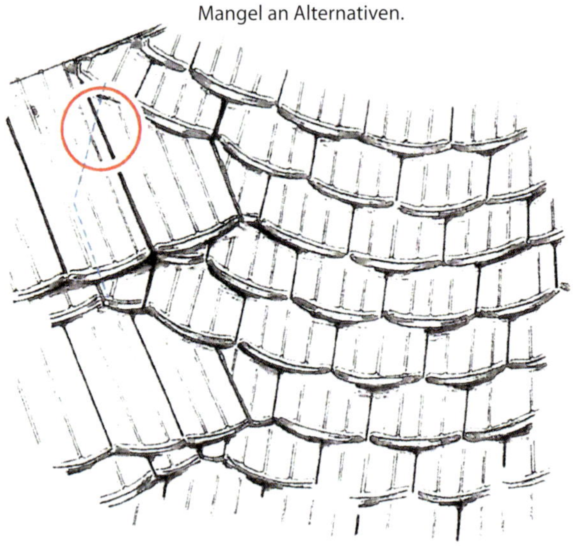

Möglichkeit 3.)
Durch Beobachten des Baufortschritts in der Kehle, frühzeitiges und vorausschauendes Handeln. Es besteht die Möglichkeit des recht frühen Wechsels der gleichmäßigen Kehlschichten zu wechselseitigen Kehlschichten …

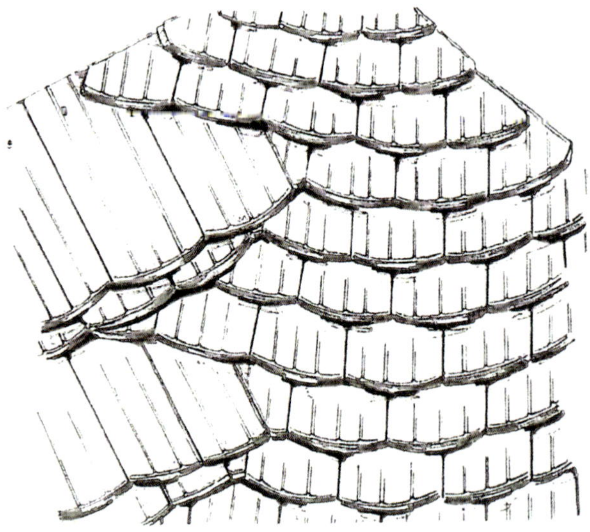

… um die eingebundene Kehle, auch am Kehlkragen, zu einem sauberen und qualitativ hochwertigen Abschluss zu bringen.

Abb. 6.168: Kehlkragengebinde, drei Möglichkeiten

6.3.14 Anwendungsbeispiele

Drei Ziegel breite eingebundene Ziegelkehle in der Biberschwanz-Doppeldeckung

In der Biberschwanz-Doppeldeckung gilt die drei Ziegel breite Kehle mit der Teilung 2 : 4 als einfachste Art, eine eingebundene Kehle herzustellen.

Nachfolgend sind hier Schritt für Schritt die einzelnen Arbeitsgänge zum Erstellen dieser Art einer eingebundenen Kehle in einem gleich geneigten Dach mit gleichen Traufhöhen dargestellt.

Das Einbinden von gleich geneigten oder annähernd gleich geneigten Biberschwanzkehlen in der Doppeldeckung sollte keine größeren Schwierigkeiten, auch für einen unerfahrenen Dachdecker, darstellen.

Selbst ungleichhüftige Kehlen, Dachneigungsunterschiede von 8° und mehr können unter der Verwendung einer drei Ziegel breiten Kehle meist problemlos eingebunden werden. Die Arbeitsgänge sind immer gleich oder sehr ähnlich.

Herstellung einer drei Ziegel breiten Kehle in der Doppeldeckung

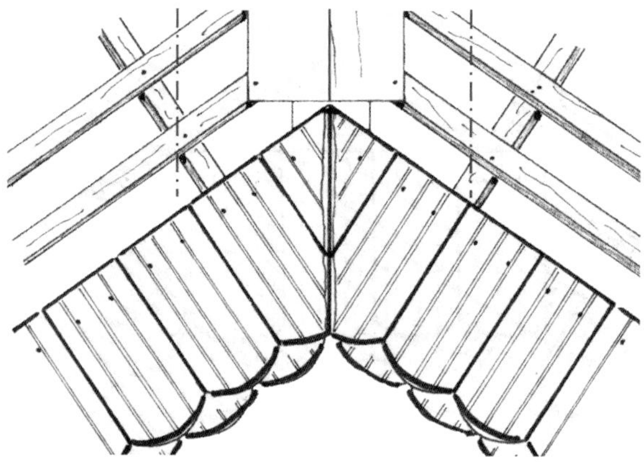

Abb. 6.169: Kehlmitte und Kehlbreite

Im ersten Arbeitsschritt werden stets die Kehlmitte und die gewünschte Kehlbreite auf die Unterkonstruktion aufgeschnürt.

Danach wird die Traufe, entweder die Traufdoppelschicht oder die Traufe mit Traufansatzziegeln, sauber mit Einspitzern zusammengespitzt.

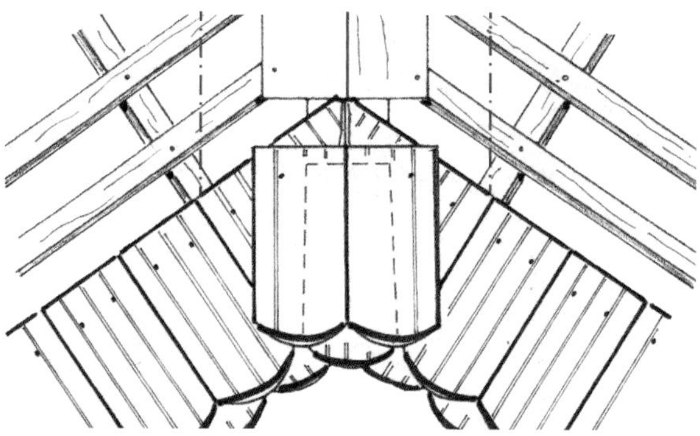

Abb. 6.170: Zurichten und Aufdecken des ersten Kehlwasserziegels sowie der ersten zwei Kehlziegel am Kehlansatz

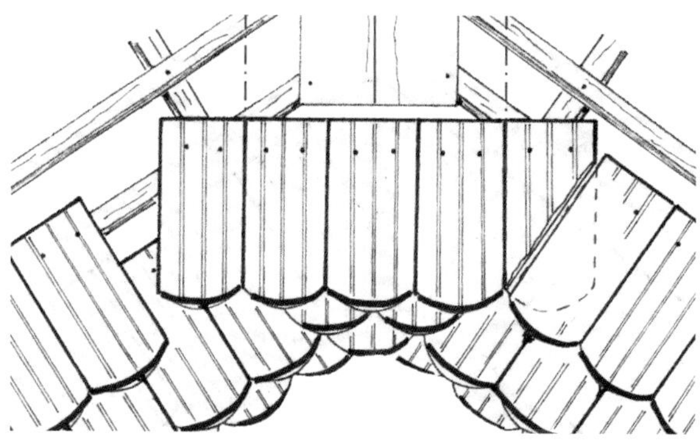

Abb. 6.171: Aufdecken der dritten Schicht des Kehlansatzes und Ermittlung der Breite des Ausspitzers

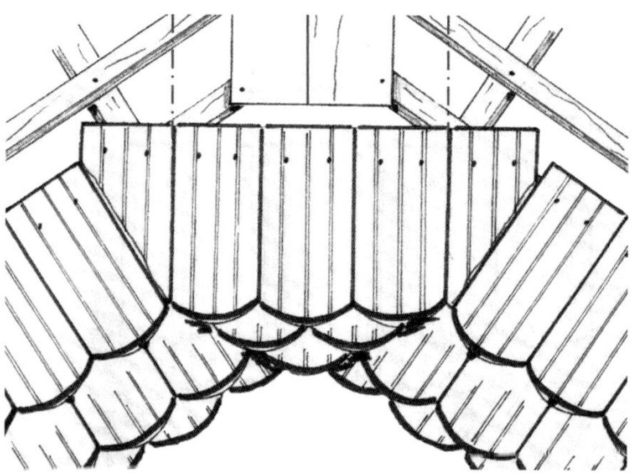

Abb. 6.172: Zurichten und Eindecken der Ausspitzer des Kehlansatzes

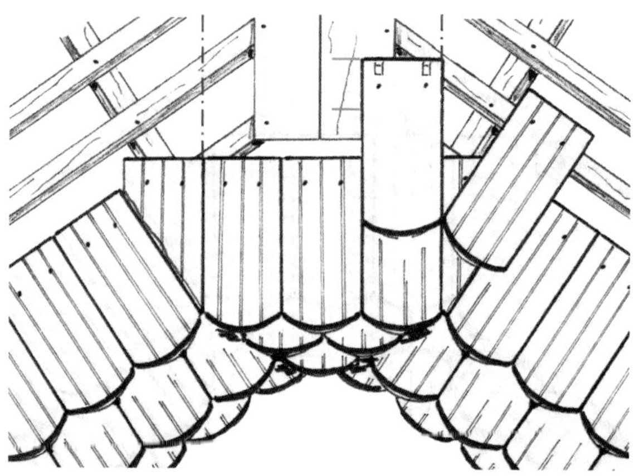

Abb. 6.173: Lage der nachfolgenden zwei Kehlschichten

Handwerkliche Ermittlung der Lage der nachfolgenden zwei Kehlschichten durch:

- die Suche nach dem Schnittpunkt des Ausspitzers,
- Anreißen der Kopflinie des Dachziegels,
- Teilen des ermittelten Abstands der Kopflinie der unteren eingebundenen Ziegelreihe und des provisorisch aufgedeckten Biberschwanzziegels

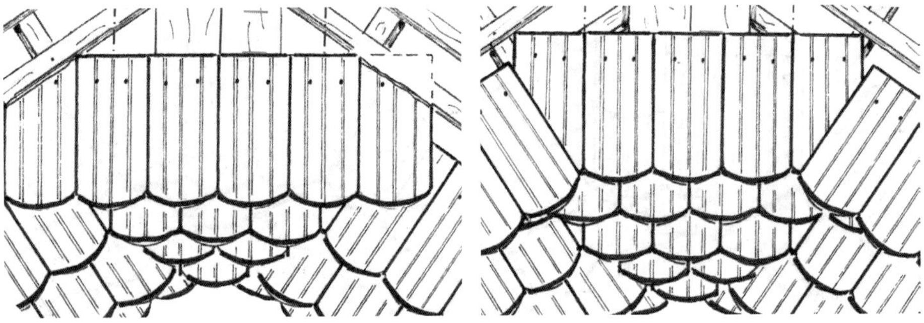

Ab. 6.174 und 6.175: Zurichten und Eindecken der ersten Unterläuferschicht sowie der ersten Ausspitzerschichten oberhalb des Kehlansatzes

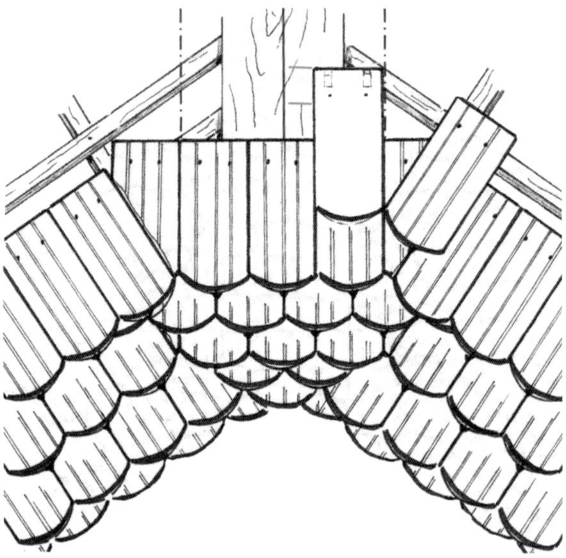

Abb. 6.176: Bevor die nächste Kehldeckschicht aufgetragen werden kann, muss die Lage der nachfolgenden Kehlschichten erneut ermittelt werden.

Die handwerkliche Ermittlung der Lage der nachfolgenden zwei Kehlschichten erfolgt wie vorab beschrieben.

Dieser Arbeitsschritt sollte nach jeder eingedeckten Bindeschicht wiederholt werden.

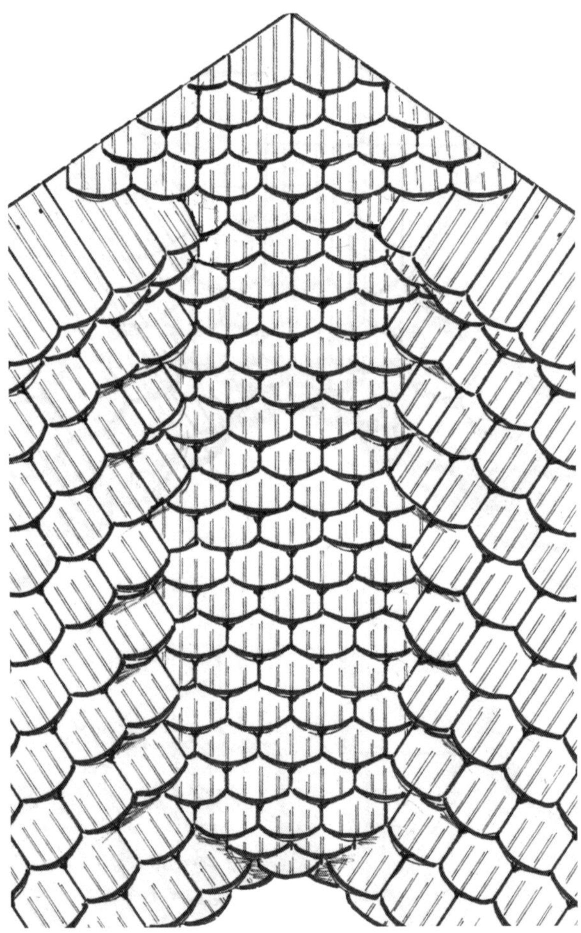

Abb. 6.177: Die Abbildung zeigt eine fertiggestellte etwa 2,20 m lange eingebundene drei Ziegel breite Biberschwanzkehle in der Teilung 2 : 4.

Zwei Ziegel breite eingebundene Ziegelkehle in der Biberschwanz-Kronendeckung

In der Biberschwanz-Kronendeckung gilt die zwei Ziegel breite Kehle mit der Teilung 1 : 4 als die einfachste Art der eingebundenen Ziegelkehlen.

Nachfolgend sind hier Schritt für Schritt die einzelnen Arbeitsgänge zum Erstellen dieser Art einer eingebundenen Kehle in einem gleich geneigten Dach mit gleichen Traufhöhen dargestellt.

Das Einbinden von gleich geneigten oder annähernd gleich geneigten Biberschwanzkehlen in der Kronendeckung sollte keine größeren Schwierigkeiten, auch für einen unerfahrenen Dachdecker, darstellen.

Selbst ungleichhüftige Kehlen, Dachneigungsunterschiede von 8° und mehr können unter der Verwendung einer zwei Ziegel breiten Kehle meist problemlos eingebunden werden. Die Arbeitsgänge sind immer gleich oder sehr ähnlich.

Herstellung einer zwei Ziegel breiten Kehle in der Kronendeckung

Im ersten Arbeitsschritt werden stets die Kehlmitte und die gewünschte Kehlbreite auf die Unterkonstruktion aufgeschnürt.

Danach wird die Traufe, entweder mit Traufansatzziegeln und danach die Traufdoppelschicht oder die Traufe ohne Traufansatzziegel, sauber mit Einspitzern hergestellt.

Die Kehldeckbreite in der Deckschicht ist stets einzuhalten.

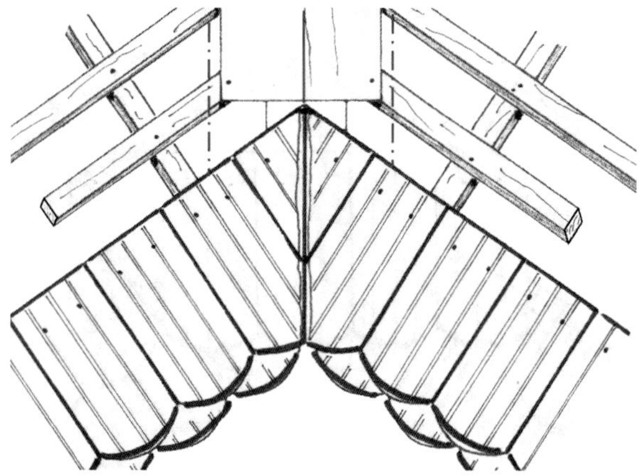

Abb. 6.178: Aufschnüren der Kehlmitte und Kehlbreite

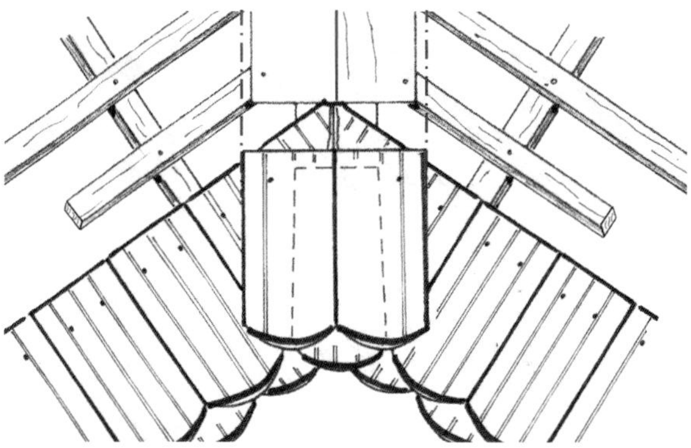

Abb. 6.179: Zurichten und Aufdecken des ersten Kehlwasserziegels sowie der ersten zwei Kehlziegel am Kehlansatz

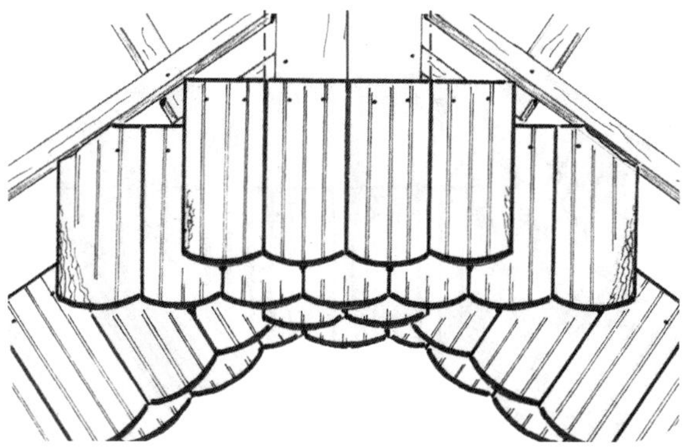

Abb. 6.180: Aufdecken der dritten und vierten Schicht des Kehlansatzes als Unterläuferschichten

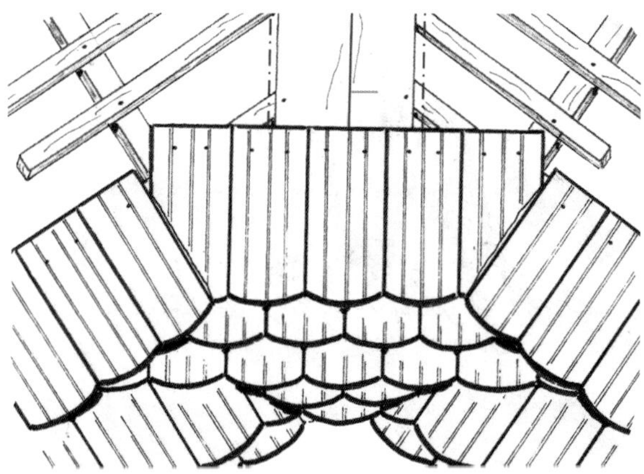

Abb. 6.181: Zurichten und Aufdecken der ersten Ausspitzer (in der Lagerschicht).
Die Kehldeckbreite in der Lagerschicht ist stets einen Ziegel breiter als die der Deckschicht.

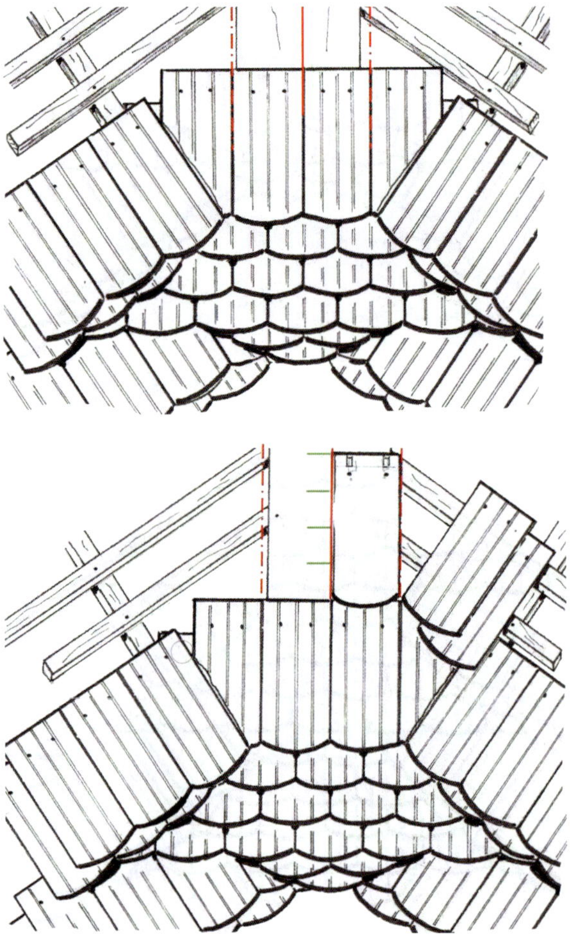

Abb. 6.182: Zurichten und Aufdecken der zweiten Ausspitzer (in der Deckschicht).

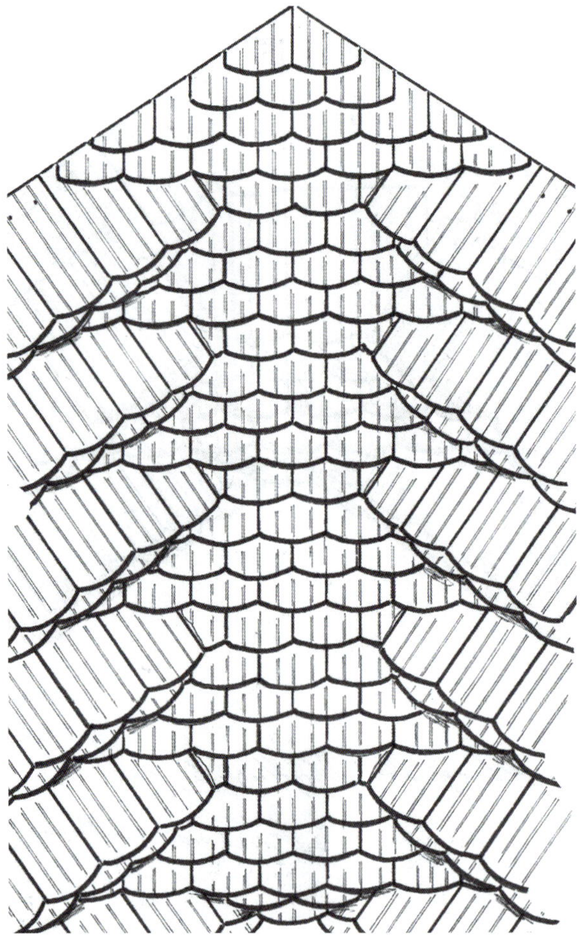

Abb. 6.183: Die Abbildung zeigt eine fertiggestellte etwa 2,20 m lange eingebundene zwei Ziegel breite Biberschwanzkehle in der Teilung 1 : 4.

Handwerkliche Ermittlung der Lage der nachfolgenden vier Kehlschichten durch:

- die Suche nach dem Schnittpunkt des Ausspitzers in der Deckschicht,
- Anreißen der Kopflinie des Dachziegels,
- Teilen des ermittelten Abstands der Kopflinie der unteren eingebundenen Ziegelreihe (der Deckschicht) und des provisorisch aufgedeckten Biberschwanzziegels

6.4 Metallkehlen

Metallkehlen können als Haupt- oder Gaubenkehlen für alle geneigten Dächer mit einer **Mindestkehlneigung größer/gleich 10°** verwendet werden.

Unterkonstruktion

Die Unterkonstruktion für die Verwendung von überdeckten Kehlen aus Metall, also die Unterkonstruktion der Kehlbleche, besteht entweder

- aus einer vollflächigen Auflage (Schalung aus Vollholz oder Holzwerkstoffplatten)
- oder aus der Traglattung mit Hilfslatten, maximaler **lichter** Abstand (das Maß zwischen Ober- und Unterkante) der Latten kleiner/gleich **12,0 cm**.

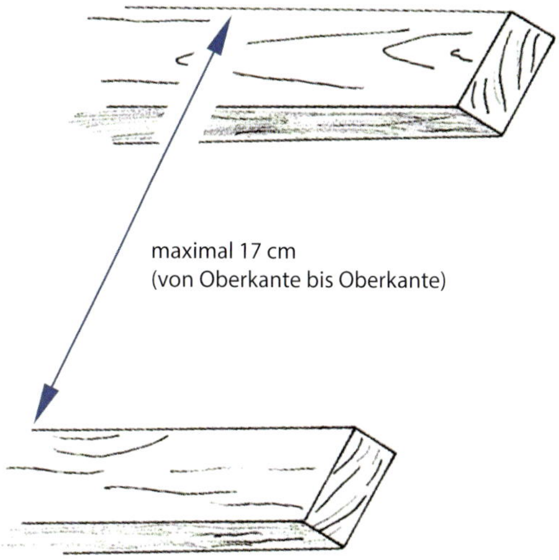

Abb. 6.184: Unterkonstruktion für Kehlbleche

Abwicklung und Montage der Kehlbleche aus Metall

Metallkehlen können höchst unterschiedlich hergestellt (abgewickelt) werden. Zu beachten ist, dass die Zuschnittbreite 40 cm nicht unterschreiten sollte.

Bei ungleichhüftigen Kehlen oder extrem unterschiedlichen Sparrenlängen (kleinen Gauben in großen Dächern) sollte die Kehle mit einem Mittelsteg oder in vertiefter Form ausgeführt werden.

So kann anfallendes Niederschlagswasser sauber und schnell abgeleitet werden und die Gefahr des Eindringens von Niederschlagswasser in die Konstruktion auf ein Minimum reduziert werden.

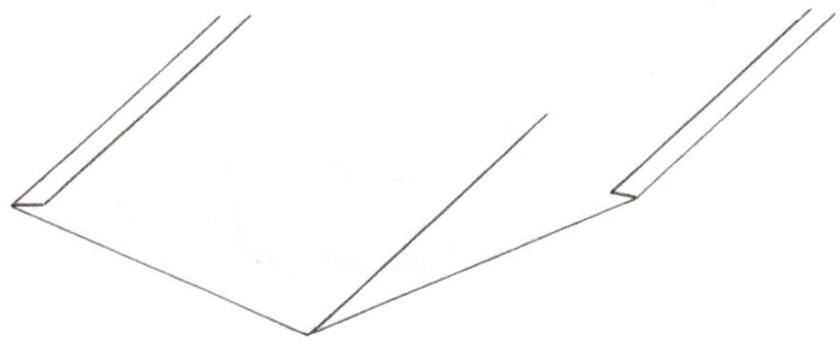

Abb. 6.185: Darstellung eines „einfach" gekanteten Kehlblechs

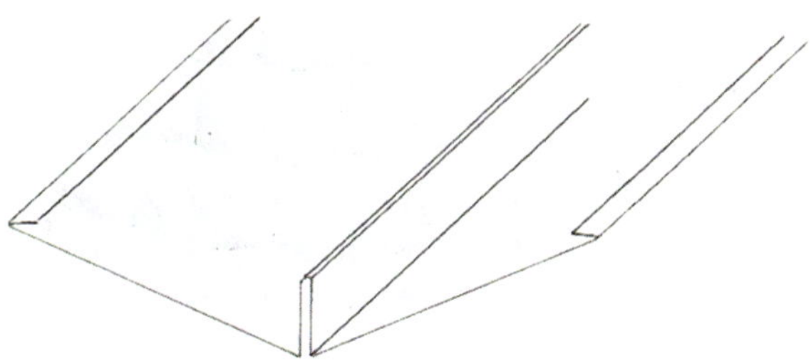

Abb. 6.186: Darstellung eines Kehlblechs mit Mittelsteg

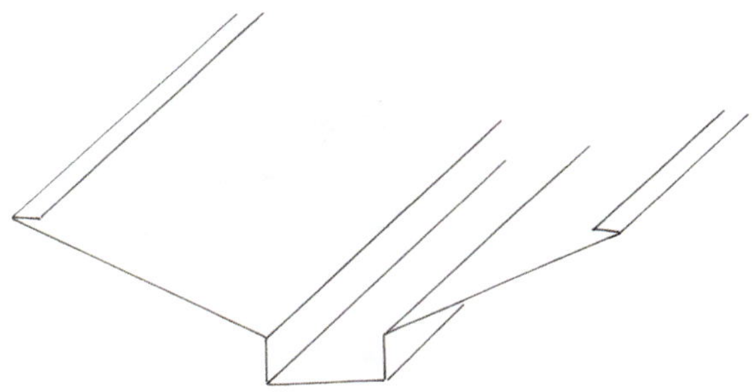

Abb. 6.187: Darstellung eines Kehlblechs mit vertieftem Wasserlauf

Überdeckungen der Kehlbleche

Wenn Metallkehlen in eine Dachfläche mit einer ableitenden Dacheindeckung montiert werden, ist die Kehlsparrenneigung (die Kehlneigung) stets zu beachten. Diese Kehlneigung ist konstruktionsbedingt immer etwa 8 bis 10° flacher als die eigentliche Dachneigung.

Um funktionstüchtige Detaillösungen unter Verwendung überdeckter Metallkehlen herzustellen, sind folgende Punkte stets zu beachten:

- Kehlneigungen größer/gleich 15°: Hier **kann** die Überdeckung der einzelnen Kehlbleche durch einfache Überlappung/Überdeckung von <u>mindestens 10 cm</u> (mit angereiften Kanten beider Kehlbleche) erfolgen.
- Kehlneigungen kleiner/gleich 15°: Hier **muss** die Verbindung der Kehlbleche untereinander wasserdicht erfolgen. Die Mindestüberdeckung der Kehlen für wasserdichte Verbindungen ist abhängig von der Art des Blechs sowie der Verbindungsart.

Montage der Kehlbleche

Die Befestigung der Metallkehlen auf der Unterkonstruktion erfolgt innerhalb des Überdeckungsbereiches durch *direktes* Befestigen – also meistens durch Annageln.

Bei der direkten Befestigung ist stets zu beachten: Die Überdeckung wird ab dem schlechtesten Fall, also dem Nagel, gewertet.

Im Bereich der seitlichen Begrenzungen erfolgt die Befestigung der metallischen Kehlbleche stets mit einfachen Liegehaften, welche mit zwei Befestigungsmitteln angeschlagen werden sollen.

So kann der einfache Liegehaft gegen traufseitiges Verrutschen gesichert werden:

- mindestens zwei Befestigungsmittel, versetzt angeordnet, wobei ein Nagel direkt an dem Seitenfalz des Kehlblechs anstoßen sollte
- Der Liegehaft sollte eine Mindestgröße von 3 auf 6 cm nicht unterschreiten.
- Ein Anarbeiten des Liegehafts an den Seitenfalz ist empfehlenswert.
- Der Liegehaft sollte das Kehlblech auch vor dem Verrutschen (in Traufrichtung) sichern.

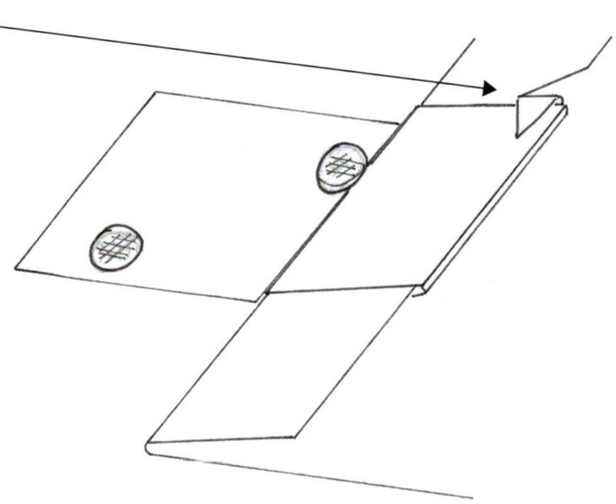

Abb. 6.188: Darstellung eines montierten einfachen Liegehafts

Eindecken der Kehlen mit Dachziegeln

Beim Eindecken der Kehlbleche gibt es nicht viel zu beachten. Es ist wichtig, dass die Mindestüberdeckungen auf die Kehle zwingend eingehalten werden, dass das Kehlblech weder durch Nägel/Schrauben (auch keine Dichtkopfschrauben) noch beispielsweise durch einen Winkelschleifer („Flex“) beschädigt bzw. zerstört wird.

Ebenfalls wird der seitliche Falz oft durch den Dachdecker zugedrückt. Falls dieser komplett geschlossen wurde, ist die Regensicherheit der Metallkehlen nicht mehr gegeben.

Es empfiehlt sich, vor dem Bearbeiten der seitlichen Falze ein geeignetes Abstandsmaß von etwa 3 mm zu verwenden, um die Funktionstüchtigkeit der Kehle zu bewahren.

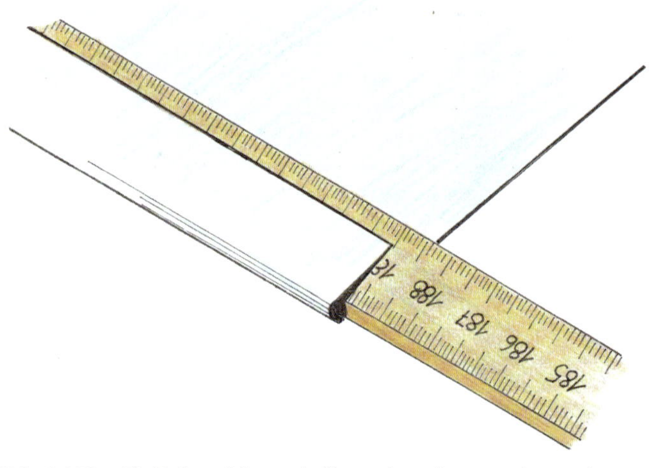

Abb. 6.189: Ein Zollstock kann als Abstandsmaß verwendet werden.

Die Dachziegel/Dachsteine (egal welche Form oder welches Fabrikat) müssen die Metallkehle je nach Dachneigung unterschiedlich weit überdecken:

- **Dachneigungen größer 32°** (Kehlneigungen ≥ 22°): **mindestens 10 cm**
- Dachneigungen **größer 25°**, **kleiner**/gleich **32°** (Kehlneigungen ≥ 15° bis ≤ 22°): **mindestens 15 cm**
- Dachneigungen **kleiner 25°** (Kehlneigungen ≤ 15°): **mindestens 20 cm**

Die Überdeckung der Dachziegel auf das überdeckte Kehlblech wird stets rechtwinklig zum Seitenfalz/zur Rückkantung gemessen!

Besonderheit beim Eindecken der Kehlen mit Biberschwanzziegeln

Im Allgemeinen wird derzeit die Biberschwanzziegeldeckung als Doppeldeckung ausgeführt. (Eine Kronendeckung ist ebenfalls eine Doppeldeckung!) Das heißt, der dritte Biber überdeckt den ersten um mindestens die Höhenüberdeckung.

Dieser Umstand ist auch an Bauteilen wie z. B. überdeckten Metallkehlen zwingend einzuhalten.

Beim Eindecken der Metallkehlen ist also im Bereich der Längsfugen dringend auf deren Fugenschluss zu achten, wobei hier das Metallbauteil (die Kehle) den Umstand des ersten übernimmt.

6.5 Nockenkehlen

Bei der sogenannten Nockenkehle werden Schichtstücke in **jede** anlaufende Ziegelreihe aus der Dachfläche zur Verbindung zu den Ziegelreihen der ebenfalls anlaufenden Dachfläche in der Kehle verwendet.

Jede ankommende Ziegelreihe wird abwechselnd mit einem Schichtstück sowie einem in der Kehlmitte komplett zusammen-/eingespitzten Ziegel der Dachfläche eingedeckt.

***Wichtig:** Das Zusammenspitzen der Biberschwanzziegel erfolgt immer ohne Wasserlauf!*

Unterkonstruktion

Für die Herstellung einer eingebundenen Nockenkehle, einer Kehle mit Schichtstücken, wird keine spezielle Unterkonstruktion erforderlich. Die anlaufenden Traglatten sollten lediglich so weit in die Kehle geführt werden, dass eine lagestabile Auflage der Dachziegel und der verwendeten Nocken gewährleistet ist.

Größe der Schichtstücke, Nockengröße

Um eine vernünftige Regensicherheit sowie ein ansprechendes optisches Gesamtbild einer eingebundenen Nockenkehle zu erzielen, müssen die Zuschnitte der einzelnen Schichtstücke vor dem Herstellen der Kehle ermittelt werden. Diese Ermittlung erfolgt über die Mindestüberdeckungen sowie über die Dachneigungen.

- Die Überdeckung des Schichtstücks (der Nocke) mit dem anschließenden Ziegel beträgt mindestens 20 cm.
- Die **Höhenüberdeckung** der Schichtstücke ist dachneigungsabhängig und beträgt bei
  - Dachneigungen kleiner/gleich 45° mindestens 16 cm,
  - Dachneigungen größer/gleich 45° mindestens 14 cm.
- Die **Seitenüberdeckung** der Nocken auf den Ziegel beträgt mindestens 15 cm.

Rechnerische Ermittlung der Nockengröße

Breite der Nocke

Durch die vorgegebene/vorgeschriebene Mindestseitenüberdeckung der Nocken auf den Biberschwanzziegel (mindestens 15 cm) beträgt die **Mindestbreite** also **30 cm**!

Mindestbreite einer Nocke = Mindestseitenüberdeckung × 2

Länge der Nocke

Die Länge der Schichtstücke, die **Nockenlänge,** ergibt sich aus dem Verhältnis zwischen der Ziegellänge und der Dachneigungen der herzustellenden Kehle. Für die Ermittlung dieser Länge kann die nachfolgende bekannte Formel angewendet werden.

$$\underline{Kehllänge} = \frac{Sparrenlänge}{\cos DN}$$

Beispielrechnung

Zur Berechnung der Länge des Schichtstücks müssen natürlich die in der Formel angegebenen Bezeichnungen ausgetauscht werden. Für Sparrenlänge wird Ziegellänge geschrieben, für Kehllänge wird Länge der Nocke geschrieben.

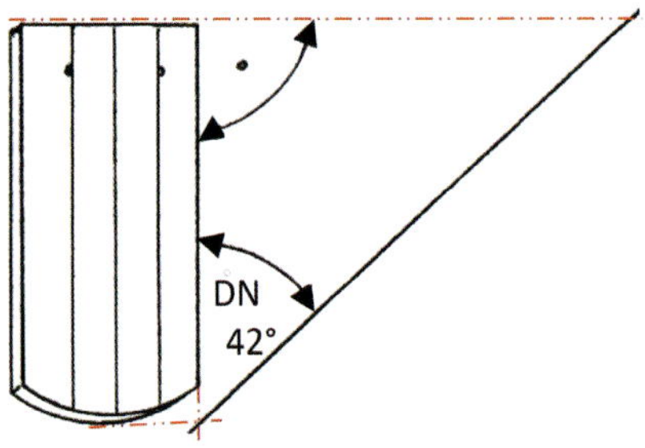

$$\frac{38\text{ cm}}{\cos 42°} = \underline{51{,}13\text{ cm}}$$

Als **Rohmaß** für die **Nocken** ergibt sich also ein Maß von 52 cm.

Dieses Rohmaß der Nocke wird nun noch an die Dachfläche angepasst, d. h., die Länge der Anhängenase sowie die Höhe des Segment-/Rundschnittbogens werden von der Nocke abgezogen.

	Rohmaß der Nocke	52 cm
–	Länge der Anhängenase	4 cm
–	Höhe des Segmentbogens	0 cm
=	**Fertigmaß Nocken**	**46 cm**

Eindecken einer eingebundenen Nockenkehle

Unter jede in der Kehle ankommende Ziegelreihe **muss** eine Nocke/ein Schichtstück untergelegt werden.

Die Nocken sind so in die einzelnen Gebinde der Dachflächen einzulegen, dass diese *nicht* (aus der Entfernung) sichtbar sind.

Es empfiehlt sich dennoch, diese Schichtstücke (im Bereich der Segmente) leicht herausschauen/hervorblitzen zu lassen, damit während der Bauabnahme und zur späteren Beweisführung deutlich erkennbar ist, dass unter jeder Ziegelreihe eine Nocke verbaut wurde.

Nocken können mechanisch gegen Verrutschen gesichert (angenagelt) oder mit einer Rückkantung (ähnlich einer Anhängenase) versehen und gedeckt werden.

Die Schichtstücke werden entweder rechtwinklig oder schwalbenschwanzförmig zugeschnitten.

Die Schwalbenschwanzform entsteht, wenn die Nocke an der Oberkante der Traglatte fluchtig abgeschnitten wird.

Schwalbenschwanzförmige Schichtstücke

Bei den schwalbenschwanzförmigen Schichtstücken werden die Nocken etwa 1 bis 2 cm oberhalb der Traglatte abgeschnitten.

Das überstehende Blech wird so umgefalzt, dass eine „Anhängenase" für das Schichtstück entsteht.

Der wichtigste Grund für die Schwalbenschwanzform der Nocke ist:

Die in der Kehle bearbeiteten Einspitzer können ihre Anhängenasen behalten und müssen nicht zusätzlich mechanisch gegen Verrutschen gesichert (in einen Draht gehängt) werden.

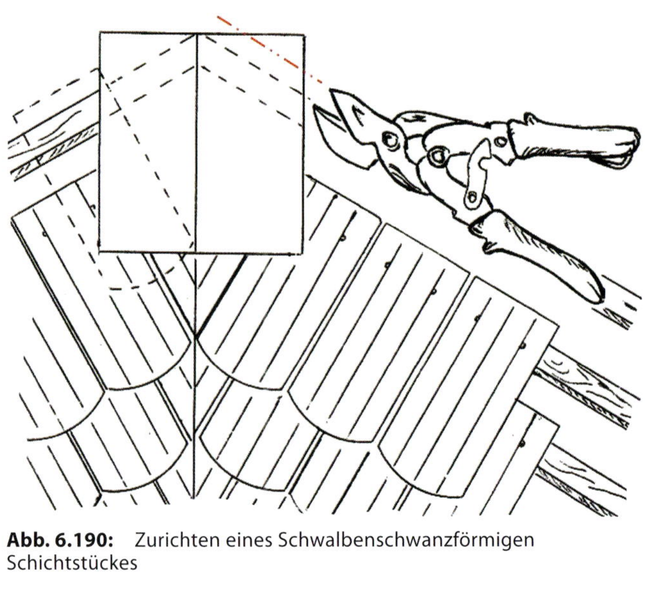

Abb. 6.190: Zurichten eines Schwalbenschwanzförmigen Schichtstückes

Anwendungsbeispiel: Eindecken einer eingebundenen Nockenkehle

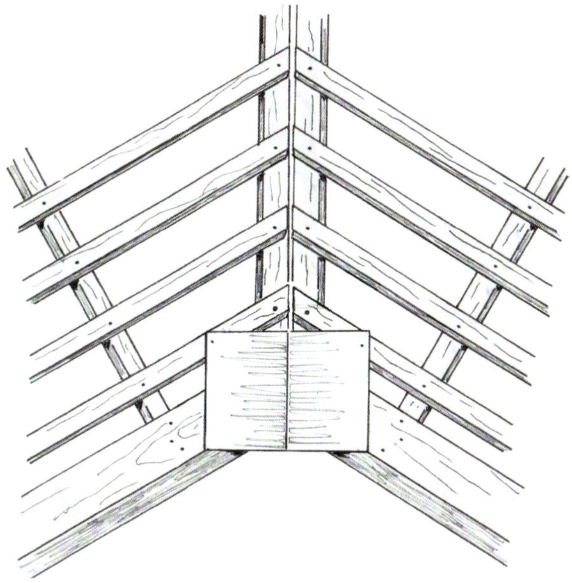

Abb. 6.191: Aufdecken der Nocke für die Traufansatzziegel in der Biberschwanz-Doppeldeckung

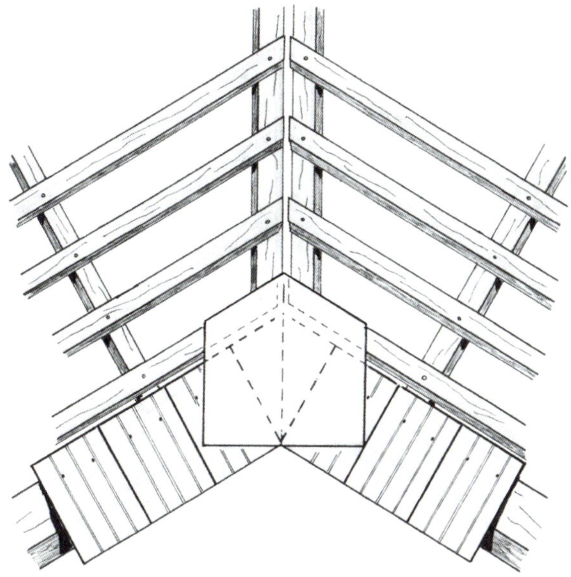

Abb. 6.192: Aufdecken der ersten Nocke auf die Unterkonstruktion, die Traglattung und die Traufeansatzziegel

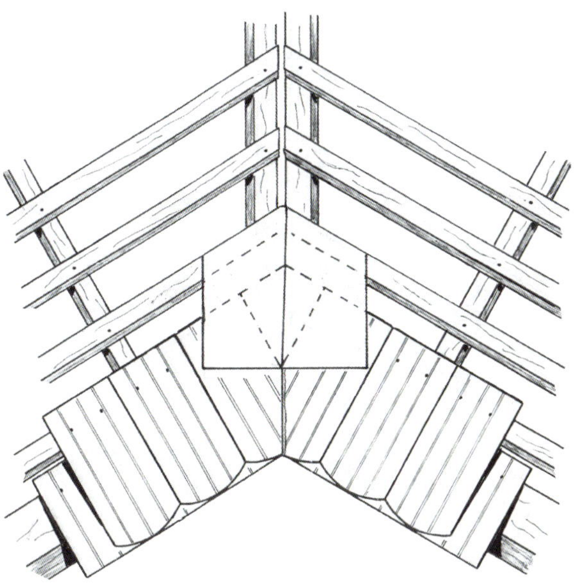

Abb. 6.193: Nach dem Aufdecken der ersten Deckschicht wird nun die nächste Nocke zugeschnitten und aufgedeckt.

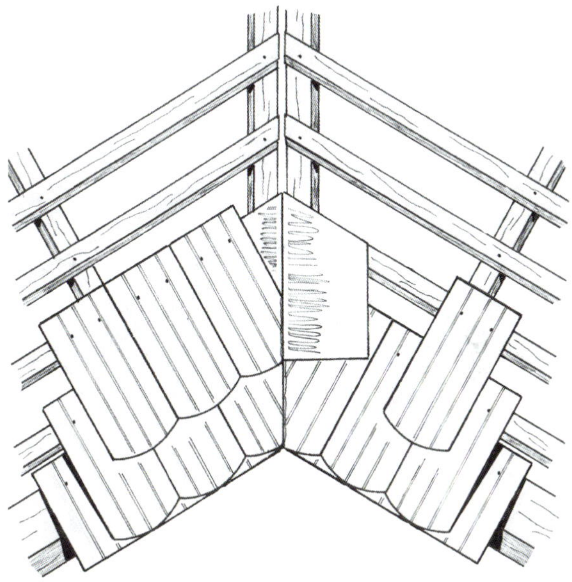

Abb. 6.194: Aufdecken der weiteren Ziegelreihen mit der handwerklichen Herstellung der Einspitzer (ohne Wasserlauf) sowie das handwerkliche Anpassen und Aufdecken der nächsten Nocke.

Diese Arbeitsschritte wiederholen sich bis zum Abschluss der Kehle.

Bei der Herstellung von eingebundenen Nockenkehlen ist zwingend auf das komplette Zusammenspitzen der einzelnen Ziegelreihen (der Einspitzer) zu achten – es darf kein Wasserlauf entstehen!

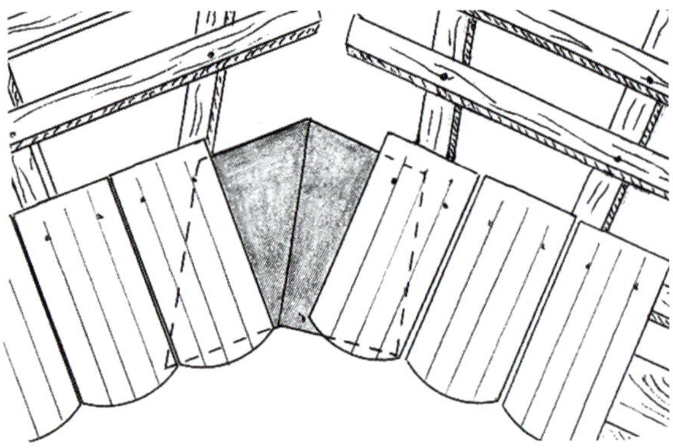

Abb. 6.195: Dachfläche mit Traufdoppelschicht in der Biberschwanz-Doppeldeckung

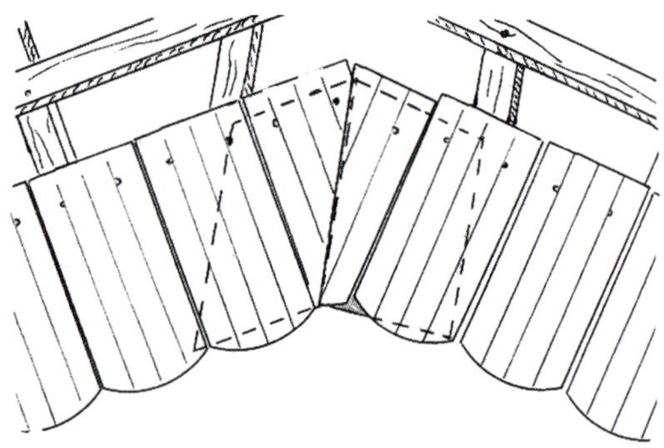

Abb. 6.196: Aufdecken der Lagerschicht des Traufgebindes mit untergelegtem Schichtstück

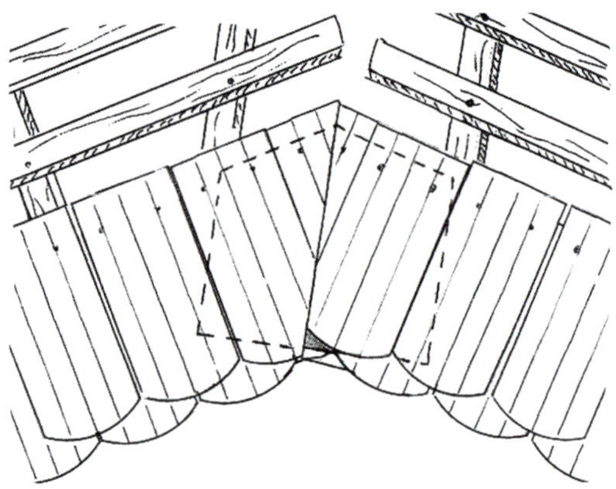

Abb. 6.197: Komplett zusammengespitzte Deckschicht der Traufdoppelschicht

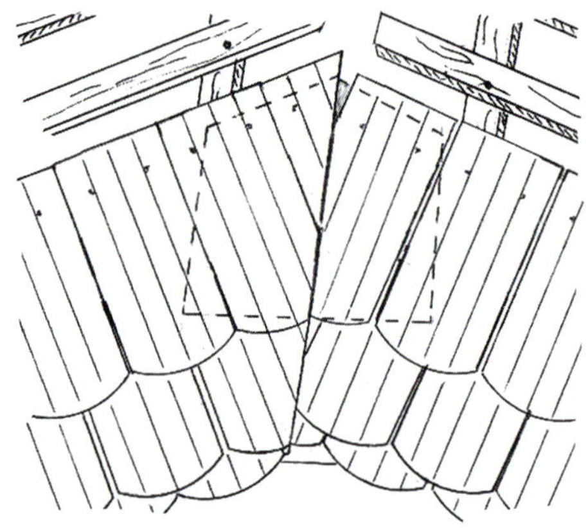

Abb. 6.198: Fortlaufendes Zusammenspitzen der Kehle

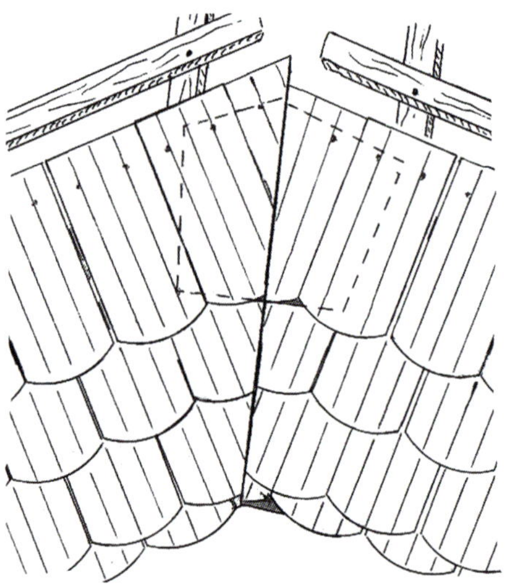

Abb. 6.199: Das Eindecken und Zusammenspitzen sowie das Zurichten der Nocken wiederholen sich bis zum Ende der Kehle.

Bei der Herstellung einer Nockenkehle ist die Dacheindeckung (Doppel- oder Kronendeckung) nicht von Belang.

Die Eindeckung der Kehle in der Kronendeckung erfolgt analog zur Doppeldeckung!

6.6 Überdeckte Biberschwanzkehlen

Die einfachste Art einer historischen Ziegelkehle ist die überdeckte Biberschwanzkehle. Diese überdeckten Biberschwanzkehlen kommen immer dann zur Anwendung, wenn das Einbinden einer Kehle mit dem verwendeten Eindeckmaterial aus Ton oder Beton nicht möglich ist. Oft wird diese Art der Kehleindeckung heute noch in der Denkmalpflege verwendet, um herrschaftliche Großbauten (z. B. Krankenhäuser, Schulen, Kasernen oder andere Staatsbauten), aber auch Stadtvillen oder Stadtreihenbebauungen aus der Gründerzeit mit einem Ziegeldach ohne „Unterbrechung" einzudecken.

Diese überdeckten Biberschwanzkehlen können als Haupt- oder Gaubenkehlen für alle gleichhüftig oder annähernd gleichhüftig geneigten Dächer mit einer **Mindestkehlneigung größer/gleich (≥) 30°** verwendet werden.

Unterkonstruktion

Die Unterkonstruktion für die Verwendung von überdeckten Biberschwanzkehlen besteht stets aus einer vollflächigen Auflage, entweder aus einer Vollschalung aus Holz oder wasserfestverleimten Holzwerkstoffplatten. Diese Unterkonstruktion sollte stets mit einer Vordeckung versehen sein und tiefer in der Dachfläche liegen.

Unterkonstruktionen aus verschiedensten Traglattensystemen, auch mit Hilfslatten, sind nicht zulässig.

Bei der Herstellung der Unterkonstruktion einer überdeckten Ziegelkehle sollte darauf geachtet werden, dass diese deutlich tiefer als die Dachfläche angeordnet ist.

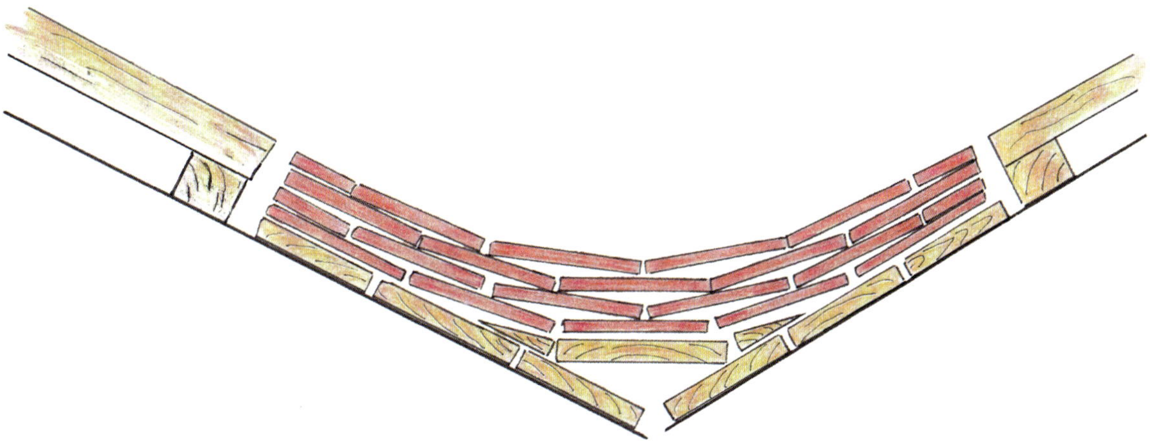

Abb. 6.200: Darstellung eines Schnitts durch eine überdeckte Ziegelkehle aus Biberschwanzziegeln

Deckgrundsätze der überdeckten Biberschwanzkehlen

Die überdeckten Biberschwanzkehlen werden stets gleich hergestellt, dennoch gibt es zwei wichtige Grundsätze für das Erstellen dieser Kehleindeckung. Bei der Verwendung von Biberschwanzziegeln des **Formats A** (15,5 × 38 cm) wird die Kehle stets mit einer **Fünf-Ziegel**-Breite und bei der Verwendung des **Formats B** (18 × 38 cm) mit einer **Vier-Ziegel**-Breite gedeckt.

Der Grundsatz der Dreifachüberdeckung muss zwingend eingehalten werden! Dreifachdeckung bedeutet: Der vierte Ziegel überdeckt den ersten Ziegel um mindestens 1 cm.

Der Kehlansatz muss exakt, genau und sauber ausgebildet werden.

Halbbreite Ziegel an den seitlichen Begrenzungen der Kehle müssen mit einem wasserabweisenden Schnitt/Hieb/Kniff versehen sein.

Die Biberschwanzziegel in der Kehle werden immer ohne Anhängenasen gedeckt. Die einzelnen Kehldeckschichten können in der Trockendeckung, mit mechanischer Befestigung oder in der Mörteltechnik (mit Quer- und Stützschlag) gedeckt werden.

Deckschema einer überdeckten Biberschwanzkehle in der Doppeldeckung, fünf Ziegel breit

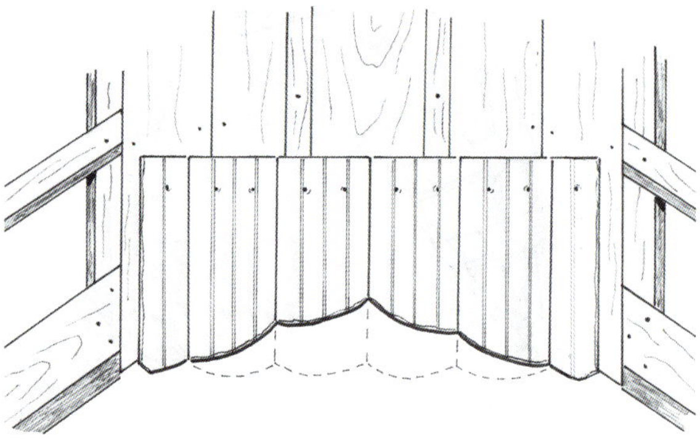

Abb. 6.201: Aufdecken der Lagerschicht des Kehlansatzes

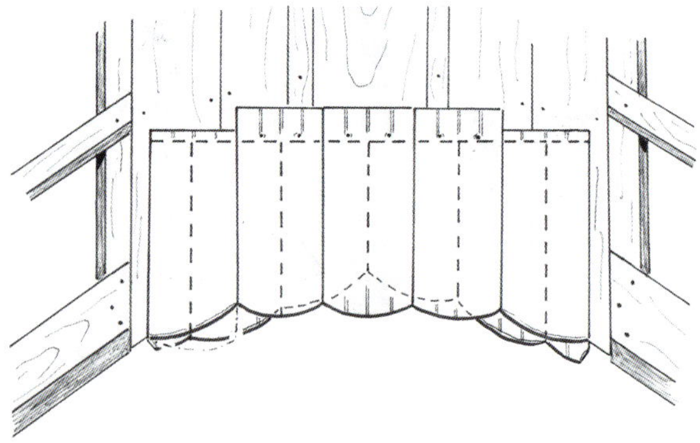

Abb. 6.202: Aufdecken der Deckschicht des Kehlansatzes

Nur in diesen zwei Ziegelschichten darf das Segment der Biberschwanzziegel nachbearbeitet werden – nur bei diesen!

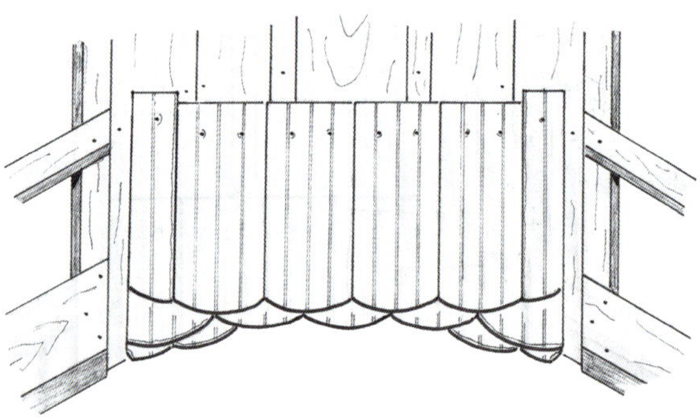

Abb. 6.203: Aufdecken der ersten Kehldeckschicht nach dem Kehlansatz. Die seitlichen Abschlüsse der Kehle werden mit halben Ziegeln (hochgezogen) hergestellt.

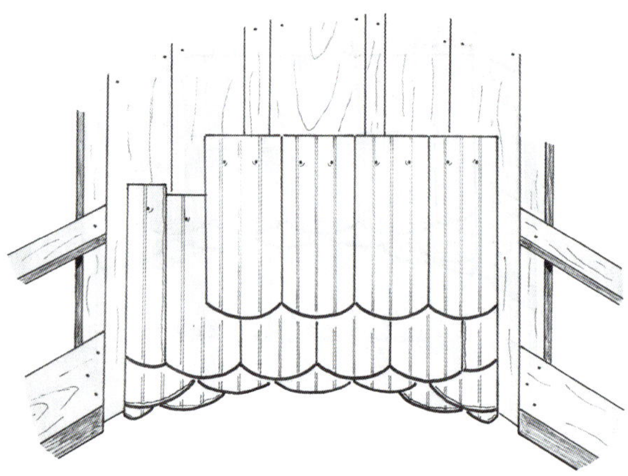

Abb. 6.204: Aufdecken der zweiten Kehldeckschicht nach dem Kehlansatz. Die seitlichen Abschlüsse der Kehle werden mit ungeschmälerten (ganzen) Ziegeln hergestellt.

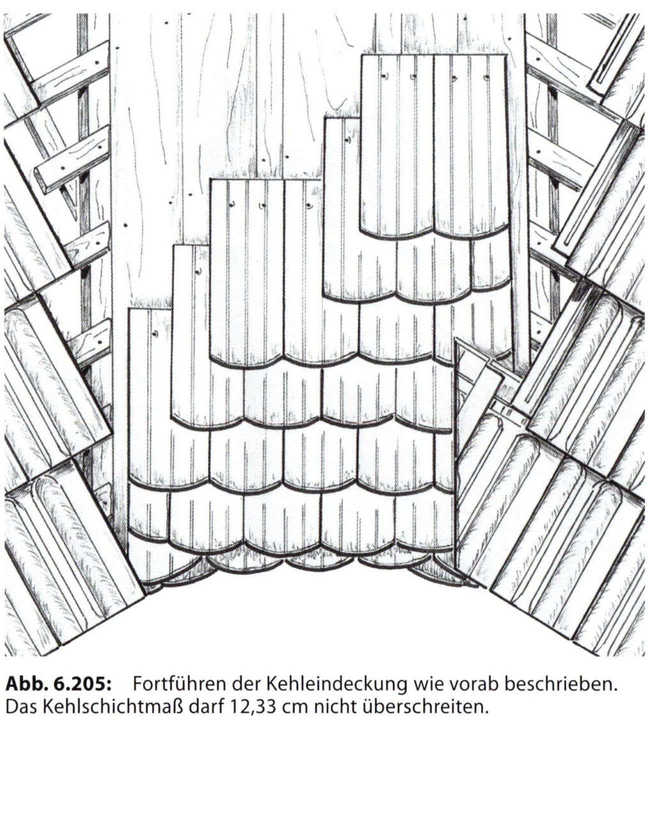

Abb. 6.205: Fortführen der Kehleindeckung wie vorab beschrieben. Das Kehlschichtmaß darf 12,33 cm nicht überschreiten.

Bei den Kehldeckschichten ist stets zu beachten, dass der ***vierte Ziegel*** *den* ***ersten Ziegel um mindestens 1 cm überdeckt.*** *Beim Aufdecken der Flächengebinde an die Kehle muss die Mindestüberdeckung von 10 cm zwingend eingehalten sein.*

6.7 Biberschwanzkehlen am Falzziegeldach

Die Herstellung von deutsch eingebundenen Biberschwanzziegelkehlen in Falzziegeldächer ist eine regionale Besonderheit. Falzziegel, welche für die Kombination mit Biberschwanzziegeln geeignet sind, sind alle Ziegelarten, welche im Halbverband gedeckt werden, das können z. B.

- Doppelmuldenfalzziegel,
- Glattziegel
  oder aber auch
- Betondachsteine (z. B. „Frankfurter-, Heidelberger Pfanne“ oder „Tegalit“) sein.

Wenn Falzziegel oder Betondachsteine im Verband gedeckt werden, können traditionell eingebundene Kehlen mit Biberschwanz-Dachziegeln hergestellt werden.

Deckgrundsätze

Vom Prinzip her erfolgt das Einbinden ähnlich dem Einbinden einer Kehle in der Kronendeckung. Empfehlenswert ist bei solchen (traditionellen) Sonderkehlen, die Kehlteilung anhand der wahren Gebindehöhen aus der Dachfläche des gewählten Dachziegels zu ermitteln.

Das maximale Kehlschichtmaß darf 12,33 cm nicht überschreiten. Es kann also sein, dass z. B. zwei Binderschichten (Ausspitzer) drei Unterläuferschichten folgen. Solange der Sturz des Kehlansatzes stimmt, stellt dies jedoch kein Problem dar.

Auf den folgenden Seiten wird das Deckschema einer eingebundenen Biberschwanzkehle am Beispiel eines Doppelmuldenfalzziegels (15er) erklärt.

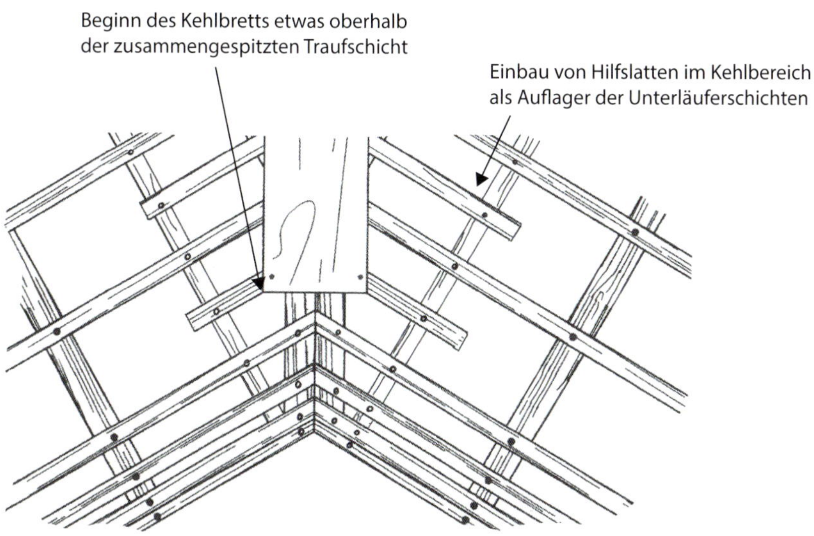

Abb. 6.206: Anwendungsdetail: Kehlbrett (gleichhüftige Kehle, drei Ziegel breit)

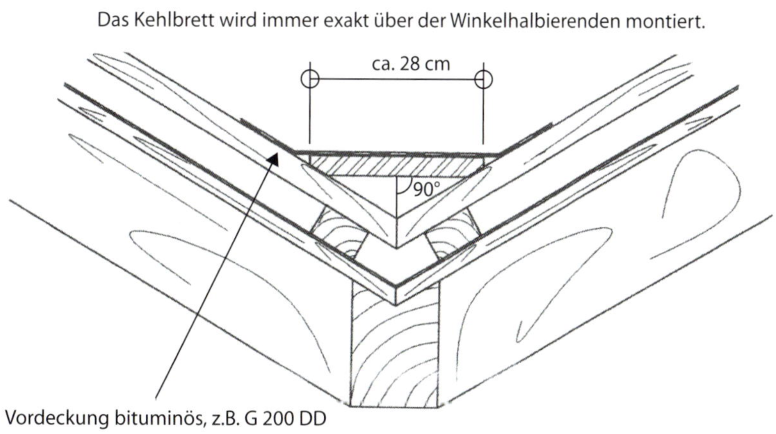

Abb. 6.207: Besonderheit bei der Kehldeckung in Mörtel

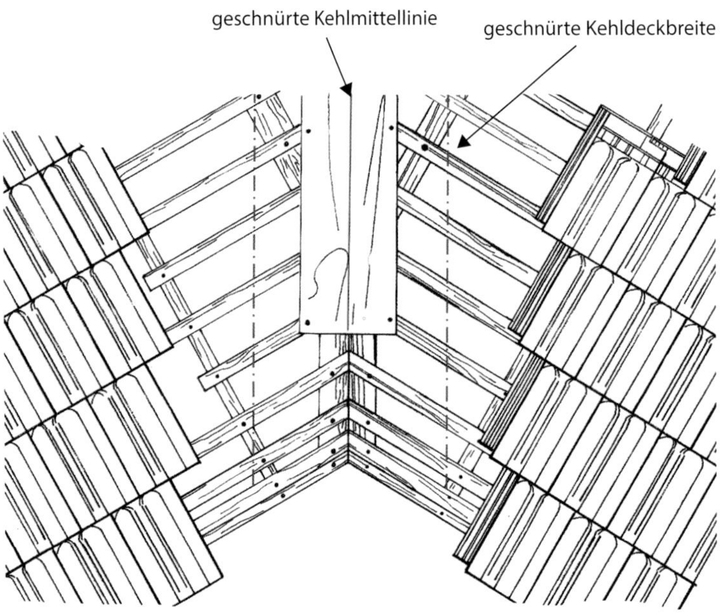

Abb. 6.208: Kehlbrettdetail (gleichhüftige Kehle) mit vorgedeckten Flächenziegeln

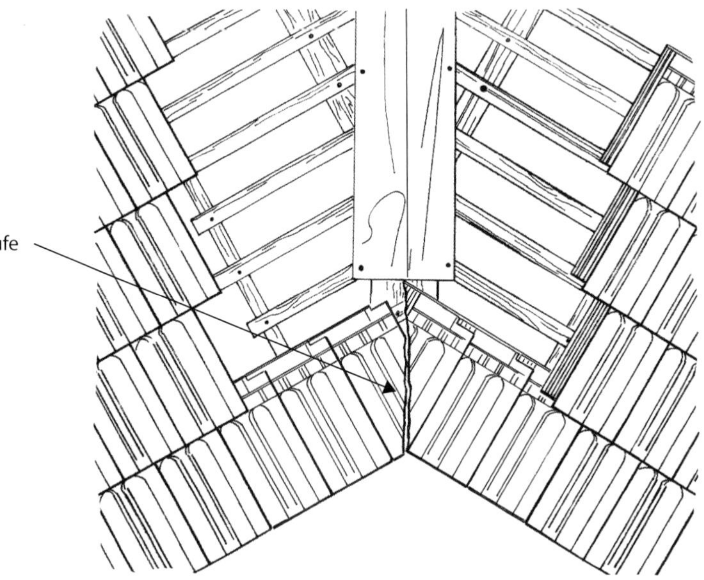

Abb. 6.209: Der Kehlansatz mit aufgelegtem Wasserziegel:
Am Beginn einer jeden eingebundenen Ziegelkehle werden die Flächenziegel (hier die „Pfannen") am Kehlanfang oder der Traufe stumpf zusammengespitzt.

Schichtweitenermittlung am Kehlansatz

Die Schichtenweite am Kehlansatz/an der Traufe wird genau wie in der Kehle ermittelt. Der einzige Unterschied zur Kehle selbst ist, dass der Kehlansatz (hier) nicht eingebunden wird.

Ablauf der Kehlschichtweitenermittlung (Schritt für Schritt)

Vor der Ermittlung der Kehlschichtenweite muss die Traufschicht komplett mit Einspitzern zusammengespitzt werden.

Es folgt die handwerkliche Markierung der Segmentschnittpunkte von den Kehlschichten in gewünschter Breite auf der Deckschicht der Dachflächentraufe durch einen Schnurschlag.

Im nächsten Arbeitsgang wird nun provisorisch eine Reihe Kehlziegel aufgedeckt und bis an die Segmentschnittkante geschoben.

Nun wird die erste Bindeschicht (Kehldeckschicht/„Oberdecker“) provisorisch aufgedeckt und dadurch wird der erste Schnittpunkt der Deckschicht (erste Bindeschicht) ermittelt.

Die Kehlschichten werden in gewünschter Teilung (am Segmentschnittpunkt) aufgeteilt.

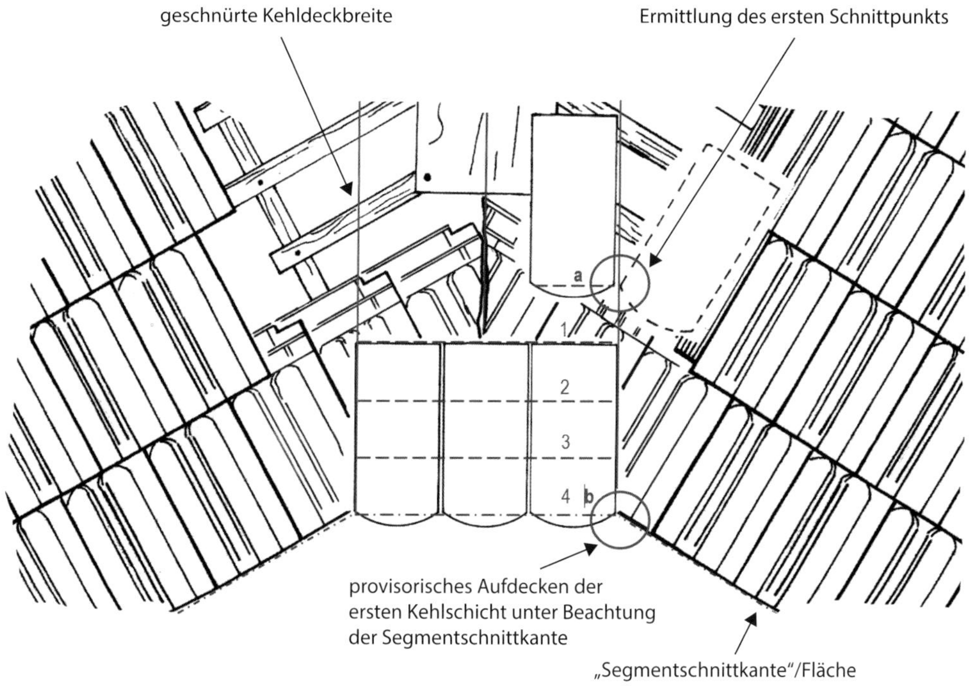

Abb. 6.210: Ermittlung der Schnittpunkte

Das Maß zwischen Schnittpunkt **a** und **b** wird durch die gewünschte Teilung dividiert, hier an unserem Beispiel durch vier.

Das Ergebnis wird nun an der Ziegelkante/auf der Dachfläche aufgetragen. Dies sind nun unsere Segmentpunkte der kommenden Kehlschichten.

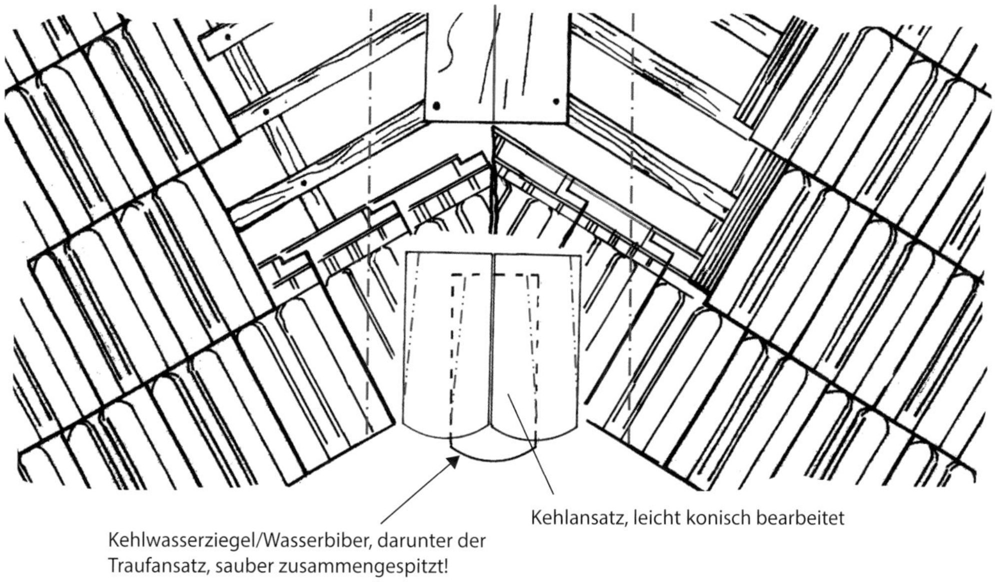

Abb. 6.211: Aufdecken des Kehlansatzes/Kehlanfangs mit einem aufgelegten Kehlwasserziegel, darüber folgen zwei Kehlziegel/Kehlbiber.

Das Zurichten des Wasserziegels sowie der ersten zwei Kehlziegel sollte stets sehr vorsichtig erfolgen, da ein zu starkes Anarbeiten die Funktionalität beeinflussen kann. Ebenfalls ist die Wahrscheinlichkeit, dass der Kehlansatz eher schlechter zum Liegen kommt, höher als eine Verbesserung der Lage.

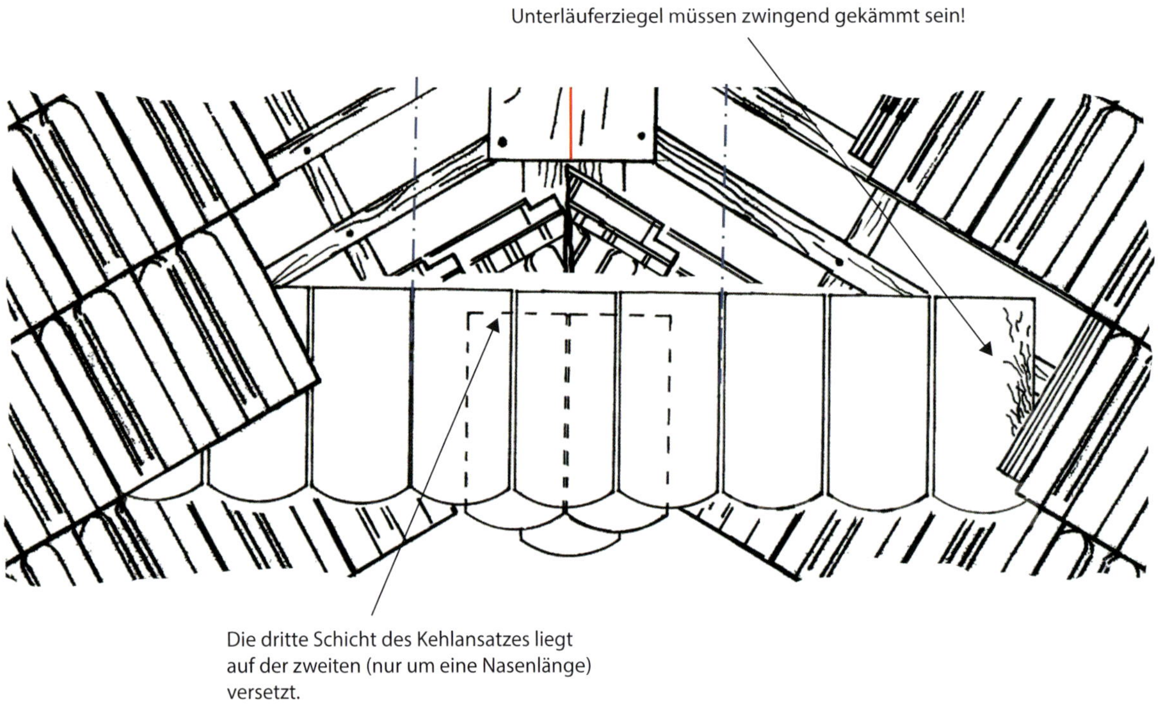

Abb. 6.212: Handwerkliches Aufdecken der dritten Schicht des Kehlansatzes als (erste) Unterläuferschicht

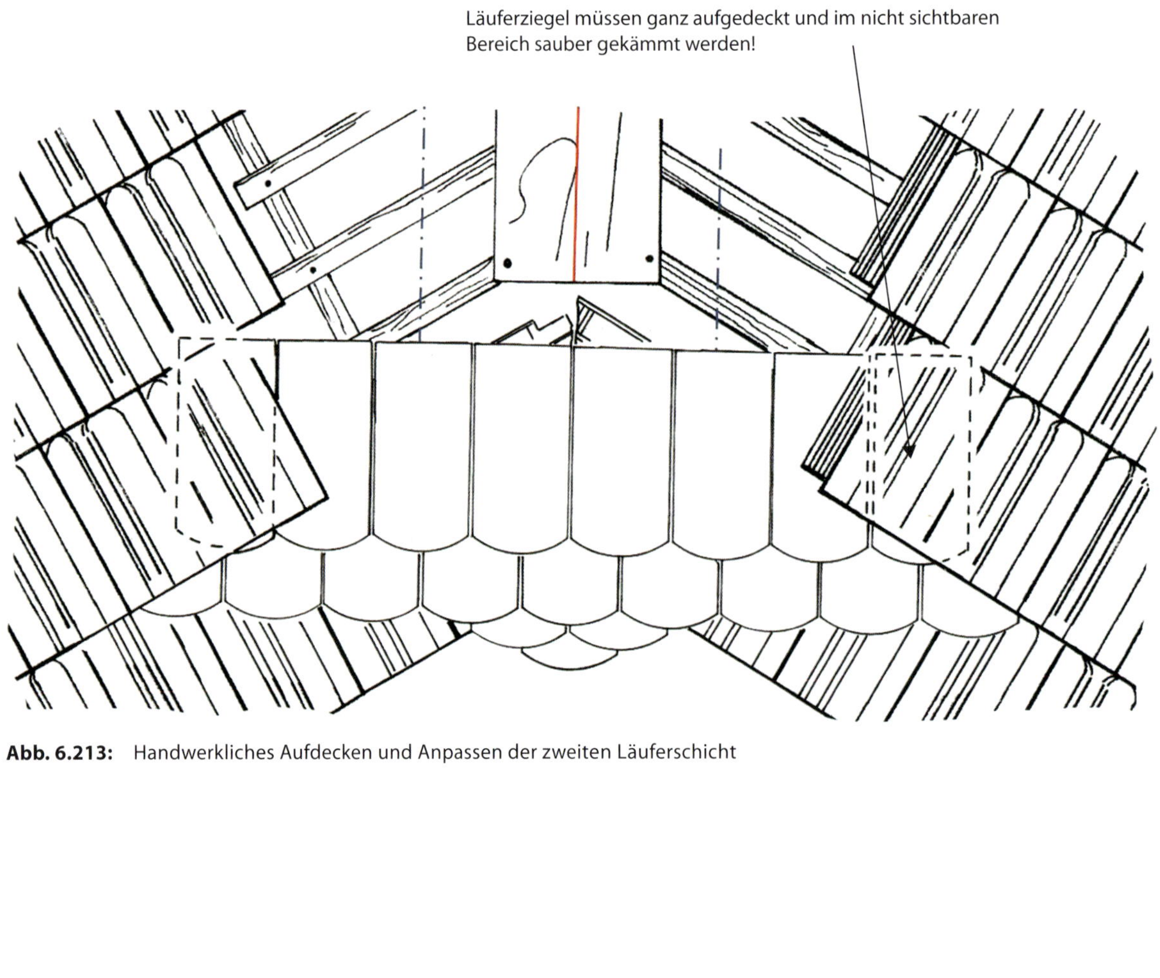

Abb. 6.213: Handwerkliches Aufdecken und Anpassen der zweiten Läuferschicht

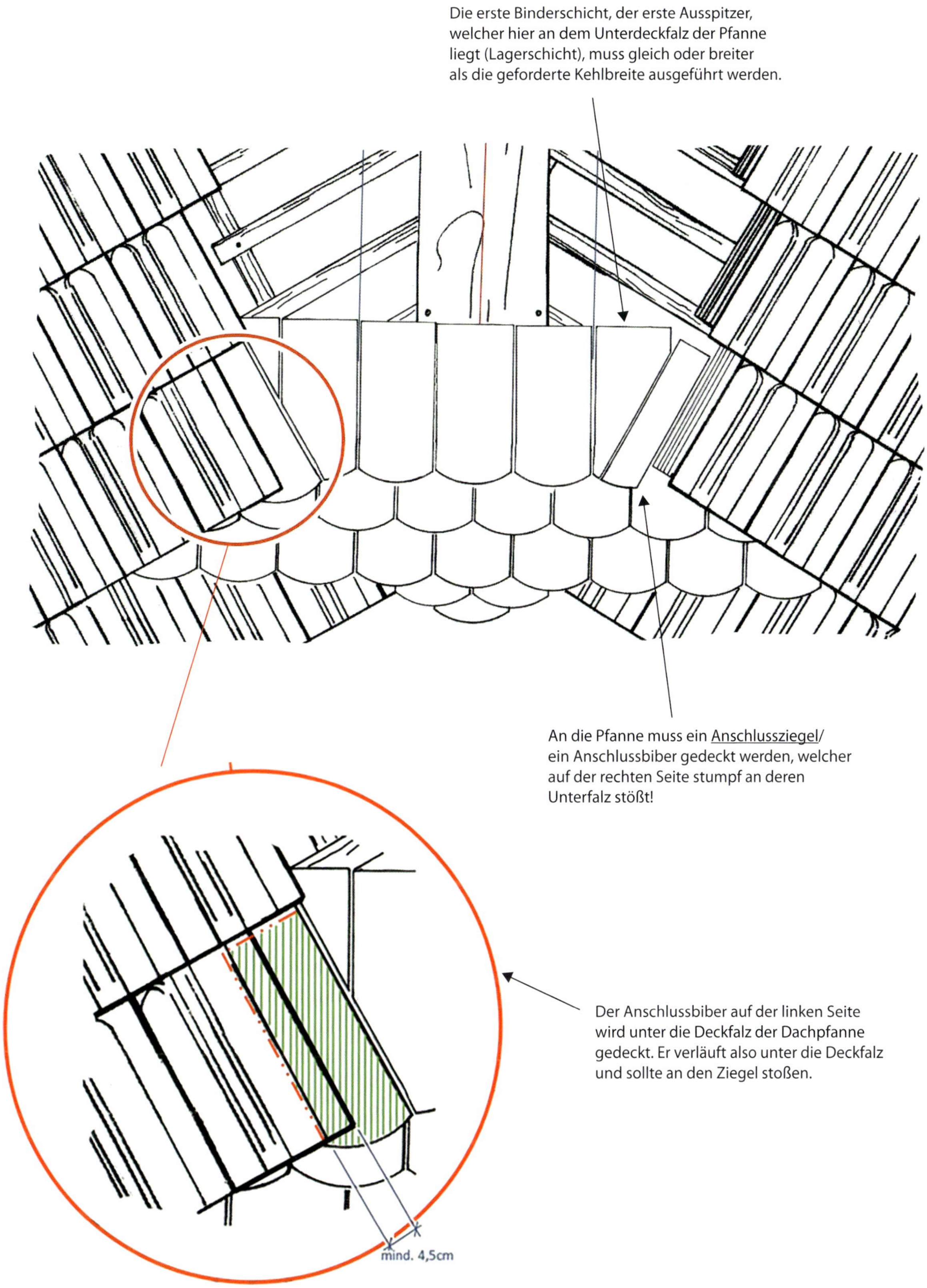

Abb. 6.214: Handwerkliches Aufdecken und Einbinden der „Lagerschicht“

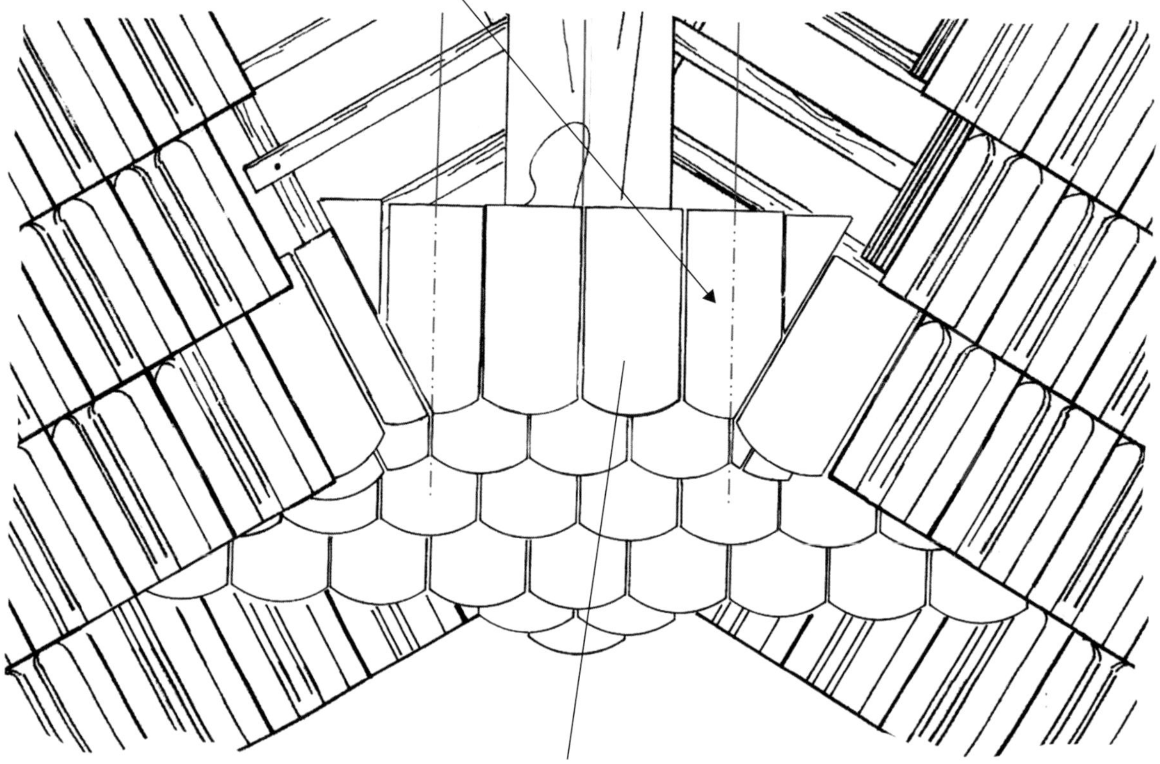

Abb. 6.215: Handwerkliches Aufdecken und Einbinden der „Deckschicht"

Rechte Seite (Ziegel mit Unterfalz)

In der nächsten Kehldeckschicht, wird nun ein Biberschwanzziegel **über** den Unterfalz – bis an die wasserführende Ebene – des Dachziegels gedeckt. Durch dieses Aufdecken (auf den Deckfalz der Dachpfanne) wird die Mindestseitenüberdeckung einer Biberschwanzziegeldeckung (der Viertelverband) eingehalten.

Dieses Aufdecken oder Überdecken der Unterfalz kann als Deckschicht gewertet werden.

Linke Seite (Ziegel mit Deckfalz)

Auf der linken Seite der Kehle wird nun ein Anschlussziegel/Anschlussbiber **gegen** den Deckfalz der Dachpfanne geschoben. Durch das Unterschieben der Anschlussziegel in der „Lagerschicht" und das Anstoßen in der „Deckschicht" wird die geforderte Mindestseitenüberdeckung (Viertelverband) eingehalten.

Diese mit Biberschwanzziegeln an die Flächeneindeckung aufgedeckte „Deckschicht" ergibt die Höhe des ersten Schnittpunkts der Kehldeckschicht (der Bindeschicht).

Empfehlenswert ist bei gleichhüftigen Kehlen, stets die rechte Seite der Kehle zum Einteilen als Maßeinheit zur Ermittlung der Schnittpunkte (der Kehlschichtenweite) zu wählen.

Handwerkliche Ermittlung der Kehlschichtweite

Nachdem die „Lager- und Deckschicht“ sauber in die Dachfläche eingebunden worden ist, erfolgt wieder die Ermittlung der Kehlschichtweite. Hierbei wird ähnlich der Kronendeckung von der Deckschicht aus der Fläche mit dem Überdecken der Unterfalz (also der zweiten „Deckschicht“) der nächste Schnittpunkt zum Einbinden ermittelt.

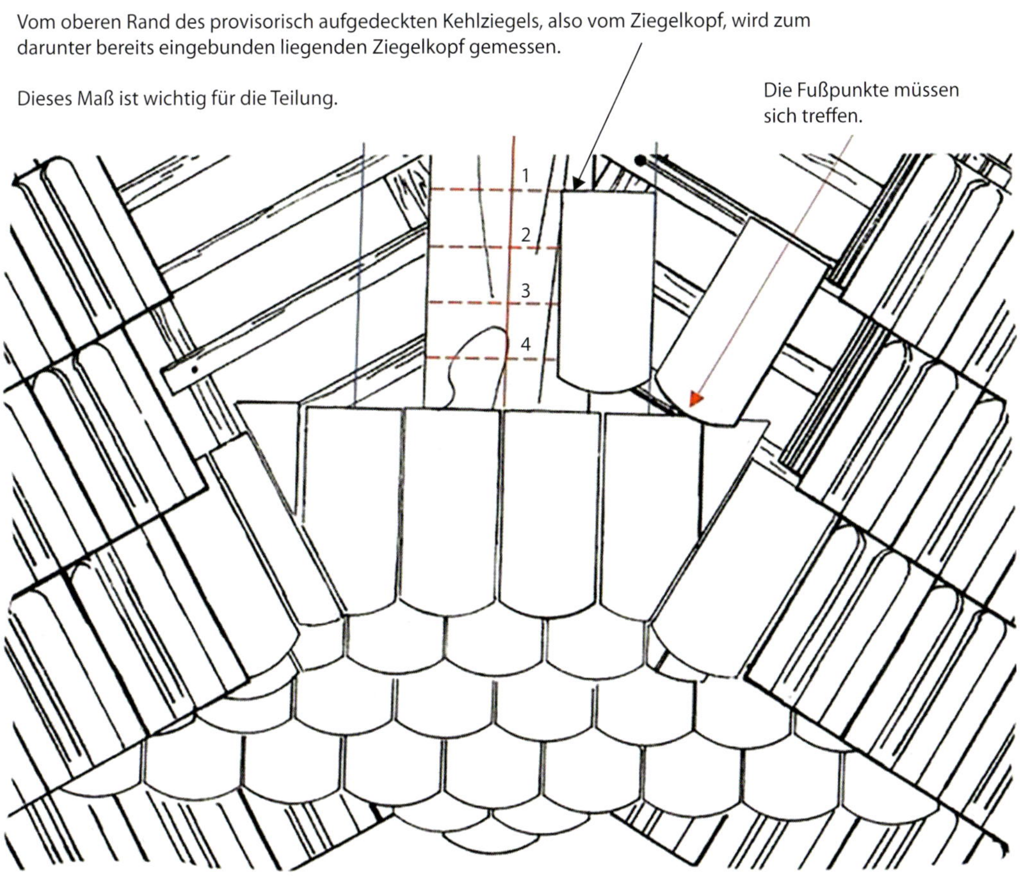

Abb. 6.216: Handwerkliche Ermittlung der Kehlschichtweite

Das Maß zwischen der provisorisch aufgedeckten Kehldeckschicht und der bereits eingebundenen Kehldeckschicht wird stets durch die gewünschte Teilung gerechnet. Dieser Arbeitsgang wird bei jeder Binderschicht (Ausspitzerschicht der Deckschicht) erneut durchgeführt.

Eindecken der weiteren Kehldeckschichten

Das Eindecken der Kehle, also der weitere Arbeitsverlauf, erfolgt analog dem Kehlansatz sowie dem Eindecken einer Kehle in der Biberschwanz-Kronendeckung. Der Anschlussziegel zwischen Fläche und Kehle sollte stets ein Biberschwanzziegel sein.

Es ist am Übergang zwingend auf den Viertelverband sowie im weiteren Verlauf auf die Kehlbreite zu achten!

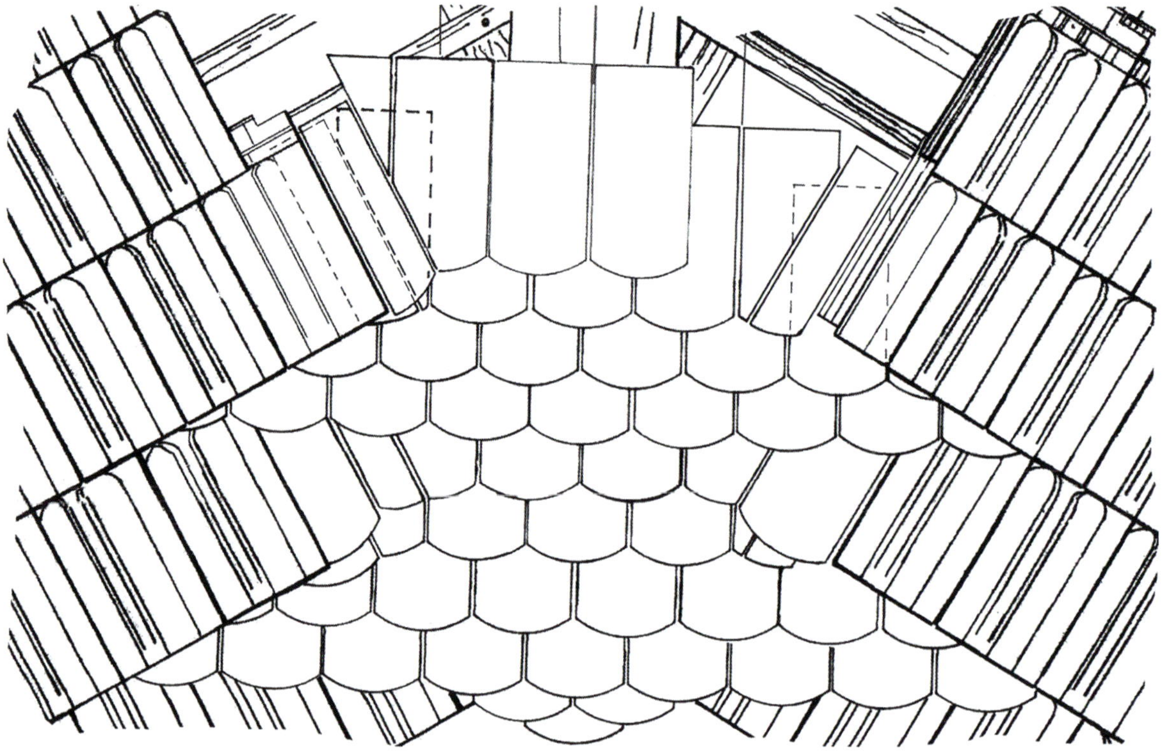

Abb. 6.217: Nach den zwei Unterläuferschichten Aufdecken der „Lagerschicht"

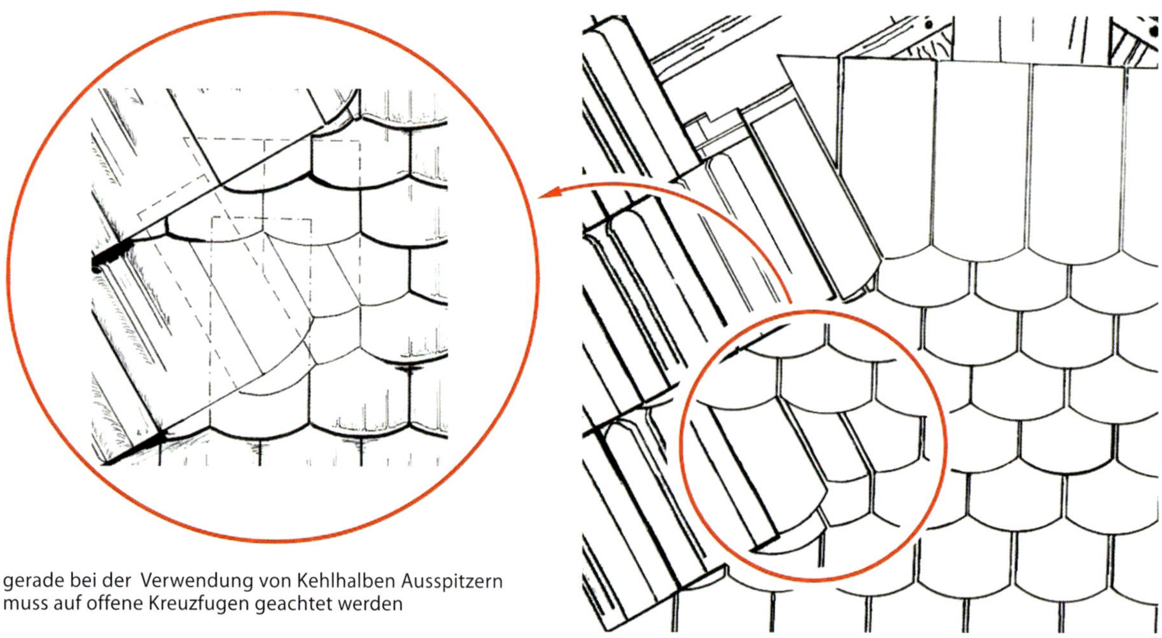

gerade bei der Verwendung von Kehlhalben Ausspitzern muss auf offene Kreuzfugen geachtet werden

Abb. 6.218: Herstellen und Aufdecken der Kehldeckschicht als „Deckschicht"

Aufdecken des Kehlkragengebindes

Der Kehlkragen oder die Kehlkragengebinde werden genau wie in den eingebundenen Kehlen im Biberschwanzziegeldach aufgedeckt.

Der Unterschied zum Biberdach ist die Höhe der einzelnen Überläuferschichten, da eine Dachpfanne (z. B. Doppelmuldenfalzziegel) kaum Fehler beim Aufdecken verzeiht.

Häufige Fehler beim Aufdecken eines Kehlkragens:

- unsauberes Aufdecken der Biberschwanzziegel (z. *B.* in der Mörteltechnik zu dicker Querschlag, fehlender Stützschlag usw.)
- fehlerhaftes oder unsauberes Anarbeiten der Überläuferziegel
- fehlerhafte Unterkonstruktion (bei der Montage des Kehlbretts wurde unsauber gearbeitet)
- Die Kehlschichtweiten der Überläuferschichten liegen zu eng (fehlerhafte Einteilung der Kehlschichten).
- Die Überläuferschichten, welche unter dem First „verschwinden", wurden nicht konisch zugerichtet oder mangelhaft verjüngt (gekämmt).
- Die Firstlatte liegt zu hoch oder zu tief auf der Unterkonstruktion.
- Die Kopffalz der Dachpfanne wurde unsauber, mangelhaft oder gar nicht gekämmt.

Besonderheit bei der Unterkonstruktion

Wie bereits im Kapitel *Das Kehlbrett oder die Kehlschalung* beschrieben, sollte das Kehlbrett im Bereich des Kehlauslaufs etwas verjüngt werden. Durch dieses Schmälern des Kehlbretts wird ein übermäßiges Auftragen durch die einzelnen Kehlschichten verhindert.

Die Lage der Kehle, also auch die Lage des Kehlbretts, genau über der Kehlmitte ist für eine vernünftige und ansprechende Optik elementar. Um die exakte Kehlmitte für das Kehlbrett zu ermitteln, ist die Winkelhalbierende anzuwenden.

Bei einer mittigen Ausrichtung der Kehlschalung sollte der Idealfall in Optik und Funktionalität eintreten.

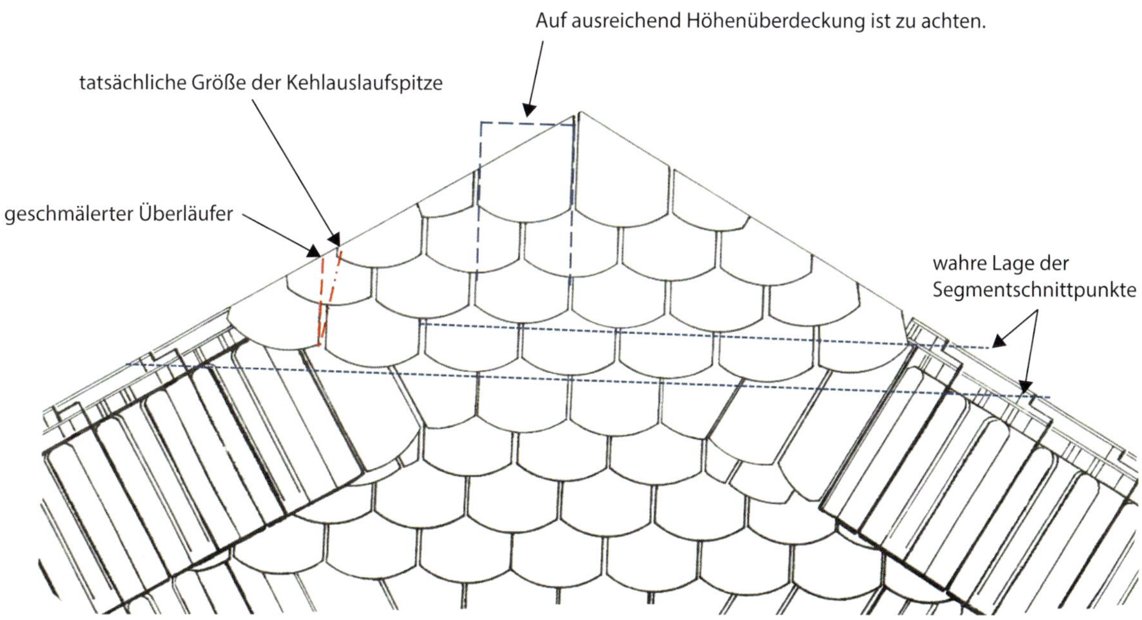

Abb. 6.219: Hinweise zum Erstellen eines Kehlkragengebindes

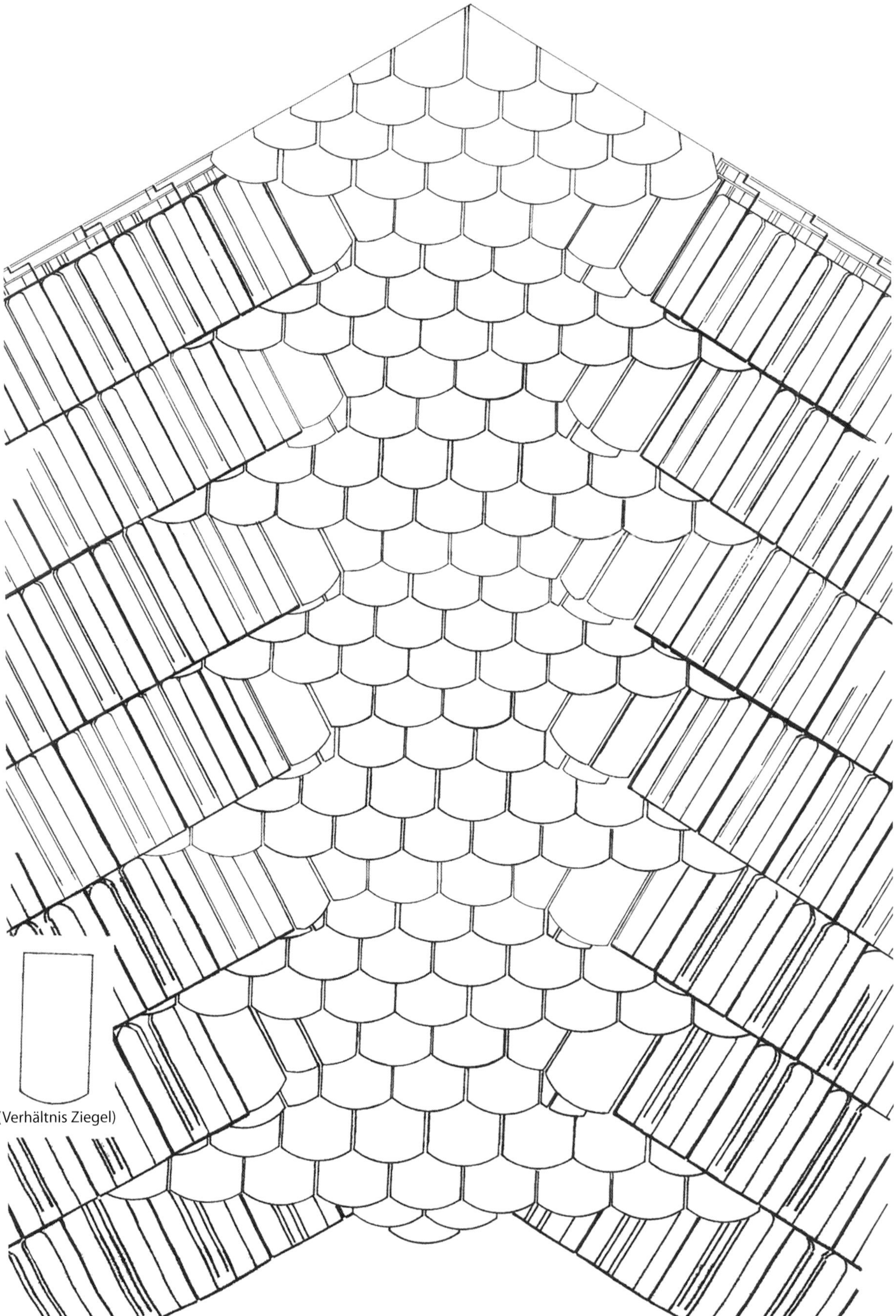

Abb. 6.220: Die Abbildung zeigt eine fertiggestellte, etwa 2,20 m lange deutsch eingebundene Ziegelkehle, drei Biber breit, Teilung 1 : 4

6.8 Grat und First

6.8.1 Der Grat

Allgemeines

Der Grat eines Daches ist ähnlich der Kehle, eine Verschneidungslinie zweier Dachflächen. Diese äußere Verschneidung der Dachflächen wird oft etwas „stiefmütterlich" behandelt, aber bedarf ähnliche einer Kehle ein genaues arbeiten um dessen Regensicherheit dauerhaft zu gewährleisen.

Die Gratausbildung am Biberschwanz- / Ziegeldach wird in zwei wichtige Hauptbestandteile / Arbeitstechniken untergliedert:

- *Gratausbildung in der Mörteltechnik,*
- *Gratausbildung in der Trockendeckung,*

... wobei nach der ordnungsgemäßen / fachlich korrekter Fertigstellung der Arbeiten oft kaum ein optischer Unterschied entsteht.

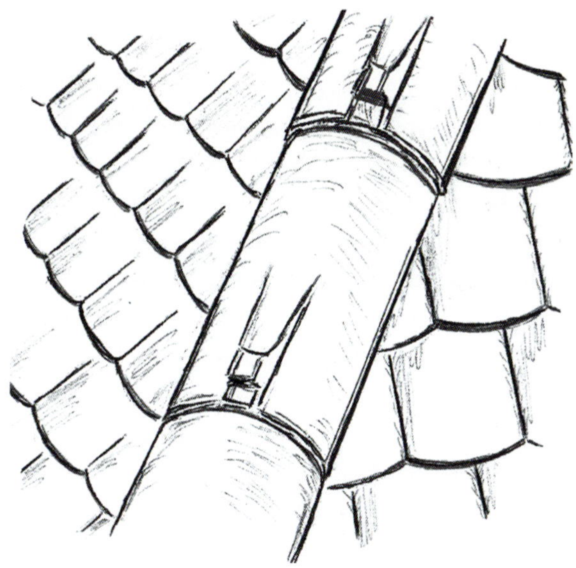

Abb. 6.221: Schematische Darstellung einer Grateindeckung am Biberdach ohne Maßstab

Deckgrundsätze

Alle Dachziegel, der an den Grat anlaufenden Deckgebinde, werden auch an den Grat gedeckt! Vermeintlich zu kleine Ziegel dürfen nicht fehlen gelassen werden und müssen ebenfalls bis an den Grat heran gedeckt werden.

Eine Ausnahme bilden hier nur, komplett überdeckte sehr kleine „Schwanz-" Stücken der Biber.

Fehlende Schwanzstücken habe oft ein fehlerhaftes liegen der First- / oder Gratziegel zur Folge was wiederum die Gefahr einer nicht funktionstüchtigen Dacheindeckung, durch zu geringe Höhen- und/ oder Seitenüberdeckung (offenen Fuge) zur Folge kann.

Bei der Grateindeckung gibt es einiges zu beachten:

- *Grat – Anschlussziegel (angearbeitete) Ziegel sollten niemals direkt an der Gratlatte anliegen oder gar Spannung zur Gratlatte aufbauen können. Es bewährte sich stets etwa eine Zollstockbreite (ca.1,5 cm) zur Gratlatte zu halten.*
- *Es ist zwingend auf die Einhaltung der Mindesthöhenüberdeckung der Formziegel (First- / Gratziegel) auf die Fläche zu achten (... 4,0 cm).*
- *Alle Dachziegel ohne Anhängenase müssen gegen herabrutschen mechanisch gesichert werden. Hierfür eignet sich mindestens ein korrosionsgeschützter Draht oder durch die Industrie bereitgestellte geeignete Klammern.*

Eine Befestigung der Biberschwanzziegel durch Anschrauben, Annageln oder Ankleben ist nicht zulässig.

- *Sobald das Segment oder die Rundung, also das untere Ende des Ziegels / die Industriekante, des Biberschwanzziegels bearbeitet wurde, muss zwingend ein Wasserabweiser von etwa 3,0cm (in der Diagonalen) in geeigneter Weise angebracht werden.*

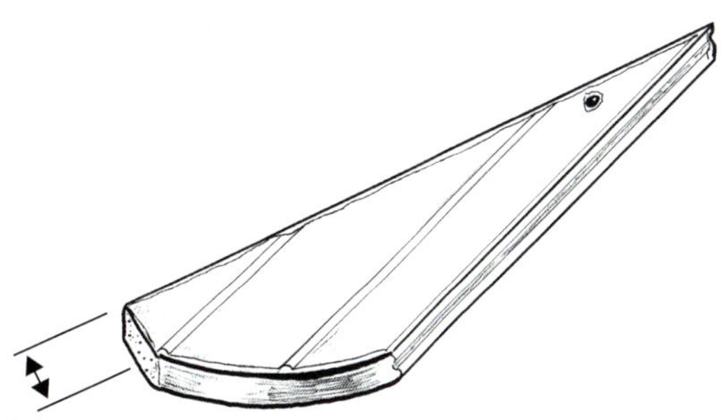

Abb. 6.222: Wasserabweisender Schnitt am Ziegel

Deckschema einer Gratausbildung am Biberdach, in der Doppeldeckung

Es ist zu beachten, dass auch am Grat die Doppeldeckung (also die Höhenüberdeckung) eingehalten wird (der dritte Ziegel überdeckt den ersten um mindestens die Höhenüberdeckung).

Diese Höhenüberdeckung wird durch den Formziegel (die Gratkappe) auf 4,0 cm festgelegt.

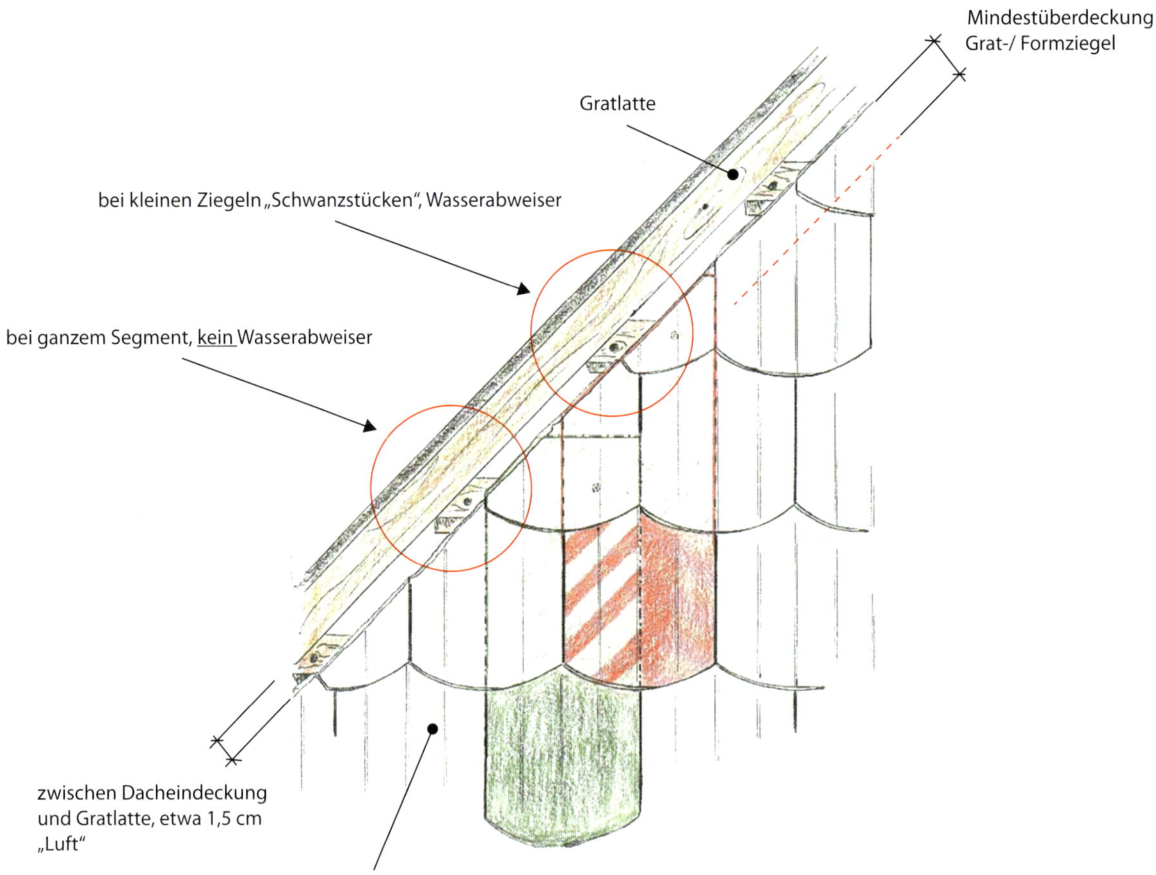

Abb. 6.223: Schematische Darstellung einer Gratbeideckung am Biberdach

Besonderheiten der Gratausbildung in der Mörteltechnik

Der Mörtel innerhalb einer Dacheindeckung ist kein Befestigungsmittel, er ist ein Druckausgleich und als zusätzliche Maßnahme gegen Flugasche oder Treibschnee zu werten.

Alle Dachziegel, die in Mörteltechnik verlegt werden, müssen zusätzlich mechanisch gegen Verrutschen gesichert werden. Die Besonderheit beim Beidecken eines Grats ist, dass der Querschlag an der überdeckten Verschnittkante der Ziegel weitergeführt und sauber verstrichen wird.

Darstellung 1

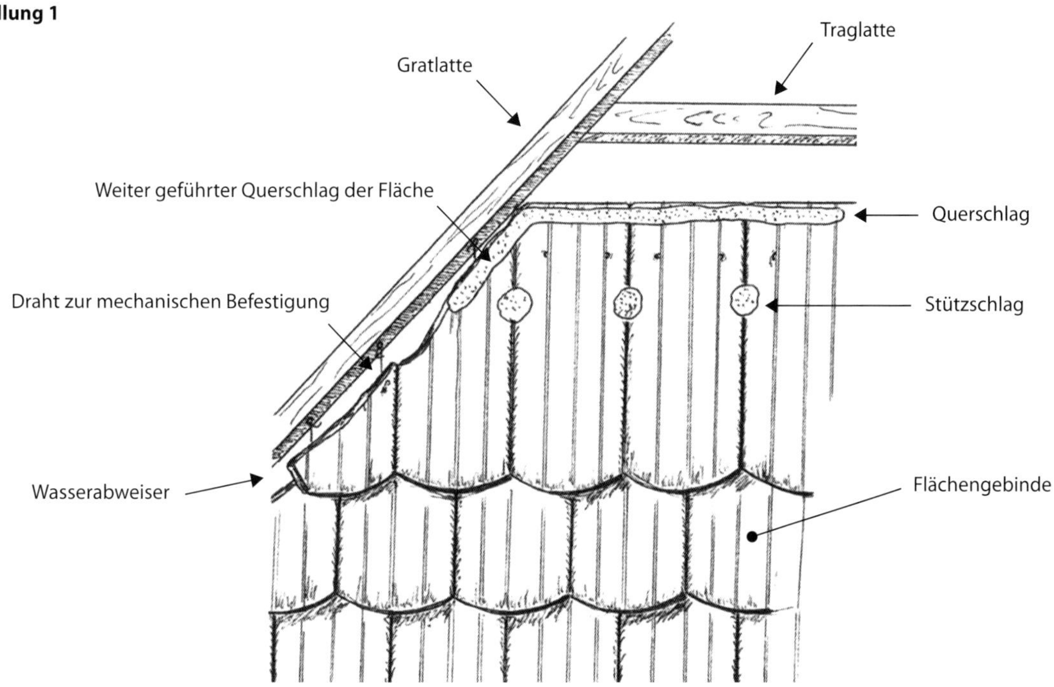

Darstellung 2

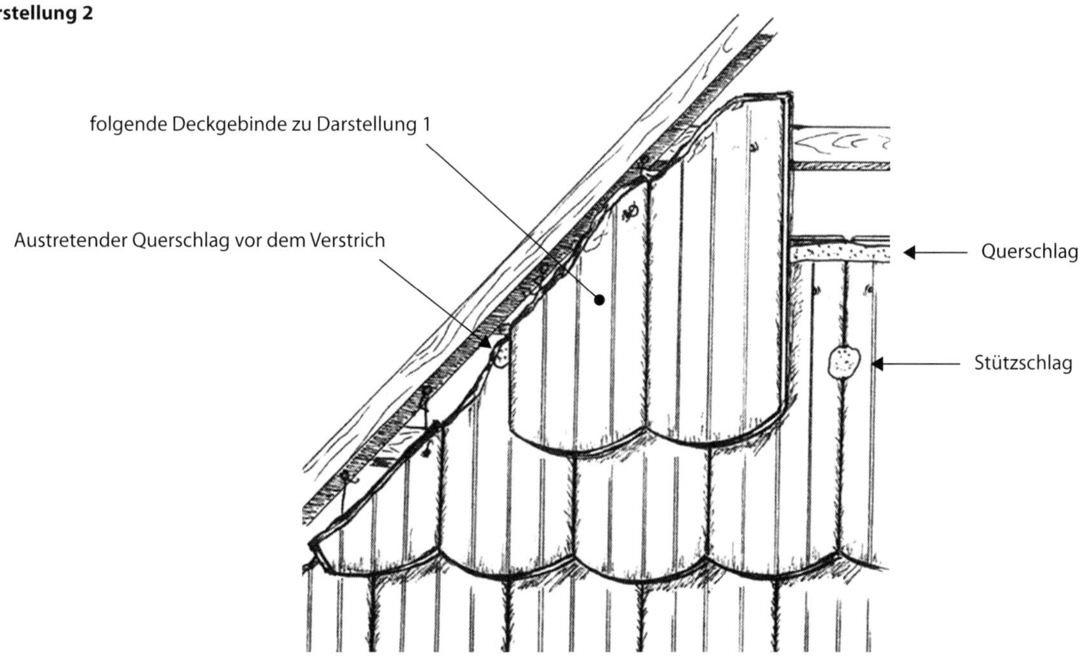

Abb. 6.224: Schematische Darstellungen einer Gratbeideckung am Biberdach in der Mörteltechnik, ohne Maßstab

Geschwenkter Gratansatz/ auch als Fechtel bezeichnet

Der Fechtel ist eine historische Form des Gratansatzes mit Biberschwanzziegeln oder Hohlpfannen.

Dieser Gratansatz wird mit handelsüblichen, in der Fläche verwendeten (ohne besonderer Formziegel), Dachziegeln hergestellt. Der geschwenkte Gratansatz sollte immer dann Anwendung finden, wenn der Grat in der Mörteltechnik ausgebildet wird und / oder bei freiem Überstand (z. B. am Oberdach eines Mansarddaches, an Gebäuden ohne Dachentwässerung sowie bei der Montage einer Traufschicht aus Dachziegeln unterhalb einer Aufdachrinne.

Auf den hier folgenden Seiten wird jedoch nur auf die Ausführung mit Biberschwanzziegeln eingegangen.

Wenn der Grat in der Mörteltechnik ausgebildet wird so sollte der Gratansatz geschwenkt erfolgen, ebenso bei freiem Überstand (z. B. am Oberdach eines Mansarddaches) an Gebäuden ohne Dachentwässerung sowie bei der Montage einer Traufschicht aus Dachziegeln unterhalb einer Aufdachrinne.

Handwerkliche Herstellung

Der Biberschwanzziegel der Lagerschicht (Unterdecker der Traufkrone) wird im Bereich der seitlichen Fugen konisch verjüngt, also diagonal geteilt, so dass die langen Spitzen eine sichere und stabile Auflage auf der Unterkonstruktion des Grates finden. Diese Technik wiederholt sich bei der Deckschicht (Oberdecker der Traufdoppelschicht).

Bei der Deckschicht ist darauf zu achten, dass der ¼ Verband zwischen Lager- und Deckschicht sowie in den darauffolgenden Schichten zwingend eingehalten bleibt (Format A = 4,0 cm / Format B = 4,5 cm).

Bei der Herstellung des geschwenkten Gratansatzes dürfen die einzelnen Segmente der Biberschwanzziegel nicht zur Dachfläche „wandern", da sonst der Überstand an der Traufe nicht mehr gegeben ist.

Besonderheiten:

Es gibt in der Biberschwanzdeckung zwei Arten der Herstellung eines Fechtels;

- Fechtel bis zu einer Dachneigung von 60°
- Fechtel über eine Dachneigung von 60°

Der freie Überstand im Bereich von Dachziegel-, oder Dachsteineindeckungen (ohne Dachentwässerung/ Dachrinne) sollte fünf Zentimeter nicht unterschreiten. An der Gratspitze (am Gratschnittpunkt) sollte der Überstand acht Zentimeter nicht überschreiten.

Die handwerkliche Herstellung des „Biber-Fechtels" ist für alle drei Deckarten (Einfachdeckung/ Kronendeckung und Doppeldeckung) gleich.

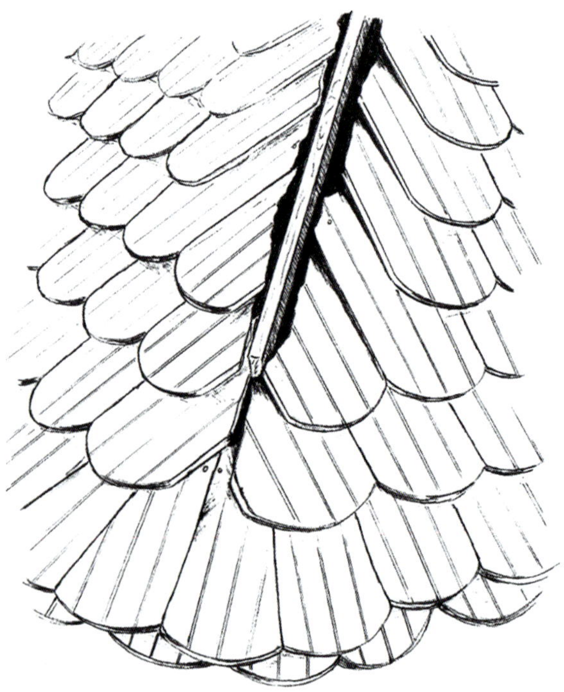

Abb. 6.225: Beispielhafte Darstellung eines Fechtels, Doppeldeckung

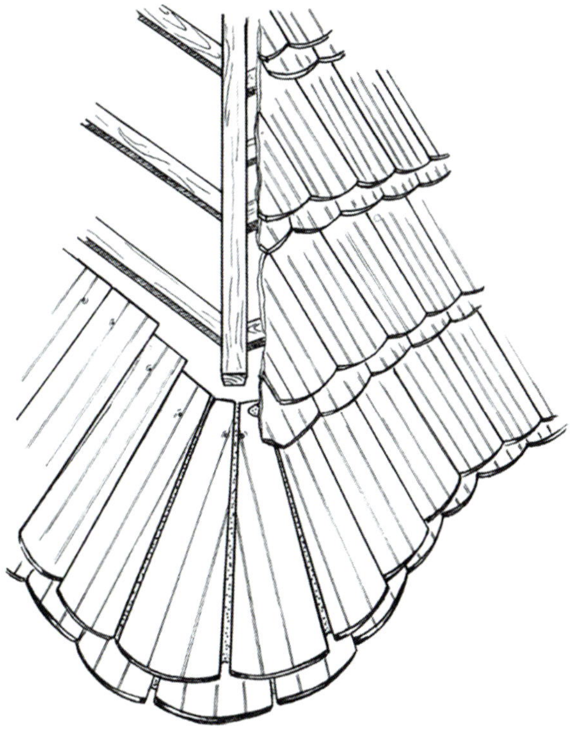

Abb. 6.226a: Fechtel in der Kronendeckung

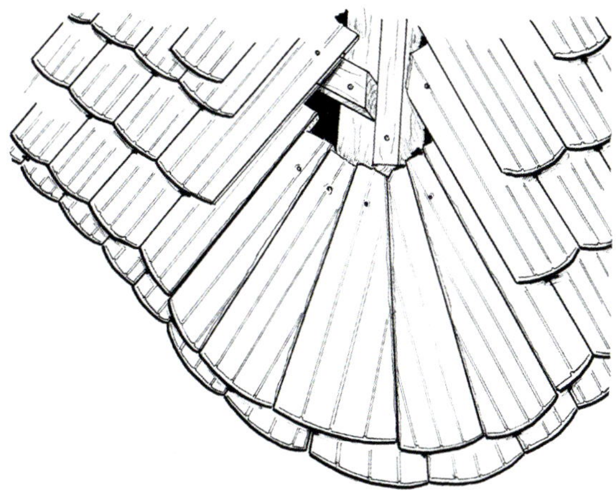

Abb. 6.226b: Zum Vergleich: beispielhafte Darstellung eines Fechtels, Doppeldeckung

Die Dachneigung beträgt hier jeweils etwa 45°.

Im Bereich des geschwenkten Grates wird stets eine Fuge aufgezogen, auch immer dann, wenn die Dachfläche ohne Fuge eingedeckt wird. Die anlaufenden Flächen- / Deckgebinde oberhalb des geschwenkten Gratansatzes werden analog zur Dachfläche eingedeckt.

Deckschema eines geschwenkten Gratansatzes *bis* 60° DN (am Beispiel der Doppeldeckung)

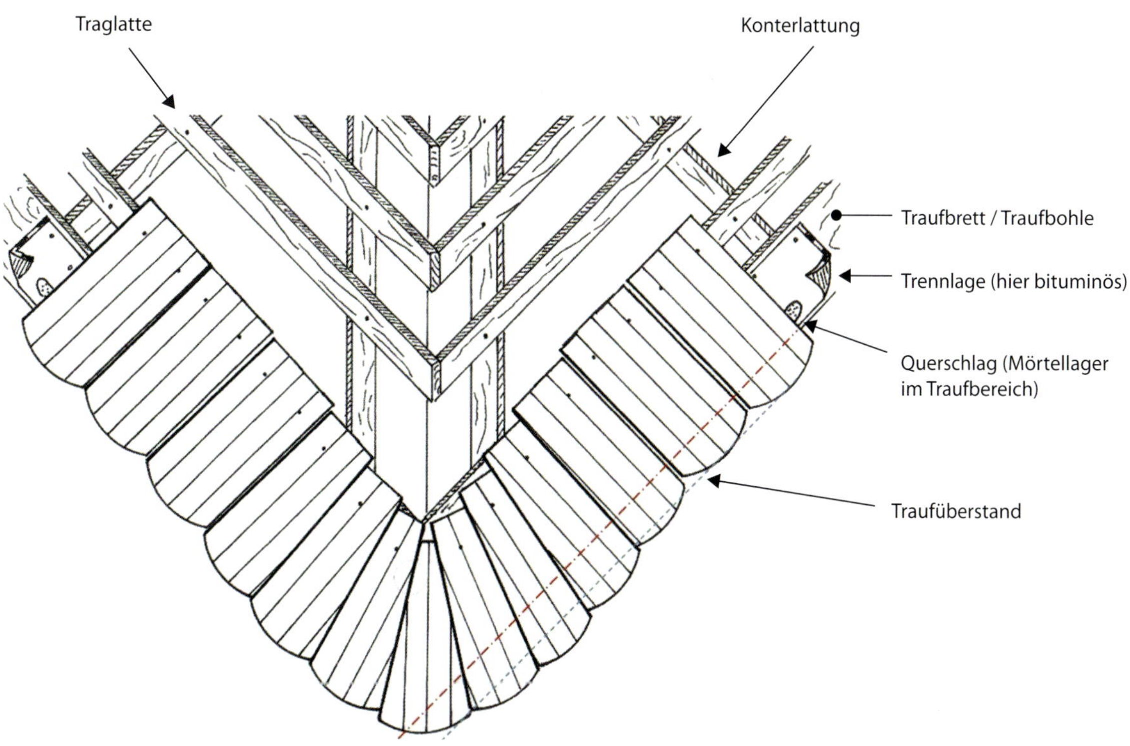

Abb. 6.227: Aufdecken der Lagerschicht an der Traufe

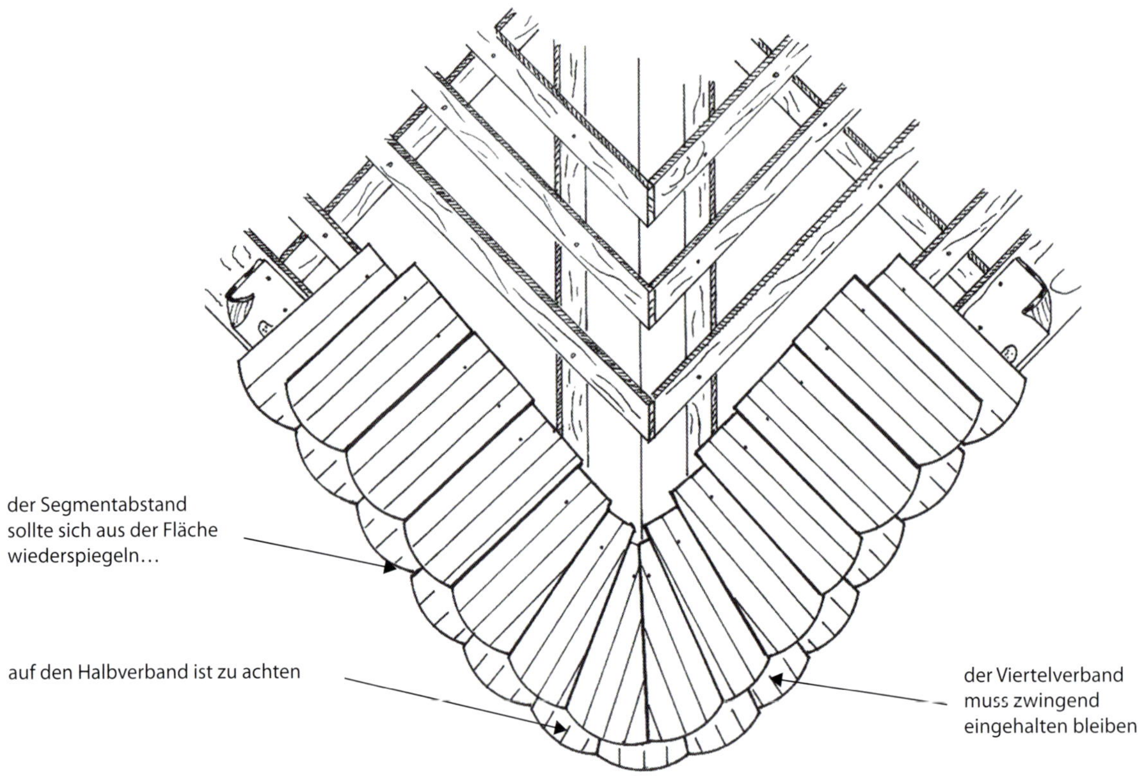

Abb. 6.228: Anlegen der Deckschicht der Traufdoppelschicht

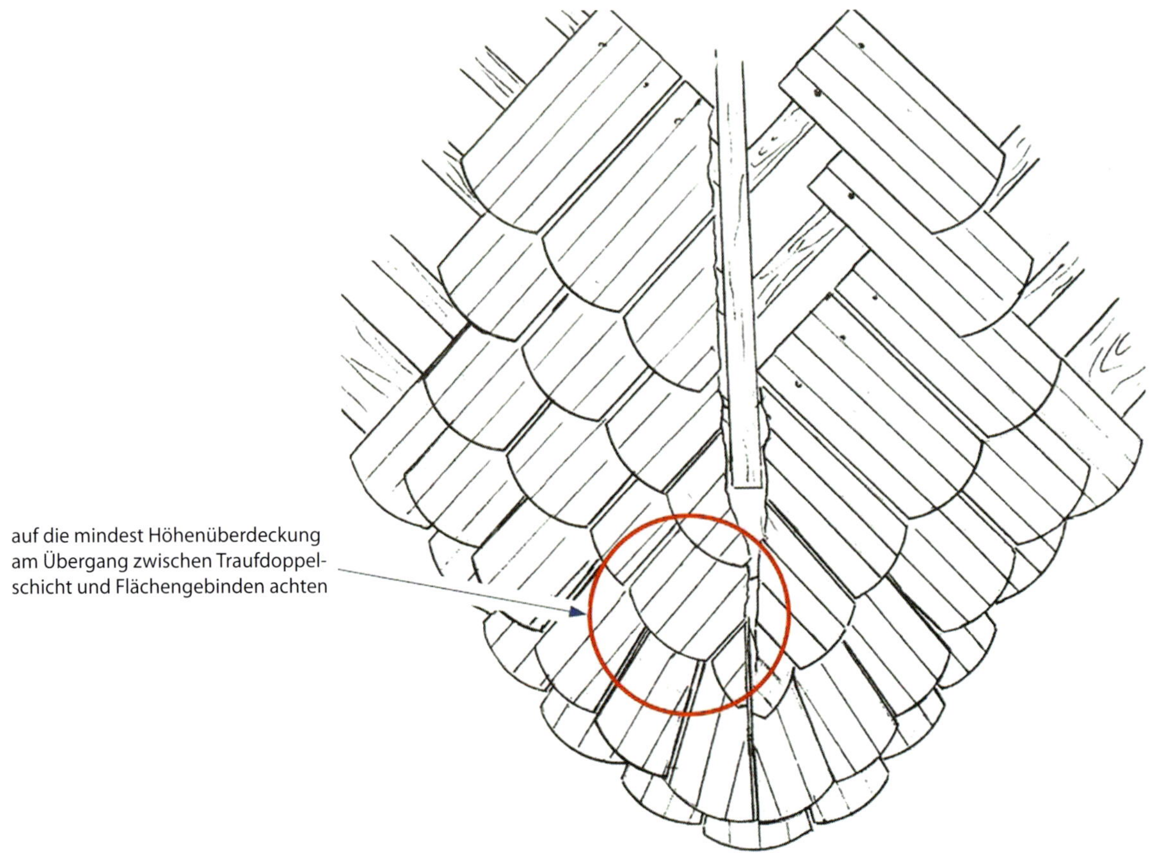

Abb. 6.229: Beidecken des Grats, ähnlich der Trockendeckung

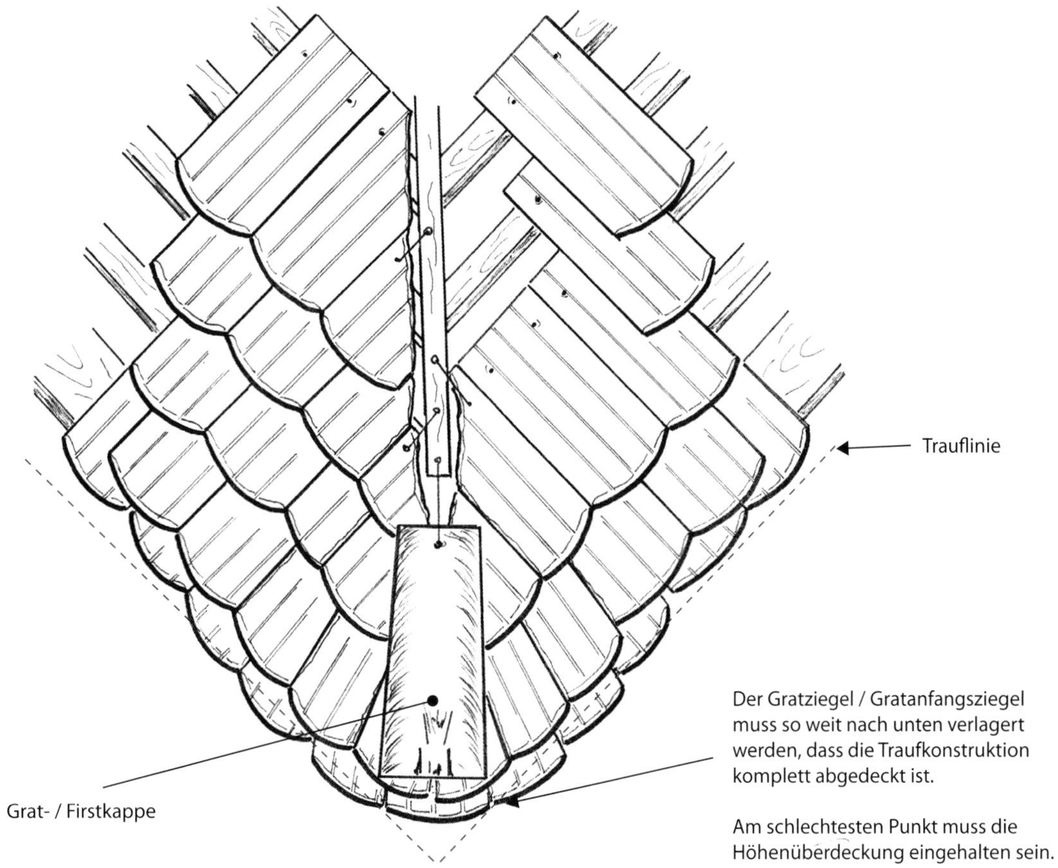

Abb. 6.230: Aufdecken des ersten Gratziegels

Deckschema eines geschwenkten Gratansatzes *über* 60° DN (am Beispiel der Kronendeckung)

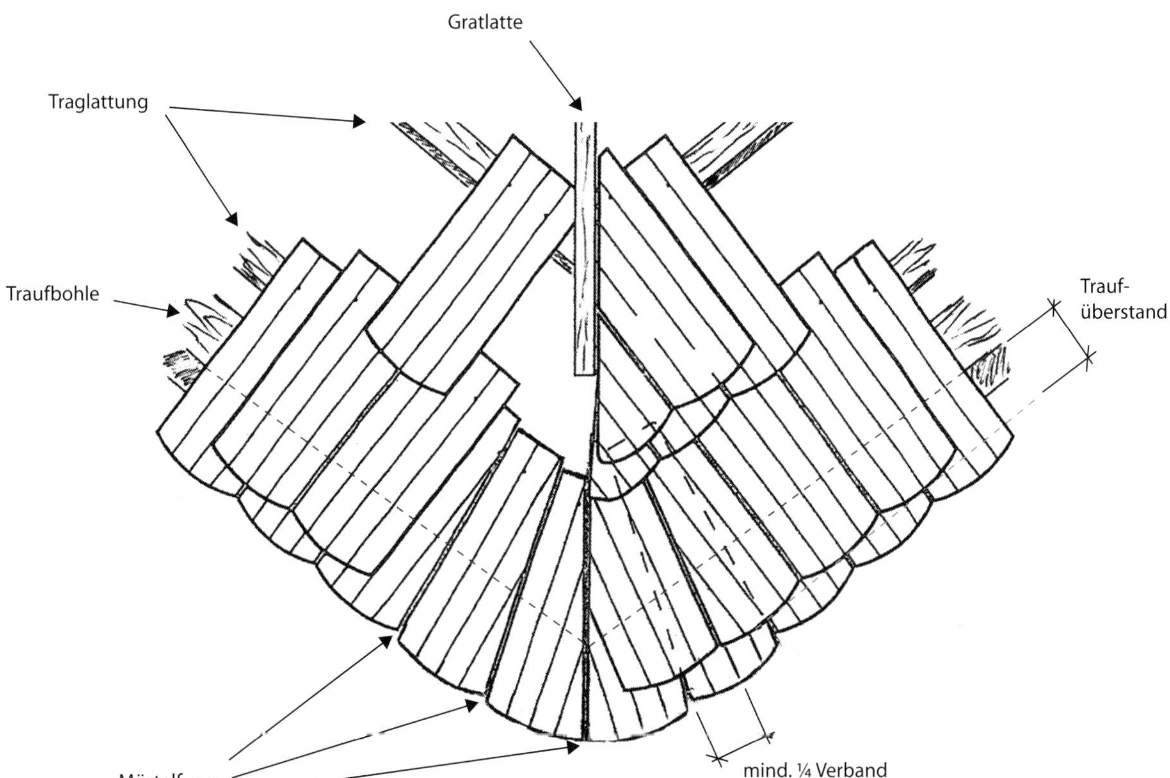

Abb. 6.231: Geschwenkter Gratansatz

Gratziegel (trocken) setzen

Die Gratkappen werden mittels einer geeigneten (meist vom Industriepartner definierten) Grat- / oder First-klammer befestigt. Der Grat muss lagestabil, wind- und regensicher ohne ein erkennbares Sperren montiert werden.

Die handwerkliche Herstellung / die Montage eines Grats ist bei allen Ziegel- oder Dachsteinprodukten gleich – es spielt also keine Rolle, ob z. B. eine Flachdachpfanne, ein klassischer Betondachstein oder ein Biberschwanzziegel verwendet wird.

Lüfterfirst / -grat, Trockenfirst/ -grat:

Die Technik des Verlegens der Gratziegel als Lüfter- oder Trockenfirst ist die gleiche. Der Unterschied dieser zwei modernen Systeme ist das Grat- oder Firstelement.

Beim **Lüfterfirst**element wird durch vorgefertigte Abstandhalter (meistens bereits am Industrieprodukt enthalten), oder andere geeignete Vorkehrungen eine Luftströmung gewährleistet.

Beim **Trockenfirst**element wird meistens keine ausreichende Zirkulation durch zu geringen Luftauslass erreicht. Eine Luftströmung kann hier NICHT gewährleistet werden.

Beim Erwerb eines First- oder Gratbands sollte das Produktdatenblatt des Industriepartners genau und gründlich gelesen, bei Unklarheiten dessen Außendienst kontaktiert werden.

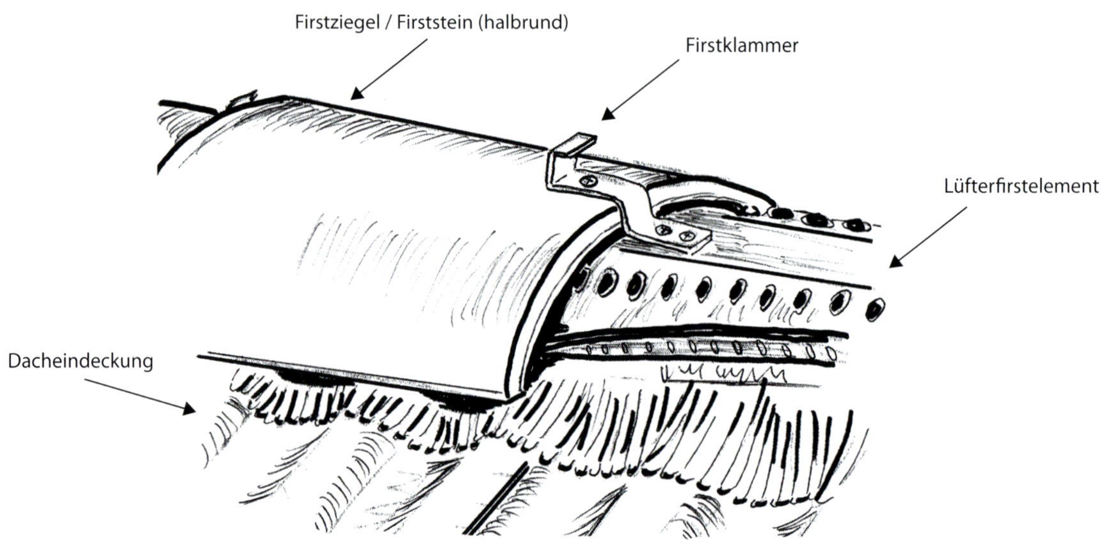

Abb. 6.232: Deckschema eines Lüfterfirstsystems (am Beispiel eines Betondachsteins)

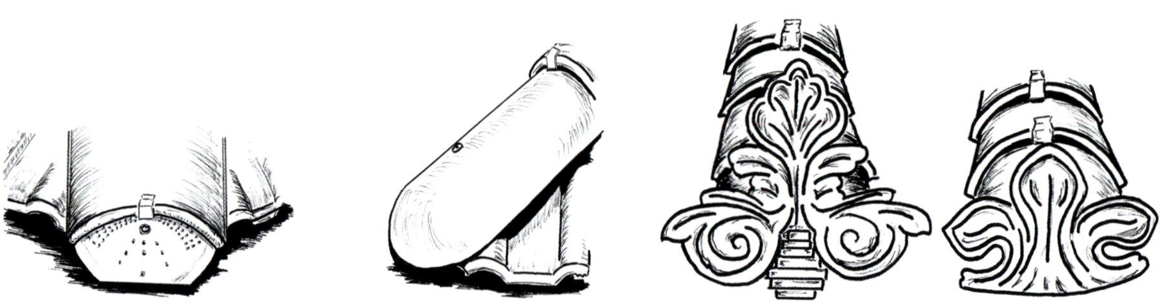

Traufseitiger Abschluss aus Kunststoff … als einfacher Formziegel / -stein oder als verzierter Formziegel.

Abb. 6.233: Möglicher traufseitiger Abschluss, eines Grats, in der Trockendeckung (4 Details):

Den Gratziegel in Mörtel setzen

In vielen Gegenden des Norddeutschen Raumes wurde der Grat- oder Firstziegel bis in unsere Zeit hinein als *Holster* bezeichnet. Dieser Begriff wird immer mehr von dem heute gängigen Wort Gratziegel verdrängt und gerät dadurch immer mehr in Vergessenheit.

Der Grat wird analog zum First gedeckt, die handwerkliche Technik ähnelt sich stark. Auf eine ausreichende Höhenüberdeckung zwischen Gratkappe und Gratanschlussziegel (Gratspitzen) muss beim Verlegen zwingend geachtet werden, die Mindestüberdeckung beträgt 4,0 cm.

Die Mindestüberdeckung der Gratkappen untereinander ist durch dessen Falze oder in den Verlegerichtlinien des Ziegelherstellers / Industriepartners definiert und vorgegeben.

Bei historischen Gratziegeln, bei unbekannten Herstellern oder keinen vorhandenen Verlegerichtlinien beträgt die Mindestüberdeckung der Firstziegel untereinander ebenfalls 4,0 cm.

Um das Ausplatzen des Mörtellagers zu verhindern, empfiehlt es sich am Grat die anlaufenden Deckgebinde aus der Dachfläche (die Gratanschlussziegel) oder am First das letzte Deckgebinde sowie die Firstdoppelschicht in der Mörteltechnik mit Quer- und Stützschlag zu decken.

Die Gratkappen werden stets mit Längs- und Querschlag sauber verlegt. In Deutschland gibt es für diese Verlegung zwei grundlegende, regionaltypische (nachfolgend beschriebene) Techniken.

Diese Techniken dürfen nicht mit einander vermischt werden.

Auf ein vollflächiges Mörtellager, von mindestens 2,0 cm (ohne Fehlstellen) ist zu achten, dieses verhindert das Ausplatzen des Mörtels unterhalb der Gratkappen während einer Kälteperiode (bei Frost).

Vorbereitung der Grat-/ Firstziegel

Um eine saubere und langlebige Verlegung von Grat- oder Firstziegel zu gewährleisten, muss diese vorbereitet werden. Diese Vorbereitung der Formziegel kann durch Wässern oder durch Vorstreichen erfolgen.

- *Beim Wässern ist zu beachten,*
  dass die Ziegel nicht komplett mit Wasser übersättigt werden, denn der Mörtel geht so keine Bindung mit dem Gratziegel und /oder den Deckgebinden ein. Man spricht auch davon, dass der Ziegel einfach „davon schwimmt"!
- *Beim Vorstreichen*
  wird der Formziegel oder Formstein (also die Gratkappe) von der inneren Seite sauber und gleichmäßig dick mit ausreichend Mörtel bedeckt.
  Auf beiden seitlichen Rändern des Ziegels, werden jeweils ordentliche Längsschläge aufgetragen, welche danach mit kräftigem Streichen / Zügen an die Seitenränder des Formsteins gedrückt werden.

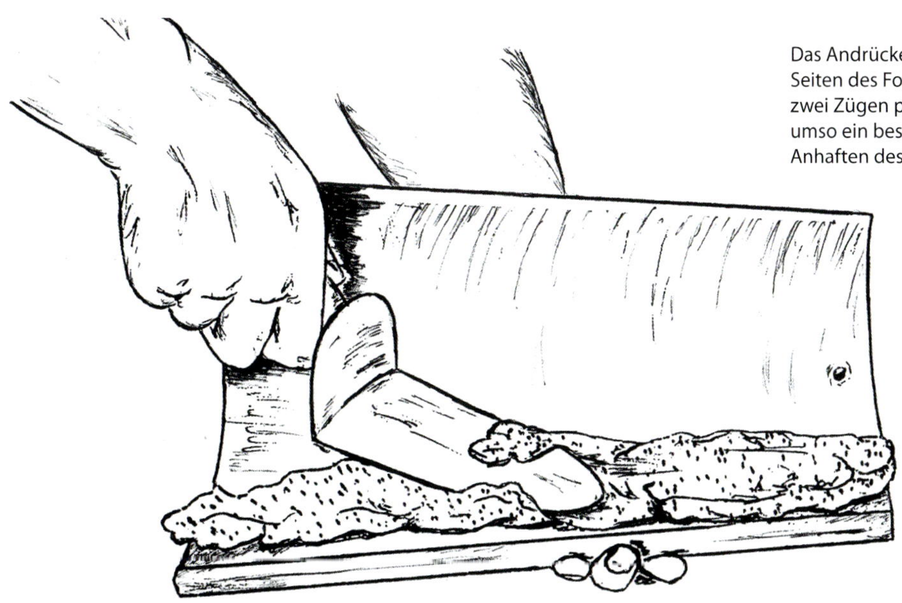

Das Andrücken des Mörtels an die Seiten des Formziegels wird stets in zwei Zügen pro Seite vorgenommen, umso ein besseres und sauberes Anhaften des Mörtels zu gewährleisten.

Abb. 6.234: Vorstreichen von Firstziegeln

Sicherung der Gratziegel gegen herabstürzen:

Mörtel ist kein Befestigungsmittel und aus diesem Grund muss das unkontrollierte Herabrutschen der Gratkappen unbedingt verhindert werden. Aus diesem Grunde müssen Gratkappen welche in der Mörteltechnik verlegt werden zusätzlich mechanisch gegen verrutschen gesichert werden.

Diese mechanische Sicherung erfolgt klassisch durch geeigneten (mind. korrosiongeschützten) Bindedraht oder durch die Industrie zur Verfügung gestellten geeigneten Klammern mit Bindedraht.

Eine direkte Befestigung der Formziegel durch Annageln oder Anschrauben ist nicht zulässig.

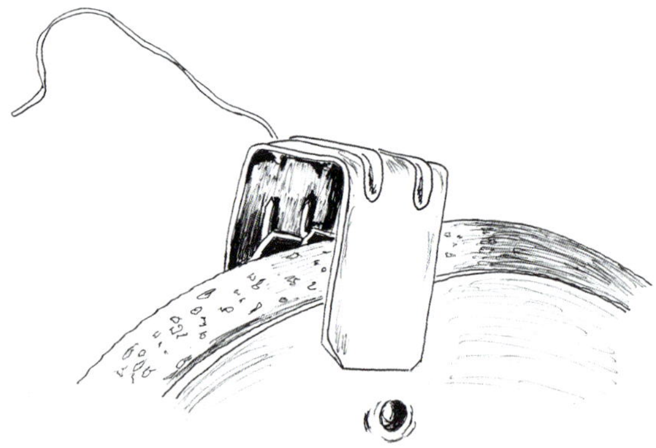

Abb. 6.235: Schematisch Darstellungen der Grat- und Kehlklammer mit Bindedraht

Deckschemen, der Firste (Grate) im Vergleich:

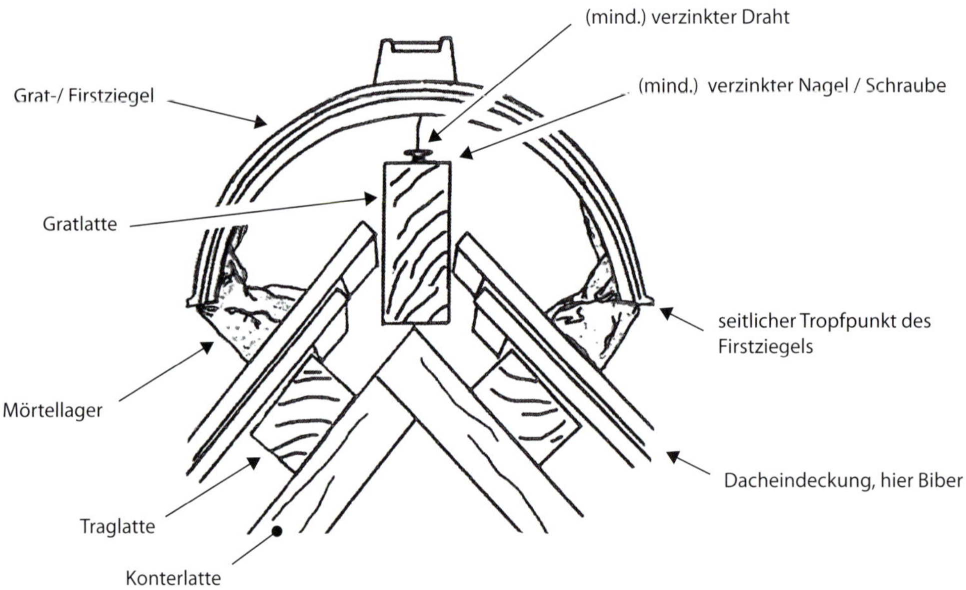

Abb. 6.236: Aufgesetzter First oder auch der Hohl aufgesetzter First genannt

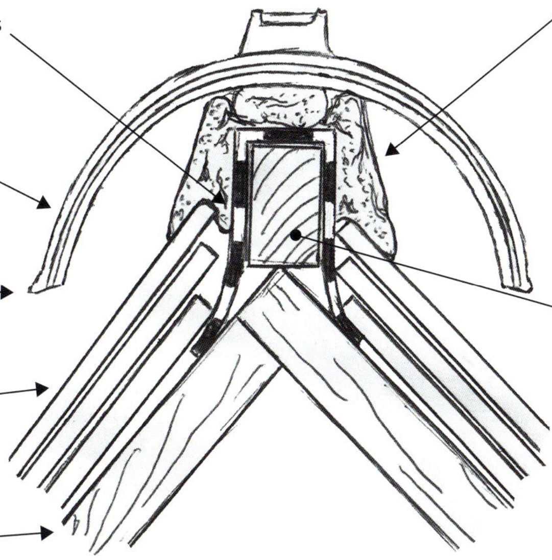

Abb. 6.237: Aufgesattelter First oder auch Sattelfirst genannt, Darstellung am Grat

Handwerkliches herstellen eines aufgesetzten Grates / Firstes

- Im ersten Arbeitsschritt wird die Gratkappe auf die fertig beigedeckten Flächen (die zusammen gespitzten Dachflächen) trocken / provisorisch aufgelegt, danach werden die äußeren Kanten des Formziegels markiert.

Ermittlung der Lage und Höhe des Gratziegels durch so langes Ausrichten des Formziegels, bis es passt. Nach erfolgtem festlegen des Montagepunktes wird nun der Ziegel auf der Dacheindeckung angerissen …

Abb. 6.238: Ausrichten und Anreissen des Gratziegels

- Nun wird der markierte Bereich mit einem ausreichend dickem Quer- (oder auch Kopf-) sowie einem Längsschlag versehen.

Der Mörtel darf weder die Gratlatte berühren noch nennenswert in die Konstruktion eindringen!

Eventuell kann es vorkommen, dass der Längsschlag mit Ziegelscherben „unterfüttert" werden muss, um ein zu tiefes Einsinken des Gratziegels zu verhindern.

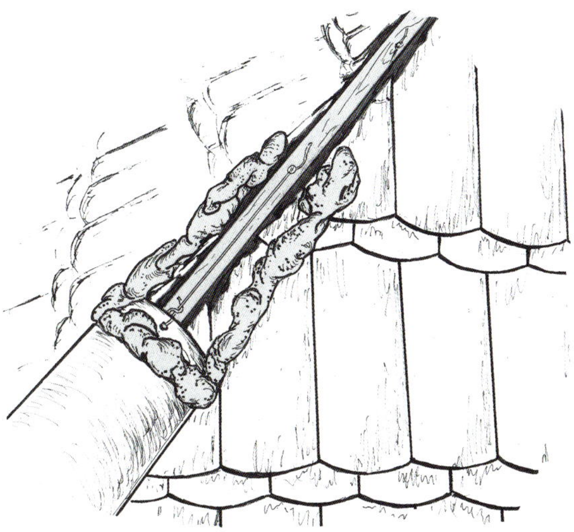

Abb. 6.239: Aufgeschlagenes Mörtellager

Die Ziegelscherben werden nur nach Bedarf verwendet, der Dachdecker macht sich seinen Mörtel (Setzmörtel) in der richtigen Konsistenz, um ein Ausschwimmen des Mörtels zu verhindern.

Die Ziegelscherben „klauen" dem Dachdeckermörtel die Feuchtigkeit und fördern dadurch ein zu schnelles unkontrolliertes Abbinden. Eine qualitativ, hochwertige Arbeit ist so gefährdet.

- Nun wird der Gratziegel für die Verlegung vorbereitet; als erstes wird ein geeigneter Bindedraht am Ziegel befestigt danach wird dieser entweder gewässert, mit der Quaste ausreichend benässt oder mit Mörtel vorgestrichen

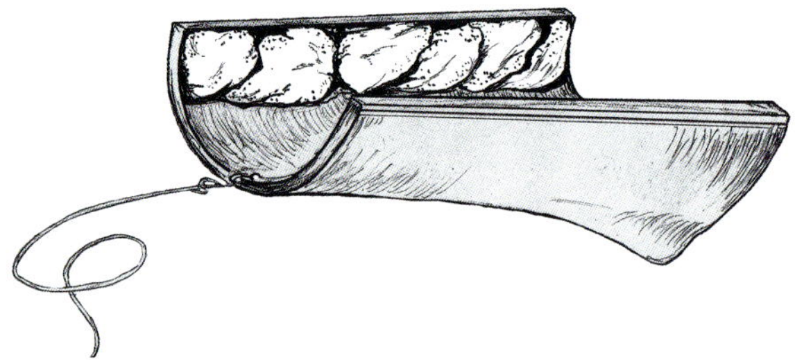

Abb. 6.240: Darstellungen eines vorgestrichenen Firstziegels

- Jetzt wird die Gratkappe auf das sauber vorbereitete Mörtelbett (-lager) aufgesetzt und sorgsam eingeschwommen.

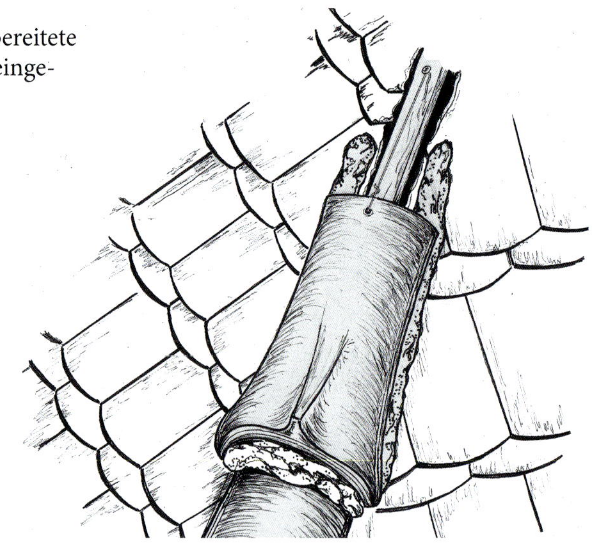

Durch das Einschwimmen entsteht eine Saugwirkung, wodurch eine erhöhte Anfangshaftung erreicht wird.

Außerdem entsteht so eine Verdichtung des Mörtels, die zu einer längeren Lebensdauer beiträgt

Abb. 6.241: Einschwimmen des Gratziegels

- Der seitlich austretende Dachdeckermörtel wird mit der Kelle sauber und leicht schräg nach innen gedrückt (verdichtet).
  Durch dieses gleichmäßige andrücken und streichen, entsteht der sogenannte Kellenstrich, dieser sollte das Mörtellager gleichmäßig glätten.

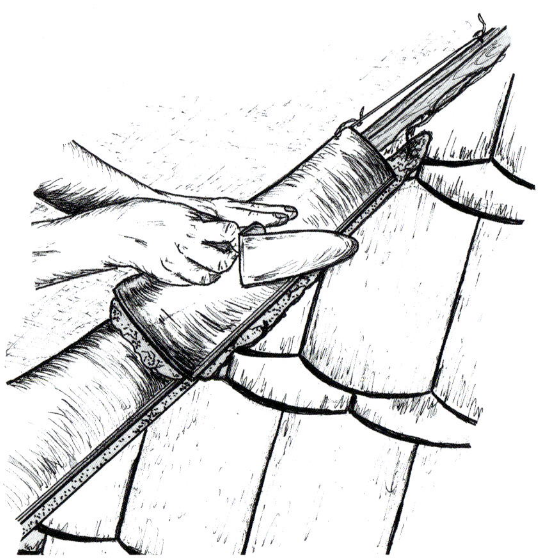

Überschüssiges Material, welches nicht verdichtet werden kann, wird mit der Dachdeckerkelle abgenommen und kommt wieder zurück ins Deckfass.

Abb. 6.242: Glätten des Mörtellagers

Der Mörtel muss leicht nach innen (einwärts) gestrichen werden, so dass dieser leicht zurücktritt. Hier entsteht nun die gewünschte Abtropfkante.

- Wenn das seitlich austretende Material (der Mörtel) nicht zum Verdichten oder für den Kellenstrich/ Glattstrich reicht, muss mit demselben Mörtel (Nass in Nass) nachgestrichen werden. Dieser Arbeitsgang nennt sich **Unterziehen**.

Der Spiegel am Grat

Der traufseitige untere Abschluss eines Grats oder der ortseitige Abschluss am First in der Mörteltechnik wird als Spiegel bezeichnet. Dieser Spiegel wird regional sehr unterschiedlich ausgebildet und kann dadurch stark variieren.

Der Spiegel eines Firstes oder eines Grates bezeichnet ebenfalls den Bereich am Fuß eines Gratziegels (Überlappungsbereiches) dort wird der heraustretende Querschlag glattgestrichen und so wie gewünscht geformt.

Bei dem Spiegel am Grat oder First wird zwischen zwei Arten unterschieden:

Gerader Spiegel:

Hier wird der Mörtel winklig zum Gratziegel (bündig) abgeschnitten.

Der gerade Spiegel sollte etwa fünf bis acht Millimeter dick und mit dem Querschlag verbunden sein.

So wird die Gefahr des Ausfrierens in der Kälteperiode minimiert!

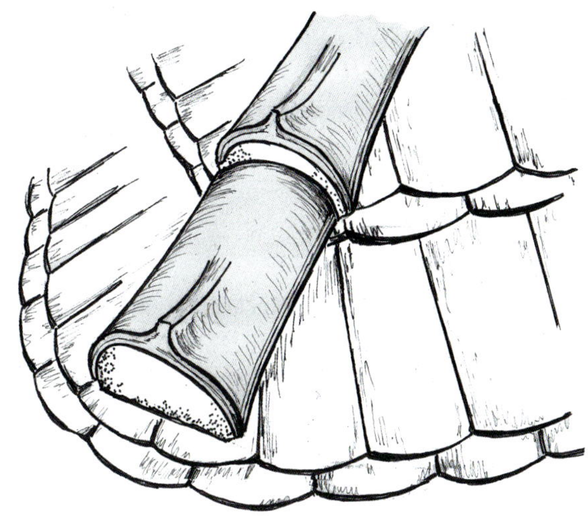

Abb. 6.243: Gerader Spiegel

Schräger (abgeschrägter) Spiegel:

Hier wird der Mörtel schräg zum Gratziegel angestellt.

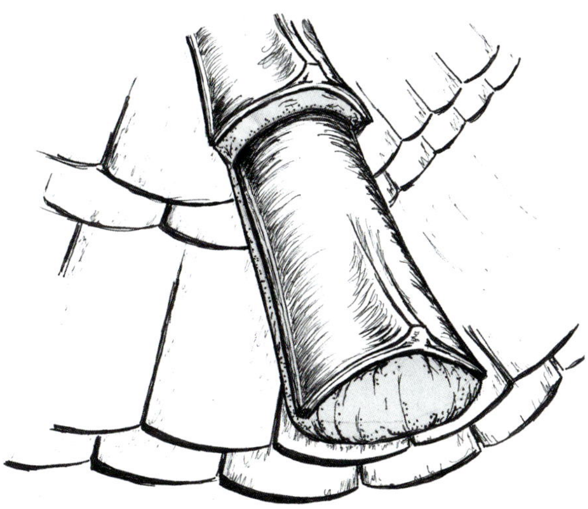

Wenn der abgeschrägte Spiegel zur Anwendung kommt, ist darauf zu achten, dass der Verstrichmörtel mit dem Querschlag (dem Kopfschlag) ausreichend Verbindung hat. Sonst kann es schon frühzeitig zu Ausfrierungen / Ausplatzungen oder Auswaschungen kommen!

Abb. 6.244: Schräger Spiegel

Der Spiegel des Grats / First sollte sich bei jedem weiteren Ziegel wiederfinden, das heißt, wenn z. B. konvex mit einem geraden Spiegel begonnen wird, muss dieser bis zum Abschluss von Grat und First weitergeführt werden.

Handwerkliches herstellen eines aufgesattelten Grats:

- Um den First bzw. den Grat aufzusatteln, müssen die Gratspitzen / die Dachziegel direkt an die mit Bitumenbahn oder Unterspannbahn geschützte Latte geführt werden.

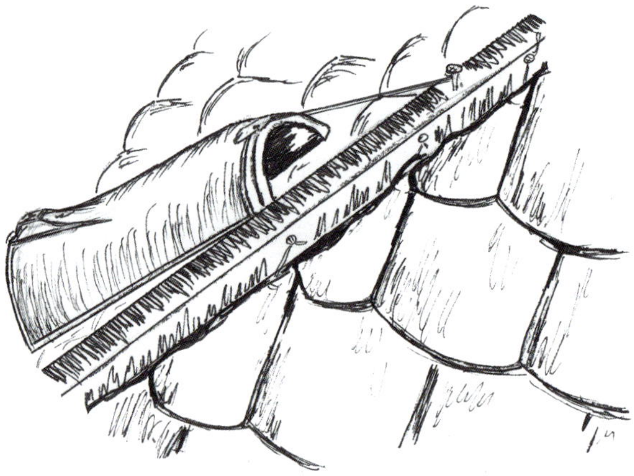

Abb. 6.245: Direkt an die Gratlatte geführte Deckgebinde

- Nun wird der Gratziegel für die Verlegung vorbereitet; als erstes wird ein geeigneter Bindedraht am Ziegel befestigt. Danach wird dieser entweder gewässert, mit der Quaste ausreichend benässt oder mit Mörtel vorgestrichen.

Abb. 6.246: Vorbereitung des Grat- oder Firstziegels

- Im nächsten Arbeitsschritt wird nun das Mörtellager vorbereitet, d. h. es wird seitlich der Dachlatte (Grat- / Firstlatte) links und rechts ein ordentlich dicker Längsschlag aufgetragen und sauber verstrichen.

Abb. 6.247: Anstreichen des Mörtellagers

Auf den Kopf der Latte wird ebenfalls ein recht dicker Längsschlag aufgetragen, dieser wird jedoch _nicht_ verstrichen.

Die Länge des vorzubereitenden Mörtellagers richtet sich nach dem zu verlegenden Gratziegel d. h., das Mörtellager wird etwa 1 ½ mal so lang aufgeschlagen wie der Gratziegel lang ist (bei längeren Mörtelschlägen besteht die Gefahr eines vorzeitigen / unkontrollierten Abbinden des Mörtels).

Der Mörtel darf weder die Gratlatte berühren noch in die Konstruktion eindringen!

- Jetzt wird die Gratkappe auf das vorbereitete Mörtelbett aufgesetzt und sorgsam Eingeschwommen.

Durch das Einschwimmen entsteht eine Saugwirkung wodurch wiederum eine erhöhte Anfangshaftung sowie eine extrem dauerhafte Endfestigkeit erreicht wird.

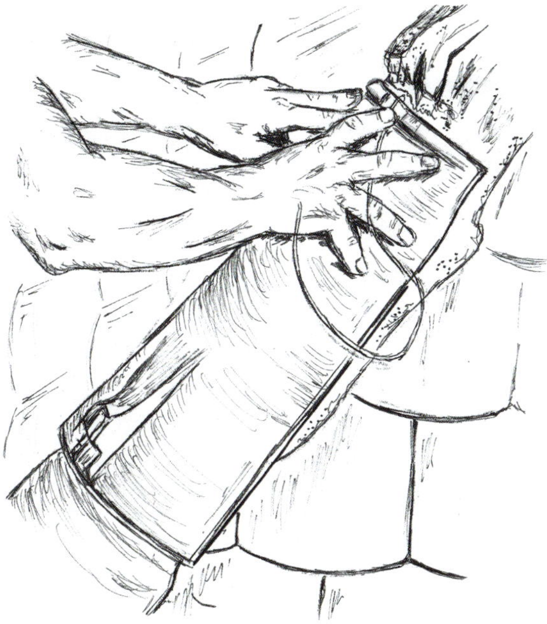

Abb. 6.248: Einschwimmen des Gratziegels

- Nach dem Einschwimmen des Ziegels, wird dieser mit dem vorbereiten Bindedraht gegen Verrutschen gesichert.

Wenn das Mörtellager sauber hergestellt wurde, muss dieses leicht nach innen (einwärts) verstrichen sein.

So entsteht am Gratziegel eine Tropfkante, und der Mörtel kommt nicht mit anfallendem Niederschlagswasser in Berührung!

- Beim aufgesattelten First wird auf einen Spiegel verzichtet, der Querschlag muss so aufgeschlagen werden, dass kein Mörtel zwischen den einzelnen Gratziegeln hervortritt.

Abb. 6.249: Mechanisch befestigter Gratziegel

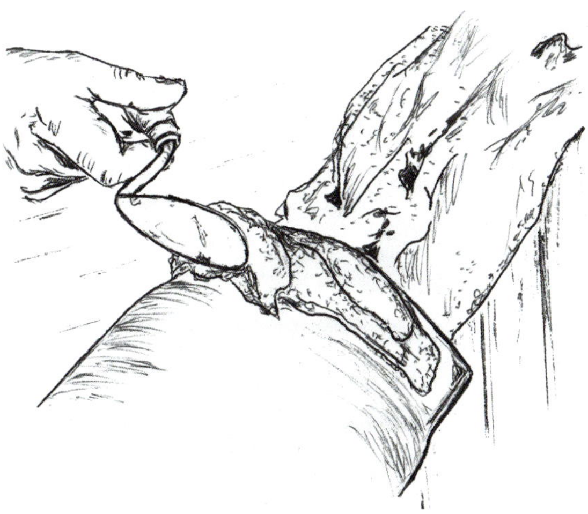

Abb. 6.251: Aufschlagen des Querschlags am Gratziegel

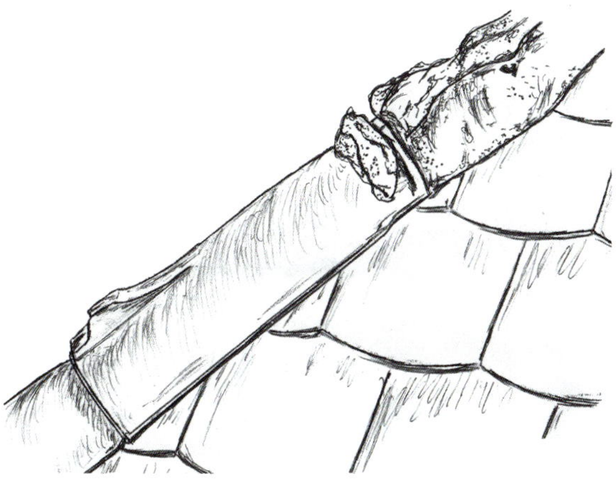

Abb. 6.250: Aufgesattelter Grat während der Bauphase

Bei einem sauber hergestellten First oder Grat, ist der verwendete Mörtel unsichtbar bzw. kaum sichtbar.

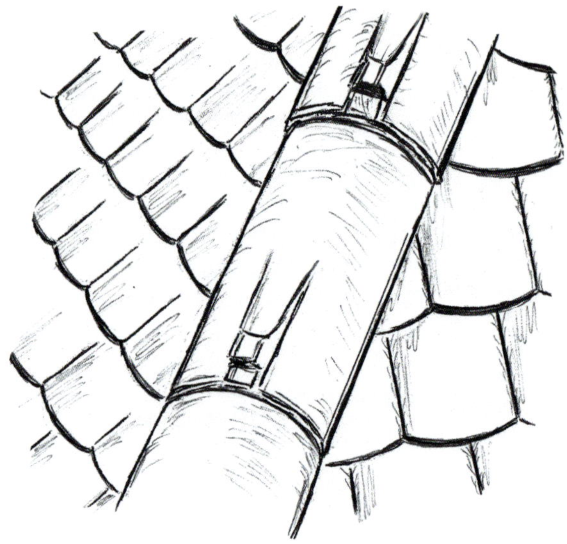

Abb. 6.252: Darstellungen eines fertiggestellten aufgesattelten Grats

6.8.2 Der First

Den First setzen

Das Firstsetzen erfolgt analog zum Gratsetzen, nachfolgend wird daher nur auf die Besonderheiten des Setzens eines Firstes mit Mörtel eingegangen.

Firste oder Grate, die in Mörteltechnik verlegt werden, sind bei richtiger Anwendung sowie der richtigen Zusammensetzung des Mörtels extrem schön anzusehen und gleichzeitig langlebig, robust und wetterbeständig.

Der Mörtelschlag des Lagers ist sauber angeschnitten und der Spiegel wurde in schräger Form angestrichen.

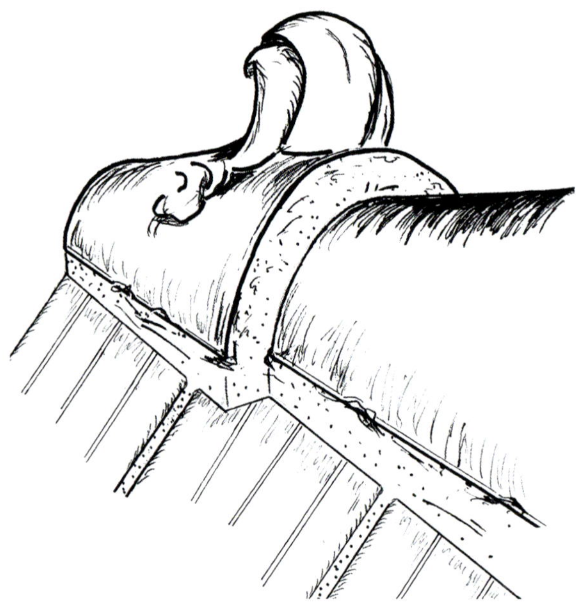

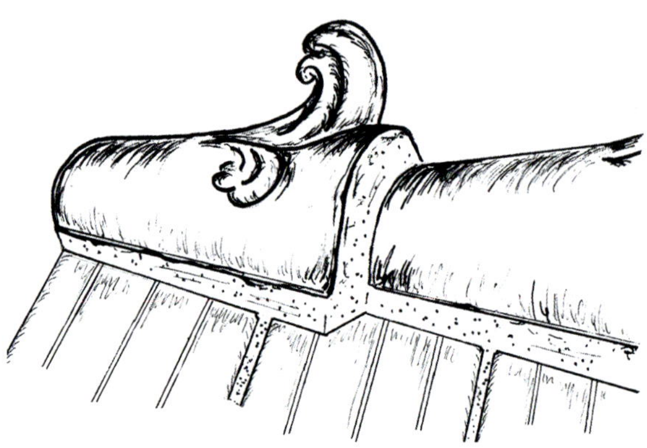

… in der Seitenansicht ist der schräge Spiegel sowie das sauber hergestellte Mörtellager deutlich erkennbar.

Abb. 6.253 (2 Details): Dieses Beispiel zeigt einen ortseitigen Firstabschluss, in aufgesetzter Form, mit einem historischen Firstziegel als „Schillerlocke".

Handwerkliches Aufdecken eines Firstes in der Mörteltechnik:

In der Mörteltechnik ist es wichtig, alle Details sowie alle Einbauteile während des Eindeckens der Fläche mit einzubauen.

Der First muss mit dem Fortschreiten der Dacheindeckung ständig mitgezogen werden.

Der First / Grat in der Mörteltechnik sollte stets mit der Dachfläche Nass in Nass gesetzt werden.

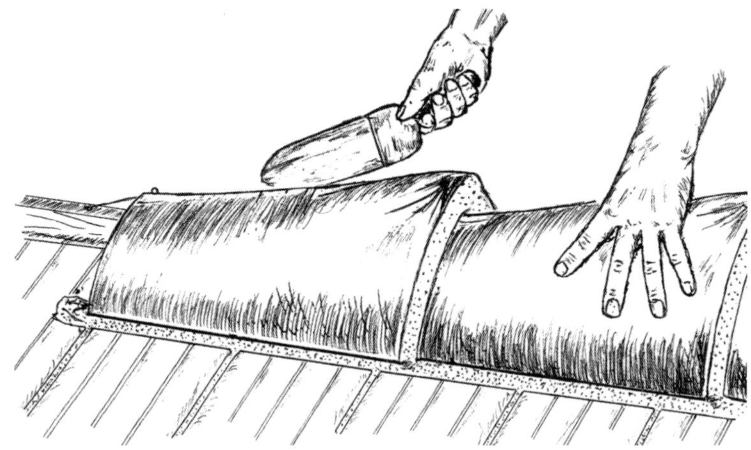

Abb. 6.254: Aufdecken eines Firstes in der Mörteltechnik

Setzen der Firstziegel, diese werden gleich „sauber" abgezogen (fertig gestellt).

Der Spiegel des Firstes wird noch nicht angestrichen, es wird aber das Spiegellager sauber hergestellt.

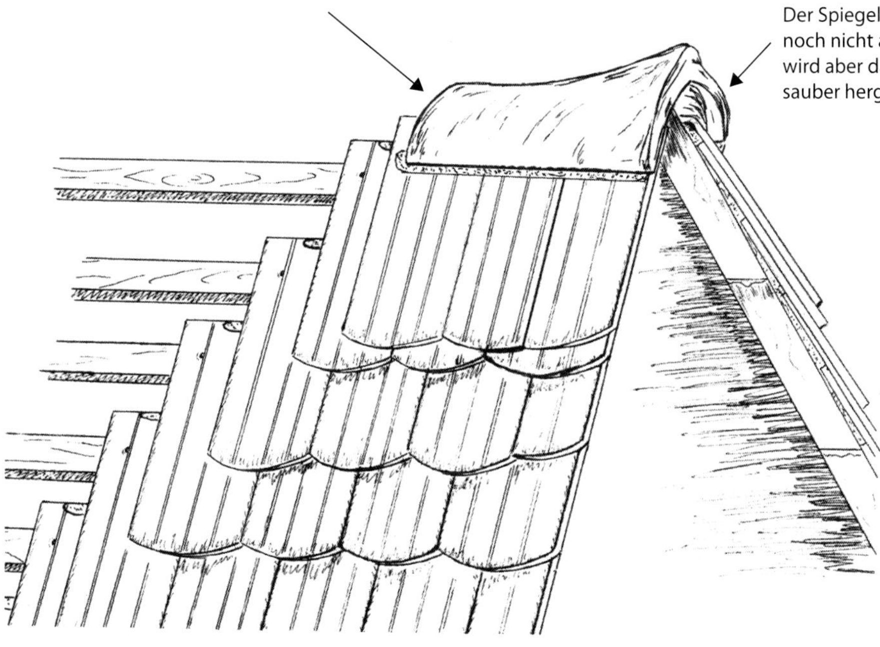

Es bewährt sich seit jeher, der Treppen- / Dreiecksgang, dessen Breite von ca. drei bis maximal sechs Ziegeln nicht überschritten werden sollte. Bis zu dieser Breite kann man den First noch sauber setzen, ohne die frisch eingedeckte Fläche zu berühren.

Abb. 6.255: Setzen der Firstziegel

Aufteilen des Firstes

Um ein dauerhaftes Lagestabiles und schönes Gesamtbild des Firstes zu erhalten, muss der First – wie (fast) alles im Dachdeckerhandwerk , aufgeteilt werden. Das Aufteilen erfolgt analog zum Aufteilen anderer Details am Ziegeldach.

Diese Darstellung zeigt einen ortseitigen Firstabschluss in mangelhafter Ausführung.

Der First wurde zwar in der Mörteltechnik sauber verlegt, der Spiegel ordentlich angestrichen, aber das Beispiel zeigt eine Firstkappe von nicht einmal 12,0 cm.

Die im Regelwerk des Deutschen Dachdeckerhandwerks geforderte, mindestens Halbziegelbreite gilt auch am First... es muss aufgeteilt werden!

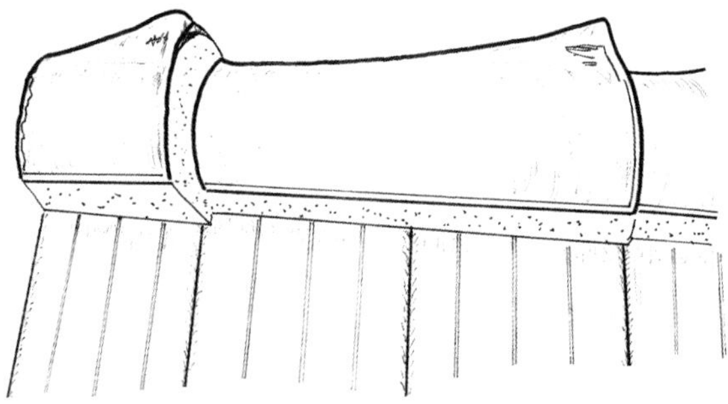

Abb. 6.256: Mangelhafte Ausführung eines ortseitigen Firstabschlusses

Der ortseitige Firstziegel an diesem Beispiel, kann keine saubere und lagestabile Verlegung aufweisen.

- *Hier wurde mit freiem Überstand (mind. 4,0 cm) gearbeitet, was bedeutet, die Firstlatte muss zurückgeschnitten werden.*
- *Da Mörtel kein Befestigungsmittel ist, muss jeder Firstziegel zusätzlich mechanisch befestigt werden. Dies ist bei dieser dargestellten Konstruktion nicht möglich.*

Die Arbeitstechnik des Aufteilens:

Beim Aufteilen des Firstes wird zuerst festgelegt mit welcher Variante der letzte Ziegel aufgedeckt werden soll. Es besteht die Möglichkeit der handwerklichen Herstellung eines Schlussziegels oder die Verarbeitung industriell gefertigter Schlussziegel.

Danach wird, unabhängig davon welche Variante gewählt wurde, der jeweilige ortseitige Firstziegel mit der großen Öffnung zum Ort aufgedeckt und entweder nach Herstellerangaben (bei der Trockendeckung durch den Industriepartner gefordert) oder in der Mörteltechnik aufgedeckt.

Waagerechtes Einteilen eines Firstes:

1. Aufdecken der ersten und letzten Firstkappe (Firstziegels).
2. Ermittlung der Breite (des Abstands der zwei Firstziegel voneinander) durch Messen zwischen der schmalen Öffnung links zur schmalen Öffnung rechts.
3. Teilen der ermittelten Breite durch das maximale Deckmaß der Firstkappen (Firstziegel ohne Seitenüberdeckung), dabei entsteht meistens eine Stückzahl mit Kommastelle.
4. Aufrunden der Stückzahl!
5. Teilen der ermittelten Breite durch die Stückzahl, es entsteht das wahre Deckmaß.
6. Dieses wahre Deckmaß wird nun an der schmalen Öffnung des Firstziegels angerissen und danach damit durchgeteilt. „Durchteilen“ bezeichnet die Arbeitstechnik des Abtragens eines gleichmäßigen Maßes auf ein Bauteil.

Arbeitsschritte beim Einteilen

1. Ermittlung des maximalen Deckmaßes der Firstziegel;

max. Deckmaß = Länge des Firstes – (seitlicher) Überdeckung

2. Aufdecken des ersten und letzten Firstziegels (jeweils nach außen) – mit gleichzeitiger Ermittlung der Länge des kompletten Firstes zwischen diesen Ziegeln.

3. Ermittlung der Anzahl der einzelnen Firstziegel / Firstkappen;

$$\textit{Anzahl der Firstziegel} = \frac{\textit{Länge des Firstes}}{\textit{maximales Deckmaß}}$$

Wenn eine Stückzahl mit Kommastelle entsteht, muss stets aufgerundet werden…!

4. Ermittlung des wahren Deckmaßes der Firstziegel, sichtbaren Bereich der Firstziegel;

$$\textit{wahres Deckmaß der Firstziegel} = \frac{\textit{Länge des Firstes}}{\textit{Anzahl der Firstziegel}}$$

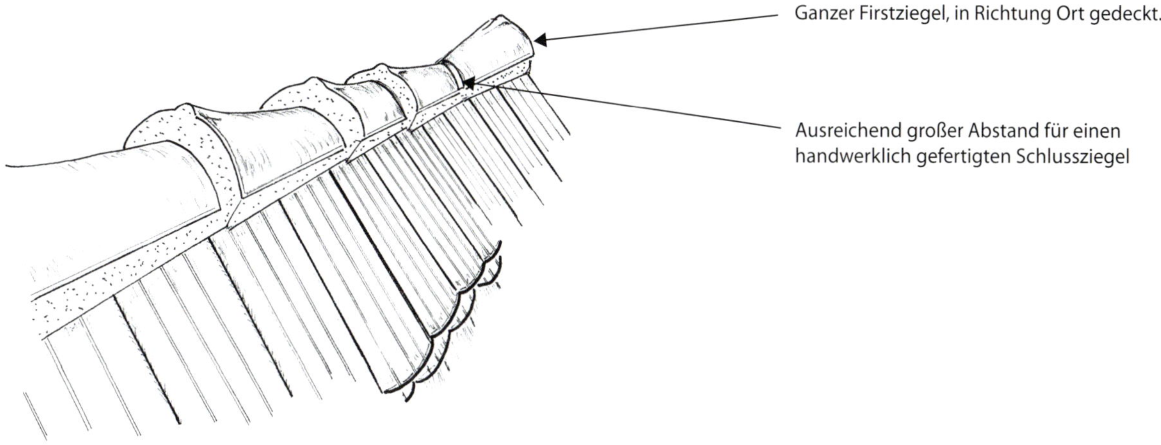

Abb. 6.257: Komplett aufgedeckter First in der Mörteltechnik

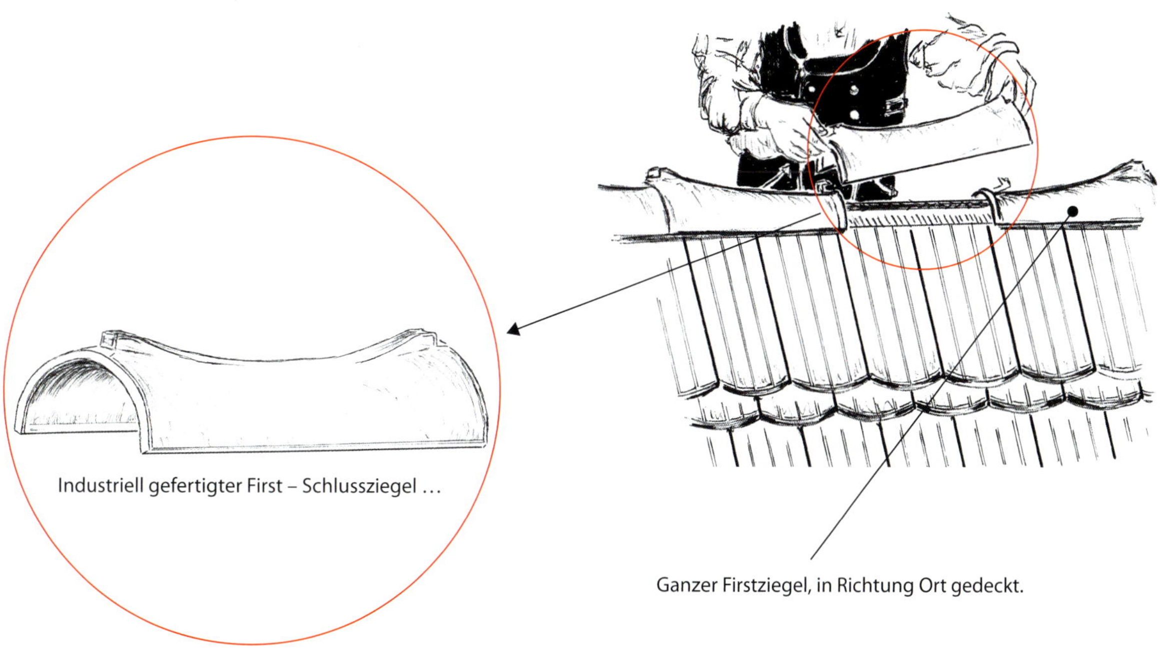

Abb. 6.258: Setzen eines industriell gefertigten Schlussziegels am First.

7 Fehleranalyse – häufige Fehler

7.1 Allgemeines

Die wichtigste Aufgabe eines jeden Dachdeckers ist der Verkauf qualitativ hochwertiger Arbeit. Dies kann jedoch nur funktionieren, wenn die schwerwiegendsten Fehler frühzeitig erkannt werden.

Die häufigsten Fehlerquellen am Ziegeldach sind:

- fehlerhafte Traglattung/fehlerhafte Unterkonstruktion (falsches Lattmaß)
- zu geringe Höhen- und/oder Seitenüberdeckung
- das Gebot der geschlossenen Deckung wurde nicht eingehalten (sperrende/bockende Ziegel)
- Wassereinträger an Anschlüssen oder Kehlen (fehlerhafte Bearbeitung von Anschlussziegeln)
- offene Fugen

Auch scheinbar einfache Details im Bereich der Biberschwanzdeckungen und deren Zubehör sind erfahrungsgemäß oft stark fehlerbehaftet.

7.1.1 Fehlerhafte Traglattung/fehlerhafte Unterkonstruktion (falsches Lattmaß)

Bei der Verwendung einer **Traufdoppelschicht** entstehen oft durch sperrende Ziegel optische Mängel, welche aber auch die Regensicherheit beeinträchtigen können.

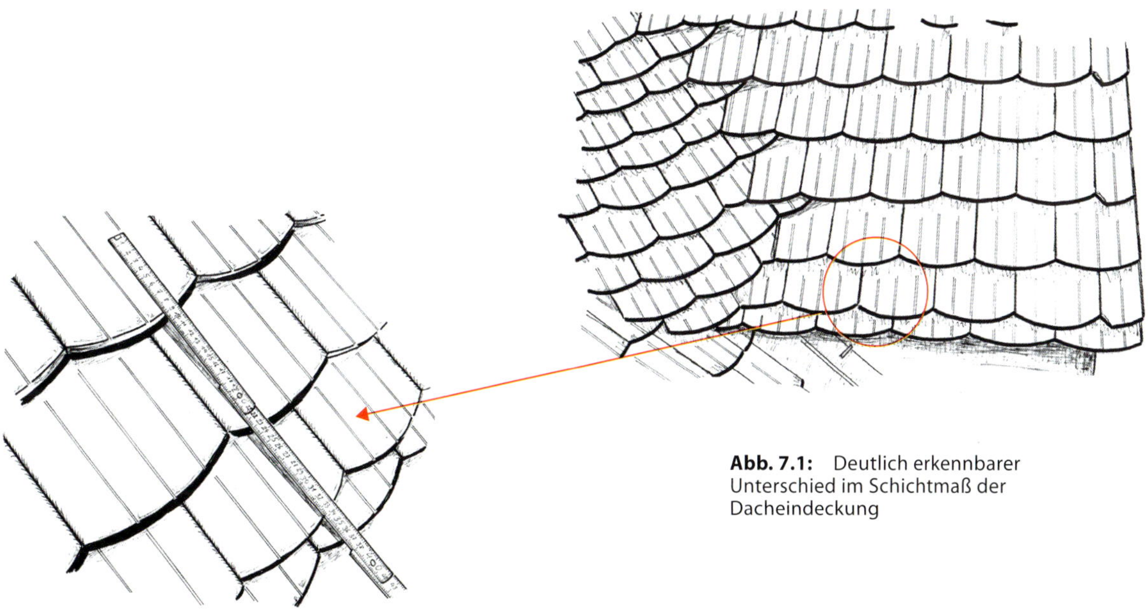

Abb. 7.1: Deutlich erkennbarer Unterschied im Schichtmaß der Dacheindeckung

Durch einen fehlerhaften Sturz kann ein Sperren der Traufdoppelschicht entstehen. Oft liegen dann die Biberschwanzziegel der ersten Latte hohl oder nur bedingt auf der Deckschicht der Traufdoppelschicht.

Das Gebot der geschlossenen Deckung ist auch an der Traufe/der Traufdoppelschicht zwingend einzuhalten!

Am oberen Abschluss der Dachfläche, dem First, muss der **Lattabstand First (*LAF*)** zwingend eingehalten werden, um die Mindesthöhenüberdeckung zwischen First und Firstkappe einzuhalten. Die Maße des LAF richten sich stets nach der Dachneigung sowie der Länge der Anhängenase.

Im Zweifelsfall sollte dieser Lattabstand First handwerklich ermittelt werden.

Das nachfolgende Beispiel zeigt gleich mehrere Fehler bei der Herstellung eines Biberschwanzziegeldachs:

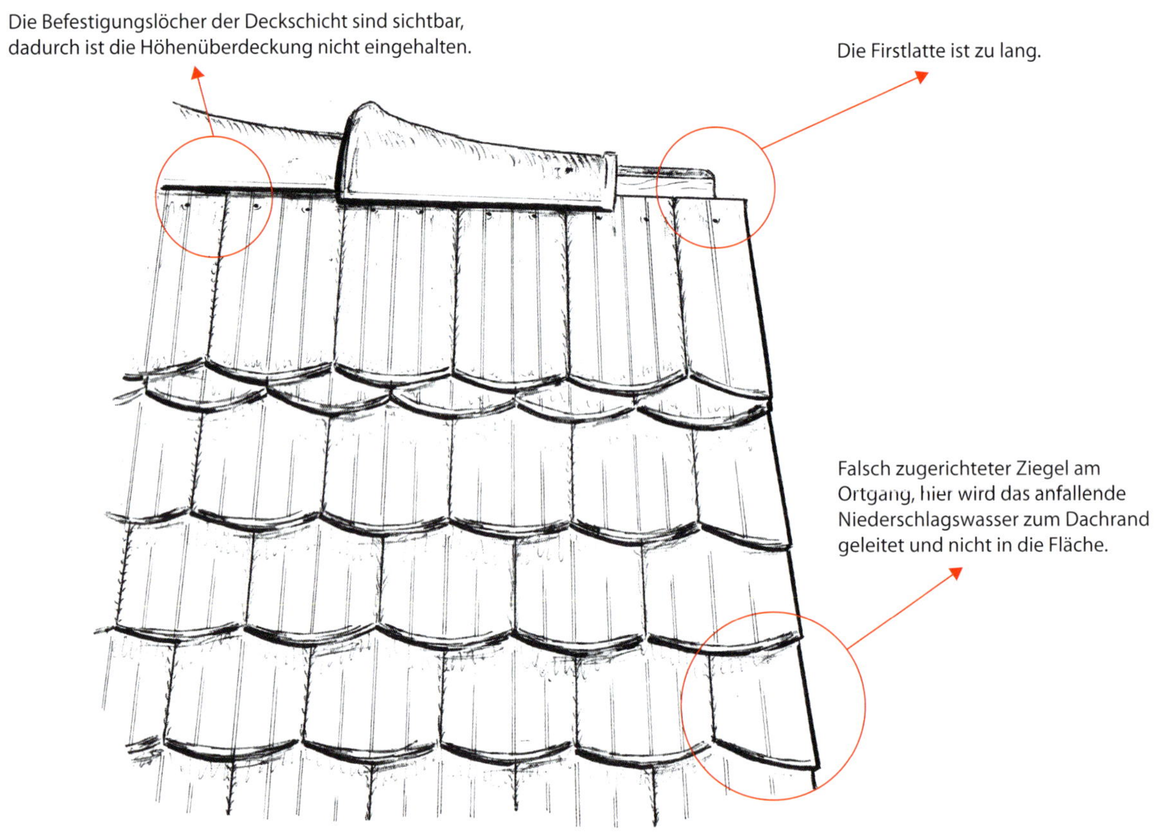

Abb. 7.2: Mehrere Fehler bei der Herstellung eines Biberschwanzziegeldachs

Häufig wird behauptet, es wäre ausreichend, das Firstband über die Löcher zu kleben. Diese Aussage ist falsch, da die Höhenüberdeckung durch das Eindeckmaterial gegeben sein muss.

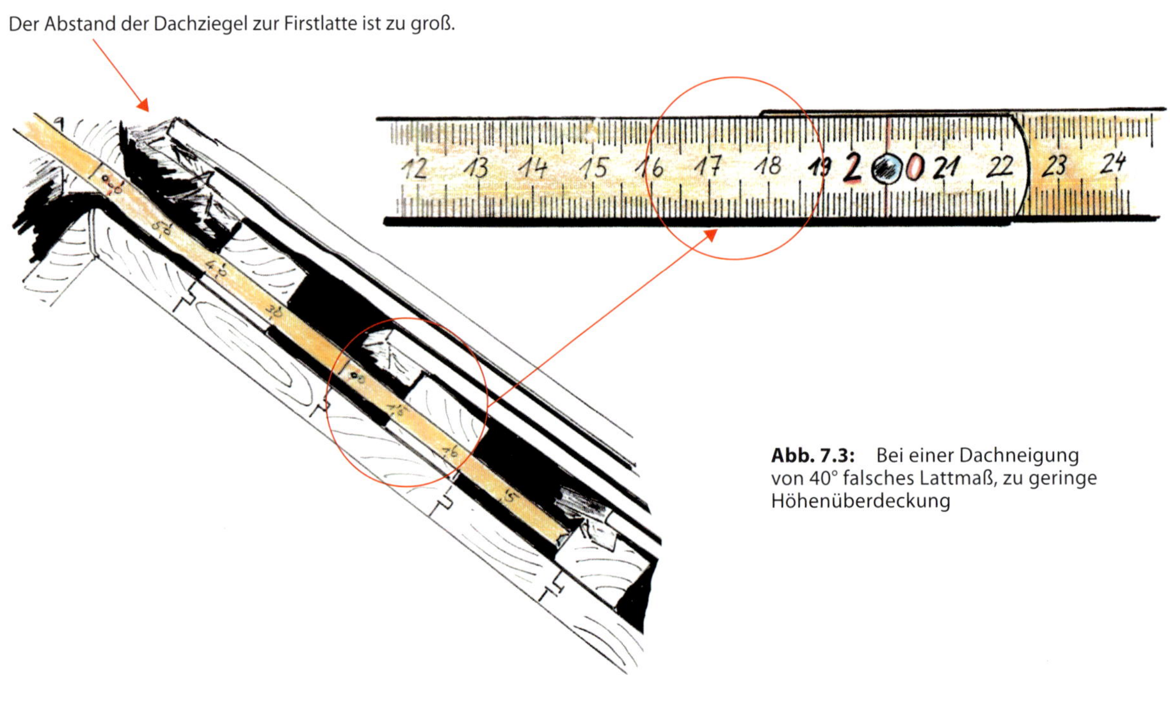

Abb. 7.3: Bei einer Dachneigung von 40° falsches Lattmaß, zu geringe Höhenüberdeckung

7.1.2 Ortausbildung (mit freiem Überstand)

Bei der Herstellung eines seitlichen Abschlusses, des Ortgangs, muss zwingend auf die lagestabile Befestigung der Dachziegel geachtet werden. Zur Lagestabilität gehören auch die Befestigungsabstände/Randabstände von Holzbauschrauben in die Dachlattenränder.

Eine Befestigung der Dachziegel mit z. B. Bindedraht ist nicht zulässig!

Das nachfolgende Beispiel zeigt einen häufigen Fehler bei der Herstellung eines Ortgangs im Biberschwanzziegeldach mit freiem Überstand.

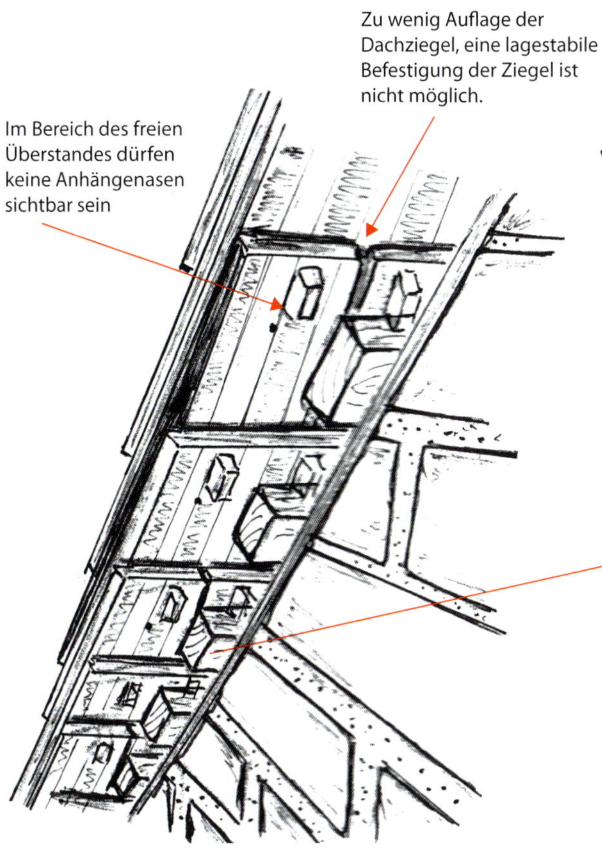

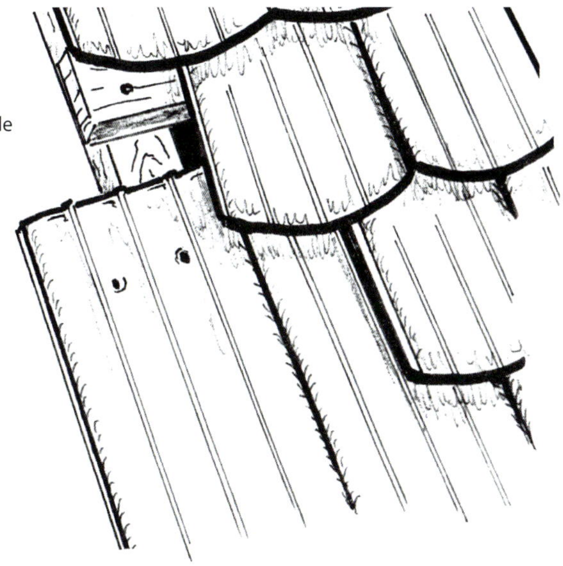

Abb. 7.4: Ortgangausbildung mit freiem Überstand (2 Details)

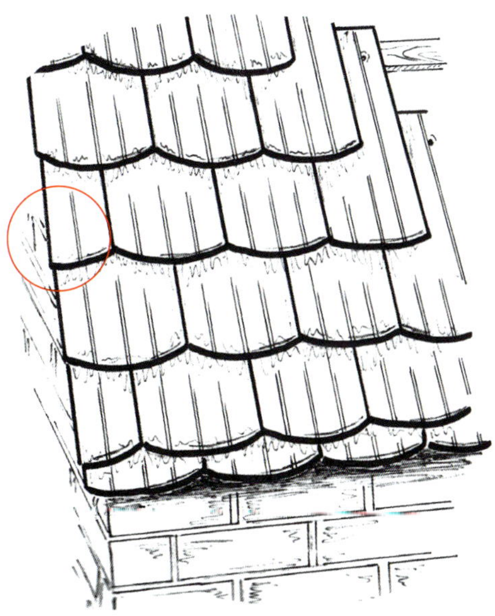

Abb. 7.5: Fehler bei Halbziegel-Zurichtung

7.1.3 Einbauteile (Wandanschlüsse)

Das nachfolgende Beispiel zeigt einen Wandanschluss an ein aufgehendes Bauteil mit traufseitigem Anschluss (z. B. Treppenhaus oder Turm).

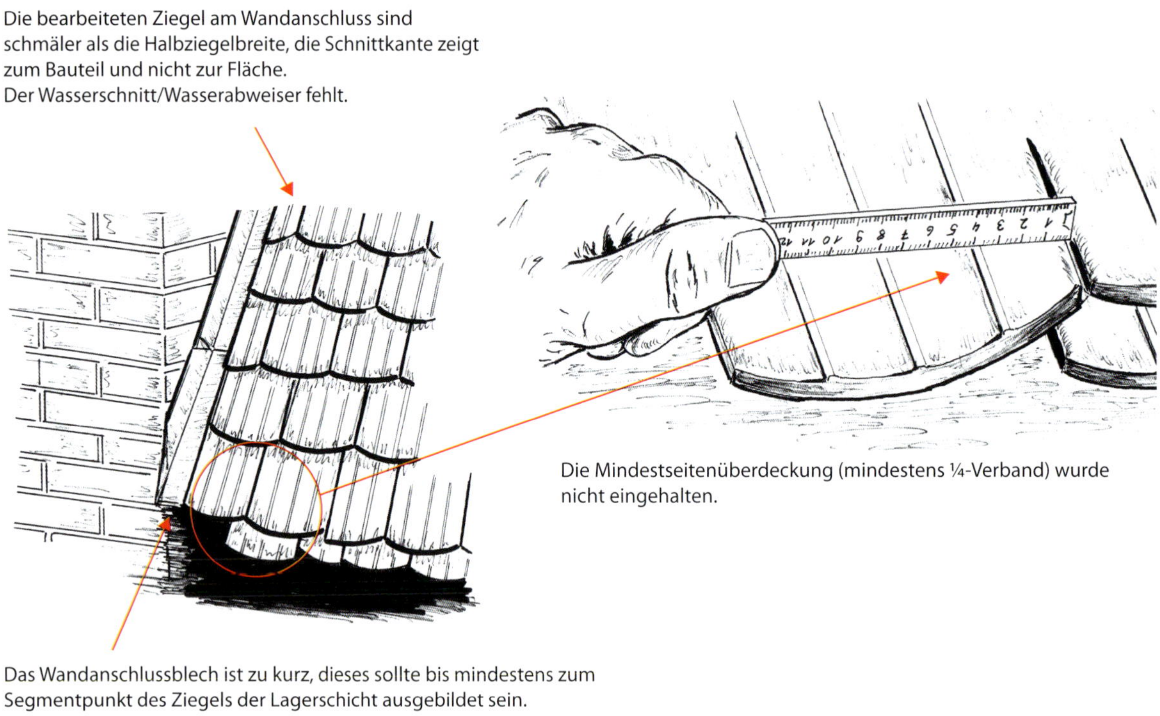

Abb.7.6: Fehlerhafter Wandanschluss, traufseitig

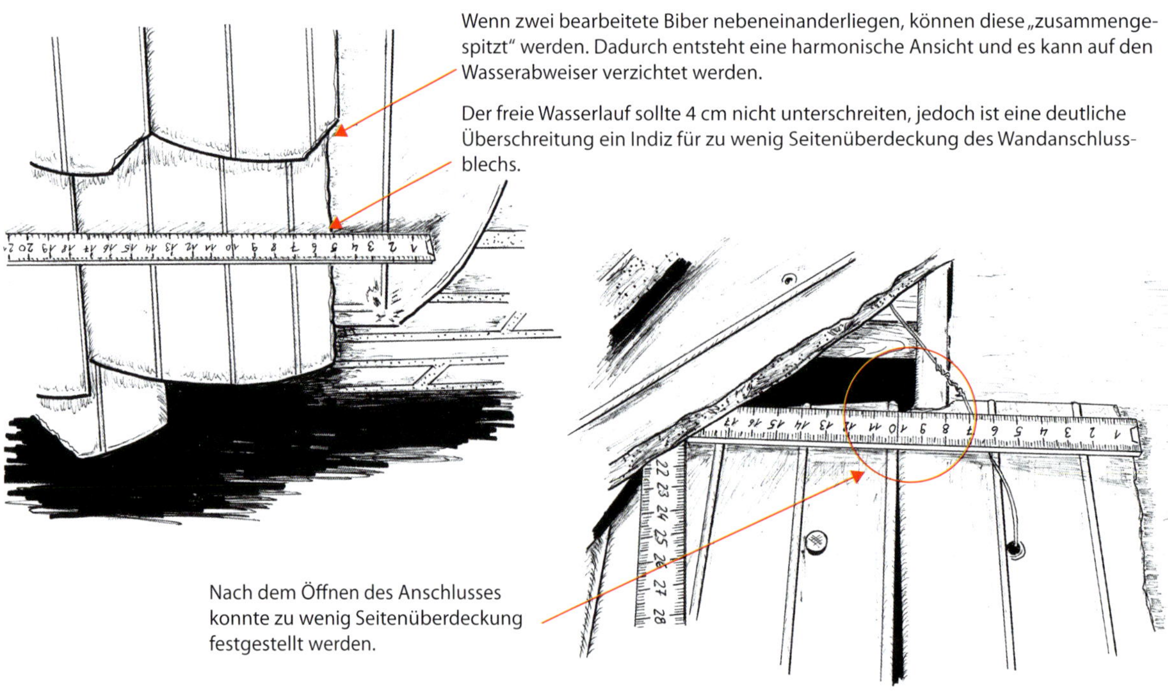

Abb.7.7: Zu geringe Seitenüberdeckung auf den Wandanschluss

7.1.4 Einbauteile (traufseitige Anschlüsse, z. B. am Fenster)

Die folgenden Beispiele stellen die traufseitige Eindeckung eines klassischen Blech-/Metallfensters dar. Die hier dargestellten Fehler treten jedoch auch bei handwerklich gefertigten Kantteilen (z. B. an Schornsteinen/Gauben) oder bei Wohnraumdachfenstern namhafter Hersteller auf.

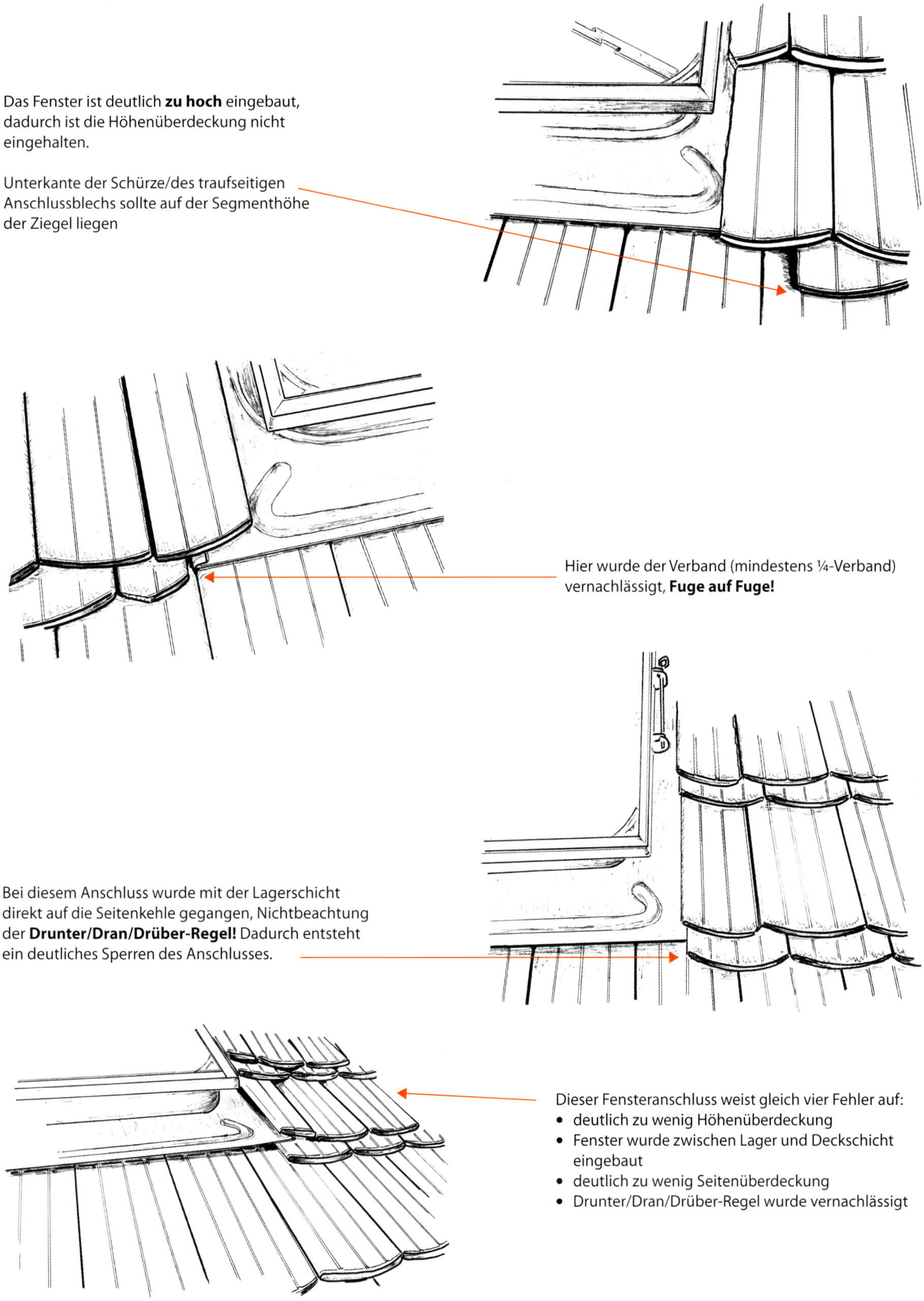

Abb.7.8: Darstellung von verschiedenen Fehlern am traufseitigen Anschluss (4 Details)

7.1.5 Einbauteile (firstseitige Anschlüsse am Dachfenster oder Schornstein)

Bei Nichteinhaltung der Drunter/Dran/Drüber-Regel ist die Wahrscheinlichkeit des Sperrens der Dachziegel am firstseitigen Anschluss extrem hoch. Dieses Sperren ist unmöglich zu beseitigen, wenn direkt mit dem Biberschwanzziegel auf den Eindeckrahmen/die Seitenbleche gegangen wird.

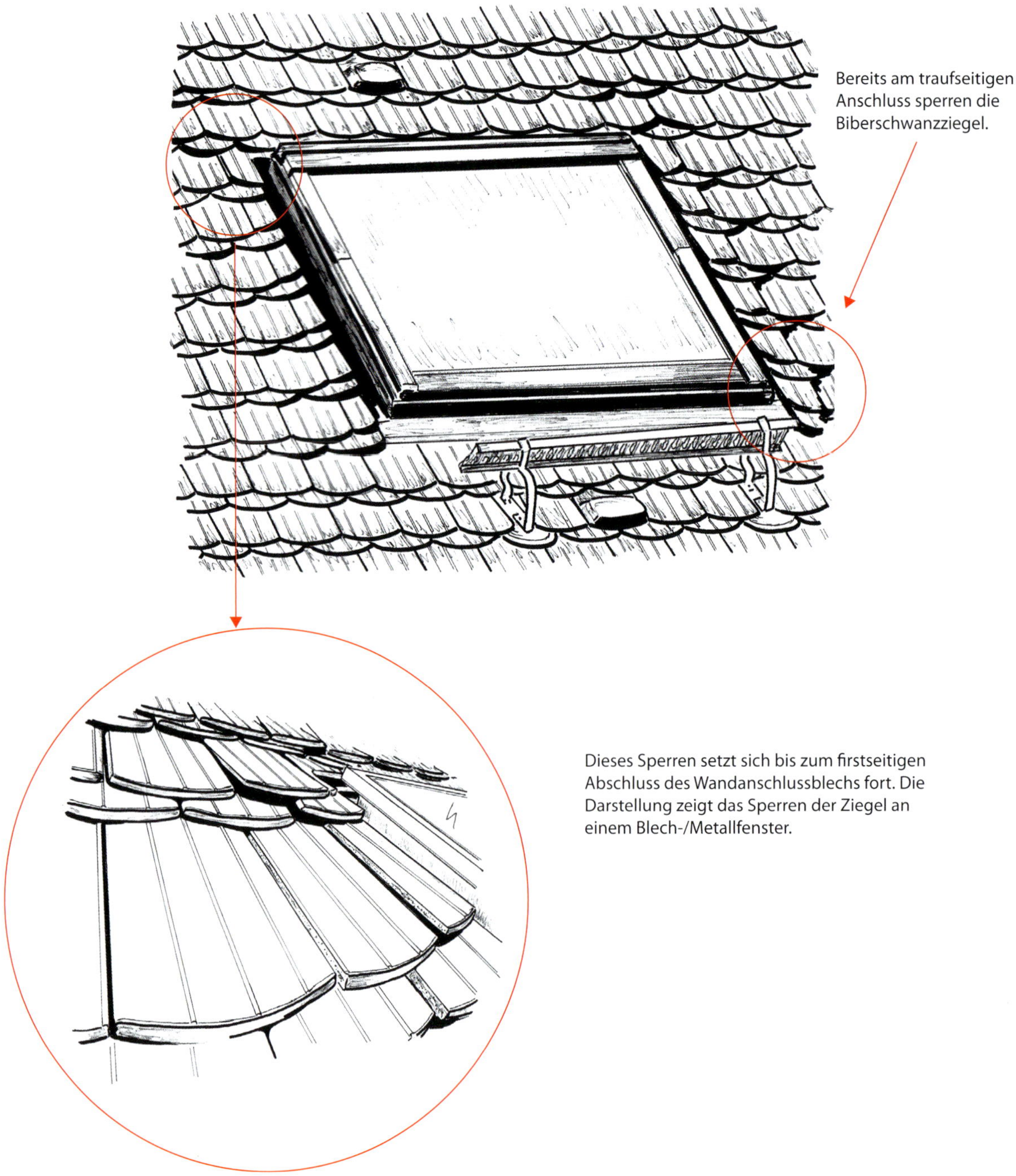

Abb.7.9: Firstseitiges Sperren der Dachziegel am Fenster oder Schornstein

7.1.6 Einbauteile (Tritte)

Bei den klassischen Laufroststützen/klassischen Tritten gibt es eigentlich nicht viel zu beachten. Diese Tritte entsprechen von ihrer Breite (bei richtiger Wahl des Produktes) einer normalen Biberschwanzziegelbreite:

- Format A 15,5 cm,
- Format B 18 cm.

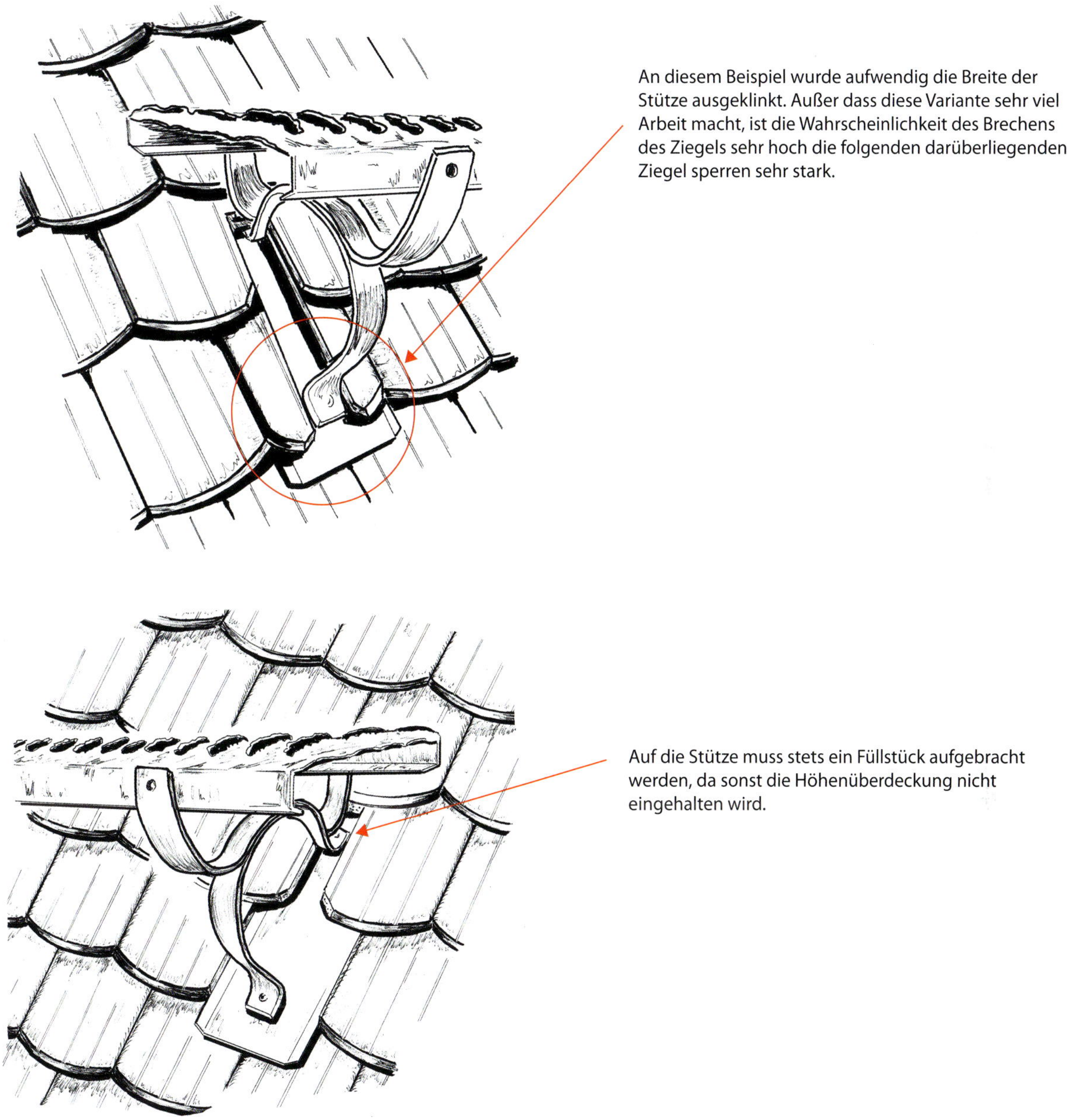

Abb.7.10: Eingedeckte, klassische Laufroststützen

7.1.7 Einbauteile (Stützen/Leiterhaken)

Die nachfolgenden Beispiele sind durch die Fülle der durch die Industrie zur Verfügung gestellten Einbauteile willkürlich gewählt und können sinngemäß auch auf andere Systembauteile (z. B. Leiterhaken/Sicherheitsdachhaken) angewandt werden.

Biberschwanzdoppeldeckung, hier wurde versucht, die Stütze in der Mitte des überdeckenden Ziegels einzubauen. Durch die Materialdicke der Stütze sowie ihre Länge sperren die überdeckenden Ziegel deutlich.

Bei der Montage des Schneefanggitters sollte darauf geachtet werden, dass der seitliche Überstand 15 cm nicht überschreitet.

Dasselbe Beispiel in der Kronendeckung, hier ist das Sperren etwas deutlicher zu erkennen.

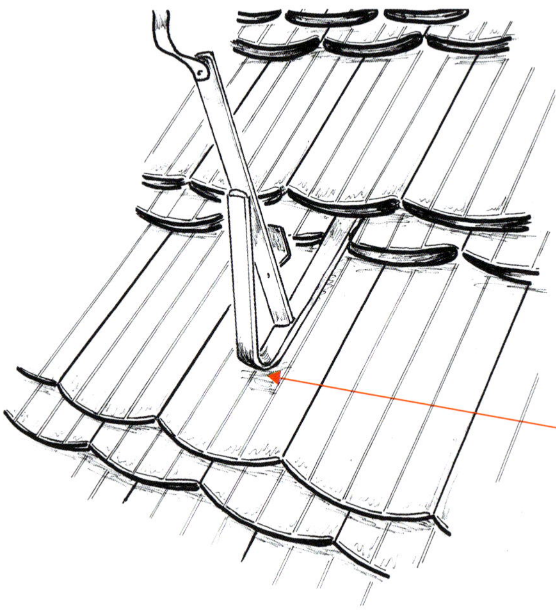

Sauber eingebaute/eingedeckte Schneefangstütze, der ¼-Verband sowie das Gebot der geschlossenen Deckung sind eindeutig eingehalten. In diesem Beispiel liegt der Fehler in der Höhe des Einbauteils.

Dadurch, dass sich der Druckpunkt der Stütze etwa in der Mitte des Ziegels befindet, ist die Gefahr der Zerstörung des Ziegels bei Lasteinwirkung extrem hoch.

Druckpunkt der Stütze

Abb.7.11: Fehlerhafte Lage sowie fehlerhaftes Eindecken der Biber am Schneefang (3 Details)

7.1.8 Eingebundene Kehlen

Um eingebundene Kehlen sauber, zügig und ohne Bedenken herzustellen, sollte jeder Dachdecker wissen, wo Schwachstellen und Fehler versteckt sind oder sein könnten.

Bei einer regelmäßigen Einteilung sowie einem aufmerksamen Eindecken der Kehle können offene Kreuzfugen meist schon im Vorfeld erkannt und damit vermieden werden.

Nachfolgend werden hier die wichtigsten und gravierendsten Fehler kurz und knapp zusammengefasst:

- (Offene) Kreuzfugen sind nicht zulässig.
- Y-Fugen sind zulässig, müssen jedoch überdeckt (abgedeckt) sein.
- Fuge auf Fuge ist nur dann zulässig, wenn die untere Fuge durch mindestens eine Läuferschicht ausreichend überdeckt wurde.

Definitionen laut aktuellem ZVDH-Regelwerk

Kreuzfuge

- Eine Kreuzfuge im Bereich einer eingebundenen Kehle ist dann gegeben, wenn die allseitige Über- oder Unterdeckung weniger als 2,0 cm beträgt.

Y- Fuge:

- Eine Y-Fuge im Bereich einer eingebundenen Kehle entsteht immer dann, wenn die Ausspitzer eine Halbziegelbreite oder mehr erreichen.

Fuge auf Fuge:

- Eine Fuge auf Fuge im Bereich einer eingebundenen Kehle entsteht immer dann, wenn mit halben Ziegeln gearbeitet wird. Auch wenn diese Fuge mit ausreichender Seitenüberdeckung über- und unterdeckt wurde, sollte eine Fuge auf Fuge vermieden werden.

Handwerkliches Prüfen von Details an den einzelnen Kehlschichten

Es gibt zwei recht einfache Möglichkeiten, zu prüfen, ob eine entstandene Kreuzfuge offen ist oder ausreichend (allseits mindestens 2 cm) überdeckt wurde.

- Immer wenn man sich unsicher ist, ob ein Detailpunkt ordnungsgemäß gebaut wurde (also ob alle Höhen- und Seitenüberdeckungen eingehalten sind), legt man sich auf das entsprechende Detail einen (dort verarbeiteten) Biber, reißt sich die Umrisse dieses Ziegels auf und kann nun alle Über- und Unterdeckungen in Ruhe messen und prüfen.
- Eine weitere Variante, um offene Kreuzfugen zu vermeiden, ist, die Höhenüberdeckung des Unterläufers auf die darauffolgenden Kehlschichten anzureißen – beim Eindecken der nächsten Schicht sollte diese „Kopflinie" (Kopfmarkierung) nicht nur nicht sichtbar, sondern um mindestens 2cm überdeckt sein.

Die Entstehung von offenen Kreuzfugen

Offene Kreuzfugen entstehen oft durch fehlende Läuferschichten (Über- oder Unterläuferschichten), zu breite Ausspitzer (Kehlspitzen) oder wenn zwei Ausspitzer direkt übereinanderliegen, ein recht schmaler auf einem breiten.

Offene Kreuzfugen sind meistens zu finden:

- bei ungleichhüftigen Kehlen mit abknickendem Kehlverlauf,
- bei eingebundenen Kehlen in der Kronendeckung
  sowie
- bei Kehlen in der Doppeldeckung mit einer Teilung 2 : 3.

Verfahrensweise mit den festgestellten offenen Kreuzfugen

Offene Kreuzfugen können durch das Verlagern dieser Fuge (auf einen Unterläufer) beseitigt werden. Diese Fugenverlagerung wird z. B. durch das Schmälern der Anschlussziegel (um einen breiteren Ausspitzer zu erhalten), das Herumdrehen breiter Ausspitzer (wenn darüber ein schmaler folgt) oder durch das Anwenden von Winkelhalbierenden (Keilfugen) erreicht.

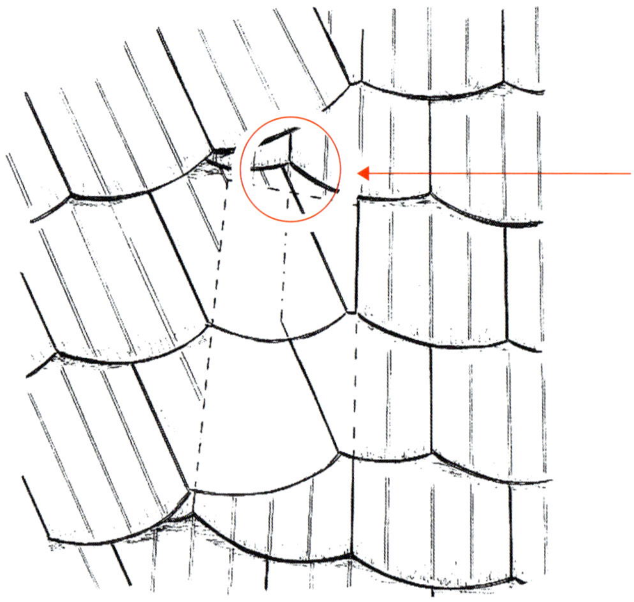

Abb. 7.12: Kehldetail, Biberschwanz-Doppeldeckung, Teilung 2 : 3

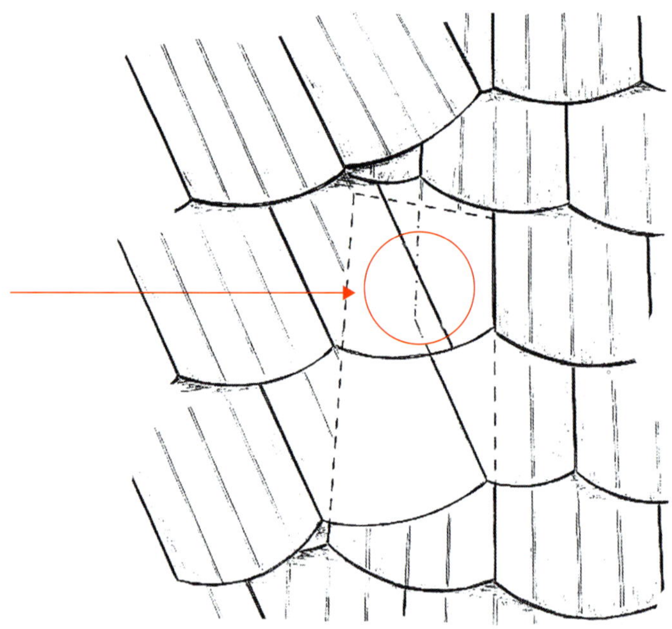

Abb. 7.13: Variante 1 zum Schließen dieser Kreuzfuge

Wichtig bei dieser Variante ist die Einhaltung des ¼-Verbands!

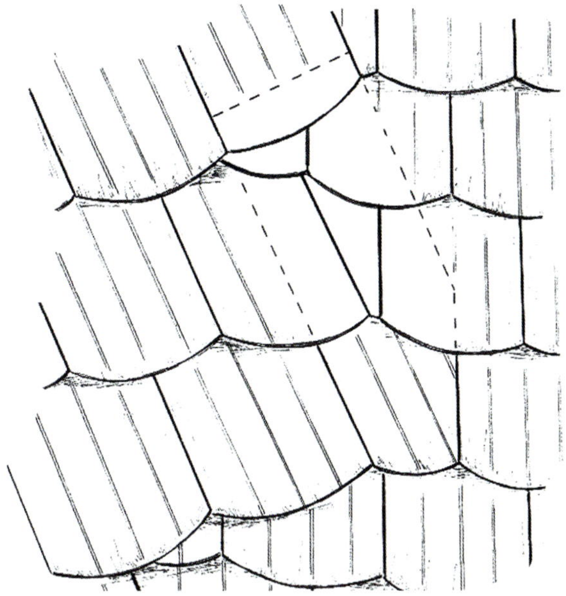

Vermiedene Kreuzfuge
Hier wurde durch das Herumdrehen der breiten Kehlspitze die Entstehung einer Kreuzfuge vermieden.

Es wurde ein <u>Einspitzer</u> statt eines <u>Ausspitzers</u> verbaut!

Achtung: absolute Ausnahme!

Abb. 7.14: Variante 2 zum Schließen dieser Kreuzfuge

Offene Kreuzfuge
Hier liegt eine sehr schmale Spitze (der Ausspitzer der Deckschicht) über einer sehr breiten Spitze (Ausspitzer der Lagerschicht).

Die Breite des Ausspitzers reicht hier nicht aus, um eine offene Kreuzfuge zu verhindern.

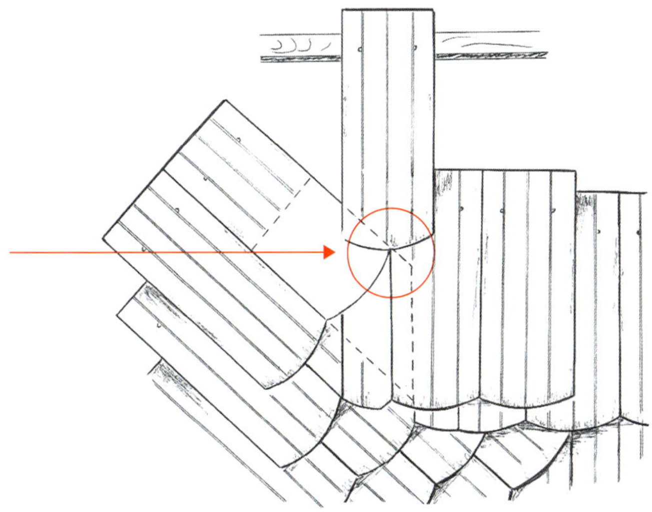

Abb. 7.15: Kehldetail, Biberschwanz-Kronendeckung, Teilung 1 : 4

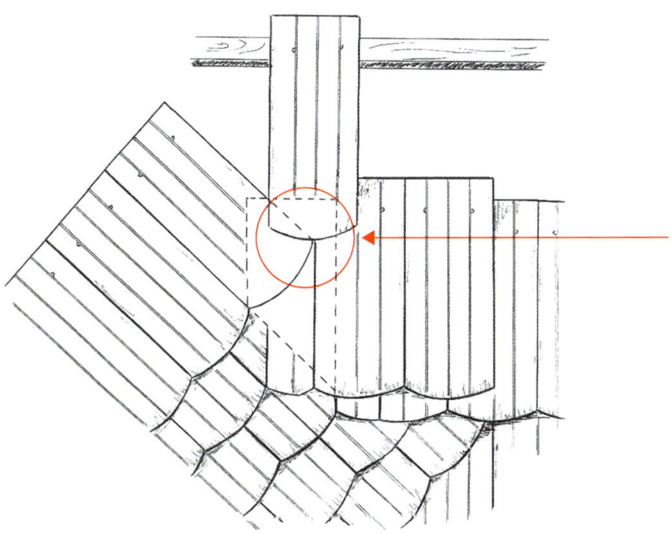

Lageveränderung des Zwickels
Hier wurde durch das Herumdrehen des zweiten (kleinen) Ausspitzers, welcher direkt an den breiten Ausspitzer stößt, die Entstehung einer offenen Kreuzfuge vermieden.

Achtung: absolute Ausnahme und nur im vollständig überdeckten Bereich!

Abb. 7.16: Variante 1 zum Schließen dieser Kreuzfuge

Schmälern des Zwickels
Hier wurde der Zwickel auf einen ¾-Biber geschmälert und die danebenliegende Spitze als Einspitzer gedeckt.

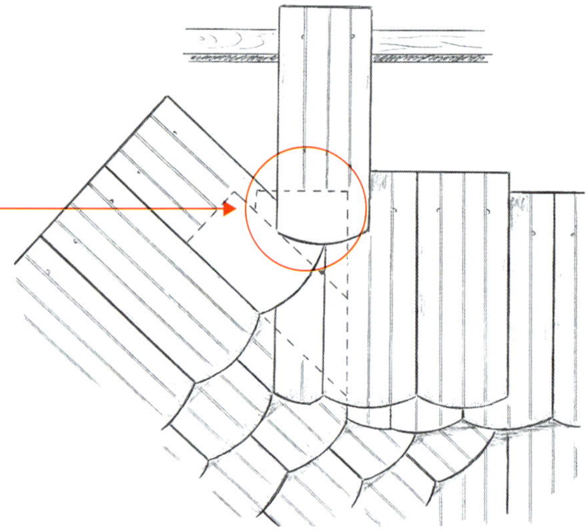

Abb. 7.17: Variante 2 zum Schließen dieser Kreuzfuge

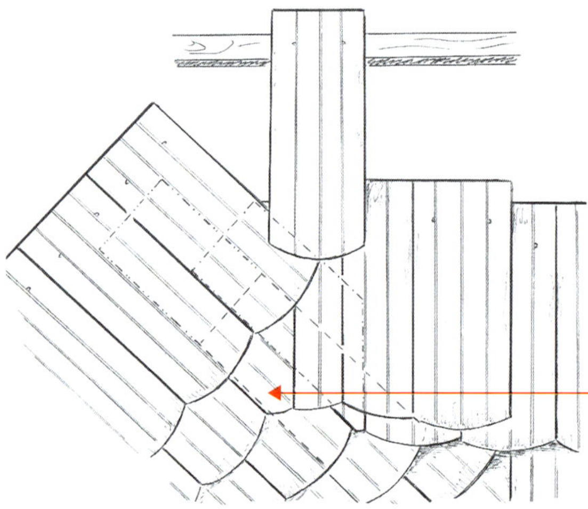

Änderung der Ausspitzerschichten
Hier wurde durch überlegtes Staffeln der Anschlussziegel die offene Kreuzfuge bereits im Vorfeld vermieden.

Abb. 7.18: Variante 3 zum Schließen dieser Kreuzfuge

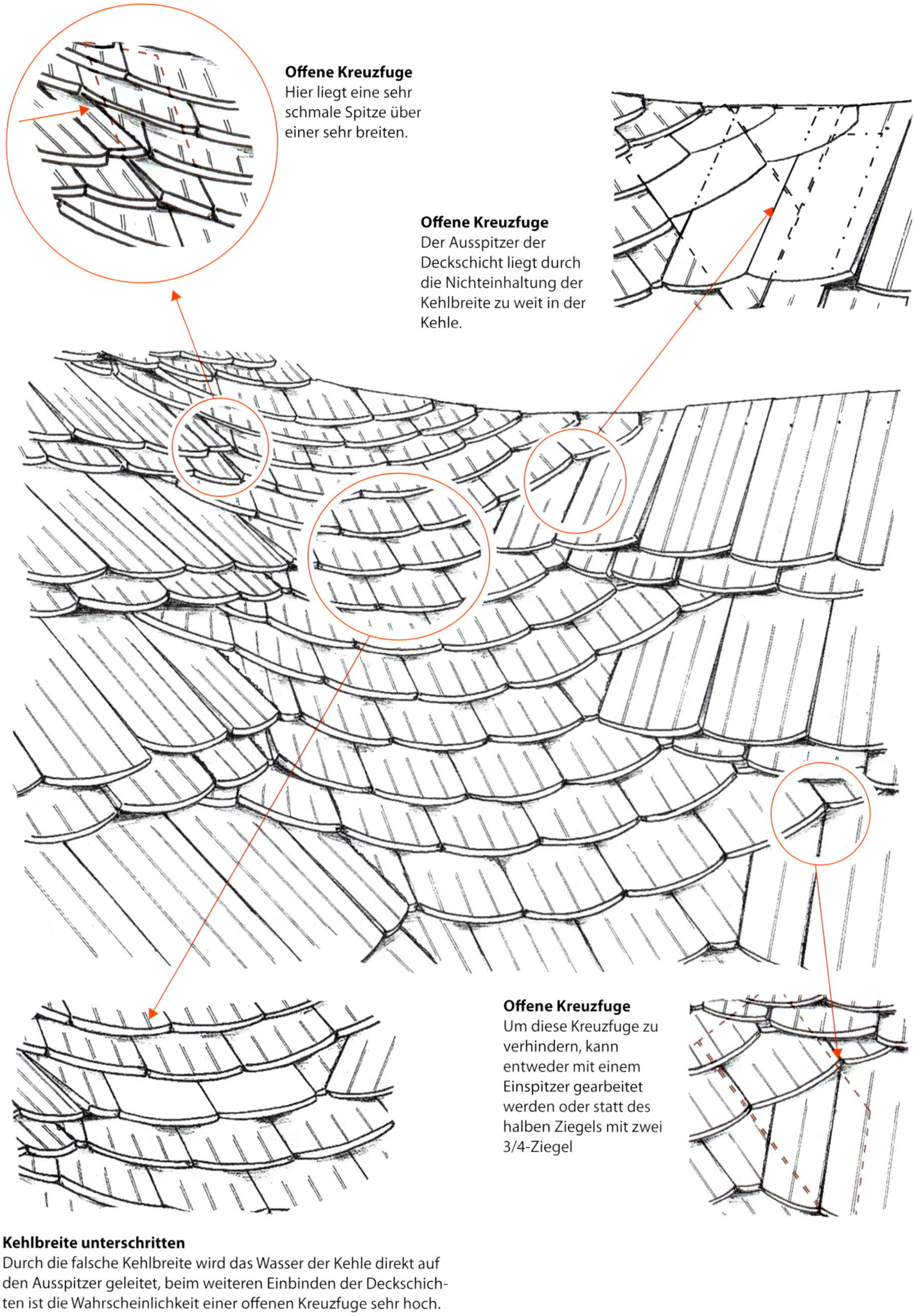

Abb. 7.19: Komplexbeispiel: Deutsch eingebundene Biberschwanzkehle (Segmentschnitt), Kronendeckung, drei Ziegel breit, Teilung 1 : 4

Fuge auf Fuge

Fuge auf Fuge darf prinzipiell verbaut werden, um den Halbverband der anlaufenden Deckgebinde zu wahren. Wichtig hierbei ist jedoch, dass der Unterläufer diese Fuge weit genug abdeckt.

> ***Fuge auf Fuge zu decken ist sehr gefährlich,*** *schnell entsteht hier eine offene Kreuzfuge!*

Kehldetail, Biberschwanz-Doppeldeckung, Teilung 2 : 4

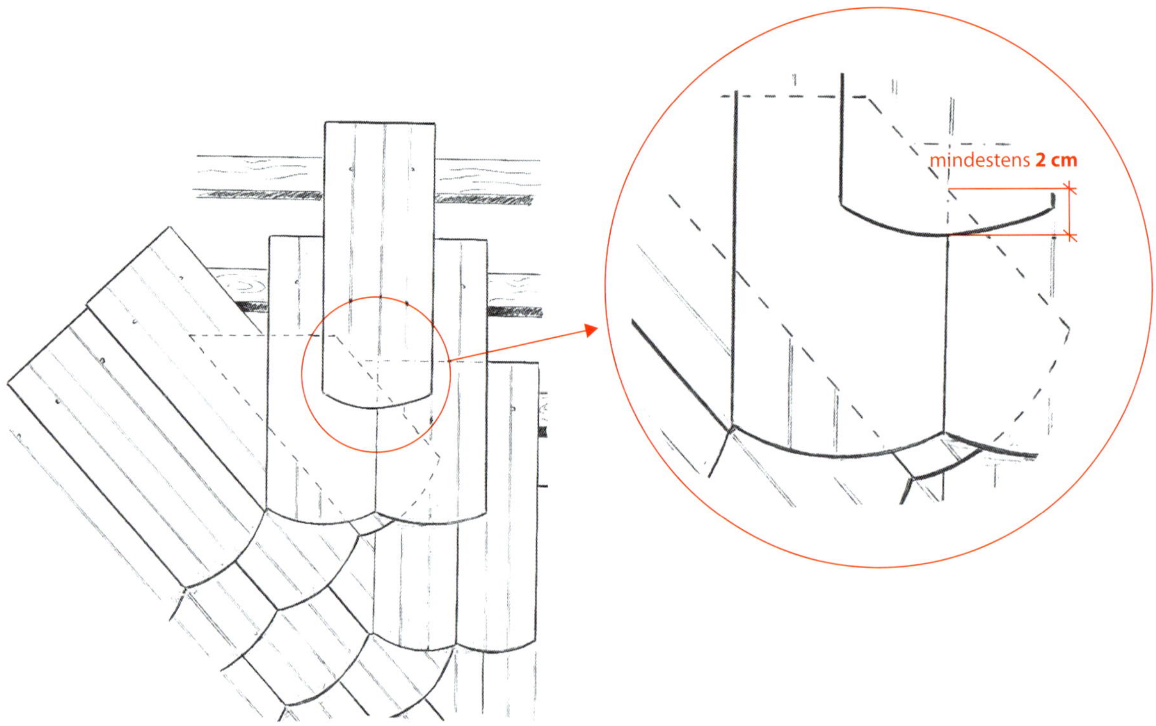

Abb. 7.20: Ausreichend abgedeckte Fuge auf Fuge

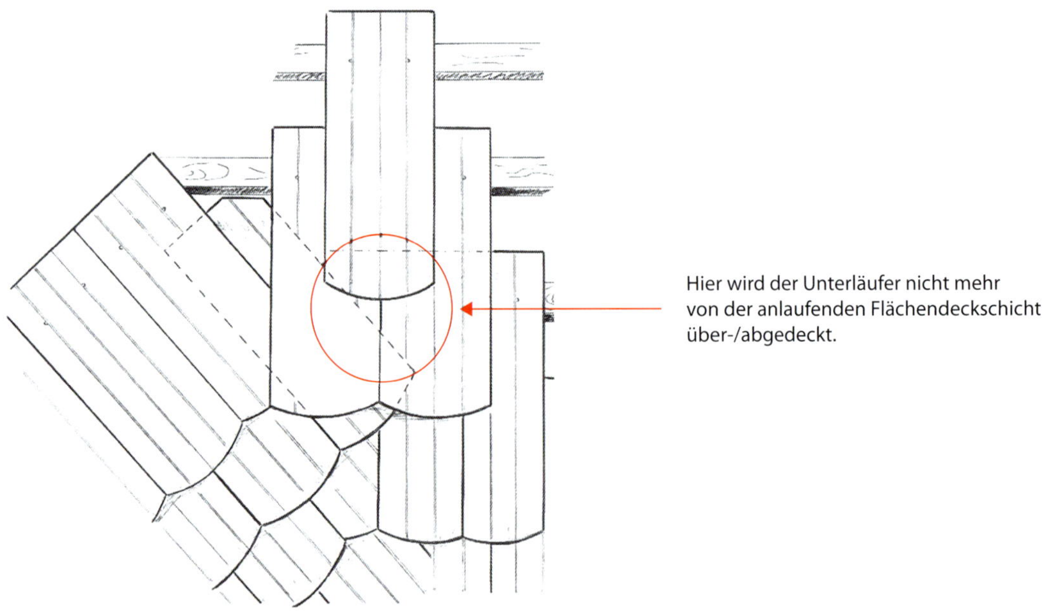

Abb. 7.21: Offene Kreuzfuge durch Fuge auf Fuge

Y- Fugen

Y-Fugen entstehen immer dann, wenn Ausspitzer das Prinzip des „Kehlhalben" übersteigen. Also immer dann, wenn Kehlspitzen größer als ein kehlhalber Ziegel sind. Y-Fugen müssen immer mindestens abgedeckt sein, wenn diese entstehen. Besser wäre es natürlich, diese Y-Fugen zu vermeiden.

Y-Fugen können durch ein geschicktes Staffeln der Lager- und/oder Deckschichten , aber auch durch die Verwendung von Keilfugen (Winkelhalbierenden) vermieden werden.

Kehle in der Biberschwanz-Kronendeckung, Teilung 2 : 4

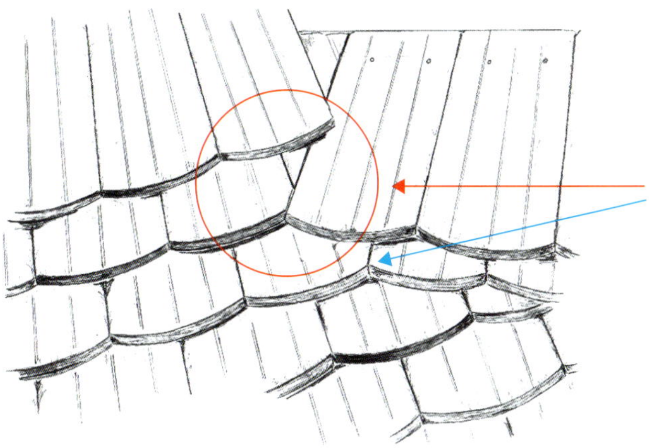

Hier sind zwei Y-Fugen verbaut, eine vollständig überdeckte sowie eine offene.

Abb. 7.22: Offene Y-Fugen

Dasselbe Beispiel, mit einer anderen Ziegelführung

Der Ausspitzer ist bei dieser Variante breiter als ein Kehlhalber, was wiederum bedeutet, dass die Kehlbreite überschritten wurde.

Ein gravierender Fehler wurde durch einen anderen/weiteren ersetzt.

Abb. 7.23: Hier wurde die offene Y-Fuge durch eine Keilfuge ersetzt; Vermeiden von Y-Fugen durch Winkelhalbierende/Keilfuge.

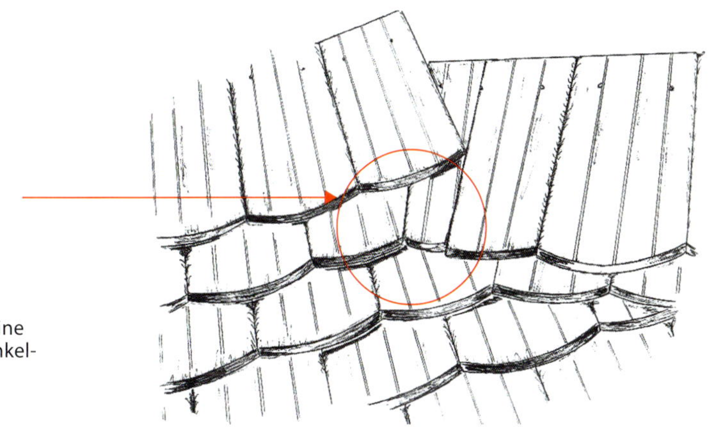

Noch einmal dieses Beispiel

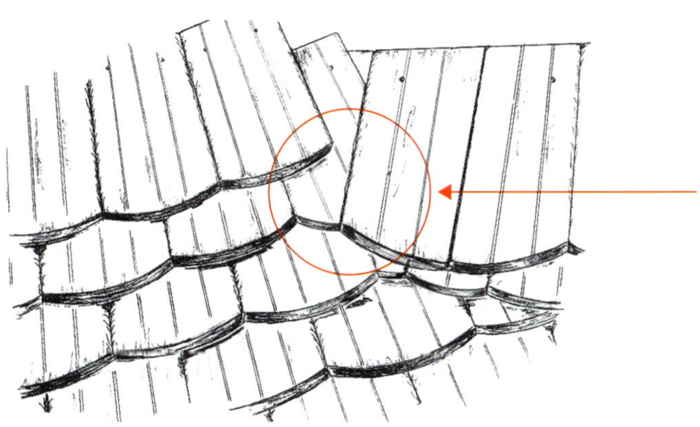

Vermeiden von Y-Fugen durch überlegtes Staffeln der Lager- und Deckschichten

Abb. 7.24: Hier wurde die (offene) Y-Fuge durch ein sauberes und überlegtes Staffeln der Ziegelschichten vermieden.

Höhenüberdeckungen

Bei Nichteinhaltung der Kehldeckbreite, also bei falscher Aufteilung, entsteht oft ein Höhenüberdeckungsproblem. Diese fehlende Höhenüberdeckung zählt zu den offenen Kreuzfugen.

Kehle in der Biberschwanz-Doppeldeckung, Teilung 2 : 4

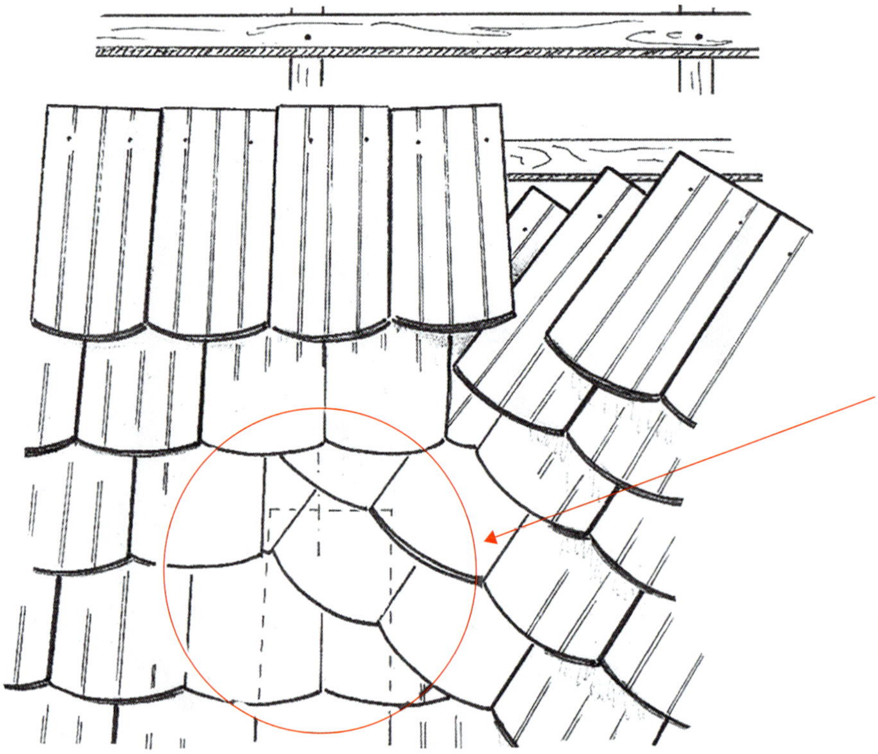

Fehlende Höhenüberdeckung bedeutet in diesem Fall offene Kreuzfuge!

Abb. 7.25: Offene Kreuzfuge durch mangelnde Höhenüberdeckung

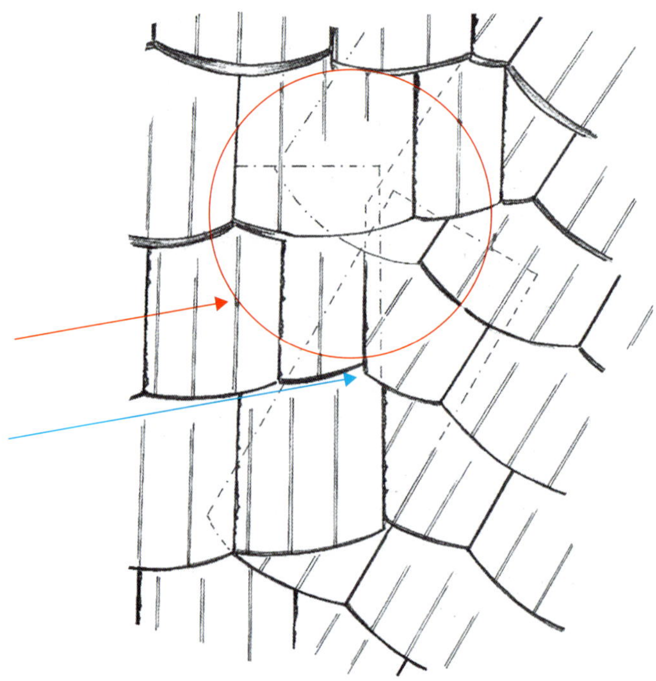

In diesem Beispiel sind gleich mehrere Fehler zusammengekommen: fehlende Höhenüberdeckung, fehlende Seitenüberdeckung sowie eine falsche Einteilung der Kehle.

Kehlhalbe Ziegel werden auf die Kehlbreite gerechnet!

Abb. 7.26: Offene Kreuzfuge durch mangelnde Höhen- und Seitenüberdeckung

Der Kehlansatz

Der Kehlansatz hat es oft in sich, sehr häufig begegnet uns auf den Dächern Deutschlands eine sauber hergestellte, eingebundene Kehle, welche trotzdem fehlerhaft ist. Die handwerkliche Ausführung des Kehlansatzes sowie die folgenden Deck- und Kehlgebinde liegen sauber in der Dachfläche und es sind keine offenen Kreuzfugen vorhanden.

Zu hoher Kehlansatz

Dieser Fehler entsteht meistens dann, wenn eine Dachentwässerung in Form einer vorgehängten Dachrinne montiert wurde.

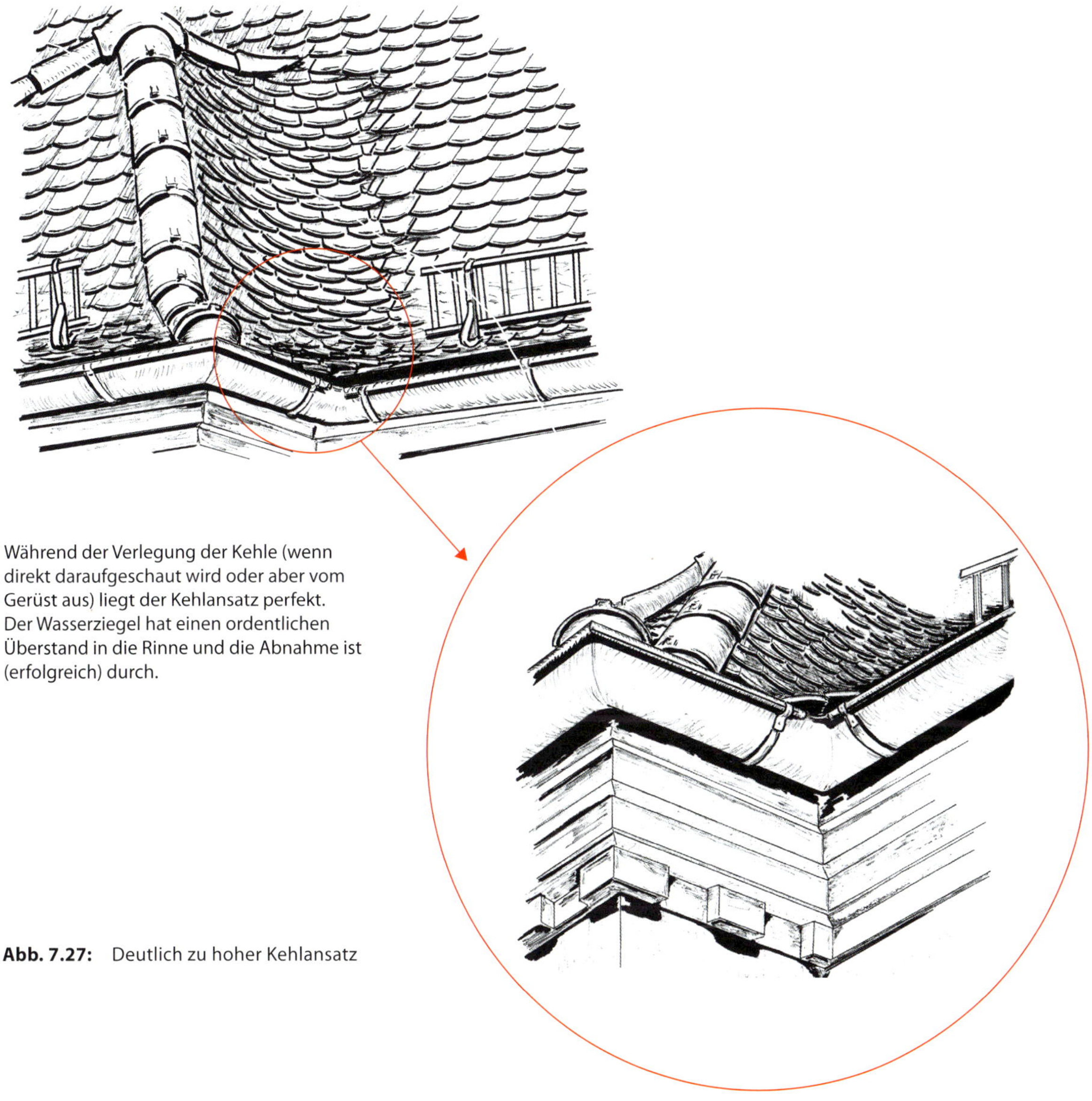

Während der Verlegung der Kehle (wenn direkt daraufgeschaut wird oder aber vom Gerüst aus) liegt der Kehlansatz perfekt. Der Wasserziegel hat einen ordentlichen Überstand in die Rinne und die Abnahme ist (erfolgreich) durch.

Abb. 7.27: Deutlich zu hoher Kehlansatz

Beim ersten Gewitterguss oder beim ersten Starkregen kommt der Anruf, dass Wasser ungebremst in den Hof plätschert.

Viele Dachdecker helfen sich dann mit der Montage eines sogenannten, oft kunstvoll verzierten Prellblechs, welches senkrecht auf die Rinnenecke aufgesetzt wird.

Der Nachteil eines solchen Prellblechs ist, dass die Dachrinne bei Schnee oft Schaden nimmt oder das Laub nicht aus der Rinne auswinden kann.

Ein zu hoher Kehlansatz (das Überstehen des Wasserziegels sowie der ersten Kehlschichten über die Rinne) wird häufig erst später wahrgenommen und entsteht meistens bei einem aufgelegten Wasserziegel und recht breiten eingebundenen Kehlen (oft schon ab einer Kehlbreite von drei Ziegeln).

Varianten zur Verhinderung des Überlaufens von Niederschlagswasser im Bereich eingebundener Kehlen

- Variante 1:
  Einbinden des Wasserziegels sowie die Wahl einer schmalen eingebundenen Kehle in Kombination mit einem wasserdichten Traufblech (Einhangblech) und zurückgesetztem Traufgebinde.
- Variante 2:
  Zurückgesetzter/Versetzter Kehlansatz, das bedeutet der Kehlansatz wird etwa um zwei Deckgebinde nach oben (Richtung First) versetzt. Die Flächengebinde werden entweder über eine Blechkehle oder über die eingebundene Nockenkehle mit der Kehle verbunden.
  Diese Variante hat einen weiteren Vorteil gegenüber dem Beginn der Kehle an der Traufe. Hier wird der Kehlansatz nur sehr selten durch zusammenrutschenden Schnee zerdrückt oder beschädigt.

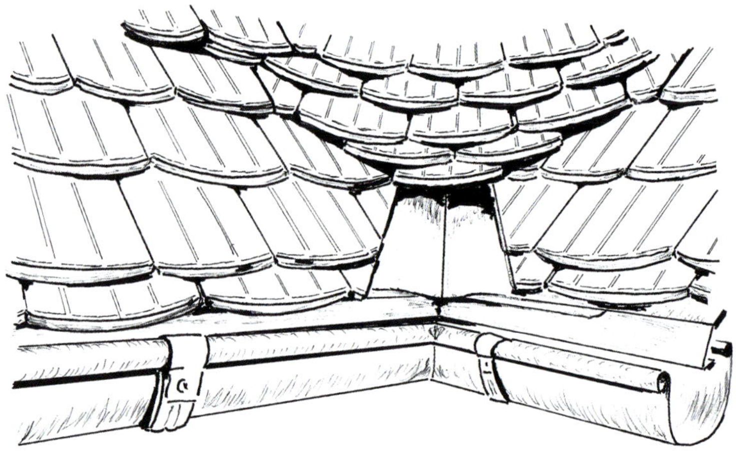

Abb. 7.28: Darstellung eines versetzten Kehlansatzes einer drei Ziegel breiten deutsch eingebundenen Kehle (siehe hierzu auch Kap. 2.2, S. 25 und Kapitel 6.4, S. 205 bis 207).

Die hier dargestellte Kehle wurde als eine deutsch eingebundene zwei Ziegel breite Kehle ausgeführt.

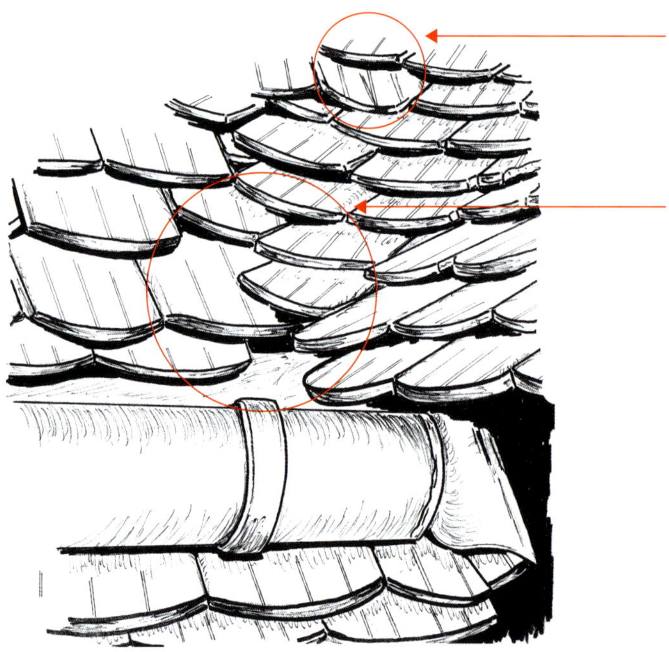

Der Ausspitzer wurde als Einspitzer mit einer Breite von mehr als ein ¾-Ziegel hergestellt.

Dieser Bereich des Kehlansatzes ist besonders schlecht ausgebildet, hier finden wir gleich vier Fehler:

- Der Ausspitzer (oberhalb des Kreises) ist zu breit, der Anschlussziegel wurde nicht geschmälert,
- der darunterliegende Ausspitzer wurde als Einspitzer hergestellt und ist breiter als eine halbe Ziegelbreite,
- die ersten zwei Kehlziegel (oberhalb des Wasserziegels) fehlen,
- die Traufdoppelschichten sind nicht zugerichtet, d.h., diese Schichten werden als Totschichten bezeichnet.

Abb. 7.29: Fehlerhaft ausgebildeter zurückgesetzter Kehlansatz

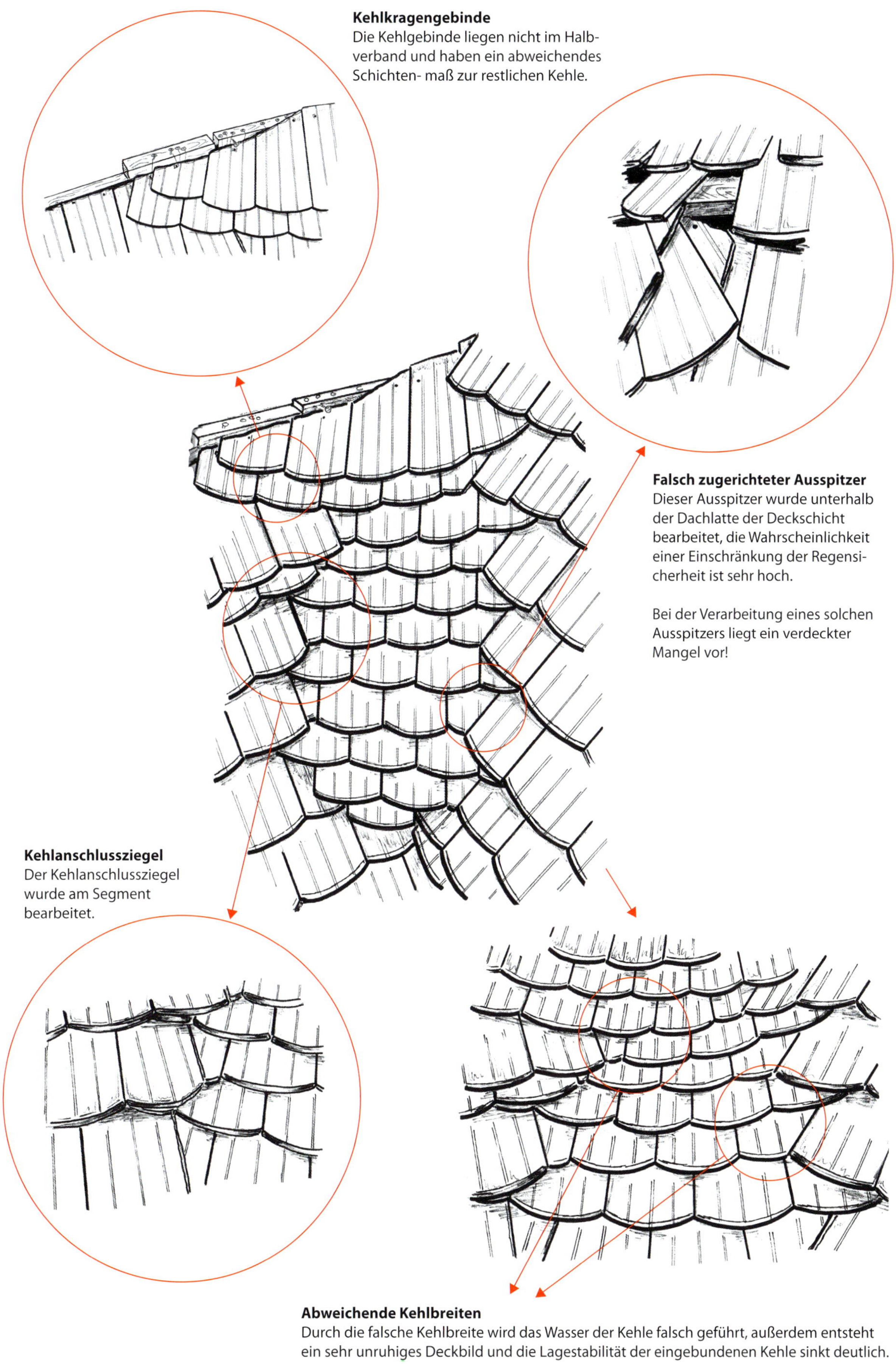

Abb. 7.30: Komplexbeispiel: Mangelhaft ausgebildete deutsch eingebundene Biberschwanzkehle, Doppeldeckung, zwei Ziegel breit, Teilung 2 : 4

Offene Y-Fuge
durch die Verwendung eines Ausspitzers, welcher deutlich breiter als ein kehlhalber Ziegel ist

Ausspitzer zu klein
Der hier verwendete Ausspitzer ist schmäler als 1,0 cm.

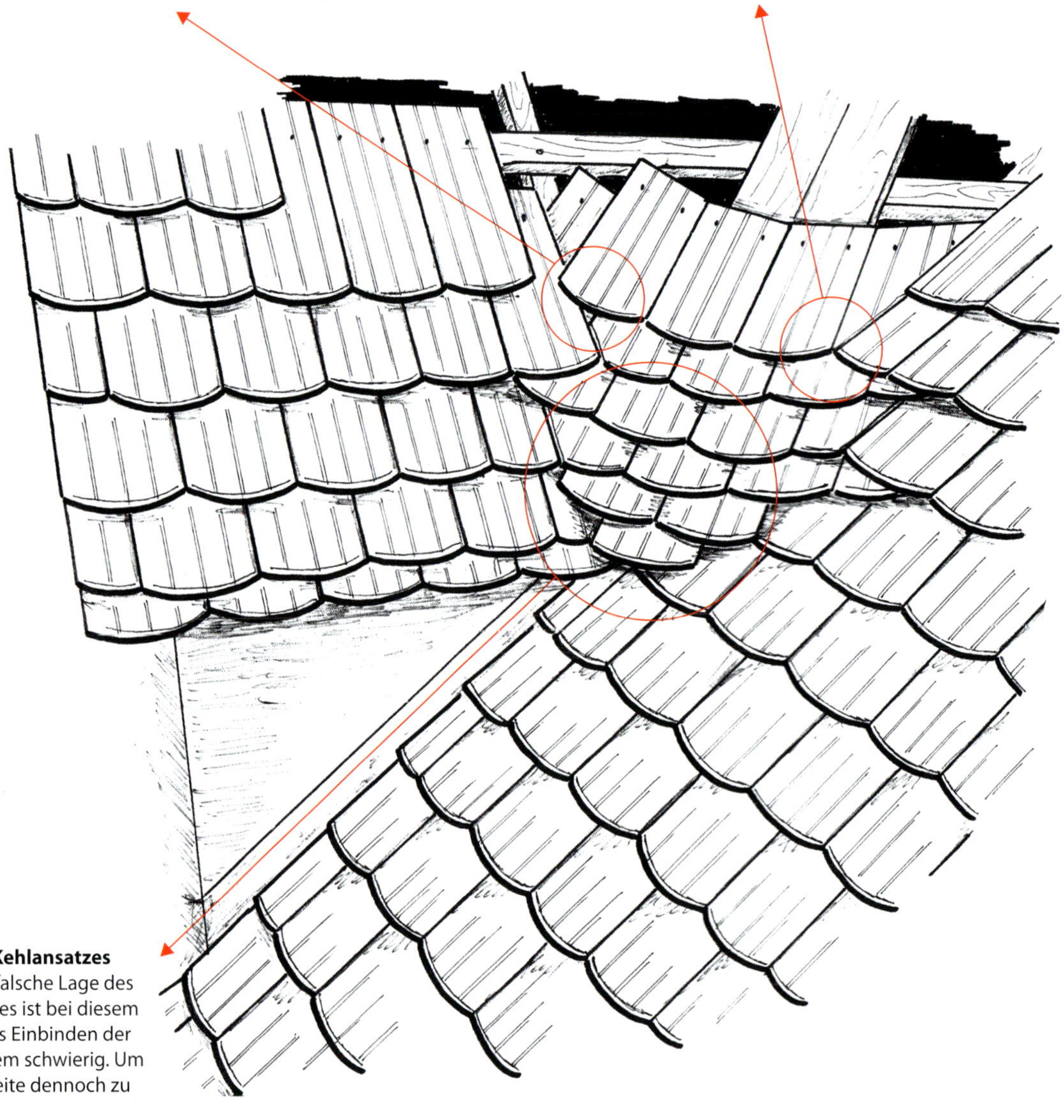

Lage des Kehlansatzes
Durch die falsche Lage des Kehlansatzes ist bei diesem Beispiel das Einbinden der Kehle extrem schwierig. Um die Kehlbreite dennoch zu wahren, wurde hier versucht, mit kehlhalben Ausspitzern (links) die Kehle auszubilden.

Außerdem liegt der Kehlansatz deutlich zu hoch (Richtung First), deshalb konnte der klassische sechs Ziegel betragende Anfang nicht hergestellt werden. Die ersten zwei Kehlziegel liegen klar erkennbar viel zu hoch über dem ersten Wasserziegel. Die dritte Schicht des Kehlansatzes fehlt komplett, was zur Folge hat, dass die Kehle keine Lagestabilität aufweist (hohl liegende erste Bindeschicht).

Abb. 7.31: Komplexbeispiel: Bewertung einer deutsch eingebundenen Biberschwanzkehle, Doppeldeckung, zwei Ziegel breit, Teilung 2 : 4

Die hier abgebildeten Fehler entstehen immer dann, wenn bei einer normalen (unveränderten) Unterkonstruktion versucht wird, den First des Anbaus/der Gaube so flach wie möglich in die Hauptdachfläche zu führen. Sämtliche hier dargestellten offenen Fugen hätten durch die Verlegung einer zusätzlichen Unterläuferschicht vermieden werden können.

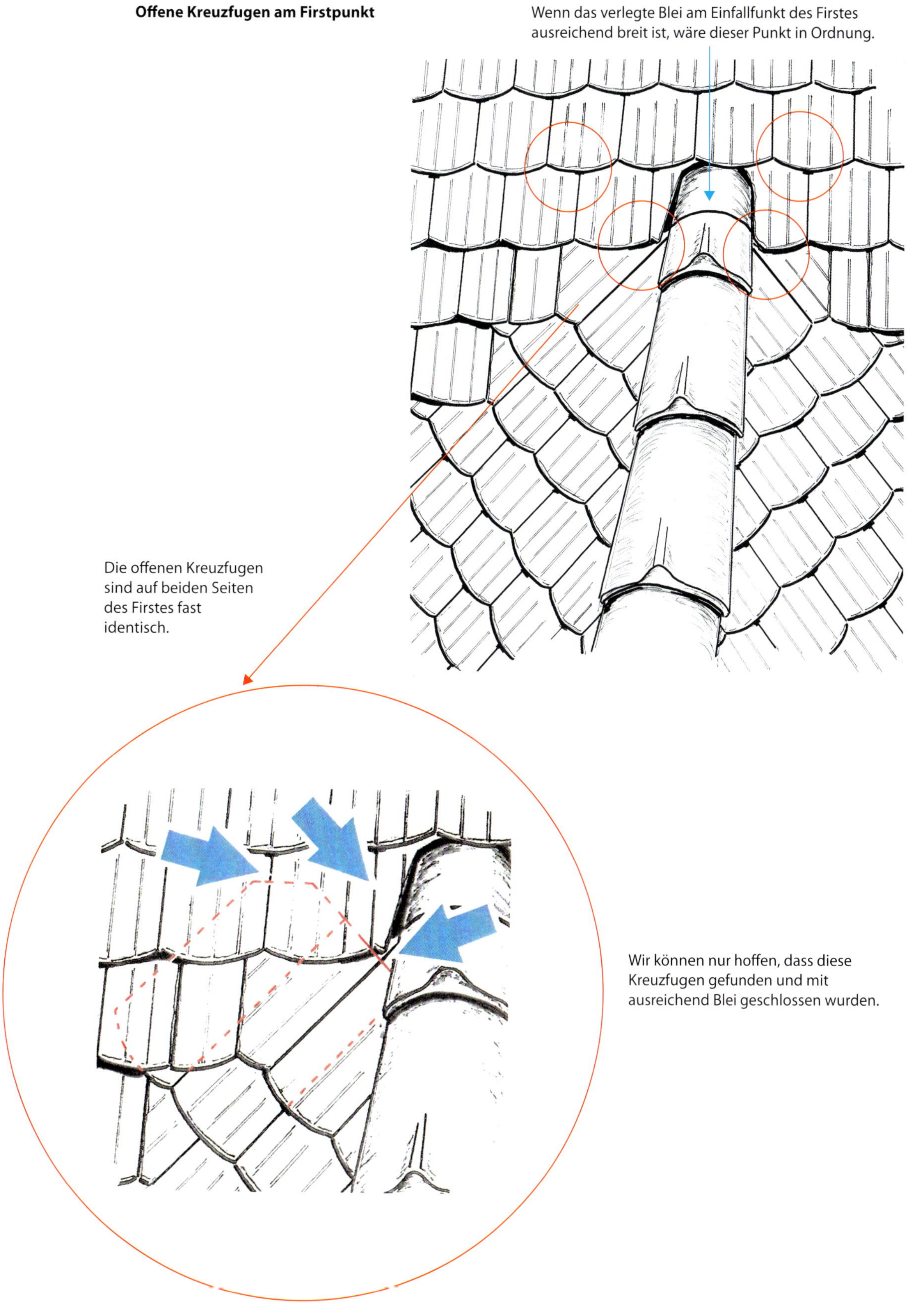

Abb. 7.32: Komplexbeispiel: Fehlerhafter Übergang einer Kehle in die Hauptdachfläche, deutsch eingebundene Biberschwanzkehle, Doppeldeckung, zwei Ziegel breit, Teilung 2 : 4

7.1.9 Überdeckte Kehlen

Bei den überdeckten Kehlen, ob aus Metall/Kunststoff oder anderen Materialien, muss zwingend auf die Überdeckung der Ziegel auf die Kehle geachtet werden. Als Faustregel gilt beim Biberschwanzziegel:

- Sobald ein Biber abkippt (also kein sauberes Auflager hat), fehlt darunter ein Ziegel.
- Beim Biberschwanzziegel muss auf den Fugenverlauf geachtet werden, die Mindestüberdeckung auf die Kehle beträgt 10,0 cm, oft wird diese Mindestüberdeckung durch den Fugenverlauf unterschritten.

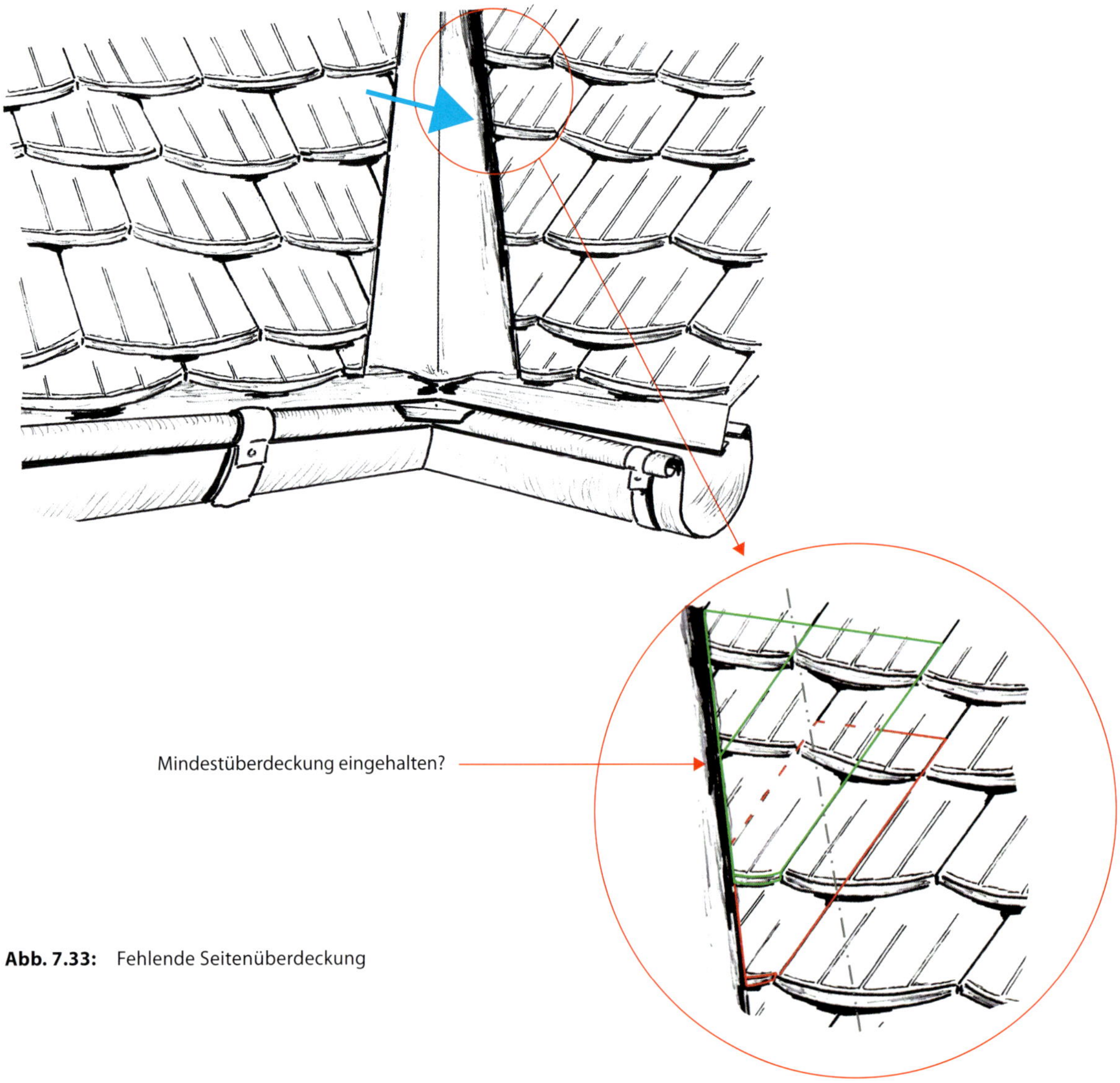

Abb. 7.33: Fehlende Seitenüberdeckung

Immer wenn mit der Mindestüberdeckung gearbeitet wird, ist schon eine offene Fuge von 10 mm für eine mangelhafte Arbeit verantwortlich.

Im Bereich überdeckter Ziegelkehlen gelten bei der Verlegung der Flächengebinde die vorgenannten Regeln.

Zu beachten sind stets die Überdeckungen. Die Kehlziegel/-gebinde müssen zwingend in der Dreifachüberdeckung ausgeführt werden!

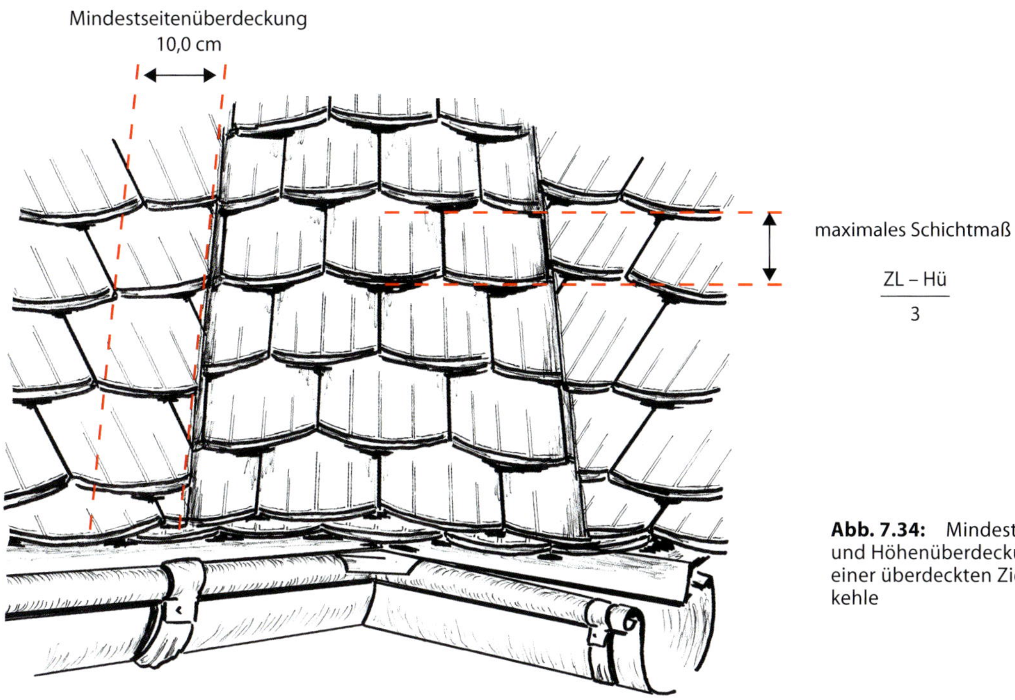

Abb. 7.34: Mindestseiten- und Höhenüberdeckung einer überdeckten Ziegelkehle

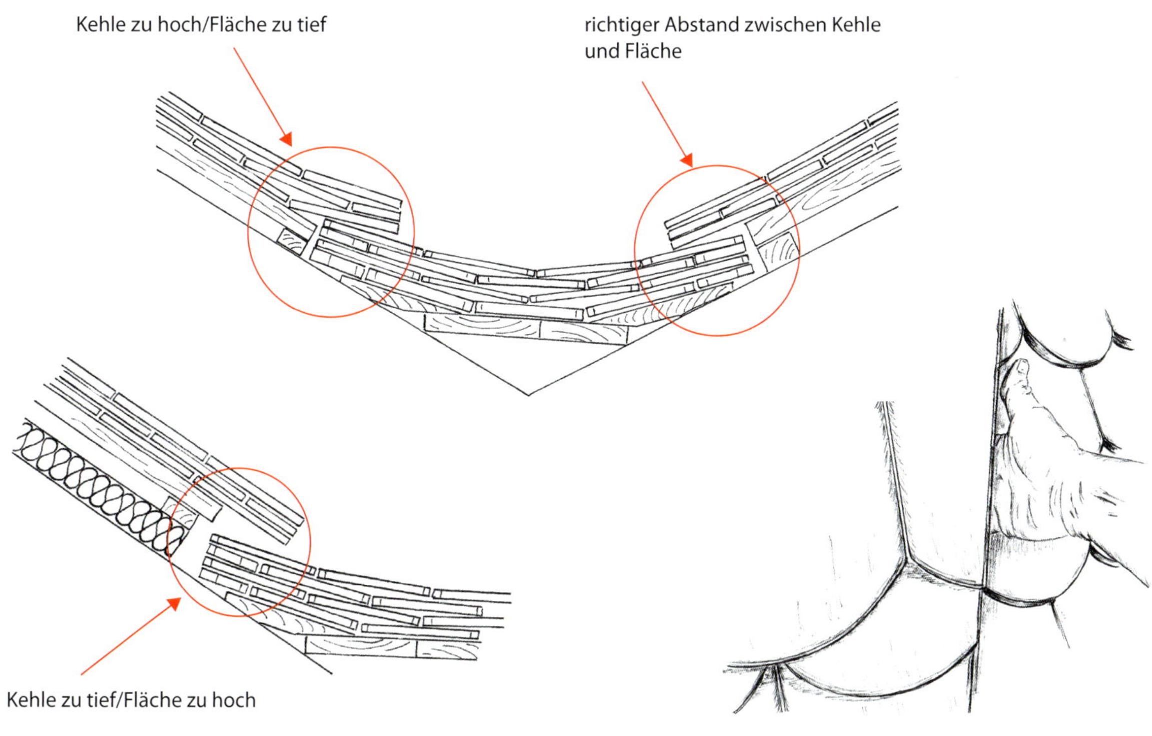

Abb. 7.35: Es sollte stets auf die Höhe der anlaufenden Flächengebinde geachtet werden, um das Gebot der geschlossenen Deckung einzuhalten.

Als Faustregel gilt beim Biberschwanzziegel:

Sobald man die Hand zwischen Kehl- und Flächeneindeckung stecken kann, stimmt die Höhe der Kehle nicht.

Ebenfalls ein oft gemachter Fehler ist die Vernachlässigung der Unterkonstruktion im Bereich der Kehle. Ähnlich der Unterkonstruktion bei Metallkehlen sollte hier der lichte Lattabstand 12,0 cm nicht überschreiten.

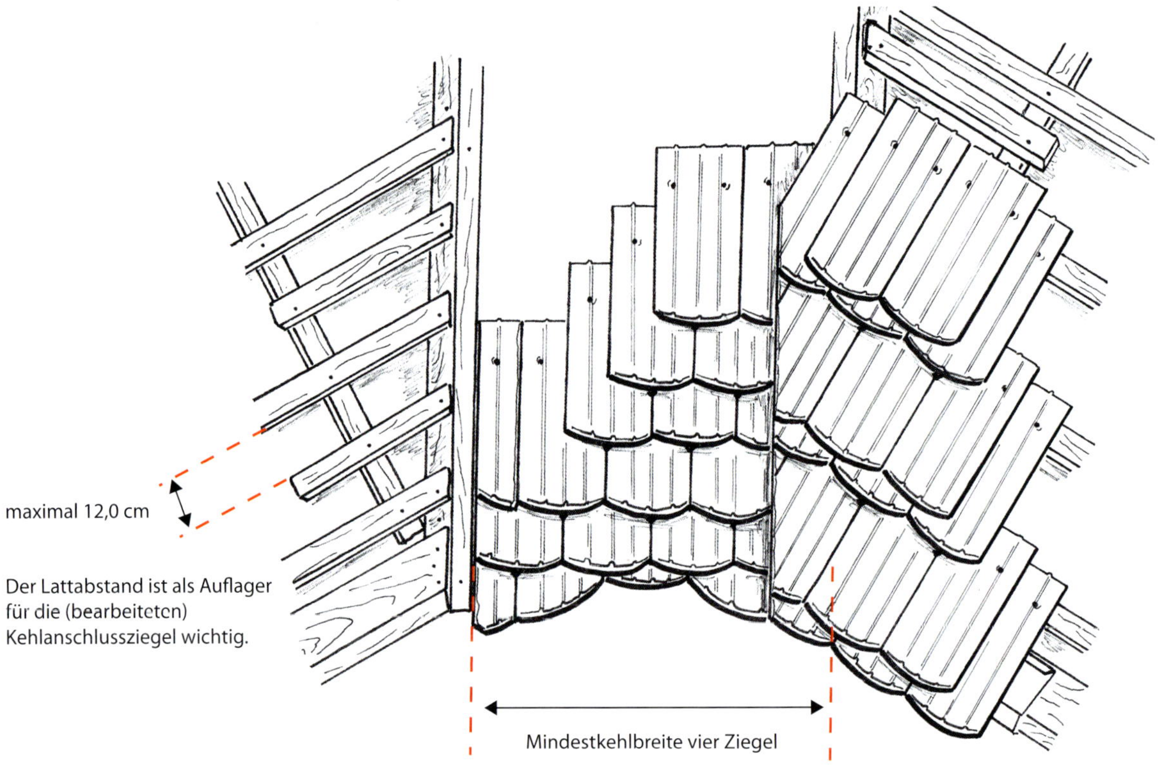

Abb. 7.36: Unterkonstruktion einer überdeckten Kehle (Hilfslatten)

7.1.10 Eingebundene Kehlen mit Schichtstücken/Nockenkehlen

Die hauptsächlichen Fehler bei eingebundenen Nockenkehlen sind:

- fehlende Schichtstücke (Ziegelreihen ohne Schichtstücke)
- zu kurze Schichtstücke
- unsauber zugerichtete Ziegelreihen
- Verlegung der Ziegel mit „Wasserlauf“

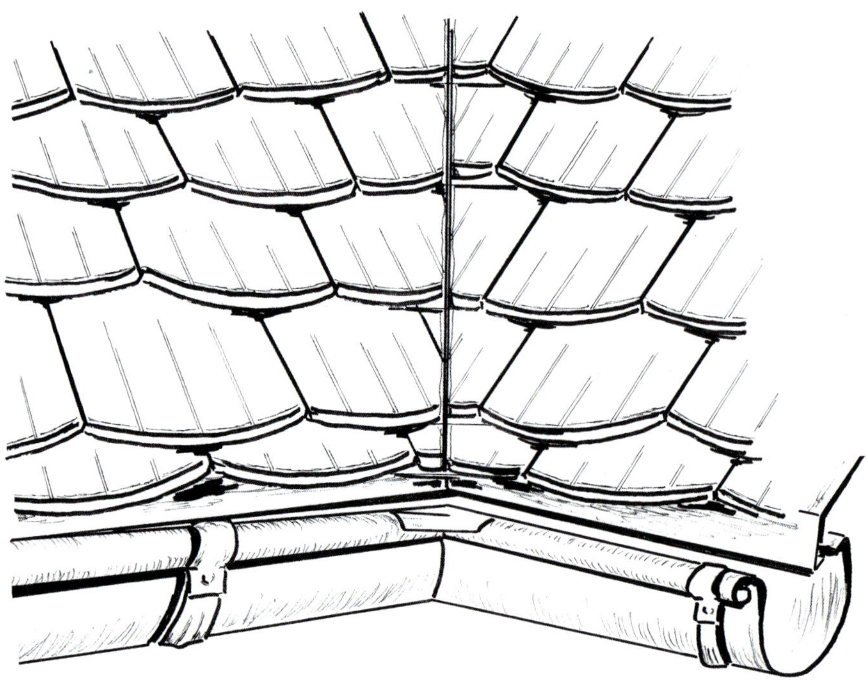

Abb. 7.37: Die Abbildung zeigt eine saubere Ausführung einer eingebundenen Nockenkehle in der Doppeldeckung.

7.1.11 Geschwenkter Gratansatz (Fechtel)

Der geschwenkte Gratansatz ist bei einer konzentrierten Arbeitsweise kein schwieriges Detail, dennoch tauchen im Alltag oft extrem fehlerbehaftete Exemplare auf. Diese fehlerhaften Details schaden dem Ruf des klassischen Dachdeckerhandwerks und sollten frühzeitig erkannt werden.

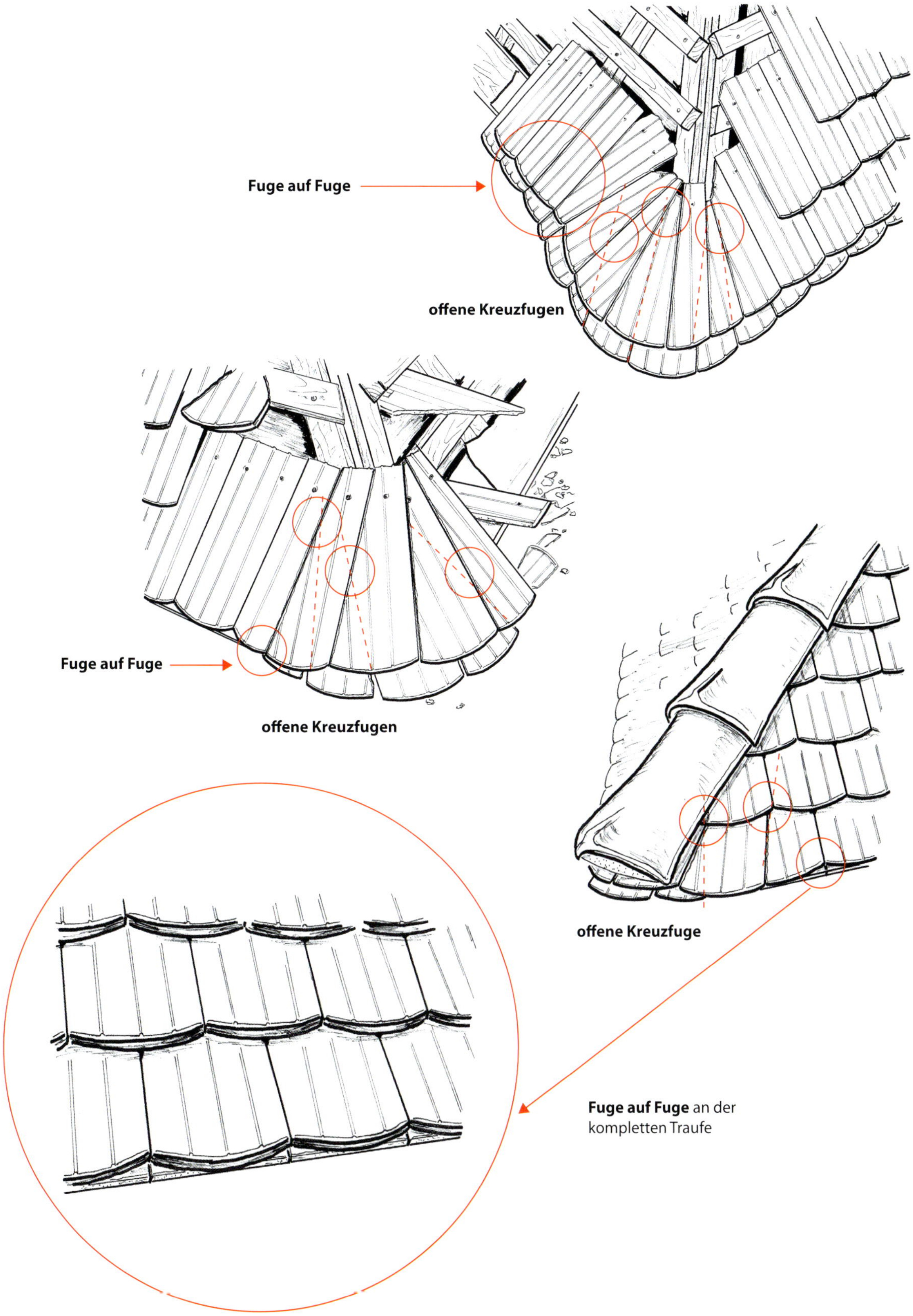

Abb. 7.38: Fehlerhafte Gratansätze (4 Details)

7.1.12 First oder Grat in der Mörteltechnik

Firste oder Grate, die in der Mörteltechnik verlegt wurden, sind bei richtiger Anwendung sowie der richtigen Zusammensetzung und Konsistenz des Mörtels extrem langlebig, robust und wetterbeständig.

Dieses Beispiel zeigt einen ortseitigen Firstabschluss, mit einem historischen Firstziegel als „Schillerlocke".

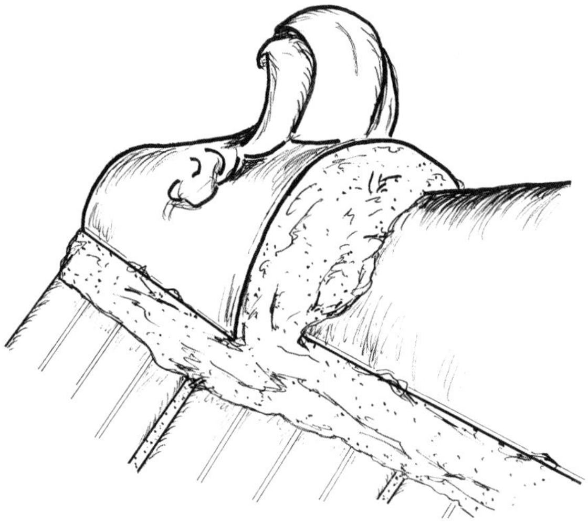

Abb. 7.39: Der Firstziegel/Die Firstkappe wurde nicht nur schief montiert, sondern auch mit einer deutlich erkennbar falschen Mörteltechnik.

Abb. 7.40: In der Seitenansicht ist die mangelhafte Ausführung des Firstanstriches deutlich erkennbar.

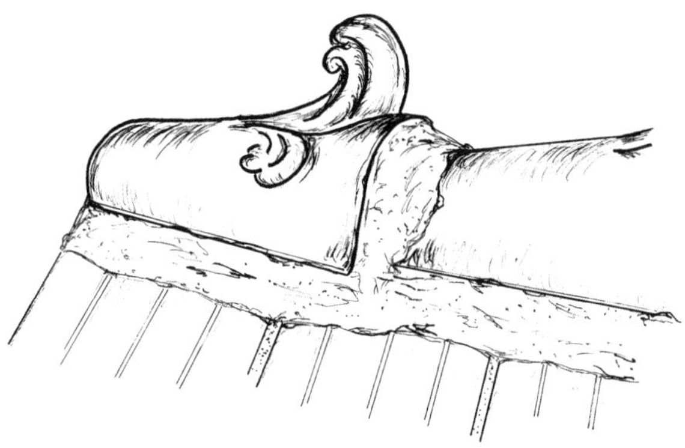

Nach der Öffnung des Firstes konnte festgestellt werden, dass diese mangelhafte Arbeit nicht auf eine Reparaturleistung (das sogenannte Firstnachstreichen) zurückzuführen war. Dieser First wurde aus Unwissenheit völlig falsch gesetzt.

Abb. 7.41: Die Abbildung zeigt einen komplett „ausgemauerten" Firstziegel.

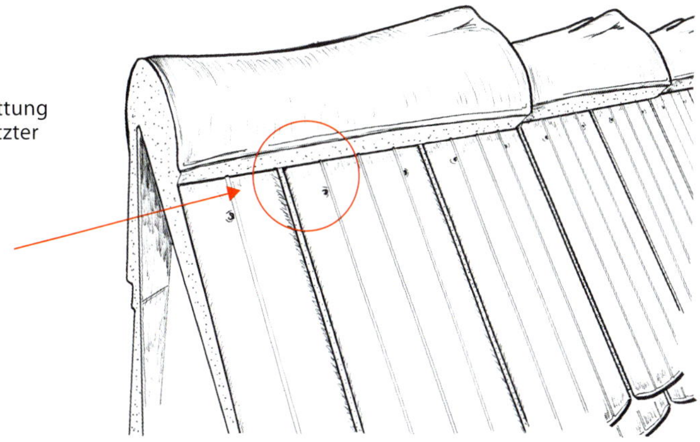

Abb. 7.42: Sauber hergestellter Ortgang mit Unterplattung und ordentlich aufgeteilter sowie verstrichener aufgesetzter First.

Es wurde die Mindesthöhenüberdeckung der Ziegel zur Firstkappe nicht beachtet, als Indiz für die mangelnde Überdeckung sind die Löcher der Biberschwanzziegel (Abstand zum Kopf des Ziegels: etwa 6,0 cm) zu werten

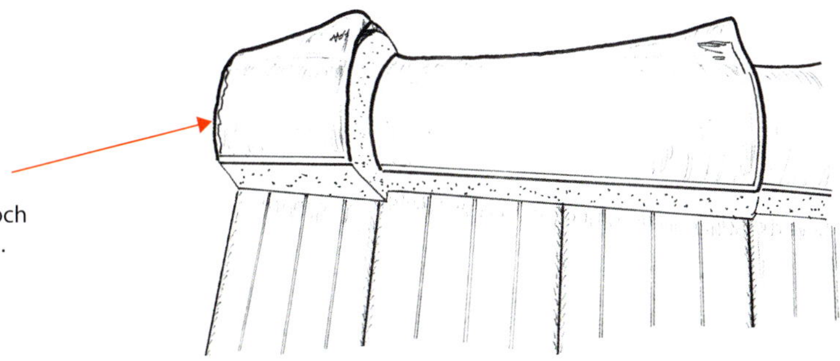

Abb. 7.43: Die handwerkliche Herstellung des aufgesetzten Firstes gibt keinen Grund zur Beanstandung.

Leider wurde der First nicht aufgeteilt sodass der Schlussziegel (der kurze First) weder lagestabil noch mechanisch gesichert montiert werden konnte …

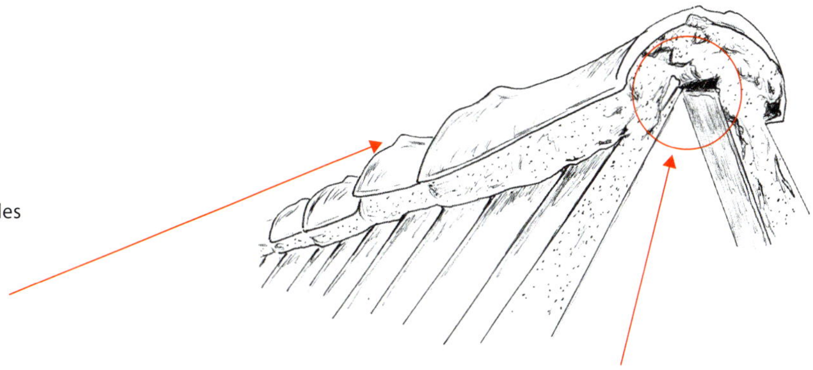

Abb. 7.44: Fehlerhafte Herstellung des geputzten Ortgangs sowie des Firstes

Dieser First wurde ungleichmäßig aufgesetzt, was einen Schlechten halt des Formziegels zur Folge haben kann …

Die Unterplattung am Ortgang wurde hier nicht zusammengeführt, wodurch das Spiegellager kaum Halt hat was wiederum dazu führt, dass Teile des verputzten Orts ihre Lagestabilität verlieren …

Die Herstellung der Firstkonstruktion wurde hier mangelhaft ausgeführt:

- der First liegt nicht gerade zur Unterkonstruktion
- die Firstlatte liegt zu Tief in der Konstruktion, eine Lagestabile Montage ist hier nicht möglich
- das Mörtellager, an den Aufsatzpunkten ist zu gering ausgebildet was ein Ausfrieren in der Frostperiode zur Folge haben wird …
- die Unterplattung wurde nicht zusammengeführt, die Herstellung eines Sauberen Spiegels ist hier (fast) ausgeschlossen
- es wurde hier am Beispiel kein Spiegellager aufgetragen, was ein späteres Verstreichen des Ortgangs mit dem Spiegel unmöglich macht.

Blick in einen Anfangsfirst, am Ort mit Unterplattung …

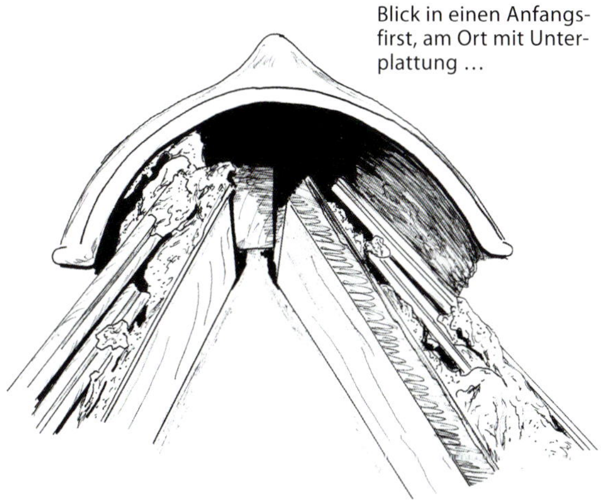

Abb. 7.45: Mangelhafte Ausführung der Firstkonstruktion

Leider wurde auch hier die Unterplattung nicht ausreichend hoch (zusammen-) geführt. Dadurch hatte das Spiegellager keinen Halt und ist rausgefallen.

Die Lage des ersten Firsts, des Anfangsfirsts, ist etwas zu weit draußen, wodurch ein gleichmäßig dickes Anstreichen des Ortgangs sehr schwierig wird.

Die handwerkliche Herstellung des aufgesetzten Firstes ist hier Mangelhaft ausgeführt. Die Firstkappen liegen nicht gerade und das Mörtellager tritt in seinen Abmessungen höchst unterschiedlich unter dem Formstein hervor …

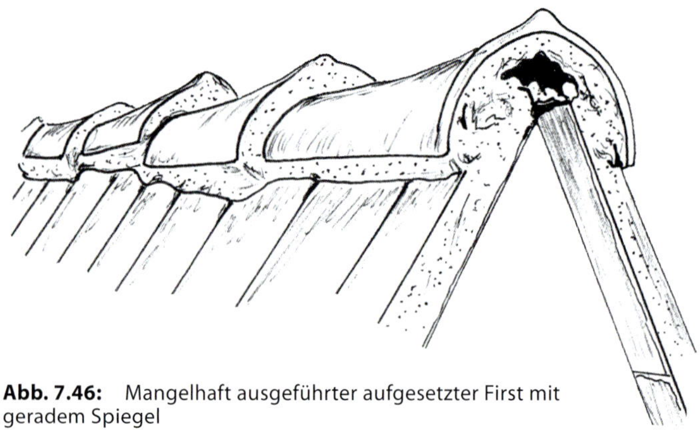

Abb. 7.46: Mangelhaft ausgeführter aufgesetzter First mit geradem Spiegel

7.1.13 Ortgangausbildung in der Mörteltechnik

Bei der Herstellung von klassischen, seitlichen Dachrandabschlüssen muss stets auf eine sauber und fachlich korrekte Ausführung geachtet werden. Unsachgemäß ausgeführte Ortausbildungen sehen nicht nur unschön aus, sondern können auch für die Konstruktion gefährlich werden.

In der nachfolgenden Abbildung sind gleich mehrere, teils massive, Fehler zu sehen. Durch einen mangelhaft ausgeführten Längsschlag (vermutlich war der Mörtel zu trocken) wurden die Ziegel am Ort nicht flächenbündig verlegt …

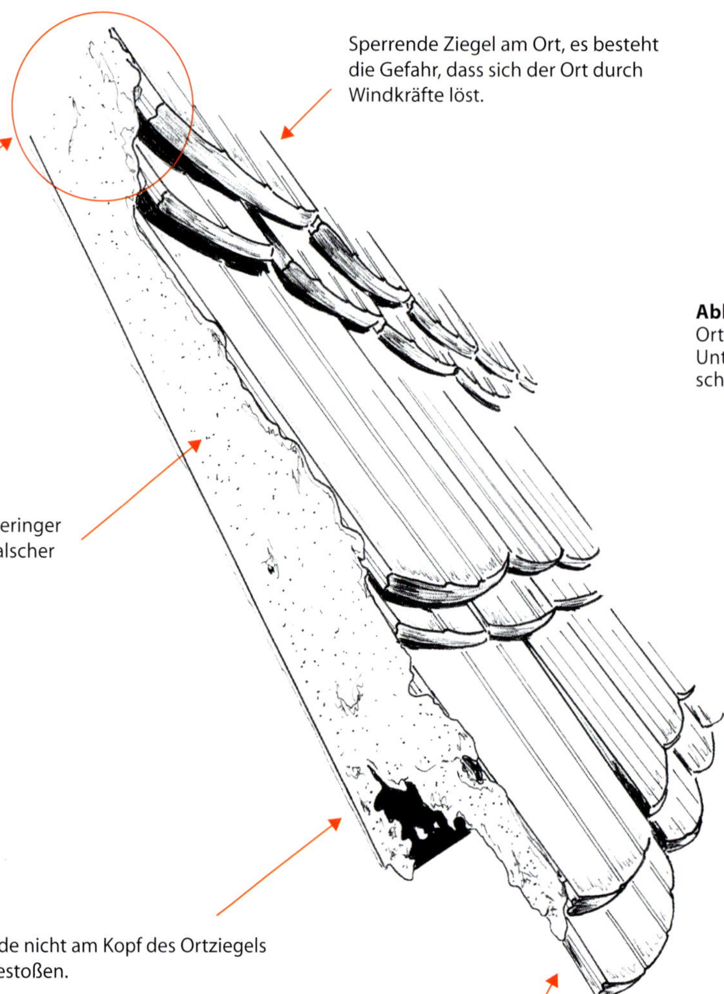

Abb. 7.47: Mangelhafte Ortgangausbildung mit Unterplattung, in der Biberschwanz – Kronendeckung

Danksagung

An dieser Stelle möchte ich mich bei allen bedanken, die mir bei der Entstehung von „Detaillösungen am Ziegeldach" mit Rat und Tat zur Seite gestanden haben. Mein besonderer Dank gilt:

- meiner Frau Anja sowie meinen Söhnen Maximilian und Konstantin für die Geduld und das Verständnis, das sie mir in Bezug auf dieses Herzblut-Projekt in den letzten Jahren entgegengebracht haben,
- Nino Knobloch, Leiter des LBH der Handwerkskammer Cottbus in Großräschen, welcher ohne Frage ein Förderer des Deutschen Dachdeckerhandwerks ist,
- Manuela Holder, Dachdeckermeisterin und stellvertretende Leiterin des LBH der Handwerkskammer Cottbus in Großräschen, welche mir einst die Möglichkeit gab, mein Wissen zu vertiefen und weiterzugeben,
- Mario Richter, Dachdecker- und Lehrmeister am Landesausbildungszentrum des Dachdeckerhandwerks Brandenburg, für die freundliche und beratende Unterstützung der letzten Jahre,
- Anke Maske, Geschäftsführerin des Landesinnungsverbands des Dachdeckerhandwerks Brandenburg, die mich nach Sichtung meiner Broschüren dazu ermutigte, diese einem breiteren Fachpublikum zur Verfügung zu stellen. Zudem für Ihre Vermittlung an die Rudolf Müller Mediengruppe sowie vor allem für ihr stets „offenes Ohr",
- Mario Beyer, Dachdeckermeister und engagierter und hoch motivierter Landeslehrlingswart (des Landesinnungsverbands des Dachdeckerhandwerks Brandenburg) für seine stetige Unterstützung,
- der Dachdeckerinnung Cottbus, hier insbesondere dem Geschäftsführer Herrn Jürgen Naujokat für seine freundschaftliche Unterstützung in den letzten Jahren,
- Dachdeckermeister Niels Schreiber aus Hamburg für seine freundliche Mitarbeit,
- meinem Lehrbetrieb, damals Rudi Metzler GmbH aus Hinterzarten im Schwarzwald, hier Dachdeckermeister Rudi Metzler und meinen Lehrgesellen und Kollegen dem Fränzle, Willi, Sick, Lupo und wie sie alle hießen …,
- meinen vielen sächsischen Kollegen und Mitstreitern im Raum Dresden,
- den Brüdern Mario und Thomas Krumbiegel aus Bannewitz für ihre stetige, konstruktive und gute Zusammenarbeit,
- Tobias Drebing aus dem Frieslandkreis,
- meinen Eltern aus Cottbus, welche mich bei jeder meiner Entscheidungen unterstützt haben,
- meinem Großvater Ernst Weihmann aus Goldberg in Schlesien, der einst mein Interesse an der Zunft und unserem Handwerk erweckte,
- und abschließend auch der japanischen Firma Sakura Color für ihre außergewöhnlich guten Zeichenstifte der Marke PIGMA-MICRON, von denen ich wohl einige Dutzend verbraucht habe.

Lars Donath, im Dezember 2023

Stichwortverzeichnis